系统与控制丛书

应用非线性控制

周　彬　侯明哲　著

科学出版社
北京

内 容 简 介

非线性控制在自动控制领域占据着越来越重要的地位，已成为控制工程师必不可少的基础知识. 不同于线性控制系统，非线性控制系统不存在系统性的设计方法. 本书在介绍非线性控制常用的数学工具和技巧的基础上，重点讨论了两大类形式对偶的构造性设计方法以及它们在实际非线性控制系统设计中的应用. 主要内容包括滑模控制方法及其应用、基于无源性的非线性系统控制方法及其应用、反步方法及其应用、前推方法及其应用以及满足线性增长条件的三角形系统、非完整系统和规范型系统等特殊系统的控制方法及其应用. 本书在介绍控制理论的同时，还提供了大量相关的实际控制系统的设计实例.

本书适用作为自动控制、航空航天、系统科学、电子信息等相关专业的研究生教材或者教学参考书，也可供相关专业教学与科研人员和工程技术人员参考.

图书在版编目（CIP）数据

应用非线性控制 / 周彬，侯明哲著. -- 北京 : 科学出版社. 2025.6.
(系统与控制丛书). -- ISBN 978-7-03-081717-4

I. TP273

中国国家版本馆 CIP 数据核字第 2025UN3853 号

责任编辑：朱英彪 / 责任校对：任苗苗
责任印制：肖 兴 / 封面设计：蓝正设计

科学出版社 出版
北京东黄城根北街 16 号
邮政编码: 100717
http://www.sciencep.com
北京中科印刷有限公司印刷
科学出版社发行 各地新华书店经销
*
2025 年 6 月第 一 版 开本：720×1000 1/16
2025 年 6 月第一次印刷 印张：20 1/4
字数：408 000

定价：158.00 元

作 者 简 介

周彬, 哈尔滨工业大学教授, 博士生导师, 航天学院控制理论与制导技术研究中心主任. 国家杰出青年科学基金获得者; 全国优秀博士学位论文奖获得者; 中国青少年科技创新奖获得者; 国家自然科学基金优秀青年科学基金获得者; 国家自然科学奖二等奖获得者; 教育部新世纪优秀人才支持计划入选者. 在控制理论和工程领域的主流和权威期刊 *Automatica*, *IEEE Transactions on Automatic Control*, *SIAM Journal on Control and Optimization* 等上发表论文 200 余篇. 目前担任国际自动控制联合会 (IFAC) 旗舰期刊 *Automatica*, IEEE 控制系统学会旗舰期刊 *IEEE Transactions on Automatic Control*, IEEE 航空航天与电子系统学会旗舰期刊 *IEEE Transactions on Aerospace and Electronic Systems* 以及 IEEE 系统、人与控制论学会旗舰期刊 *IEEE Transactions on Systems, Man, and Cybernetics: Systems* 等期刊的编委; 是中国自动化学会控制理论专业委员会委员, IFAC 线性控制系统技术委员会委员, IFAC 非线性控制系统技术委员会委员, IFAC 航空航天技术委员会委员. 主要研究方向为时变系统理论、时滞系统理论、非线性控制理论和飞行器制导与控制等.

侯明哲, 哈尔滨工业大学教授, 博士生导师, 航天学院控制理论与制导技术研究中心副主任. 中国自动化学会控制理论专业委员会非连续控制学组委员, 黑龙江省自动化学会理事, 美国 *Mathematical Reviews* 评论员, 期刊《空天技术》和《弹箭与制导学报》青年编委. 作为负责人或重要成员完成国家级科研项目 10 余项, 包括国家自然科学基金重大项目课题 1 项和某重大工程基础研究重大合同项目 1 项; 在 *IEEE Transactions on Automatic Control*, *Automatica* 等控制与航天领域学术期刊上发表论文 50 余篇, 出版学术专著 1 部、译著 1 部, 获授权国家发明专利 10 余项. 获省部级科技成果奖励 3 项、哈尔滨工业大学优秀博士学位论文提名/优秀硕士学位论文指导教师、“SHATF 奖教金”一等奖等. 主要研究方向为非线性与自适应控制理论、飞行器制导与控制技术等.

编者的话

我们生活在一个科学技术飞速发展的信息时代，诸如宇宙飞船、机器人、因特网、智能机器及汽车制造等高新技术对自动化提出了更高的要求。系统与控制理论也因此面临着更大的挑战。它必须能够为设计高水平的物理或信息系统提供原理和方法，使得设计出的系统能感知并自动适应快速变化的环境。

为帮助系统控制专业的专家、工程师以及青年学生迎接这些挑战，科学出版社和中国自动化学会控制理论专业委员会合作，设立了《系统与控制丛书》的出版项目。本丛书分中、英文两个系列，目的是出版一些具有创新思想的高质量著作，内容既可以是新的研究方向，也可以是至今仍然活跃的传统方向。研究生是本丛书的主要读者群，因此，我们强调内容的可读性和表述的清晰。我们希望丛书能达到这些目的，为此，期盼着大家的支持和奉献！

《系统与控制丛书》编委会

2007 年 4 月 1 日

前　言

与线性控制系统不同, 非线性控制系统一般不存在系统性的设计方法, 而是具体问题具体分析, 特别是应根据系统的结构来研究最为合适的方法. 从结构上看, 有两种非常重要的非线性系统: 上三角系统和下三角系统. 它们在结构上对称, 在处理方法上也形成对偶关系. 在理论上, 这两类系统的研究已经取得了重大的突破. 在应用特别是飞行器控制上, 这两类系统又具有广泛的代表性.

本书围绕结构对偶的上三角系统和下三角系统, 深入探讨它们的构造性设计方法. 除此之外, 本书也系统性地介绍了基于滑模和无源性这两类极具特色并有广泛应用前景的非线性控制方法. 近年来, 非线性控制理论与应用之间的鸿沟越来越宽. 本书试图以应用为导向来阐述控制理论与方法, 为复杂非线性控制理论的实际应用提供一定的参考. 这是作者撰写本书的美好心愿.

本书包含的部分研究成果是在国家杰出青年科学基金 (62125303)、国家自然科学基金联合基金-“叶企孙” 科学基金 (U2441243)、国家自然科学基金重大研究计划培育项目 (92471103)、国家自然科学基金面上项目 (62073096)、国家自然科学基金科学基础中心项目 (62188101)、国家自然科学基金优秀青年科学基金 (61322305)、高等学校全国优秀博士学位论文作者专项资金 (201343)、教育部新世纪优秀人才支持计划 (NCET-11-0815)、霍英东教育基金会高等院校青年教师基金 (151060)、中央高校基本科研业务费专项资金 (HIT.BRET.2021008) 等的资助下完成的, 于此对上述资助机构深表谢忱. 此外, 感谢哈尔滨工业大学青年科学家工作室和哈尔滨工业大学高水平研究生教材建设项目对本书出版的资助.

本书的第 3 章、第 6 章、第 7 章和第 8 章的 8.1 节 ~ 8.3 节、8.6 节由周彬撰写, 第 2 章、第 4 章、第 5 章和第 8 章的 8.4 节由侯明哲撰写, 第 1 章和第 8 章的 8.5 节由周彬和侯明哲共同撰写, 全书由周彬统稿.

作者借出版此书的机会衷心感谢他们的博士指导教师段广仁院士长期以来的指导和支持. 作者指导的研究生杨雪飞、姜怀远、张康康、丁一、董家成、石文锐、徐昕迪、方乐言和徐文玺等协助校对了本书的部分内容, 张康康、姜怀远、丁一、张书宇、蒙晗等协助完成了部分数值仿真, 丁一协助绘制了部分插图, 在此一并表示感谢. 自 2013 年至今, 作者在哈尔滨工业大学博士研究生课程 “应用非线性控制” 上讲授过本书的主要内容, 修过这门课程的不少学生 (特别是李顺利、何源、郑浩宇等) 曾对本书的内容提出过许多有价值的建议, 特此感谢.

因作者的学术水平和能力有限, 书中难免存在不足之处. 作者诚挚地希望广大读者能将发现的问题通过电子邮箱 binzhou@hit.edu.cn 或 hithyt@hit.edu.cn 进行反馈, 也欢迎读者对本书的不当之处提出批评和指正意见.

作　者

2024 年 9 月于哈尔滨

主要符号表

集合相关符号

$\mathbf{R}$	实数集合
$\mathbf{R}_{>0}$	正实数的集合
$\mathbf{R}_{\geqslant 0}$	非负实数的集合
$\mathbf{R}^n$	n 维实向量的集合
$\mathbf{R}^{n\times m}$	$n\times m$ 实矩阵的集合
$\mathbf{R}_r^{n\times m}$	秩为 r 的 $n\times m$ 实矩阵的集合
$\mathcal{B}^n(r)$	$\mathbf{R}^n$ 中半径为 r 的球, 即 $\{x\in\mathbf{R}^n : \|x\|\leqslant r\}$
$\mathbf{C}^{n\times n}$	$n\times n$ 复矩阵的集合
$\mathcal{C}^k(\mathcal{X},\mathcal{Y})$	定义域为 $\mathcal{X}$、值域为 $\mathcal{Y}$ 的 k 次可微函数的集合
$\mathcal{L}_\infty$	幅值有界向量值函数的集合, 即 $\{z : \|z(t)\|_\infty < \infty, \forall t\geqslant 0\}$
$\mathcal{L}_2$	平方可积向量值函数的集合, 即 $\left\{z : \int_0^\infty \|z(t)\|^2\,\mathrm{d}t < \infty\right\}$
$\mathcal{L}_1$	绝对值可积向量值函数的集合, 即 $\left\{z : \int_0^\infty \|z(t)\|_1\,\mathrm{d}t < \infty\right\}$

矩阵相关符号

$\det(A)$	方阵 A 的行列式
$\operatorname{rank}(A)$	矩阵 A 的秩
e^A	方阵 A 的矩阵指数
A^{-1}	方阵 A 的逆
A^{T}	矩阵 A 的转置
$\lambda(A)$	方阵 A 的特征值的集合
$\lambda_{\min}(A)$	方阵 A 的最小特征值
$\lambda_{\max}(A)$	方阵 A 的最大特征值
$\rho(A)$	方阵 A 的谱半径, 即 $\max\limits_{s\in\lambda(A)}\{\lvert s\rvert\}$
$A>0$	对称正定矩阵 A
$A\geqslant 0$	对称半正定矩阵 A
$A^{1/2}$	满足 $Z^2=A\geqslant 0$ 的唯一对称半正定矩阵 Z

$\dim(X)$	线性空间 X 或矩阵 X 的维数
$\mathrm{diag}(A_1,\cdots,A_n)$	对角线元素为 $A_1,\cdots,A_n$ 的对角矩阵
$\|A\|$ 或 $\|A\|_2$	矩阵 A 的 2-范数, 即其最大奇异值
$\|a\|$ 或 $\|a\|_2$	向量 $a=[a_1,\cdots,a_i,\cdots,a_n]^{\mathrm{T}}$ 的 2-范数, 即 $\sqrt{\sum_i \|a_i\|^2}$
$\|a\|_\infty$	向量 $a=[a_1,\cdots,a_i,\cdots,a_n]^{\mathrm{T}}$ 的 ∞-范数, 即 $\max_i\{\|a_i\|\}$
$\|a\|_1$	向量 $a=[a_1,\cdots,a_i,\cdots,a_n]^{\mathrm{T}}$ 的 1-范数, 即 $\sum_i \|a_i\|$

二元符号

$A\Rightarrow B$	A 蕴含 B
$A\Leftrightarrow B$	A 等价于 B
$a\in\mathscr{A}$	元素 a 属于集合 $\mathscr{A}$
$\mathscr{A}\subset\mathscr{B}$	集合 $\mathscr{A}$ 是集合 $\mathscr{B}$ 的子集
$\mathscr{A}\cap\mathscr{B}$	集合 $\mathscr{A}$ 和集合 $\mathscr{B}$ 的交集
$\mathscr{A}\cup\mathscr{B}$	集合 $\mathscr{A}$ 和集合 $\mathscr{B}$ 的并集

其他符号

$\bar{x}_i$	由 n 维向量 x 的前 i 个分量组成的向量, 即 $\bar{x}_i=[x_1,x_2,\cdots,x_i]^{\mathrm{T}}$
$\underline{x}_i$	由 n 维向量 x 的后 $n-i$ 个分量组成的向量, 即 $\underline{x}_i=[x_{i+1},\cdots,x_n]^{\mathrm{T}}$
$\sigma_a(u)$	饱和函数 $\mathrm{sign}(u)\min\{\|u\|,a\}$. 若 $a=1$, 则记为 $\sigma(u)$
$x^{(k)}(t)$	函数 $x(t)$ 的 k 阶导数 (1 阶和 2 阶导数也有按惯例分别记为 $\dot{x}$ 和 $\ddot{x}$ 的情形)
$\forall$	对任意
$\varnothing$	空集
$\exists$	存在
I_n	$n\times n$ 单位矩阵
$0_{m\times n}$	$m\times n$ 零矩阵
$n!$	非负整数 n 的阶乘

目　　录

编者的话
前言
主要符号表
第 1 章　非线性控制理论简介 …… 1
1.1　非线性系统简介 …… 1
1.1.1　非线性系统的特殊性质 …… 1
1.1.2　非线性系统分析与设计的常用方法 …… 4
1.1.3　非线性系统分析与设计的工具 …… 5
1.2　稳定性理论简介 …… 6
1.2.1　解的存在性、唯一性和可延拓性 …… 7
1.2.2　解的稳定性 …… 9
1.2.3　楔函数和正定函数 …… 11
1.2.4　Lyapunov 稳定性理论 …… 14
1.2.5　Lyapunov 稳定性逆定理 …… 17
1.2.6　LaSalle 不变原理 …… 19
1.2.7　对 Lyapunov 稳定性理论的补充说明 …… 21
1.3　复杂非线性系统分析工具简介 …… 24
1.3.1　级联系统的分析工具 …… 24
1.3.2　不确定系统的分析工具 …… 27
1.3.3　自适应控制系统的分析工具 …… 29
1.4　反馈线性化简介 …… 33
1.4.1　反馈线性化的基本思想 …… 33
1.4.2　SISO 系统的反馈线性化 …… 34
1.4.3　内动态、零动态与最小相位系统 …… 39
1.4.4　MIMO 系统的反馈线性化 …… 41
1.4.5　对反馈线性化的补充说明 …… 43
1.5　Jacobi 线性化简介 …… 43
1.6　本章小结与文献说明 …… 47
参考文献 …… 48

第 2 章　滑模控制 ······ 50
2.1　滑模控制的基本原理 ······ 50
2.2　SISO 规范型系统的鲁棒滑模控制 ······ 51
2.2.1　滑模变量设计 ······ 54
2.2.2　鲁棒滑模控制律设计 ······ 57
2.2.3　抖振现象及其抑制 ······ 58
2.2.4　船舶航向的鲁棒滑模控制 ······ 62
2.3　SISO 规范型系统的自适应滑模控制 ······ 65
2.3.1　自适应滑模控制律设计 ······ 65
2.3.2　修正的自适应滑模控制律设计 ······ 66
2.3.3　船舶航向的自适应滑模控制 ······ 69
2.4　MIMO 规范型系统的滑模控制 ······ 72
2.4.1　鲁棒控制律设计 ······ 73
2.4.2　自适应控制律设计 ······ 76
2.5　本章小结与文献说明 ······ 78
参考文献 ······ 78
第 3 章　无源性方法 ······ 80
3.1　无源系统的概念和性质 ······ 80
3.1.1　无源系统的基本概念 ······ 80
3.1.2　线性无源系统的性质 ······ 82
3.1.3　非线性无源系统的性质 ······ 86
3.1.4　无源系统的连接和稳定性 ······ 87
3.2　反馈无源化 ······ 92
3.2.1　线性系统的反馈无源化 ······ 92
3.2.2　非线性系统的反馈无源化 ······ 93
3.3　串联非线性系统的反馈镇定 ······ 96
3.3.1　临界稳定系统与无源系统的串联 ······ 96
3.3.2　临界稳定系统与线性系统的串联 ······ 99
3.3.3　不稳定系统和线性系统的串联 ······ 101
3.4　刚体姿态控制系统的全局镇定 ······ 104
3.4.1　全状态反馈全局镇定 ······ 105
3.4.2　无速度反馈全局镇定 ······ 106
3.4.3　数值仿真 ······ 108
3.5　Euler-Lagrange 系统的控制 ······ 110
3.5.1　Euler-Lagrange 系统 ······ 110

3.5.2 Euler-Lagrange 系统的全局镇定 ······ 111
3.5.3 Euler-Lagrange 系统的跟踪 ······ 113
3.6 应用举例: TORA 系统 ······ 115
3.6.1 系统模型与无源性 ······ 116
3.6.2 基于势能补偿的全局镇定 ······ 118
3.6.3 无重力力矩补偿的有界控制律 ······ 119
3.6.4 数值仿真 ······ 121
3.7 本章小结与文献说明 ······ 122
参考文献 ······ 122
第 4 章 反步设计 ······ 124
4.1 反步设计的基本原理 ······ 124
4.1.1 输出调节反步设计 ······ 125
4.1.2 输出跟踪反步设计 ······ 131
4.1.3 永磁同步电机控制系统的反步设计 ······ 133
4.1.4 最小相位规范型系统的反步设计 ······ 137
4.2 鲁棒反步设计 ······ 139
4.2.1 半严反馈系统的鲁棒反步设计 ······ 139
4.2.2 飞行器俯仰控制的鲁棒反步设计 ······ 148
4.3 自适应反步设计 ······ 153
4.3.1 过参数化问题 ······ 154
4.3.2 调整函数法 ······ 156
4.3.3 飞行器俯仰控制的自适应反步设计 ······ 167
4.4 本章小结与文献说明 ······ 169
参考文献 ······ 170
第 5 章 基于低通滤波的反步设计 ······ 172
5.1 SISO 系统的动态面控制设计 ······ 172
5.1.1 动态面控制的基本原理 ······ 172
5.1.2 自适应/鲁棒动态面控制设计 ······ 176
5.1.3 飞行器俯仰通道的自适应/鲁棒动态面控制设计 ······ 187
5.2 MIMO 系统的动态面控制设计 ······ 189
5.2.1 BTT 飞行器三通道耦合控制问题描述 ······ 190
5.2.2 块动态面控制律设计 ······ 191
5.2.3 数值仿真 ······ 197
5.3 本章小结与文献说明 ······ 199
参考文献 ······ 199

第 6 章 基于饱和函数的前推设计 ······ 201
6.1 模型描述和变换 ······ 201
6.1.1 对系统的假设 ······ 201
6.1.2 Teel 变换与 Teel 规范型 ······ 205
6.2 线性积分链系统的前推设计 ······ 206
6.2.1 一类标量系统的稳定性 ······ 206
6.2.2 非线性控制律 ······ 208
6.3 非线性系统的前推设计 ······ 211
6.3.1 非线性系统的 Teel 变换 ······ 211
6.3.2 非线性控制律 ······ 212
6.4 应用举例: 惯性轮倒立摆 ······ 219
6.4.1 数学模型 ······ 219
6.4.2 基于饱和函数的前推设计 ······ 220
6.4.3 数值仿真 ······ 222
6.5 本章小结与文献说明 ······ 222
参考文献 ······ 223
第 7 章 基于交叉项 Lyapunov 函数的前推设计 ······ 226
7.1 前推设计的关键问题和主要工具 ······ 226
7.1.1 前推设计步骤和关键问题 ······ 226
7.1.2 耦合系统的镇定方法 ······ 228
7.2 耦合系统的 Lyapunov 函数 ······ 231
7.2.1 交叉项 Lyapunov 函数的存在性和计算 ······ 232
7.2.2 耦合线性系统的交叉项 Lyapunov 函数 ······ 235
7.2.3 耦合 Lyapunov 函数的性质 ······ 237
7.2.4 交叉项 Lyapunov 函数的局部二次正定性 ······ 240
7.2.5 附加系统的零状态能检测性 ······ 244
7.3 耦合系统的镇定与前推设计的完成 ······ 248
7.3.1 耦合系统的镇定 ······ 248
7.3.2 前推设计的完成 ······ 250
7.3.3 非仿射系统的推广 ······ 255
7.4 应用举例: 球杆系统 ······ 257
7.5 本章小结与文献说明 ······ 261
参考文献 ······ 262
第 8 章 几类特殊非线性系统的控制 ······ 263
8.1 满足线性增长条件的下三角系统 ······ 263

8.1.1 状态反馈全局镇定 …… 264
8.1.2 基于观测器的输出反馈 …… 266
8.1.3 应用举例: 单连杆机械臂系统 …… 269
8.2 满足线性增长条件的上三角系统 …… 271
8.2.1 状态反馈全局镇定 …… 272
8.2.2 基于观测器的输出反馈 …… 274
8.2.3 应用举例: 感应加热电路系统 …… 276
8.2.4 关于线性增长条件的说明 …… 280
8.3 非完整系统 …… 280
8.3.1 非完整约束和链式非完整系统 …… 281
8.3.2 不光滑定常反馈 …… 284
8.3.3 光滑时变反馈 …… 287
8.3.4 应用举例: 轮式移动机器人控制 …… 290
8.4 规范型系统 …… 291
8.4.1 最小相位系统的输出跟踪 …… 291
8.4.2 基于轨迹线性化的非最小相位系统输出跟踪 …… 293
8.4.3 基于输出重定义的非最小相位系统输出跟踪 …… 296
8.4.4 应用举例: 场控直流电机的转速控制 …… 299
8.5 本章小结与文献说明 …… 301
8.6 本章附录 …… 302
参考文献 …… 304

第 1 章　非线性控制理论简介

众所周知, 对于线性定常系统的分析与设计, 已经有了相对完善的理论体系. 例如, 解具有解析表达式, 能控、能观性和稳定性具有充要条件, 控制系统设计具有成熟的方法如极点配置、模态控制、二次最优控制、鲁棒 H_∞ 控制等. 对于众多的非线性系统, 也可以先进行线性化 (包括 Jacobi (雅可比) 线性化和反馈线性化), 再进行控制系统设计. 既然如此, 为什么还需要研究非线性控制呢? 原因至少有以下 3 点:

(1) 有的系统不可以进行线性化, 如不确定不光滑非线性系统.

(2) 有的系统经 Jacobi 线性化后不能控, 例如, 系统 $\dot{x} = x^2 + xu$.

(3) 利用非线性系统的特性可以提升系统性能, 如实现有限时间控制等.

总之, 工程实际中的系统总是非线性的, 线性系统只是实际系统的简化与近似, 非线性系统具有许多线性系统不具有的特殊性质, 非线性系统的控制设计方法也有许多独特的内容. 在本书中, 除非有必要, 一般情况下时间的函数均省略 (t).

1.1　非线性系统简介

1.1.1　非线性系统的特殊性质

1) 多孤立平衡点

对线性定常系统来说, 要么存在全局唯一的零平衡点, 要么全体平衡点构成一个子空间. 但是, 非线性系统则可能具有多个孤立的平衡点. 例如, 单摆系统

$$ml\ddot{\theta} = -mg\sin(\theta) - kl\dot{\theta}$$

其中, m 为摆球质量 (忽略摆杆质量) (kg); l 为摆杆长度 (m); θ 表示摆杆与过中心点的竖直线之间的夹角 (rad), 逆时针为正, 且 $\theta = 0\text{rad}$ 时摆杆竖直向下; k 为空气摩擦系数 (kg/s). 该系统的平衡点 $(\theta_\text{e}, 0)$ 即为满足 $\ddot{\theta} = 0\text{rad/s}^2$、$\dot{\theta} = 0\text{rad/s}$ 的点. 由此可得 $\theta_\text{e} = k\pi, k = 0, \pm1, \pm2, \cdots$. 因此, 由摆杆角度和角速度表达的平衡点集合为 $\{(\theta_\text{e}, 0) : \theta_\text{e} = k\pi, k = 0, \pm1, \pm2, \cdots\}$. 它们对应于摆杆静止于竖直向下和竖直向上两个位置, 这与经验相符.

由于非线性系统可能具有多个孤立的平衡点, 对于非线性系统, 在 Lyapunov (李雅普诺夫) 稳定性理论体系下, 只有平衡点稳定的概念, 没有系统稳定的概念.

此外, 对于线性系统, 若其零平衡点是局部渐近稳定的, 则它一定是全局渐近稳定的. 但是非线性系统则不然. 对于上述单摆系统, 对应于竖直向下位置的平衡点 $(\theta_\mathrm{e},0)\,(\theta_\mathrm{e}=k\pi,k=0,\pm2,\cdots)$ 都是局部渐近稳定的, 但显然不是全局渐近稳定的. 其原因在于, 如果摆杆初始角度和角速度取值于 $\{(\theta_\mathrm{e},0):\theta_\mathrm{e}=k\pi,k=\pm1,\pm3,\cdots\}$, 即位于竖直向上位置的平衡点, 则摆杆会静止在此处不动而不会趋向于竖直向下位置的平衡点.

2) 有限时间逃逸

对于线性定常系统, 系统状态的发散速度最快也只是指数形式的, 且仅当 $t\to\infty$ 时才有状态 $\|x\|\to\infty$. 因此, 状态在任何有限时间区间内总是有界的. 但是非线性系统则不然. 考虑非线性系统

$$\dot{x}=\mu x^3,\quad \mu>0,\ t\geqslant 0$$

令 $y=x^{-2}$, 则 $\dot{y}=-2x^{-3}\dot{x}=-2\mu$. 于是有 $y=y_0-2\mu t$. 故其解为

$$x^2(t)=\frac{x_0^2}{1-2\mu t x_0^2}$$

由此可知系统的解在有限时间内发散到无穷大, 即

$$\lim_{t\to\left(\frac{1}{2\mu x_0^2}\right)^-}|x(t)|=\infty$$

这就是有限时间逃逸现象. 大多数情况下, 系统的解只是在有限时间内存在的情形显然不是所期望的.

3) 亚指数收敛

对于线性定常系统, 如果其零平衡点是渐近稳定的, 那么其解的收敛速度最慢也是指数形式的. 但是非线性系统则不然. 考虑系统

$$\dot{x}=-\mu x^3,\quad \mu>0,\ t\geqslant 0$$

其解为

$$x^2(t)=\frac{x_0^2}{1+2\mu t x_0^2},\quad \forall t\geqslant 0$$

显然有 $|x(t)|\overset{t\to\infty}{\longrightarrow}0$, 即系统的解收敛. 由 L'Hospital (洛必达) 法则可知

$$\lim_{t\to\infty}\frac{\mathrm{e}^{-\lambda t}}{x^2(t)}=\lim_{t\to\infty}\frac{1+2\mu t x_0^2}{x_0^2\mathrm{e}^{\lambda t}}=\lim_{t\to\infty}\frac{2\mu x_0^2}{\lambda x_0^2\mathrm{e}^{\lambda t}}=0,\quad \forall\lambda>0$$

这表明系统解的收敛速度低于任意给定的指数函数.

4) 有限时间收敛

对于线性定常系统, 状态收敛到零的速度最快也只是指数形式的, 从而收敛到零的时间是无限长, 但非线性系统的状态则能在有限时间之内收敛到零. 例如, 考虑系统

$$\dot{x} = -x^{\frac{1}{3}}, \quad t \geqslant 0$$

令 $y = x^{2/3}$, 则 $\dot{y} = 2x^{-1/3}\dot{x}/3 = -2/3$, 于是 $y = y_0 - 2t/3$. 考虑到 $y \geqslant 0$, 有

$$y = \begin{cases} y_0 - \dfrac{2}{3}t, & t \in \left[0, \dfrac{3}{2}y_0\right] \\ 0, & t \in \left(\dfrac{3}{2}y_0, \infty\right) \end{cases}$$

因此, 系统的解满足

$$|x| = \begin{cases} \left(x_0^{\frac{2}{3}} - \dfrac{2}{3}t\right)^{\frac{3}{2}}, & t \in \left[0, \dfrac{3}{2}x_0^{\frac{2}{3}}\right] \\ 0, & t \in \left(\dfrac{3}{2}x_0^{\frac{2}{3}}, \infty\right) \end{cases}$$

由此可知系统的解不仅收敛, 并且有限时间收敛到零. 因此, 其收敛速度快于任意给定的指数函数. 这个特性非常有用, 例如, 目前在非线性控制领域非常热门的有限时间控制就是利用了这一非线性特性 [1].

5) 对外部干扰的不鲁棒性

对于渐近稳定的线性定常系统, 当系统受到有界的外部干扰时, 系统的状态仍然会保持有界. 但是非线性系统则不然. 文献 [2] 给出了这样一个例子:

$$\begin{cases} \dot{x}_1 = g(x_1x_2)x_1 \\ \dot{x}_2 = -2x_2 + d \end{cases}$$

其中, x_i $(i = 1, 2)$ 为系统状态; d 是外部干扰; $g(\xi)$ 满足: ① $g(\xi)$ 是连续的; ② $g(\xi) \leqslant 1, \forall \xi \in \mathbf{R}$; ③ $g(\xi) = -1, \xi \in (-\infty, 1/2] \cup [3/2, \infty)$; ④ $g(1) = 1$. 可以证明, 该系统的解满足:

(1) 若 $d = 0$, 则 $|x_i| \leqslant 9\mathrm{e}^{-t}|x_{i0}|$, $i = 1, 2$.

(2) 若 $x_1(0) \neq 0$, $x_2(0) = 1/(x_1(0))$, $d = x_2(0)\mathrm{e}^{-t}$, 则 $x_1 = \mathrm{e}^{t}x_1(0)$, $x_2 = \mathrm{e}^{-t}x_2(0)$.

由此可以看出, 尽管没有干扰时系统的解指数收敛到零, 但是初值任意小的指数衰减的外部干扰信号也能使得系统的解发散. 因此, 对于非线性系统, 其对内部不确定性和外部干扰的鲁棒性是一个非常重要的问题.

除此以外, 不同于线性系统, 非线性系统还可能呈现出极限环、混沌与分叉等特有的现象. 这里不再赘述, 有兴趣的读者可以参阅相关著作, 如文献 [3] ~ [5] 等.

1.1.2 非线性系统分析与设计的常用方法

常见的非线性系统分析与设计方法有如下几种.

1) 相平面法

相平面法是一种基于时域的图形化方法, 主要研究对象是二阶系统. 其主要思想是: 在二阶系统的状态空间 (二维平面) 中, 画出不同初值下系统的运动轨迹 (即相轨迹, 相轨迹所在的二维平面被称为相平面), 利用这样一族相轨迹就可以定性地研究非线性系统的稳定性和性能, 而无须对系统进行求解. 相平面法具有简单直观的优点, 但是难以推广到高阶系统. 对相平面法感兴趣的读者可以参阅文献 [4] 和 [6] 等.

2) 描述函数法

描述函数法是一种基于频域的工程近似方法. 其主要思想是: 基于谐波线性化概念, 首先利用线性等价系统去逼近非线性系统中的非线性成分, 然后利用频域法去研究近似系统. 描述函数法的一个主要功能是预测非线性系统中的极限环 (自持振荡). 描述函数法不受系统阶次影响, 其主要优点是物理意义明确, 容易被控制工程师们所接受. 描述函数法的主要缺点在于其近似特性, 对于强非线性系统, 可能会导致不准确的结果. 对描述函数法感兴趣的读者可以参阅文献 [4] 和 [6] 等.

3) 最优控制方法

最优控制理论研究的历史可以追溯到 20 世纪 50 ~ 60 年代, 苏联数学家建立了 Pontryagin (庞特里亚金) 极大值原理, 同时美国数学家建立了 Bellman (贝尔曼) 动态规划方法. 最优控制方法通过权衡系统的状态-输入来设计系统的控制器, 使闭环系统的某种性能指标达到最小. 对于非线性系统, 最优控制律的综合问题通常可以归结为 Hamilton (汉密尔顿)-Jacobi-Bellman (HJB) 方程的求解问题. 除了极少数情况外, HJB 方程不具有解析解, 而且对于复杂的非线性系统, HJB 方程的求解非常困难. 为了近似求解 HJB 方程, 人们提出了各种各样的方法, 并进一步发展出了著名的状态依赖 Ricatti (黎卡提) 方程 (SDRE) 方法、自适应动态规划方法、非线性 H_∞ 控制方法和预测控制方法等.

4) 线性化方法

对于线性定常系统的分析与设计, 已经有了完善的理论体系. 因此, 一个很自然的想法是将非线性系统的分析与设计问题转化为线性系统的分析与设计问题. 于是产生了两种线性化的思想. 一种是近似线性化, 包括 Jacobi 线性化和 T-S (Takagi-Sugeno) 模糊线性化. 所谓 Jacobi 线性化即将非线性系统在工作点附近进行 Taylor (泰勒) 展开并保留一阶项, 从而得到一个小偏差线性系统. 当系统具有多个工作点时, 需要在每个工作点附近线性化, 分别设计控制器, 并设计一种合适的切换策略来调度这些控制器以确保整体系统的稳定性和性能. 而 T-S 模糊线性化方法则是借助模糊规则, 利用一族线性系统动态地逼近原来的非线性系统. 另外一种是精确线性化方法, 或者称基于微分几何的反馈线性化方法. 其主要思想是利用非线性状态变换和反馈抵消非线性环节, 将原系统部分或者完全地转化为一个线性定常系统. 近似线性化方法的主要缺点是其近似特性, 无法精确地刻画原非线性系统的特性, 而反馈线性化方法则需要知道非线性系统的精确模型. 本章后面将对 Jacobi 线性化方法和反馈线性化方法作简要介绍.

5) 基于 Lyapunov 函数的方法

Lyapunov 稳定性理论诞生于 19 世纪末. 1892 年, 俄国数学家 Lyapunov 在其博士论文中给出了稳定性的严格、精确的数学定义, 并提出了判断系统稳定性的一般方法: Lyapunov 直接法, 从而为稳定性理论奠定了坚实的基础. 此后, 经过无数学者的不懈努力, 才逐步形成了如今相对完善的 Lyapunov 稳定性理论体系. Lyapunov 直接法的核心是寻找一个广义的 “能量” 函数, 即 Lyapunov 函数, 来度量系统的动态特性. 通过分析 Lyapunov 函数沿着系统的变化情况就可以洞见系统状态的变化情况, 从而避免了求解复杂系统的难题. Lyapunov 函数沿着系统的变化情况可以通过 Lyapunov 函数沿着系统的时间导数来直接反映. Lyapunov 函数也可以用于控制系统设计: 选择一个合适的 Lyapunov 函数并构造控制律, 使得 Lyapunov 函数沿着闭环系统的时间导数为负定或者半负定以保证闭环系统的稳定性. 基于此思想, 诞生了各种各样的基于 Lyapunov 函数的构造性控制设计方法, 例如, 本书要重点讨论的滑模方法、无源性方法、反步 (backstepping) 方法和前推 (forwarding) 方法等.

总而言之, 对于非线性系统的控制设计, 由于非线性环节的复杂性和多样性, 目前尚无包治百病的方子, 只能对症下药. 只有具体问题具体分析, 充分挖掘和利用系统自身的特性, 才能得到比较好的设计结果.

1.1.3 非线性系统分析与设计的工具

非线性系统因其复杂性, 尚无统一的数学工具, 但有一种非常重要且常用的数学工具, 即如下的比较引理.

引理 1.1.1 *考虑标量微分方程*

$$\dot{u} = f(t, u), \quad u(t_0) = u_0 \tag{1.1}$$

其中, $f(t,u)$ 对任意 $u \in \mathcal{J} \subseteq \mathbf{R}$ 关于 t 是连续的, 且对任意 $t \geqslant 0$ 关于 u 是 Lipschitz (利普希茨) 连续的. 设解 $u(t)$ 存在的最大区间是 $[t_0, T)$ (T 可以是无限的), 并设 $u(t) \in \mathcal{J}$ $(\forall t \in [t_0, T))$. 设 $v(t)$ 是连续函数, 且其右上 Dini 导数 $\mathrm{D}^+ v(t)$ 对所有 $t \in [t_0, T), v(t) \in \mathcal{J}$ 都满足

$$\mathrm{D}^+ v(t) \leqslant f(t, v(t)), \quad v(t_0) \leqslant u_0 \tag{1.2}$$

则 $v(t) \leqslant u(t)$ $(\forall t \in [t_0, T))$.

比较引理有不同的表达方式. 1.2 节要介绍的 Lyapunov 稳定性定理事实上就是比较引理的一种变体. 下面介绍的著名的 Gronwall (格朗沃尔)-Bellman 不等式事实上也可以看成是比较引理的一种积分形式的变体.

引理 1.1.2 设 $v(t)$ 和 $\gamma(t)$ 均为定义在 $\mathcal{J} = [0, a)(a \leqslant +\infty)$ 上的非负函数, 其中 $v(t)$ 连续而 $\gamma(t)$ 在任何区间上都是可积的. 若又有 $v_0 \geqslant 0$ 使得

$$v(t) \leqslant \int_0^t v(s)\gamma(s)\mathrm{d}s + v_0, \quad \forall t \geqslant 0, t \in \mathcal{J} \tag{1.3}$$

则 $v(t)$ 满足不等式

$$v(t) \leqslant v_0 \exp\left(\int_0^t \gamma(s)\mathrm{d}s\right), \quad \forall t \geqslant 0, t \in \mathcal{J} \tag{1.4}$$

不等式 (1.3) 可以看成是微分不等式 (1.2) 的积分形式. 因此, 其对应的 (积分) 等式 (即比较方程) 为

$$u(t) = \int_0^t u(s)\gamma(s)\mathrm{d}s + v_0, \quad \forall t \geqslant 0, t \in \mathcal{J}$$

对上式微分得到 $\dot{u}(t) = \gamma(t)u(t), u(0) = v_0$ $(\forall t \geqslant 0, t \in \mathcal{J})$. 因此, 根据比较引理可知

$$v(t) \leqslant u(t) = u(0)\exp\left(\int_0^t \gamma(s)\mathrm{d}s\right) = v_0 \exp\left(\int_0^t \gamma(s)\mathrm{d}s\right), \quad \forall t \geqslant 0, t \in \mathcal{J}$$

这就是不等式 (1.4).

1.2 稳定性理论简介

对一个系统进行分析和控制设计, 首要问题是建立描述系统的数学模型. 对于大家所熟知的线性定常系统, 可以采用传递函数模型或者线性状态空间模型 (线

性微分方程) 进行描述. 而对于非线性系统, 则一般采用非线性状态空间模型 (非线性微分方程) 来描述.

为了尽可能清楚地了解系统的运动情况, 即系统状态的变化情况, 人们自然希望能够得到系统状态的解析解. 对于线性定常系统, 这很容易做到. 但是对于非线性系统, 只有在极特殊的情况下才能做到. 既然得不到一般非线性系统状态的解析解, 从理论的角度来讲, 人们总是会关心如下关于系统的解的基本问题:

(1) 存在性, 即系统有没有解.

(2) 唯一性, 即系统的解是否唯一.

(3) 可延拓性, 即系统的解在多大的时间区间上存在.

(4) 稳定性, 即初值偏离期望解会导致实际解与期望解随着时间推移产生多大偏离.

1.2.1　解的存在性、唯一性和可延拓性

考虑非线性系统

$$\dot{x} = f(t, x), \quad t \geqslant t_0 \geqslant 0 \tag{1.5}$$

其中, $f: \mathbf{R}_{\geqslant 0} \times \mathcal{D} \to \mathbf{R}^n$; $\mathcal{D} \subseteq \mathbf{R}^n$ 为非空连通开集. 当 $f(t, x)$ 中不显含时间 t 时, 系统 (1.5) 退化成

$$\dot{x} = f(x), \quad t \geqslant 0 \tag{1.6}$$

称此系统为自治系统或者定常系统. 对应地, 当 $f(t, x)$ 中显含时间 t 时, 称系统为非自治系统或者时变系统. 由于自治系统是非自治系统的特例, 为了一般性, 本节大部分讨论都针对非自治系统进行.

关于系统解的局部存在性, 有如下定理.

定理 1.2.1　设对任意 $x \in \mathcal{D}$, $f(t, x)$ 关于 t 在 $\mathbf{R}_{\geqslant 0}$ 上分段连续, 并且对任意 $t \in \mathbf{R}_{\geqslant 0}$, $f(t, x)$ 关于 x 在 $\mathcal{D}$ 上连续. 那么对任意 $x_0 \in \mathcal{D}$, 存在 $\tau \in \mathbf{R}_{>0}$ 使得系统 (1.5) 在 $[t_0, t_0 + \tau]$ 上存在解 $x: [t_0, t_0 + \tau] \to \mathbf{R}^n$.

系统解的存在唯一性涉及如下 Lipschitz 连续的概念.

定义 1.2.1　给定非空连通开集 $\mathcal{D} \subseteq \mathbf{R}^n$ 和函数 $f: \mathcal{D} \to \mathbf{R}^n$. 若对于点 $x_0 \in \mathcal{D}$, 存在一个邻域 $\mathcal{N} \subseteq \mathcal{D}$ 和一个常数 $L = L(x_0) > 0$ 使得

$$\|f(x) - f(y)\| \leqslant L \|x - y\|, \quad \forall x, y \in \mathcal{N}$$

成立, 则称 f 在 x_0 点 Lipschitz 连续. 若 f 在 $\mathcal{D}$ 上每一点都 Lipschitz 连续, 则称 f 在 $\mathcal{D}$ 上 Lipschitz 连续. 若存在 Lipschitz 常数 $L > 0$ 使得

$$\|f(x) - f(y)\| \leqslant L \|x - y\|, \quad \forall x, y \in \mathcal{D}$$

成立, 则称 f 在 $\mathcal{D}$ 上一致 Lipschitz 连续. 若 f 在 $\mathbf{R}^n$ 上一致 Lipschitz 连续, 则称 f 全局一致 Lipschitz 连续.

Lipschitz 连续强于连续, 但弱于连续可微. 此外, 若 $\mathcal{D}$ 为紧集, 则 "f 在 $\mathcal{D}$ 上 Lipschitz 连续" 等价于 "f 在 $\mathcal{D}$ 上一致 Lipschitz 连续". 有了上述准备, 可以给出如下解的局部存在唯一性定理.

定理 1.2.2 设对任意 $x \in \mathcal{D}$, $f(t,x)$ 关于 t 在 $\mathbf{R}_{\geqslant 0}$ 上分段连续, 且对任意 $t \in \mathbf{R}_{\geqslant 0}$, $f(t,x)$ 关于 x 在 $\mathcal{D}$ 上 Lipschitz 连续. 那么, 对任意 $x_0 \in \mathcal{D}$, 存在 $\tau \in \mathbf{R}_{>0}$ 使得系统 (1.5) 在 $[t_0, t_0+\tau]$ 上存在唯一解 $x : [t_0, t_0+\tau] \to \mathbf{R}^n$.

对于实际的物理系统, 尽管满足全局 Lipschitz 条件的不多, 但是大都能满足局部 Lipschitz 条件. 因此, 一般无须担心解的存在唯一性问题.

说明 1.2.1 定理 1.2.2 意味着系统 (1.5) 在非空连通开集 $\mathcal{D} \subseteq \mathbf{R}^n$ 上唯一解的最大存在区间必然是右开的, 即为 $[t_0, t_0+T_f)$ 的形式; 否则, 重复应用定理 1.2.2 可以不断将解向右延拓, 直至下述三种情形之一发生:

(1) 解始终保持在一个紧集 $\mathcal{D}_{\mathrm{c}} \subset \mathcal{D}$ 内, 解的最大存在区间为 $[t_0, \infty)$.

(2) 解总是保持在 $\mathcal{D}$ 内, 但是在时间趋于无穷时存在解的 (多个或者任意) 点列无限趋近 $\mathcal{D}$ 的边界, 解的最大存在区间为 $[t_0, \infty)$.

(3) 解在有限时间内到达 $\mathcal{D}$ ($\mathcal{D}$ 是开集) 的边界, 解的最大存在区间为 $[t_0, t_0+T_f)$ $(T_f < \infty)$.

因此, 一般总是假设系统唯一解的最大存在区间为 $[t_0, t_0+T_f)$ $(T_f \leqslant \infty)$.

一般总是希望 $T_f = \infty$, 但是现在仅能假设唯一解的最大存在区间为 $[t_0, t_0+T_f)$ $(T_f \leqslant \infty)$, 那么如何判断 T_f 是否等于 ∞ 呢? 一种办法是利用定理 1.2.3 直接证明. 该定理对应于说明 1.2.1 的情形 (1).

定理 1.2.3 设对任意 $x \in \mathcal{D}$, $f(t,x)$ 关于 t 在 $\mathbf{R}_{\geqslant 0}$ 上分段连续, 且对任意 $t \in \mathbf{R}_{\geqslant 0}$, $f(t,x)$ 关于 x 在 $\mathcal{D}$ 上 Lipschitz 连续. 并假设 $\mathcal{D}_{\mathrm{c}} \subset \mathcal{D}$ 为一紧集, 且每一个始于 $x_0 \in \mathcal{D}_{\mathrm{c}}$ 的解 $x : [t_0, t_0+\tau] \to \mathcal{D}$ 都位于 $\mathcal{D}_{\mathrm{c}}$ 内部. 那么, 系统 (1.5) 在 $[t_0, \infty)$ 上存在唯一解 $x : [t_0, \infty) \to \mathbf{R}^n$.

定理 1.2.3 常被应用于 Lyapunov 稳定性证明中. 例如, 在自治系统 Lyapunov 稳定性证明中, 设候选 Lyapunov 函数为 $V(x)$. 取紧集 $\mathcal{D}_{\mathrm{c}} = \{x : 0 \leqslant V(x) \leqslant c\}$. 利用条件 $\dot{V}(x(t)) \leqslant 0$ 可知, 若 $0 \leqslant V(x(0)) \leqslant c$, 则 $0 \leqslant V(x(t)) \leqslant V(x(0)) \leqslant c$ $(\forall t \geqslant 0)$. 故系统在 $[0, \infty)$ 上存在唯一解.

另外一种办法是采用反证法, 需要用到下述 "紧子集兜不住" 定理. 该定理对应于说明 1.2.1 的情形 (3) (说明 1.2.1 的情形 (2) 一般不会用到).

定理 1.2.4 设对任意 $x \in \mathcal{D}$, $f(t,x)$ 关于 t 在 $\mathbf{R}_{\geqslant 0}$ 上分段连续, 且对任意 $t \in \mathbf{R}_{\geqslant 0}$, $f(t,x)$ 关于 x 在 $\mathcal{D}$ 上 Lipschitz 连续. 设 $x(t, x_0)$ 为系统 (1.5) 始于 $x_0 \in \mathcal{D}$ 的解, 其最大存在区间为 $[t_0, t_0+T_f)$ $(T_f < \infty)$. 那么, 对于任意紧子集

$\mathcal{D}_c \subset \mathcal{D}$, 必然存在 $T^* \in [t_0, t_0+T_f)$ 使得 $x(T^*, x_0) \notin \mathcal{D}_c$.

采用反证法证明 $T_f = \infty$ 的原理是: 设系统的唯一解存在的最大区间为 $[t_0, t_0+T_f)$, 其中 $T_f \leqslant \infty$. 首先, 假设 $T_f \neq \infty$, 即 $T_f < \infty$, 根据定理 1.2.4 可知, 对于任意紧子集 $\mathcal{D}_c \subset \mathcal{D}$, 必然存在 $T^* \in [t_0, t_0+T_f)$ 使得 $x(T^*, x_0) \notin \mathcal{D}_c$. 然后, 利用别的方法证明系统的解在 $[t_0, t_0+T_f)$ 位于某个紧子集 $\mathcal{D}_{c0} \subset \mathcal{D}$ 内. 于是矛盾形成. 因此假设不成立, 故有 $T_f = \infty$. 具体的例子可以参见文献 [7].

1.2.2　解的稳定性

对于实际的控制系统, 经常需要使其沿着状态空间中的特定解轨迹运动, 例如使导弹沿着标称弹道运动. 当然, 特定的解轨迹也可以是状态空间中的一个定点, 例如航天器近距离操作相对姿态控制系统的原点. 对于系统 (1.5), 当特定解轨迹是状态空间中的一个定点时, 有

$$f(t, x_e) = 0, \quad \forall t \geqslant t_0$$

这意味着: 若系统初始时刻位于该点上, 则其将始终保持在该点上. 这样的点称为系统的平衡点、平衡状态或平衡解.

由于各种因素的影响, 系统的初始状态一般不会正好位于特定解轨迹上, 这导致实际的解轨迹也会偏离特定解轨迹. 那么, 一个很自然的问题是考察系统对于特定解轨迹的保持能力, 即考察实际的解轨迹会多大程度地偏离特定解轨迹. 下述定理表明, 在一定条件下, 系统 (1.5) 的实际解轨迹相对于特定解轨迹的偏离对于初始时刻的偏离具有连续依赖性.

定理 1.2.5　设对任意 $x \in \mathcal{D}$, $f(t, x)$ 关于 t 在 $\mathbf{R}_{\geqslant 0}$ 上分段连续, 且对任意 $t \in \mathbf{R}_{\geqslant 0}$, $f(t, x)$ 关于 x 在 $\mathcal{D}$ 上 Lipschitz 连续. 设 $x(t)$ 和 $y(t)$ 分别为系统 (1.5) 始于 $x_0 \in \mathcal{D}$ 和 $y_0 \in \mathcal{D}$ 的解, 它们的最大存在区间均包含 $[t_0, t_1]$. 那么, 对任意 $\varepsilon > 0$, 存在 $\delta > 0$ 使得对任意 $t \in [t_0, t_1]$ 都有 $\|x_0 - y_0\| \leqslant \delta$ 蕴含 $\|x(t) - y(t)\| \leqslant \varepsilon$.

定理 1.2.5 表明, 在有限区间上, 只要初值偏差足够小, 它们对应解的最大偏差就不会超过指定的范围. 那么, 上述结论能否推广到无限时间区间 $[0, \infty)$ 上呢? 这就涉及解的稳定性问题了.

当研究系统解的稳定性时, 不失一般性, 可以假设系统 (1.5) 的平衡点为原点, 即假设 $f(t, 0) = 0, \forall t \geqslant t_0$. 这是因为对于非零平衡点以及更一般的复杂特定解轨迹的讨论, 总可以转化为对于零平衡点的讨论. 对此问题感兴趣的读者可以参阅相关文献, 如文献 [3] 和文献 [8] 等, 这里不再赘述.

为使后面的叙述更加简洁, 根据前面的讨论, 这里将对系统 (1.5) 的约定明确如下: 对任意 $x \in \mathcal{D}$, $f(t, x)$ 关于 t 在 $\mathbf{R}_{\geqslant 0}$ 上分段连续, 且对任意 $t \geqslant 0$, $f(t, x)$

关于 x 在 $\mathcal{D}$ 上 Lipschitz 连续; 对任意 $t \geqslant 0$ 都有 $f(t,0)=0$, 即系统具有零平衡点.

定义 1.2.2 考虑非线性系统 (1.5).

(1) 若对任意 $\varepsilon > 0$, 存在 $\delta = \delta(t_0,\varepsilon) > 0$ 使得 $\|x(t_0)\| \leqslant \delta$ 蕴含 $\|x(t)\| \leqslant \varepsilon$ $(\forall t \geqslant t_0)$, 则称系统的零平衡点稳定 (或称系统的零平衡点在 Lyapunov 意义下是稳定的).

(2) 进一步, 若 $\delta = \delta(\varepsilon)$, 即 δ 与 t_0 的选择无关, 则称系统的零平衡点一致稳定.

(3) 如果系统的零平衡点非 (NOT) 稳定, 则称其零平衡点不稳定.

在不稳定的定义中, "非 (NOT) " 应该理解为逻辑运算 "非"(符号为 $\neg$), "非" 稳定即是对于稳定性定义陈述的否定, 这需要用到如下关于陈述的否定的对偶法则:

(1) $\neg(\exists p_0, Q) \Leftrightarrow \forall p, \neg Q$.

(2) $\neg(\forall p, Q) \Leftrightarrow \exists p_0, \neg Q$.

根据上述规则, 即可以利用系统 (1.5) 的零平衡点稳定的数学描述方便地写出零平衡点不稳定的数学描述. 此处不予赘述.

稳定性描述了解的这样一种性质: 只要初值选得和平衡点足够近 (用 δ 来刻画), 则系统的解一定始终不会偏离平衡点太远 (用 ε 来刻画). 也就是说, 它描述了系统的解保持在平衡点附近的能力. 但这是一种比较 "虚" 的描述, 即没有关于初值范围的精确刻画; 同时, 它也不能反映偏离平衡点的解能否逐渐回到平衡点. 下面介绍的吸引性的概念则相对来说要 "实" 得多, 而且反映了偏离平衡点的解能否逐渐回到平衡点.

定义 1.2.3 考虑非线性系统 (1.5).

(1) 若对任意 $t_0 \geqslant 0$, 存在 $\eta = \eta(t_0)$ 使得对任意 $x(t_0) \in \mathcal{B}^n(\eta)$ 都有

$$\lim_{t\to\infty} \|x(t)\| = 0 \tag{1.7}$$

成立, 则称零平衡点吸引.

(2) 若对任意 $t_0 \geqslant 0$ 和任意 $x(t_0) \in \mathbf{R}^n$ 都有式 (1.7) 成立, 则称零平衡点全局吸引.

(3) 若存在 $\eta > 0$ 使得对任意 $t_0 \geqslant 0$ 和任意 $x(t_0) \in \mathcal{B}^n(\eta)$, 当 $t \to \infty$ 时, $x(t)$ 关于 t_0 和 x_0 一致收敛到零, 也就是说, 若存在 $\eta > 0$ 使得对任意 $\varepsilon > 0$, 存在 $T = T(\eta,\varepsilon)$ 使得对任意 $t_0 \geqslant 0$ 和任意 $x(t_0) \in \mathcal{B}^n(\eta)$ 都有 $\|x(t)\| \leqslant \varepsilon$ $(\forall t \geqslant t_0 + T(\eta,\varepsilon))$, 则称零平衡点一致吸引.

(4) 若对任意 $\eta > 0$ 和任意 $\varepsilon > 0$, 存在 $T = T(\eta,\varepsilon)$ 使得对任意 $t_0 \geqslant 0$ 和任意 $x(t_0) \in \mathcal{B}^n(\eta)$ 都有 $\|x(t)\| \leqslant \varepsilon$ $(\forall t \geqslant t_0 + T(\eta,\varepsilon))$, 则称零平衡点全局一致

吸引.

吸引性不但描述了初始偏离平衡点的解能逐渐接近平衡点, 而且描述了偏离多大时可以做到这一点. 集合 $\mathcal{B}^n(\eta)$ 称为系统零平衡点的吸引域的一个估计, 它是系统零平衡点吸引域 $\mathbf{R}_A$ 的一个子集. 一般地, 稳定性和吸引性之间没有蕴含关系, 即稳定 $\nRightarrow$ 吸引, 吸引 $\nRightarrow$ 稳定. 但对于线性系统, 吸引性蕴含稳定性.

在实际应用中, 人们自然希望系统初值偏离平衡点的解能够保持在平衡点附近, 而且在初始有较大偏离时能够逐渐回到平衡点, 于是引出了渐近稳定的概念.

定义 1.2.4　考虑非线性系统 (1.5).

(1) 若其零平衡点稳定且吸引, 则称其零平衡点渐近稳定.

(2) 若其零平衡点稳定且全局吸引, 则称其零平衡点全局渐近稳定.

(3) 若其零平衡点一致稳定且一致吸引, 则称其零平衡点一致渐近稳定.

(4) 若其零平衡点一致稳定且全局一致吸引, 同时系统的解是全局一致有界的, 即在一致稳定性定义中, 可以选择 $\delta(\varepsilon)$ 使得 $\delta(\varepsilon) \overset{\varepsilon\to\infty}{\longrightarrow} \infty$, 则称其零平衡点全局一致渐近稳定.

在实际应用中, 人们不但希望系统的零平衡点一致渐近稳定, 而且希望初值偏离平衡点的解能够按照一定的速度趋近于平衡点, 于是引出了指数稳定的概念.

定义 1.2.5　考虑非线性系统 (1.5).

(1) 若存在正常数 r、k 和 λ 使得对任意 $t_0 \geqslant 0$ 和任意 $x(t_0) \in \mathcal{B}^n(r)$ 都有

$$\|x(t)\| \leqslant k\|x_0\|\mathrm{e}^{-\lambda(t-t_0)}, \quad \forall t \geqslant t_0 \tag{1.8}$$

则称其零平衡点是指数稳定的.

(2) 若存在正常数 k 和 λ 使得对任意 $t_0 \geqslant 0$ 和任意 $x(t_0) \in \mathbf{R}^n$ 都有式 (1.8) 成立, 则称其零平衡点是全局指数稳定的.

对自治系统而言, 稳定性对时间的一致性是自然成立的. 因此, 自治系统只有一致稳定、一致渐近稳定和指数稳定的概念.

需要指出的是, 对于非线性系统, 由于其平衡点可能不是唯一的, 而且不同平衡点可能有不同的稳定性, 所以一般不说非线性系统是稳定的, 而说某个平衡点是稳定的. 如果系统只有一个平衡点, 也经常将系统 (包括非自治系统和自治系统) 平衡点的稳定性直接说成系统的稳定性.

1.2.3　楔函数和正定函数

显然, 用定义判断系统的稳定性需要其解的完整信息, 这是不现实的. 所幸俄国数学家和力学家 Lyapunov 创立了一套不需要求解微分方程的判断稳定性的直接方法. 为了系统性地介绍这种方法, 本节简要介绍楔函数和正定函数的概念.

下面介绍楔函数的定义. 楔函数也称为比较函数, 在稳定性理论中具有重要的作用.

定义 1.2.6 若连续标量函数 $\alpha:[0,a)\to[0,\infty)$ 严格单调递增且 $\alpha(0)=0$, 则称其为 $\mathcal{K}$ 类函数 (或楔函数). 进一步, 若其还满足 $a=\infty$ 且 $\alpha(r)\xrightarrow{r\to\infty}\infty$, 则称其为 $\mathcal{K}_\infty$ 类函数.

定义 1.2.7 若连续标量函数 $\beta(r,s):[0,a)\times[0,\infty)\to[0,\infty)$ 对于任意固定的 s 是 $\mathcal{K}$ 类函数, 而对于任意固定的 r 是关于 s 的单调递减函数, 且 $\beta(r,\infty)=0$, 则称其为 $\mathcal{KL}$ 类函数.

楔函数具有许多有趣的性质, 这里列举其中的一部分. 设 $\alpha_i(r)\ (i=1,2)$ 是 $\mathcal{K}$ 类函数, $\alpha_i(r)\ (i=3,4)$ 是 $\mathcal{K}_\infty$ 类函数, $\beta(r,s):[0,a)\times[0,\infty)\to[0,\infty)$ 是 $\mathcal{KL}$ 类函数, 则 $\alpha_1(\alpha_2(r))$ 和 $\alpha_1^{-1}(r)$ 都是 $\mathcal{K}$ 类函数, $\alpha_3(\alpha_4(r))$ 和 $\alpha_3^{-1}(r)$ 都是 $\mathcal{K}_\infty$ 类函数, 而 $\alpha_i(\beta(\alpha_j(r),s))\ (i,j=1,2,3,4)$ 都是 $\mathcal{KL}$ 类函数. 对任意 $r_i\geqslant 0\ (i=1,2)$ 都有

$$\alpha_1(r_1+r_2)\leqslant\alpha_1(2r_1)+\alpha_1(2r_2)$$

此外, 总存在两个 $\mathcal{K}_\infty$ 类函数 $\theta(r)$ 和 $\gamma(r)$ 使得

$$\beta(r,s)\leqslant\gamma(\theta(r)\mathrm{e}^{-s}),\quad \forall r\in[0,a),\ \forall s\in[0,\infty)$$

楔函数的一个重要性质是可以刻画所谓比较方程的解的收敛性.

引理 1.2.1 考虑标量非线性微分方程

$$\dot{y}=-\alpha(y),\quad t\geqslant 0,\ y(0)=y_0$$

其中, $\alpha(r)$ 是定义在 $[0,a)$ 上的局部 Lipschtiz 的 $\mathcal{K}$ 类函数, 则该方程对所有 $0\leqslant y_0<a$ 都有解 $y(t)$, 且满足 $y(t)=\beta(y_0,t))\ (\forall t\geqslant 0)$, 这里 $\beta(r,s):[0,a)\times[0,\infty)\to[0,\infty)$ 是 $\mathcal{KL}$ 类函数.

利用楔函数, 还可以很容易地给出不同稳定性的等价定义.

定理 1.2.6 非线性系统 (1.5) 的零平衡点是:

(1) 一致稳定的, 当且仅当存在 $\mathcal{K}$ 类函数 $\alpha(r)$ 和与 t_0 无关的正常数 c 使得

$$\|x(t)\|\leqslant\alpha(\|x(t_0)\|),\quad \forall t\geqslant t_0,\ \forall\|x(t_0)\|<c$$

(2) 一致渐近稳定的, 当且仅当存在 $\mathcal{KL}$ 类函数 $\beta(r,s)$ 和与 t_0 无关的正常数 c 使得

$$\|x(t)\|\leqslant\beta(\|x(t_0)\|,t-t_0),\quad \forall t\geqslant t_0,\ \forall\|x(t_0)\|<c$$

(3) 全局一致渐近稳定的, 当且仅当上式对任意 $x(t_0)$ 都成立.

(4) 全局一致渐近稳定和局部指数稳定的, 当且仅当对任意一个在原点处可微的 $\mathcal{K}$ 类函数 $\gamma(r)$, 存在在原点处可微的 $\mathcal{K}$ 类函数 $\alpha(r)$ 和正常数 λ 使得

$$\gamma(\|x(t)\|) \leqslant \alpha(\|x(t_0)\|)\mathrm{e}^{-\lambda(t-t_0)}, \quad \forall t \geqslant t_0, \ \forall x(t_0) \in \mathbf{R}^n$$

证明　本定理结论 (1) ~ (3) 的证明见文献 [3].

结论 (4) 充分性的证明: 全局一致吸引性是显然的. 下面证明局部指数稳定性. 设 $\gamma(r) = r$. 则存在在原点处可微的 $\mathcal{K}$ 类函数 $\alpha(r)$ 和正常数 λ 使得

$$\|x(t)\| \leqslant \alpha(\|x(t_0)\|)\mathrm{e}^{-\lambda(t-t_0)}, \quad \forall t \geqslant t_0, \ \forall x(t_0) \in \mathbf{R}^n$$

由于 $\alpha(r)$ 在原点处可微, 当 $r \to 0$ 时 $\alpha(r)/r$ 存在, 所以存在正常数 d 使得

$$k = \sup_{0 \leqslant r \leqslant d} \left\{ \frac{\alpha(r)}{r} \right\} < \infty$$

当 $\|x(t_0)\| \leqslant d$ 时有

$$\|x(t)\| \leqslant \frac{\alpha(\|x(t_0)\|)}{\|x(t_0)\|} \|x(t_0)\|\mathrm{e}^{-\lambda(t-t_0)} \leqslant k\|x(t_0)\|\mathrm{e}^{-\lambda(t-t_0)}, \quad \forall t \geqslant t_0$$

局部指数稳定性得证.

结论 (4) 必要性的证明: 见文献 [9] 的引理 10.1.6. 证毕. □

下面给出正定函数的概念.

定义 1.2.8　考虑函数 $W : \mathcal{D} \to \mathbf{R}$, $W(0) = 0$, 其中 $\mathcal{D} \subseteq \mathbf{R}^n$ 为包含原点的非空连通集合.

(1) 若 $W(x) \geqslant 0, \forall x \in \mathcal{D}$, 则称 $W(x)$ 为 $\mathcal{D}$ 上的半正定函数.

(2) 若 $W(x) \geqslant 0, \forall x \in \mathcal{D}$ 且 $W(x) = 0$ 当且仅当 $x = 0$ 且 $x \in \mathbf{R}^n$, 则称 $W(x)$ 为 $\mathcal{D}$ 上的正定函数.

(3) 若 $-W(x)$ 是 $\mathcal{D}$ 上的半正定函数, 则称 $W(x)$ 为 $\mathcal{D}$ 上的半负定函数.

(4) 若 $-W(x)$ 是 $\mathcal{D}$ 上的正定函数, 则称 $W(x)$ 为 $\mathcal{D}$ 上的负定函数.

在定义 1.2.8 中, 如果 $\mathcal{D} \neq \mathbf{R}^n$, 则通常称 $W(x)$ 为局部正定/负定/半正定/半负定函数; 否则, 直接称 $W(x)$ 为正定/负定/半正定/半负定函数. 此外, 如果正定函数 $W(x)$ 满足当 $\|x\| \to \infty$ 时有 $W(x) \to \infty$, 则称其为径向无界的. 下面给出半正定函数的一个简单的性质.

引理 1.2.2　设 $V(x) \in \mathcal{C}^2(\mathbf{R}^n, \mathbf{R}_{\geqslant 0})$ 是半正定函数, 则有

$$\frac{\partial V(0)}{\partial x} = 0, \quad \frac{\partial^2 V(0)}{\partial x^2} \geqslant 0$$

证明　在球心为原点的单位球内, 将 $V(x)$ 在原点处展成 Taylor 级数

$$V(x)=\frac{\partial V(0)}{\partial x}x+x^{\mathrm{T}}\frac{\partial^2 V(\xi)}{\partial x^2}x \tag{1.9}$$

其中, $\|x\|\leqslant 1, \|\xi\|\leqslant 1$. 假设 $\partial V(0)/\partial x\neq 0$, 则存在 $x_0\in\mathbf{R}^n$ 使得 $\|x_0\|=1$ 和 $(\partial V(0)/\partial x)x_0=-c_1>0$. 那么, 对任意 $\varepsilon\in[0,1]$ 都有

$$\begin{aligned}V(\varepsilon x_0)&=\varepsilon\frac{\partial V(0)}{\partial x}x_0+\varepsilon^2x_0^{\mathrm{T}}\frac{\partial^2 V(\xi)}{\partial x^2}x_0\\&\leqslant -c_1\varepsilon+\varepsilon^2\|x_0\|^2\sup_{\|\xi\|\leqslant 1}\left\{\frac{\partial^2 V(\xi)}{\partial x^2}\right\}\\&=-c_1\varepsilon+c_2\varepsilon^2\end{aligned}$$

这表明当 $\varepsilon\in(0,c_1/c_2)$ 时有 $V(\varepsilon x_0)<0$. 矛盾. 因此 $\partial V(0)/\partial x=0$. 此时, 由式 (1.9) 很容易说明 $\partial^2 V(0)/\partial x^2\geqslant 0$. 证毕. □

引理 1.2.2 表明半正定函数在原点处的 Jacobian 矩阵必为 0, 在原点处的 Hessian (海森) 矩阵必为半正定. 需要指出的是, 即使 $V(x)$ 是正定函数, 其在原点处的 Hessian 矩阵也未必正定. 例如, $V(x)=x^4$ $(x\in\mathbf{R})$.

正定函数也可用楔函数进行表征.

引理 1.2.3　*设 $W:\mathcal{D}\to\mathbf{R}$ 是连续函数, $W(0)=0$, 其中 $\mathcal{D}\subseteq\mathbf{R}^n$ 为包含原点的非空连通集合, 则该函数是:*

(1) 局部正定函数当且仅当存在正常数 a 和 $\mathcal{K}$ 类函数 $\alpha_i(r)$ $(i=1,2)$ 使得

$$\alpha_1(\|x\|)\leqslant W(x)\leqslant\alpha_2(\|x\|),\quad\forall\|x\|<a$$

(2) 正定函数当且仅当上式对所有 x 都成立.

(3) 径向无界的正定函数当且仅当上式对所有 x 都成立且 $\alpha_1(r)$ 是 $\mathcal{K}_\infty$ 类函数.

1.2.4　Lyapunov 稳定性理论

Lyapunov 理论不仅给出了各种稳定性的明确数学定义, 还给出了判别稳定性的一般性方法, 即 Lyapunov 直接法: 对系统构造一个类似能量的标量函数 (称为 Lyapunov 函数), 利用 Lyapunov 函数沿着系统的变化情况就可以洞见系统状态的变化情况, 这样就避免了对复杂非线性系统进行求解的难题. Lyapunov 函数沿着系统的变化情况可以通过 Lyapunov 函数沿着系统的时间导数来直接反映.

下面给出判定各种稳定性的 Lyapunov 稳定性定理.

定理 1.2.7　考虑函数 $V(t,x)\in\mathcal{C}^1(\mathbf{R}_{\geqslant 0}\times\mathcal{D},\mathbf{R})$, 其中 $\mathcal{D}\subseteq\mathbf{R}^n$ 为包含原点的非空连通开集. 设 $a>0$ 使得 $\mathcal{B}^n(a)\subset\mathcal{D}$. 假设

$$\alpha_1(\|x\|)\leqslant V(t,x)\leqslant\alpha_2(\|x\|) \tag{1.10}$$

$$\dot V(t,x)\overset{\text{def}}{=\!=}\frac{\partial V(t,x)}{\partial t}+\frac{\partial V(t,x)}{\partial x}f(t,x)\leqslant -W(x) \tag{1.11}$$

对任意 $t\geqslant 0$ 和任意 $x\in\mathcal{B}^n(a)$ 都成立, 其中 $\alpha_1(r)$ 和 $\alpha_2(r)$ 为定义在 $[0,a)$ 上的 $\mathcal{K}$ 类函数.

(1) 若 $W(x)$ 为 $\mathcal{D}$ 上的连续半正定函数, 则系统 (1.5) 的零平衡点一致稳定.

(2) 若 $W(x)$ 为 $\mathcal{D}$ 上的连续正定函数, 则系统 (1.5) 的零平衡点一致渐近稳定.

(3) 若 $\mathcal{D}=\mathbf{R}^n$, $\alpha_1(r)$ 为 $\mathcal{K}_\infty$ 类函数, $W(x)$ 为连续正定函数, 且式 (1.10) 和式 (1.11) 对所有 x 都成立, 则系统 (1.5) 的零平衡点全局一致渐近稳定.

(4) 若 $\alpha_i(r)=k_ir^m$ $(i=1,2)$, $W(x)\geqslant k\|x\|^m$, 其中 k_i $(i=1,2)$、k、m 都是正常数, 则系统 (1.5) 的零平衡点局部指数稳定. 如果式 (1.10) 和式 (1.11) 对所有 x 都成立, 则系统 (1.5) 的零平衡点全局指数稳定.

证明　本定理的证明可以参见文献 [3]. 出于特定的目的, 这里简要给出结论 (3) 的证明. 由于 $W(x)$ 是正定函数, 根据引理 1.2.3, 存在 $\mathcal{K}$ 类函数 $\alpha_3(r)$ 使得 $\alpha_3(\|x\|)\leqslant W(x)$. 因此, 根据式 (1.10) 和式 (1.11) 有

$$\dot V(t,x)\leqslant-\alpha_3(\|x\|)\leqslant-\alpha_3(\alpha_2^{-1}(V)),\quad \forall t\geqslant t_0\geqslant 0$$

根据比较引理 (引理 1.1.1) 和引理 1.2.1 可知存在 $\mathcal{KL}$ 类函数 $\beta(r,s)$ 使得

$$V(t,x)\leqslant\beta(V(t_0,x(t_0)),t-t_0)\leqslant\beta(\alpha_2(\|x(t_0)\|),t-t_0),\quad \forall t\geqslant t_0\geqslant 0$$

又由于 $\alpha_1(r)$ 是 $\mathcal{K}_\infty$ 类函数, 故有 $\|x\|\leqslant\alpha_1^{-1}(\beta(\alpha_2(\|x(t_0)\|),t-t_0))$. 根据定理 1.2.6, 系统 (1.5) 是全局一致渐近稳定的. 证毕. □

从上面的证明可以看出, Lyapunov 方法本质上是 (利用比较引理) 将向量值系统的分析转化成标量函数 (Lyapunov 函数) 满足的微分不等式的分析, 间接地得到原系统状态的性质. 基于这样的思想可以处理更复杂的情形. 下面介绍两种情况. 首先介绍有限时间稳定性定理.

定理 1.2.8　设存在函数 $V(t,x)\in\mathcal{C}^1(\mathbf{R}_{\geqslant 0}\times\mathbf{R}^n,\mathbf{R})$ 使得条件 (1.10) 和不等式

$$\dot V(t,x)\overset{\text{def}}{=\!=}\frac{\partial V(t,x)}{\partial t}+\frac{\partial V(t,x)}{\partial x}f(t,x)\leqslant -kV^\alpha(t,x),\quad \forall t\geqslant 0$$

对任意 $t \geqslant 0$ 和任意 $x \in \mathbf{R}^n$ 都成立, 其中, 常数 $k > 0, \alpha \in (0,1)$, 则系统 (1.5) 的状态 $x(t)$ 有限时间收敛到并保持为零, 并且收敛时间满足

$$T_{\mathrm{s}} \leqslant \frac{V^{1-\alpha}(0, x(0))}{k(1-\alpha)}$$

证明　令 $g(t) = \dot{V}(t,x) + kV^{\alpha}(t,x) \leqslant 0$, 则有 $\dot{V}(t,x) = -kV^{\alpha}(t,x) + g(t)$. 令 $z(t) = V^{1-\alpha}(t,x) \geqslant 0$, 则有

$$\begin{aligned}\dot{z}(t) &= (1-\alpha)V^{-\alpha}(t,x)\dot{V}(t,x)\\ &= (1-\alpha)V^{-\alpha}(t,x)(-kV^{\alpha}(t,x) + g(t))\\ &= -k(1-\alpha) + (1-\alpha)V^{-\alpha}(t,x)g(t)\end{aligned}$$

由此可得

$$\begin{aligned}z(t) &= z(0) - k(1-\alpha)t + (1-\alpha)\int_0^t V^{-\alpha}(\tau, x(\tau))g(\tau)\mathrm{d}\tau\\ &\leqslant z(0) - k(1-\alpha)t\end{aligned}$$

考虑到 $z(t) \geqslant 0$, 可知当 $0 \leqslant t \leqslant z(0)/(k(1-\alpha))$ 时有 $z(t) \leqslant z(0) - k(1-\alpha)t$; 当 $t > z(0)/(k(1-\alpha))$ 时有 $z(t) = 0$, 即 $z(t)$ 有限时间收敛到零. 根据比较引理可知 $V(t,x)$ 有限时间收敛到零, 且收敛时间满足

$$T_{\mathrm{s}} \leqslant \frac{z(0)}{k(1-\alpha)} = \frac{V^{1-\alpha}(0, x(0))}{k(1-\alpha)}$$

由于 $V(t,x)$ 是正定函数, 故 $x(t)$ 也有限时间收敛到零. 证毕. □

从定理 1.2.8 的证明可以看出, 将 $V(t,x)$ 换成任何时间的非负函数 $V(t)$, 可以得到 $V(t)$ 有限时间收敛到并保持为零的结论.

其次介绍一类关于标量函数性质的定理.

定理 1.2.9　设存在函数 $V(t,x) \in \mathcal{C}^1(\mathbf{R}_{\geqslant 0} \times \mathbf{R}^n, \mathbf{R})$ 使得条件 (1.10) 对任意 $t \geqslant 0$ 和任意 $x \in \mathbf{R}^n$ 都成立. 令 $\alpha(r)$ 为 $\mathcal{K}$ 类函数.

(1) 如果存在 $c > 0$ 使得对任意 $t \geqslant t_0$ 和任意 $x \in \mathbf{R}^n$ 都有

$$V(t,x) \geqslant c \Rightarrow \dot{V}(t,x) \xlongequal{\text{def}} \frac{\partial V(t,x)}{\partial t} + \frac{\partial V(t,x)}{\partial x} f(t,x) \leqslant -\alpha(\|x\|)$$

成立, 则存在有限时间 $T = T(t_0, x(t_0))$ 使得 $V(t, x(t)) \leqslant c$ $(\forall t \geqslant t_0 + T)$.

(2) 如果存在 $c>0$ 使得对任意 $t\geqslant t_0$ 和任意 $x\in\mathbf{R}^n$ 都有

$$V(t,x)\leqslant c\Rightarrow \dot V(t,x)\overset{\text{def}}{=\!=}\frac{\partial V(t,x)}{\partial t}+\frac{\partial V(t,x)}{\partial x}f(t,x)\leqslant 0$$

成立, 则 $V(t_0,x(t_0))\leqslant c$ 蕴含 $V(t,x(t))\leqslant c\ (\forall t\geqslant t_0)$.

(3) 如果存在 $c>0$ 使得对任意 $t\geqslant t_0$ 和任意 $x\in\mathbf{R}^n$ 都有

$$V(t,x)\leqslant c\Rightarrow \dot V(t,x)\overset{\text{def}}{=\!=}\frac{\partial V(t,x)}{\partial t}+\frac{\partial V(t,x)}{\partial x}f(t,x)\leqslant -\alpha(\|x\|)$$

成立, 则 $V(t_0,x(t_0))\leqslant c$ 蕴含 $V(t,x(t))\leqslant c\ (\forall t\geqslant t_0)$ 且 $V(t,x(t))\overset{t\to\infty}{\longrightarrow}0$.

在实践中, 可以灵活运用 "将向量值系统的分析转化成标量函数的分析" 的思路来分析和解决各种问题. 下面是一个简单的例子.

例 1.2.1　考虑具有输入饱和的线性系统

$$\dot x=Ax+b\sigma(u)$$

其中, $(A,b)\in(\mathbf{R}^{n\times n},\mathbf{R}^{n\times 1})$ 能控, 且 A 是反稳定矩阵, 即 A 的所有特征值都具有正实部. 根据线性系统理论, 存在正常数 ρ 和正定矩阵 P 使得 $A^{\mathrm T}P+PA\geqslant\rho P$. 标量函数 $V(x)=x^{\mathrm T}Px$ 沿着系统的时间导数满足

$$\begin{aligned}\dot V(x)&=x^{\mathrm T}(A^{\mathrm T}P+PA)x+2x^{\mathrm T}Pb\sigma(u)\\&\geqslant\rho x^{\mathrm T}Px-\frac12\rho x^{\mathrm T}Px-\frac{2b^{\mathrm T}Pb}{\rho}\sigma^2(u)\\&\geqslant\frac12\rho x^{\mathrm T}Px-\frac{2b^{\mathrm T}Pb}{\rho}\\&=\frac12\rho\left(V(x)-\frac{4b^{\mathrm T}Pb}{\rho^2}\right)\end{aligned}$$

这表明, 如果初值 $x(0)$ 使得 $V(x(0))>4b^{\mathrm T}Pb/\rho^2$, 则 $\dot V(x)|_{t=0}>0$, $V(x)$ 增大, 进而导致 $\dot V(x)>0$, 即 $V(x)$ 继续增大. 因此, 满足 $V(x(0))>4b^{\mathrm T}Pb/\rho^2$ 的初始状态不可能被驱动到原点, 也就是说该系统不可能实现全局镇定.

1.2.5　Lyapunov 稳定性逆定理

Lyapunov 稳定性定理给出了判断非线性系统稳定性的充分条件. 事实上, 在一定条件下, Lyapunov 稳定性定理中的条件也是必要的. 这就是所谓的 Lyapunov 稳定性逆定理. 下面介绍四种情形下的 Lyapunov 稳定性逆定理. 首先介绍局部一致渐近稳定性的 Lyapunov 稳定性逆定理.

定理 1.2.10　设非线性系统 (1.5) 是局部一致渐近稳定的, 函数 $f(t,x)$ 连续可微, 且存在 $r>0$ 使得 Jacobian 矩阵 $\partial f(t,x)/\partial x$ 在 $\mathcal{B}^n(r)$ 上关于 t 一致有界, 则存在 $r_0\in(0,r]$ 和连续可微的 Lyapunov 函数 $V(t,x)$ 使得

$$\alpha_1(\|x\|)\leqslant V(t,x)\leqslant\alpha_2(\|x\|)$$

$$\dot V(t,x)\overset{\text{def}}{=\!=}\frac{\partial V(t,x)}{\partial t}+\frac{\partial V(t,x)}{\partial x}f(t,x)\leqslant-\alpha_3(\|x\|)$$

$$\left\|\frac{\partial V(t,x)}{\partial x}\right\|\leqslant\alpha_4(\|x\|)$$

对所有 $t\geqslant0$ 和 $\|x\|\leqslant r_0$ 都成立, 其中, α_i $(i=1,2,3,4)$ 是 $\mathcal{K}$ 类函数. 此外, 如果系统是自治的, 则 Lyapunov 函数 $V(t,x)$ 可选为与 t 无关.

其次介绍指数稳定性的 Lyapunov 稳定性逆定理.

定理 1.2.11　设非线性系统 (1.5) 的零平衡点是局部指数稳定的, 函数 $f(t,x)$ 连续可微, 且存在 $r>0$ 使得 Jacobian 矩阵 $\partial f(t,x)/\partial x$ 在 $\mathcal{B}^n(r)$ 上关于 t 一致有界, 则存在 $r_0\in(0,r]$ 和连续可微的 Lyapunov 函数 $V(t,x)$ 使得

$$k_1\|x\|^2\leqslant V(t,x)\leqslant k_2\|x\|^2$$

$$\dot V(t,x)\overset{\text{def}}{=\!=}\frac{\partial V(t,x)}{\partial t}+\frac{\partial V(t,x)}{\partial x}f(t,x)\leqslant-k_3\|x\|^2$$

$$\left\|\frac{\partial V(t,x)}{\partial x}\right\|\leqslant k_4\|x\|$$

对所有 $t\geqslant0$ 和 $\|x\|\leqslant r_0$ 都成立, 其中, k_i $(i=1,2,3,4)$ 是正常数. 此外, 如果 $r=\infty$ 且系统 (1.5) 全局指数稳定, 则上述三个不等式对所有 $t\geqslant0$ 和 x 都成立.

然后介绍全局渐近稳定性的 Lyapunov 稳定性逆定理.

定理 1.2.12　考虑非线性自治系统 (1.6), 其中, $f(x)$ 是局部 Lipschtiz 函数. 设系统的零平衡点是全局渐近稳定的, 则存在光滑的 Lyapunov 函数 $V(x)$ 使得

$$\alpha_1(\|x\|)\leqslant V(x)\leqslant\alpha_2(\|x\|)$$

$$\dot V(x)\overset{\text{def}}{=\!=}\frac{\partial V(x)}{\partial x}f(x)\leqslant-\alpha_3(\|x\|)$$

对所有 x 都成立, 其中, $\alpha_i(r)$ $(i=1,2)$ 是 $\mathcal{K}_\infty$ 类函数, $\alpha_3(r)$ 是 $\mathcal{K}$ 类函数.

最后介绍全局渐近稳定性 + 局部指数稳定性的 Lyapunov 稳定性逆定理.

定理 1.2.13　考虑非线性自治系统 (1.6), 其中, $f(x)$ 是局部 Lipschtiz 函数, 则其零平衡点是全局渐近稳定和局部指数稳定的, 当且仅当存在正常数 a、k_i $(i=1,2,3)$ 和光滑的 Lyapunov 函数 $V(x)$ 使得

$$\alpha_1(\|x\|) \leqslant V(x) \leqslant \alpha_2(\|x\|)$$

$$\dot{V}(x) \xlongequal{\text{def}} \frac{\partial V(x)}{\partial x} f(x) \leqslant -\alpha_3(\|x\|)$$

对所有 x 都成立, 其中, $\alpha_i(r)$ $(i=1,2,3)$ 是 $\mathcal{K}$ 类函数, $\alpha_i(r)=k_i r^2, \forall r \in [0,a]$ (即 $V(x)$ 是局部二次函数).

定理 1.2.10 ~ 定理 1.2.13 的证明参见文献 [3] 和 [9], 这里从略.

1.2.6　LaSalle 不变原理

在利用 Lyapunov 定理判断系统的渐近稳定性时, 要求 Lyapunov 函数的导数是负定的, 这是一个比较强的要求 (该要求对非自治系统而言可在一定程度上放松 [10]). 利用 LaSalle (拉萨尔) 不变原理可以在更弱的条件下, 即在 Lyapunov 函数的导数为半负定的条件下, 判断自治系统 (1.6) 的渐近稳定性. 以下均假设 $f: \mathcal{D} \to \mathbf{R}^n$ 在 $\mathcal{D}$ 上 Lipschitz 连续.

定义 1.2.9　考虑非线性系统 (1.6). 如果对任意 $x(0) \in \mathcal{M}$ 都有 $x(t) \in \mathcal{M}$ $(\forall t \geqslant 0)$, 则称 $\mathcal{M} \subseteq \mathcal{D}$ 为其正不变集 (或直接称为不变集).

下面的定理常被称为 LaSalle 不变原理.

定理 1.2.14　设 $\mathcal{P} \subset \mathcal{D}$ 为系统 (1.6) 的一个正不变紧集. 设存在函数 $V(x) \in \mathcal{C}^1(\mathcal{D}, \mathbf{R})$ 使得 $\dot{V}(x)$ 在 $\mathcal{P}$ 内半负定. 设 $\mathcal{E} = \{x \in \mathcal{P} : \dot{V}(x) = 0\}$, $\mathcal{M}$ 是 $\mathcal{E}$ 内的最大不变集, 则当 $t \to \infty$ 时, 始于 $\mathcal{P}$ 内的每一个解都趋近于 $\mathcal{M}$.

推论 1.2.1　考虑非线性系统 (1.6). 设存在正定函数 $V(x) \in \mathcal{C}^1(\mathcal{D}, \mathbf{R}_{\geqslant 0})$ 使得 $\dot{V}(x)$ 在 $\mathcal{D}$ 上半负定. 设 $S = \{x \in \mathcal{D} : \dot{V}(x) = 0\}$, 且只有零解保持在 $\mathcal{S}$ 内, 则零平衡点渐近稳定. 进一步, 若 $\mathcal{D} = \mathbf{R}^n$ 且 $V(x)$ 径向无界, 则零平衡点全局渐近稳定.

下面给出一个定义.

定义 1.2.10　考虑非线性系统 (1.6). 如果 $y(t) \xlongequal{\text{def}} h(x) \equiv 0$ 蕴含 $x(t) \equiv 0$, 则称其关于输出 $y = h(x)$ 是零状态能观测的; 如果 $y(t) = h(x) \equiv 0$ 蕴含 $x(t) \xrightarrow{t \to \infty} 0$, 则称其关于输出 $y = h(x)$ 是零状态能检测的.

显然, 零状态能观测性蕴含零状态能检测性. 对于线性系统, 零状态能检测性和零状态能观测性分别等价于能检测性和能观测性. 如果系统的输出是定义好的, 也可直接称系统是零状态能检测/能观测的 (即省略 “关于输出”). 基于定义 1.2.10 和 LaSalle 不变原理可以得到下面的结论.

推论 1.2.2 考虑非线性系统 (1.6). 设存在径向无界的正定函数 $V(x) \in \mathcal{C}^1(\mathbf{R}^n, \mathbf{R}_{\geqslant 0})$ 使得

$$\dot{V}(x) \xlongequal{\text{def}} \frac{\partial V(x)}{\partial x} f(x) \leqslant -h(x) \leqslant 0, \quad \forall x \in \mathbf{R}^n$$

其中, $h(0) = 0$. 若系统 (1.6) 关于输出 $y = h(x)$ 是零状态能检测的, 则零平衡点全局渐近稳定.

对于非自治系统 (1.5), 由于集合 $\mathcal{E}$ 一般难以确定等原因, 没有与 LaSalle 不变原理平行的结果. 但是下面的定理 (即 LaSalle-Yashizawa (吉泽) 定理) 在一定程度上弥补了这一缺陷.

定理 1.2.15 考虑非线性系统 (1.5), 其中, $\mathcal{D} = \mathbf{R}^n$; $f(t, x)$ 对于 x 的 Lipschitz 连续性关于 t 一致 (保证可由 x 有界得到 x 一致连续). 设函数 $V(t, x) \in \mathcal{C}^1(\mathbf{R}_{\geqslant 0} \times \mathbf{R}^n, \mathbf{R})$ 使得

$$\alpha_1(\|x\|) \leqslant V(t, x) \leqslant \alpha_2(\|x\|)$$

$$\dot{V}(t, x) \xlongequal{\text{def}} \frac{\partial V(t, x)}{\partial t} + \frac{\partial V(t, x)}{\partial x} f(t, x) \leqslant -W(x)$$

对任意 $(t, x) \in \mathbf{R}_{\geqslant 0} \times \mathbf{R}^n$ 都成立, 其中, $\alpha_i(r)$ $(i = 1, 2)$ 为 $\mathcal{K}$ 类函数, $W(x)$ 为 $\mathbf{R}^n$ 上的连续半正定函数, 则存在 $\mathcal{D}_0 \subset \mathbf{R}^n$ 使得对任意 $t_0 \geqslant 0$ 和任意 $x(t_0) \in \mathcal{D}_0$ 都有

$$\lim_{t \to \infty} W(x(t)) = 0 \tag{1.12}$$

进一步, 若 $\alpha_1(r)$ 是 $\mathcal{K}_\infty$ 类函数, 则对任意 $t_0 \geqslant 0$ 和任意 $x(t_0) \in \mathbf{R}^n$ 都有式 (1.12) 成立.

最后举一个例子.

例 1.2.2 考虑非线性系统

$$\begin{cases} \dot{x}_1 = x_2 \\ \dot{x}_2 = -\sigma(k_1 x_1 + k_2 x_2) \end{cases}$$

其中, k_1 和 k_2 是正常数. 取 Lyapunov 函数

$$V(x_1, x_2) = \frac{1}{2} k_1 x_2^2 + \int_0^{k_1 x_1 + k_2 x_2} \sigma(u) \mathrm{d}u$$

显然, $V(x_1, x_2)$ 正定且径向无界, 其导数满足

$$\dot{V}(x_1, x_2) = k_1 x_2 \dot{x}_2 + \sigma(k_1 x_1 + k_2 x_2)(k_1 \dot{x}_1 + k_2 \dot{x}_2)$$

$$
\begin{aligned}
&= -k_1x_2\sigma(k_1x_1+k_2x_2)+\sigma(k_1x_1+k_2x_2)(k_1x_2-k_2\sigma(k_1x_1+k_2x_2)) \\
&= -k_2\sigma^2(k_1x_1+k_2x_2) \\
&\overset{\text{def}}{=\!=} -h(x) \leqslant 0
\end{aligned}
$$

这表明 $\dot V(x_1,x_2)$ 仅是半负定的. 由 $h(x)=0$ 可知 $k_1x_1+k_2x_2=0$, 进而有 $0=k_1\dot x_1+k_2\dot x_2=k_1x_2$. 联立可知

$$
\begin{bmatrix} k_1 & k_2 \\ 0 & k_1 \end{bmatrix}\begin{bmatrix} x_1 \\ x_2 \end{bmatrix}=0
$$

由于 $k_1>0$, 上式蕴含 $x_1=x_2=0$. 因此该系统关于输出 $h(x)$ 是零状态能观测的. 根据推论 1.2.2, 该系统的零平衡点是全局渐近稳定的. 注意到该系统局部是渐近稳定的线性系统, 故也是局部指数稳定的.

1.2.7　对 Lyapunov 稳定性理论的补充说明

虽然 Lyapunov 稳定性定理提供了非线性系统稳定性分析的简便工具, 但在使用的时候必须注意定理成立的条件. 此外, 在很多情形下, Lyapunov 稳定性定理并不是直接能套用, 往往需要根据实际情况, 借鉴其核心思想来解决更复杂的问题. 本节对 Lyapunov 稳定性理论进行一些简要的补充说明.

首先, 定理 1.2.7 的条件 (1.11) 不可简单地替换成 $\dot V(t,x)<0$ $(\forall x\neq 0)$. 为说明此, 设

$$
\dot V(t,x)=-\frac{1}{1+t^2}V(t,x),\quad \forall t\geqslant 0,\ \forall x\in\mathcal{D}
$$

显然 $\dot V(t,x)<0$ $(\forall x\neq 0)$. 从上述不等式可得

$$
V(t,x(t))=V(0,x(0))\exp\left(-\int_0^t\frac{\mathrm{d}s}{1+s^2}\right)\xrightarrow{t\to\infty}\mathrm{e}^{-\frac{\pi}{2}}V(0,x(0))
$$

这表明系统的零平衡点不可能是渐近稳定的.

其次, 条件 “$V(t,x)\leqslant\alpha_2(\|x\|)$” 是为了保证稳定性的一致性. 满足该条件的函数 $V(t,x)$ 通常称具有无穷小的上界. 著名的 Massera (马塞拉) 反例 [11] 表明, 如果去掉该条件, 存在稳定但不是一致渐近的线性时变系统和满足定理 1.2.7 其余条件的函数 $V(t,x)$. 因此, 该条件一般不能去掉.

最后, 对保证全局渐近稳定性的径向无界条件作简要说明. 考虑自治系统的全局渐近稳定性情形. $\alpha_1(r)$ 是 $\mathcal{K}_\infty$ 类函数意味着 $V(x)$ 径向无界, 它保证了集合 $\mathcal{D}_c=\{x:0\leqslant V(x)\leqslant c\}$ 是有界的, 同时由于 $V(x)$ 连续, $[0,c]$ 的原像 $\mathcal{D}_c$ 是闭集,

因此 $\mathcal{D}_c$ 是紧集. 在这里, 径向无界条件必不可少, 主要用于避免出现如下情况: 当初值离原点较远时, 尽管 $V(x)$ 沿着系统轨线的时间导数 $\dot{V}(x)$ 为负定, 但是系统的轨线却最终发散到无穷, 如图 1.1 所示 (具体的例子可以参见文献 [12] 第 109 页).

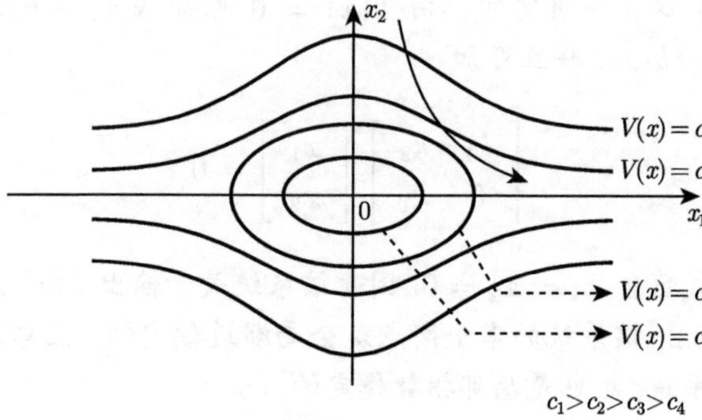

图 1.1 不满足径向无界条件的正定函数

同样考虑自治系统的全局渐近稳定性情形. 如果将条件 “$W(x)$ 为 $\mathbf{R}^n$ 上的连续正定函数” 改为 “$W(x) \geqslant k(V(x))$, 其中, $k(\cdot)$ 为正定函数”, 则 “$\alpha_1(r)$ 是 $\mathcal{K}_\infty$ 类函数” 这一条件也可以不要. 下面的例子说明了这一点.

例 1.2.3 考虑非线性系统 [13]

$$\begin{cases} \dot{x}_1 = -x_1(1+x_1^2) + x_2(1+x_1^2)^2 \\ \dot{x}_2 = -x_1 - x_2 \end{cases}$$

构造候选 Lyapunov 函数

$$V(x) = \frac{x_1^2}{1+x_1^2} + x_2^2$$

尽管 $V(x)$ 为 $\mathbf{R}^2$ 上的连续可微正定函数, 但是它不满足径向无界条件. $V(x)$ 沿着系统的时间导数为

$$\begin{aligned} \dot{V}(x) &= \frac{2x_1\dot{x}_1}{1+x_1^2} - \frac{x_1^2(2x_1\dot{x}_1)}{(1+x_1^2)^2} + 2x_2\dot{x}_2 \\ &= \frac{2x_1\dot{x}_1(1+x_1^2) - x_1^2(2x_1\dot{x}_1)}{(1+x_1^2)^2} + 2x_2\dot{x}_2 \\ &= -2V(x) \end{aligned}$$

于是有 $V(x(t)) = V(x(0))\mathrm{e}^{-2t}$. 这表明, 对于任意的初始状态, $V(x(t))$ 指数收敛到零, 从而 $x(t)$ 也渐近收敛到零, 且系统的零平衡点是全局渐近稳定的.

作为本节的结束, 下面介绍在稳定性分析中考虑不周全的两个例子, 希望引起读者们的重视.

例 1.2.4 考察带有控制输入饱和的刚体航天器的姿态控制系统的稳定性问题. 刚体航天器的姿态运动方程为 [14]

$$\dot{\rho} = G(\rho)\omega$$

其中, $\rho \in \mathbf{R}^3$ 为描述航天器姿态的修正 Rodrigues (罗德里格斯) 参数; $\omega \in \mathbf{R}^3$ 为航天器相对于惯性坐标系的旋转角速度在航天器本体坐标系下的投影; $G(\rho)$ 满足 $\rho^{\mathrm{T}}G(\rho) = (1+\rho^{\mathrm{T}}\rho)\rho^{\mathrm{T}}/4$. 姿态动力学方程描述为 [14]

$$J\dot{\omega} = -\omega^{\times}J\omega + u$$

其中, $u = [u_1, u_2, u_3]^{\mathrm{T}}$ 为航天器的控制力矩; J 为航天器的转动惯量矩阵; $\omega^{\times}$ 为由 ω 的各元素组成的反对称矩阵, 满足 $\omega^{\mathrm{T}}\omega^{\times} = 0_{1\times 3}$. 考虑控制输入饱和的 PD (比例微分) 控制器

$$u = -\frac{2k_1}{\pi}\arctan(\omega) - 2k_2\frac{\rho}{1+\rho^{\mathrm{T}}\rho}$$

其中, $\arctan(\omega) = [\arctan(\omega_1), \arctan(\omega_2), \arctan(\omega_3)]^{\mathrm{T}}$; $k_1 > 0$、$k_2 > 0$ 是常数且满足 $k_1 + k_2 \leqslant u_{\max}$. 显然有 $|u_i| \leqslant u_{\max}$ $(i = 1, 2, 3)$. 如果选择候选 Lyapunov 函数

$$V(\rho, \omega) = \frac{1}{2}\omega^{\mathrm{T}}J\omega + 4k_2\left(1 - \frac{1}{1+\rho^{\mathrm{T}}\rho}\right)$$

则很容易得到 $\dot{V}(\rho, \omega) = -\dfrac{2k_1}{\pi}\omega^{\mathrm{T}}\arctan(\omega) \overset{\text{def}}{=\!=} -h(\rho, \omega)$ 且闭环系统关于输出 $y = h(\rho, \omega)$ 是零状态能检测的. 那么, 由此是否可以得到闭环系统是全局渐近稳定的呢?

例 1.2.5 考虑非线性系统

$$\dot{x} = f(t, x)$$

为了证明其稳定性, 构造辅助方程

$$\dot{y} = -y - \frac{xf(t,x) + x^2}{y}$$

并选取 Lyapunov 函数 $V(x,y)=x^2+y^2$. 通过计算可知

$$\begin{aligned}\dot{V}(x,y)&=2(x\dot{x}+y\dot{y})\\&=2\left(xf(t,x)+y\left(-y-\frac{xf(t,x)+x^2}{y}\right)\right)\\&=-2\left(x^2+y^2\right)\end{aligned}$$

因此, $\dot{V}(x,y)$ 满足定理 1.2.7 第 (4) 项的所有条件. 那么, 是否可以根据该定理断定 (x,y)-系统 (从而断定原系统) 是全局指数稳定的呢?

1.3 复杂非线性系统分析工具简介

实际非线性系统是非常复杂的, 仅仅利用基本的 Lyapunov 稳定性理论不足以应付所有情形. 本节简要介绍几种常用的复杂非线性系统的分析工具.

1.3.1 级联系统的分析工具

对于级联系统以及带干扰的系统的稳定性分析, 输入-状态稳定性是一个重要的工具. 输入-状态稳定性的概念是 Lyapunov 全局渐近稳定性在考虑系统输入情况下的拓展.

考虑非线性系统

$$\dot{x}=f(t,x,u),\quad t\geqslant 0 \tag{1.13}$$

其中, $f:\mathbf{R}_{\geqslant 0}\times\mathbf{R}^n\times\mathbf{R}^m\to\mathbf{R}^n$ 关于 t 分段连续, 且关于 x 和 u 局部 Lipschitz 连续.

定义 1.3.1 对于系统 (1.13), 若存在 $\mathcal{KL}$ 类函数 $\beta(r,s)$ 和 $\mathcal{K}$ 类函数 $\alpha(r)$ 使得: 对任意初始状态 $x(t_0)$ 和有界输入 $u(t)$, 系统的解 $x(t)$ $(\forall t\geqslant t_0)$ 存在且满足

$$\|x(t)\|\leqslant\beta(\|x(t_0)\|,t-t_0)+\alpha\left(\sup_{t_0\leqslant\tau\leqslant t}\|u(\tau)\|\right)$$

则称系统是输入-状态稳定 (ISS) 的.

关于系统 (1.13) 的输入-状态稳定性, 有如下定理.

定理 1.3.1 若存在函数 $V(t,x)\in\mathcal{C}^1(\mathbf{R}_{\geqslant 0}\times\mathbf{R}^n,\mathbf{R})$ 使得

$$\alpha_1(\|x\|)\leqslant V(t,x)\leqslant\alpha_2(\|x\|)$$

$$\dot{V}(t,x) \xlongequal{\text{def}} \frac{\partial V(t,x)}{\partial t} + \frac{\partial V(t,x)}{\partial x} f(t,x,u) \leqslant -\alpha_3(\|x\|), \quad \forall \|x\| \geqslant \rho(\|u\|)$$

对任意 $t \geqslant 0$, $x \in \mathbf{R}^n$ 和 $u \in \mathbf{R}^m$ 都成立, 其中, $\alpha_i(r)$ $(i=1,2)$ 都是 $\mathcal{K}_\infty$ 类函数, $\alpha_3(r)$ 和 $\rho(r)$ 都是 $\mathcal{K}$ 类函数, 则系统 (1.13) 是输入-状态稳定的.

定理 1.3.2 若系统 (1.13) 在 $u=0$ 时是全局指数稳定的, $f(t,x,u)$ 连续可微且关于 x 和 u 是全局一致 Lipschitz 的 (这里"一致"是指关于 t 一致, 即 Lipschitz 常数与 t 无关. 该条件也称全局线性增长条件), 则该系统是输入-状态稳定的.

输入-状态稳定性具有许多重要的性质和应用. 下面分别介绍其在级联系统和带干扰的系统中的应用.

引理 1.3.1 考虑级联非线性系统

$$\begin{cases} \dot{x}_1 = f_1(t,x_1,x_2) \\ \dot{x}_2 = f_2(t,x_2) \end{cases} \tag{1.14}$$

其中, $f_1 : \mathbf{R}_{\geqslant 0} \times \mathbf{R}^{n_1} \times \mathbf{R}^{n_2} \to \mathbf{R}^{n_1}$、$f_2 : \mathbf{R}_{\geqslant 0} \times \mathbf{R}^{n_2} \to \mathbf{R}^{n_2}$ 分段连续; $f_i(t,0) = 0$ $(i=1,2)$, 且关于 $x = [x_1^{\mathrm{T}}, x_2^{\mathrm{T}}]^{\mathrm{T}}$ 是局部 Lipschitz 的. 如果 x_1 子系统以 x_2 为输入是输入-状态稳定的, 且 x_2 子系统的零平衡点是全局一致渐近稳定的, 则系统 (1.14) 的零平衡点是全局一致渐近稳定的.

引理 1.3.2 设系统 (1.13) 是输入-状态稳定的, 则 $\|u(t)\| \xrightarrow{t\to\infty} 0$ 蕴含 $\|x(t)\| \xrightarrow{t\to\infty} 0$.

证明 由 $\|u(t)\| \xrightarrow{t\to\infty} 0$ 可知, 对任意 $\varepsilon > 0$, 存在 T_1 使得 $\|u(t)\| \leqslant \alpha^{-1}(\varepsilon/2)$ $(\forall t \geqslant T_1)$. 以 T_1 为初始时刻, 由输入-状态稳定性的定义可得

$$\|x(t)\| \leqslant \beta(\|x(T_1)\|, t-T_1) + \alpha\left(\sup_{T_1 \leqslant \tau \leqslant t} \|u(\tau)\|\right)$$

其中, $t \geqslant T_1$. 由于 $\beta(\cdot,\cdot)$ 是 $\mathcal{KL}$ 类函数, 存在 $T_2 \geqslant T_1$ 使得 $\beta(\|x(T_1)\|, t-T_1) \leqslant \varepsilon/2$ $(\forall t \geqslant T_2)$. 因此, 对所有 $t \geqslant T_2$ 有

$$\|x(t)\| \leqslant \frac{\varepsilon}{2} + \alpha\left(\alpha^{-1}\left(\frac{\varepsilon}{2}\right)\right) = \varepsilon$$

根据极限的定义可知 $\|x(t)\| \xrightarrow{t\to\infty} 0$. 证毕. □

推论 1.3.1 考虑线性系统 $\dot{x} = Ax + Bu$, 其中, A 是 Hurwitz (赫尔维茨) 矩阵, 则 $\|u(t)\| \xrightarrow{t\to\infty} 0$ 蕴含 $\|x(t)\| \xrightarrow{t\to\infty} 0$.

证明　存在正常数 k 和 λ 使得 $\left\|\mathrm{e}^{A(t-t_0)}\right\| \leqslant k\mathrm{e}^{-\lambda(t-t_0)}$ $(\forall t \geqslant t_0)$. 根据线性系统的解公式有

$$\begin{aligned}\|x(t)\| &\leqslant \left\|\mathrm{e}^{A(t-t_0)}\right\| \|x(t_0)\| + \|B\| \int_{t_0}^{t} \left\|\mathrm{e}^{A(t-s)}\right\| \|u(s)\| \,\mathrm{d}s \\ &\leqslant k\mathrm{e}^{-\lambda(t-t_0)} \|x(t_0)\| + k\|B\| \sup_{t_0 \leqslant s \leqslant t} \|u(s)\| \int_{t_0}^{t} \mathrm{e}^{-\lambda(t-s)} \mathrm{d}s \\ &\leqslant k\mathrm{e}^{-\lambda(t-t_0)} \|x(t_0)\| + \frac{k}{\lambda}\|B\| \sup_{t_0 \leqslant s \leqslant t} \|u(s)\|\end{aligned}$$

根据定义可知线性系统是输入-状态稳定的, 进而根据引理 1.3.2 可知结论成立. 证毕. □

最后给出一个关于级联系统的稳定性分析的常用结论.

引理 1.3.3 [15]　考虑级联非线性系统

$$\begin{cases}\dot{x}_p = f_p(t, x_1, x_2, \cdots, x_{p-1}, x_p) \\ \dot{x}_{p-1} = f_{p-1}(t, x_1, x_2, \cdots, x_{p-1}) \\ \quad\vdots \\ \dot{x}_2 = f_2(t, x_1, x_2) \\ \dot{x}_1 = f_1(t, x_1)\end{cases} \tag{1.15}$$

其中, $f_i(t, \cdot) \in \mathcal{C}^1(\mathbf{R}_{\geqslant 0} \times \mathbf{R}^{n_1} \times \mathbf{R}^{n_2} \times \cdots \times \mathbf{R}^{n_i}, \mathbf{R}^{n_i})$ 满足 $f_i(t, 0, \cdots, 0) = 0$ 和

$$\sup_{t \geqslant 0} \sup_{\|w_i\| \leqslant c} \left\{ \left\| \frac{\partial f_i(t, w_i)}{\partial w_i} \right\| \right\} < \infty, \quad i = 1, 2, \cdots, p$$

其中, $c > 0$ 为常数, 则系统 (1.15) 的零平衡点是局部一致渐近 (指数) 稳定的当且仅当 p 个系统

$$\dot{x}_i = f_i(t, 0, \cdots, 0, x_i), \quad i = 1, 2, \cdots, p \tag{1.16}$$

的零平衡点都是局部一致渐近 (指数) 稳定的. 此外, 如果

$$\sup_{t \geqslant 0} \sup_{w_i} \left\{ \left\| \frac{\partial f_i(t, w_i)}{\partial w_i} \right\| \right\} < \infty, \quad i = 1, 2, \cdots, p$$

则系统 (1.15) 的零平衡点是全局指数稳定的当且仅当式 (1.16) 中的 p 个系统的零平衡点是全局指数稳定的.

1.3.2　不确定系统的分析工具

与确定系统相比，不确定系统的行为更复杂，如不确定系统可能没有平衡点. 例如，带有加性不确定性 (或外部干扰) 的系统

$$\dot{x} = -ax^3 + \delta(t), \quad a > 0$$

当 $\delta(t)$ 为时变函数，如 $\delta(t) = \sin(t)$ 时，系统就没有平衡点，此时平衡点的稳定性便无从谈起. 但是，仍然可以借助 Lyapunov 函数来分析系统状态的变化范围及趋势. 由于加性不确定性或外部干扰的存在，经常得到关于所关心的变量 (通常为 Lyapunov 函数) 的微分不等式，且不等式中通常含有与状态无关的项. 此时，若借助比较引理，则可以快捷地计算出该变量的边界，即变量所满足的不等式. 这就是下面的有界性定理.

定理 1.3.3　若函数 $V : \mathbf{R}_{\geqslant 0} \to \mathbf{R}_{\geqslant 0}$ 满足微分不等式

$$\dot{V}(t) \leqslant -kV(t) + \varepsilon, \quad \forall t \geqslant 0 \tag{1.17}$$

其中，常数 $k > 0$、$\varepsilon \geqslant 0$，则 $V(t)$ 满足如下不等式:

$$V(t) \leqslant V(0)\mathrm{e}^{-kt} + \frac{\varepsilon}{k}\left(1 - \mathrm{e}^{-kt}\right), \quad \forall t \geqslant 0$$

证明　考虑到微分方程

$$\dot{W}(t) = -kW(t) + \varepsilon, \quad W(0) = V(0)$$

的解为

$$W(t) = W(0)\mathrm{e}^{-kt} + \frac{\varepsilon}{k}(1 - \mathrm{e}^{-kt}) = V(0)\mathrm{e}^{-kt} + \frac{\varepsilon}{k}(1 - \mathrm{e}^{-kt})$$

根据比较引理 (即引理 1.1.1) 可立即得到上述结论. 证毕. □

在基于 Lyapunov 稳定性理论的非线性系统构造性鲁棒控制中，通常无法设计连续的控制律使得所选择的 Lyapunov 函数沿着闭环系统的时间导数为负定或者半负定. 此时，可以退而求其次，即设计连续的控制律使得所选择的 Lyapunov 函数沿着闭环系统的时间导数具有式 (1.17) 所示的形式. 下面通过一个例子来说明此问题.

例 1.3.1　考虑一个简单的一阶系统

$$\dot{x} = f(x) + u + \delta(x, t)$$

其中，$f \in \mathcal{C}^0(\mathbf{R}, \mathbf{R})$ 为已知函数；$\delta(x, t) \in \mathcal{C}^0(\mathbf{R}^2, \mathbf{R})$ 为未知连续函数，表示不确定性，其关于 t 分段连续，关于 x 是 Lipschitz 连续的，并且满足 $|\delta(x, t)| \leqslant \rho(x)$，其

中, $\rho(x)\in\mathcal{C}^1(\mathbf{R},\mathbf{R}_{\geqslant 0})$ 为已知函数. 要求设计控制律 u 将闭环系统状态调节至零附近. 若 $\delta(x,t)$ 已知, 则可以构造控制律

$$u=-kx-f(x)-\delta(x,t)$$

其中, $k>0$ 为设计参数. 闭环系统 $\dot{x}=-kx$ 显然是全局渐近稳定的. 但是 $\delta(x,t)$ 未知, 上述控制律不可实现. 由于 $\delta(x,t)$ 的上界 $\rho(x)$ 已知, 可以利用其构造一个附加控制项对不确定性 $\delta(x,t)$ 进行压制. 为此, 构造如下形式的控制律:

$$u=-f(x)-kx+v$$

其中, $k>0$ 为设计参数; v 为待定的附加控制项, 则闭环系统为

$$\dot{x}=-kx+v+\delta(x,t)$$

为了确定 v, 构造候选 Lyapunov 函数 $V(x)=x^2/2$, 则有

$$\begin{aligned}\dot{V}(x)&=-kx^2+vx+x\delta(x,t)\\&\leqslant -kx^2+vx+|x|\,|\delta(x,t)|\\&\leqslant -kx^2+vx+\rho(x)\,|x|\\&\leqslant -kx^2+vx+\frac{\rho^2(x)x^2}{4\varepsilon}+\varepsilon\end{aligned}$$

其中, $\varepsilon>0$ 为一常数. 若取 $v=-\rho^2(x)x/(4\varepsilon)$, 则有

$$\dot{V}(x)\leqslant -kx^2+\varepsilon=-2kV(x)+\varepsilon$$

于是, 由有界性定理 (定理 1.3.3) 可得

$$V(x(t))\leqslant V(x(0))\mathrm{e}^{-2kt}+\frac{\varepsilon}{2k}(1-\mathrm{e}^{-2kt})$$

由此可以得到如下几点结论:

(1) $V(x(t))$ 有界, 进而可知 $x(t)$ 有界.

(2) 若选择设计参数满足 $k>\varepsilon/(2V(x(0)))$, 则 $V(x(t))\leqslant V(x(0))\mathrm{e}^{-2kt}+V(x(0))(1-\mathrm{e}^{-2kt})=V(x(0))$, 即 $\{x:V(x)\leqslant V(x(0))\}$ 为闭环系统的不变集.

(3) 由于

$$\begin{aligned}|x(t)|&=\sqrt{2V(x(t))}\\&\leqslant\sqrt{\left(2V(x(0))-\frac{\varepsilon}{k}\right)\mathrm{e}^{-2kt}+\frac{\varepsilon}{k}}\end{aligned}$$

$$\leqslant \begin{cases} \sqrt{2V(x(0)) - \frac{\varepsilon}{k}}\mathrm{e}^{-kt} + \sqrt{\frac{\varepsilon}{k}}, & |x(0)| > \sqrt{\frac{\varepsilon}{k}} \\ \sqrt{\frac{\varepsilon}{k}}, & |x(0)| \leqslant \sqrt{\frac{\varepsilon}{k}} \end{cases}$$

故 $x(t)$ 要么始终在集合 $\{x : |x| \leqslant \sqrt{\varepsilon/k}\}$ 中, 要么指数收敛到集合 $\{x : |x| \leqslant \sqrt{\varepsilon/k}\}$. 由于 k 与 ε 无关, 故可以选取合适的参数 k 与 ε, 使得集合 $\{x : |x| \leqslant \sqrt{\varepsilon/k}\}$ 的半径 $\sqrt{\varepsilon/k}$ 任意小. 就是说 $|x(t)|$ 最终可以被调节到任意接近于零.

但是要注意, 如果候选 Lyapunov 函数沿着系统的时间导数具有如下与式 (1.17) 略异的形式:

$$\dot{V}(x) \leqslant -W(x) + \varepsilon$$

其中, $W(x)$ 为半正定, 则可能无法保证系统状态的有界性. 请看下例.

例 1.3.2　考虑非线性系统

$$\begin{cases} \dot{x}_1 = x_2^2, & x_1(0) = 0 \\ \dot{x}_2 = -10x_2 + 1, & x_2(0) = 0 \end{cases}$$

令 $V(x) = |x_1| + x_2^2/2$, 则有

$$\dot{V}(x) = x_2^2 - 10x_2^2 + x_2 = -9x_2^2 + x_2 \leqslant -9x_2^2 + x_2^2 + \frac{1}{4} = -8x_2^2 + \frac{1}{4}$$

但是 $x_2 = 0.1(1 - \mathrm{e}^{-10t})$. 于是, 有 $\dot{x}_1 = 0.01 - 0.02\mathrm{e}^{-10t} + 0.01\mathrm{e}^{-20t}$, 故有

$$x_1 = 0.01t - 0.002(1 - \mathrm{e}^{-10t}) + 0.0005(1 - \mathrm{e}^{-20t})$$

显然 x_1 无界.

1.3.3　自适应控制系统的分析工具

在基于 Lyapunov 理论的非线性系统构造性自适应控制中, 很多情况下, 所设计的控制律会使得所选择的 Lyapunov 函数沿着闭环系统的时间导数为半负定. 此时, 由于闭环系统往往是非自治系统, 无法利用 LaSalle 不变原理来分析闭环系统中信号的收敛性. 除了 LaSalle-Yashizawa 定理之外, 一种能够有效弥补这种缺陷且被广泛使用的工具就是下面的引理. 实际上, LaSalle-Yashizawa 定理的证明也需要用到该引理.

引理 1.3.4　设函数 $f : \mathbf{R}_{\geqslant 0} \to \mathbf{R}$ 一致连续. 假设 $\int_0^\infty f(\tau)\mathrm{d}\tau$ 存在且有界, 则 $f(t) \xrightarrow{t\to\infty} 0$. 此即 Barbalat (巴巴拉特) 引理.

Barbalat 引理是一个纯粹的数学分析的结果, 它描述的是在什么情况下, 可以由条件 "$\int_0^\infty f(\tau)\mathrm{d}\tau$ 存在且有界" 得到结论 "$f(t) \overset{t\to\infty}{\longrightarrow} 0$" (或者说, 由条件 "$f(t)$ 收敛" 得到结论 "$\dot{f}(t) \overset{t\to\infty}{\longrightarrow} 0$").

引理 1.3.4 涉及函数的一致连续性. 不同于连续强调函数在点附近的局部性质, 一致连续强调的是函数在定义域上的整体性质. 函数 $g: \mathbf{R}_{\geqslant 0} \to \mathbf{R}$ 在 $\mathbf{R}_{\geqslant 0}$ 上一致连续的数学定义为: 对任意 $\varepsilon > 0$, 存在 $\delta(\varepsilon)$ 使得对任意 $t_1 \geqslant 0$ 和任意 $t \geqslant 0$, 当 $|t - t_1| < \delta$ 时有 $|g(t) - g(t_1)| < \varepsilon$. 按照定义检验一致连续性是很烦琐的, 一种方便的办法是检验函数的导数: "若可微函数 $g(t)$ ($t \in \mathbf{R}_{\geqslant 0}$) 的导数 $\dot{g}(t)$ 有界, 则 $g(t)$ 一致连续".

引理 1.3.4 中的条件 "一致连续" 不可或缺, 即仅仅由条件 "$f(t)$ 收敛" 得不到结论 "当 $t \to \infty$ 时有 $\dot{f}(t) \to 0$". 例如, $f(t) = \mathrm{e}^{-t}\sin(\mathrm{e}^t)$ (其导数不是一致连续的) 满足 $f(t) \overset{t\to\infty}{\longrightarrow} 0$, 但是 $\dot{f}(t)$ 不收敛. 此外, 即使将 "一致连续" 条件改为 "连续且 $f(t) \geqslant 0$", 结论仍然不成立. 例如, 图 1.2 中的函数 $f(t)$ 连续, $f(t) \geqslant 0$, 并且满足

$$\lim_{t\to\infty} \int_0^t f(\tau)\mathrm{d}\tau = \frac{1}{2}\left(1 + \frac{1}{2} + \frac{1}{4} + \cdots\right) = 1$$

但是, 很显然 $f(t)$ 不收敛.

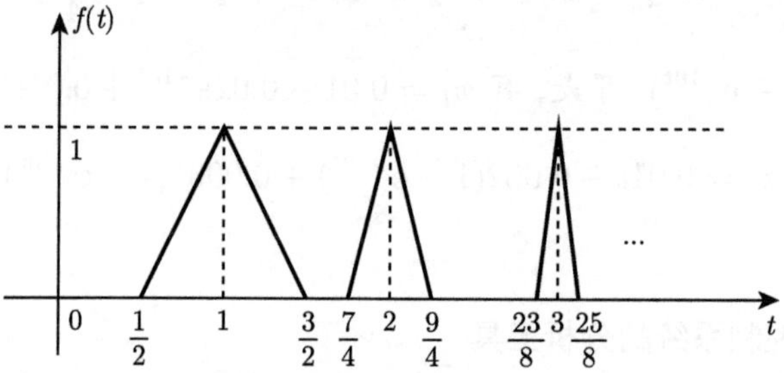

图 1.2 连续、非负、可积但不收敛的函数

当然, Barbalat 引理以及根据导数判断一致连续的方法, 可以直接推广到 $f: \mathbf{R}_{\geqslant 0} \to \mathbf{R}^n$ 的情形. 在实际应用中, Barbalat 引理存在多种不同的变形. 在机器人控制等领域, 早期应用得比较广泛的是如下形式.

引理 1.3.5 设函数 $z: \mathbf{R}_{\geqslant 0} \to \mathbf{R}^n$ 满足 $z(t) \in \mathcal{L}_\infty \cap \mathcal{L}_2$ 且 $\dot{z}(t) \in \mathcal{L}_\infty$, 则 $z(t) \overset{t\to\infty}{\longrightarrow} 0$.

Tao [16] 指出条件 $z(t) \in \mathcal{L}_\infty$ 是多余的. 于是得到下述引理.

引理 1.3.6 设 $z: \mathbf{R}_{\geqslant 0} \to \mathbf{R}^n$ 满足 $\dot{z}(t) \in \mathcal{L}_\infty$ 且 $z(t) \in \mathcal{L}_2$, 则 $z(t) \overset{t\to\infty}{\longrightarrow} 0$.

Hou 等 [17] 给出了比引理 1.3.6 更加一般的形式, 即如下扩展 Barbalat 引理.

引理 1.3.7　令 $M:\mathbf{R}^n\to\mathbf{R}_{\geqslant 0}$ 为连续正定且径向无界的函数. 若 $z:\mathbf{R}_{\geqslant 0}\to\mathbf{R}^n$ 为一致连续函数, 且满足 $M(z(t))\in\mathcal{L}_1$, 则 $z(t)\xrightarrow{t\to\infty}0$.

特别地, 令 $M(\cdot)=\|\cdot\|^2$, 并且考虑到 $\dot{z}(t)\in\mathcal{L}_\infty$ 是 $z(t)$ 为一致连续的充分条件, 由引理 1.3.7 可以直接得到引理 1.3.6.

在自适应控制系统的信号分析中, 一般需要将 Barbalat 引理与系统的 Lyapunov 函数相结合使用, 从而有如下两个结果. 先介绍下面基本的类 Lyapunov 引理.

引理 1.3.8　如果连续可微标量函数 $V(t,x)$ 满足下列条件: (1) $V(t,x)$ 有下界; (2) $\dot{V}(t,x)$ 关于 x 半负定; (3) $\dot{V}(t,x)$ 关于 t 一致连续. 那么, 有 $\dot{V}(t,x)\xrightarrow{t\to\infty}0$.

进一步, 有如下扩展的类 Lyapunov 引理.

引理 1.3.9　如果连续可微标量函数 $V(t,x)$ 满足下列条件: (1) $V(t,x)$ 有下界; (2) $\dot{V}(t,x)\leqslant -W(x)+\sigma(t)$ $(\forall t\geqslant 0)$, 其中, $W(x)$ 为连续半正定函数, $\sigma(t)$ 为非负连续函数, 且满足 $\displaystyle\int_0^\infty \sigma(\tau)\mathrm{d}\tau=\bar{\sigma}<\infty$; (3) $W(x(t))$ 关于 t 一致连续. 那么, 有 $W(x(t))\xrightarrow{t\to\infty}0$.

证明　令

$$f(t,x)=V(t,x)-\int_0^t \sigma(\tau)\mathrm{d}\tau$$

则 $f(t,x)$ 有下界, 且

$$\dot{f}(t,x)=\dot{V}(t,x)-\sigma(t)\leqslant -W(x)\leqslant 0$$

故当 $t\to\infty$ 时 $f(x,t)$ 存在且有界. 由于

$$0\leqslant\int_0^t W(x(\tau))\mathrm{d}\tau\leqslant f(0,x(0))-f(t,x(t))$$

当 $t\to\infty$ 时 $\displaystyle\int_0^t W(x(\tau))\mathrm{d}\tau$ 存在且有界. 由于 $W(x(t))$ 对 t 一致连续, 根据 Barbalat 引理有 $W(x(t))\xrightarrow{t\to\infty}0$. 证毕. □

对于引理 1.3.9, 在多数情况下, 可直接令 $\sigma(t)=0$, 如下例.

例 1.3.3　考虑一个简单的一阶系统

$$\dot{x}=f_0(x)+\theta^{\mathrm{T}}\phi(x)+u$$

其中, $x\in\mathbf{R}$ 为系统状态, $u\in\mathbf{R}$ 为系统输入; $f_0(x)\in\mathcal{C}^0(\mathbf{R},\mathbf{R})$、$\phi(x)\in\mathcal{C}^0(\mathbf{R},\mathbf{R}^m)$ 是已知函数; $\phi(x)$ 是 Lipschitz 连续的; $\theta\in\mathbf{R}^m$ 为未知常数; $\theta^{\mathrm{T}}\phi(x)$ 表示系统的

不确定性. 要求设计控制律 u 将闭环系统状态渐近调节至零. 当 θ 已知时, 可以构造控制律

$$u = -f_0(x) - \theta^{\mathrm{T}}\phi(x) - kx$$

其中, $k > 0$ 为设计参数, 则闭环系统 $\dot{x} = -kx$ 的原点为全局渐近稳定的. 由于 θ 未知, 上述设计显然不可实现. 因此, 将上述设计修正为如下形式:

$$u = -f_0(x) - \hat{\theta}^{\mathrm{T}}\phi(x) - kx$$

其中, $\hat{\theta}$ 是对 θ 的估计. 若采用静态估计, 也就是说, $\hat{\theta}$ 是一个人为估计的常数, 则闭环系统为

$$\dot{x} = -kx + \theta^{\mathrm{T}}\phi(x) - \hat{\theta}^{\mathrm{T}}\phi(x) = -kx + \tilde{\theta}^{\mathrm{T}}\phi(x)$$

其中, $\tilde{\theta} = \theta - \hat{\theta}$ 参数估计误差. 显然, 闭环系统原点的稳定性是不能得到保证的. 因此, 有必要动态地估计 θ, 也就是说, 需要引进一个 $\hat{\theta}$ 的动态关系式, 其导数的变化规律为 $\dot{\hat{\theta}} = \eta(x)$, 其中, $\eta(x)$ 为待定的 Lipschitz 连续函数, 并称之为自适应律. 当然, 估计误差越小越好, 因而需要考察系统 $\dot{\tilde{\theta}} = \dot{\theta} - \dot{\hat{\theta}} = -\dot{\hat{\theta}} = -\eta(x)$ 的动态行为. 于是, 现在的闭环系统应该为

$$\dot{x} = -kx + \tilde{\theta}^{\mathrm{T}}\phi(x), \quad \dot{\tilde{\theta}} = -\eta(x)$$

为了确定 $\eta(x)$, 定义候选 Lyapunov 函数 $V(x,\tilde{\theta}) = x^2/2 + \tilde{\theta}^{\mathrm{T}}\Gamma^{-1}\tilde{\theta}/2$, 其中, Γ 为正定的设计参数矩阵. 于是有

$$\begin{aligned}
\dot{V}(x,\tilde{\theta}) &= x\dot{x} + \tilde{\theta}^{\mathrm{T}}\Gamma^{-1}\dot{\tilde{\theta}} \\
&= -kx^2 + \tilde{\theta}^{\mathrm{T}}\phi(x)x - \tilde{\theta}^{\mathrm{T}}\Gamma^{-1}\eta(x) \\
&= -kx^2 + \tilde{\theta}^{\mathrm{T}}\left(\phi(x)x - \Gamma^{-1}\eta(x)\right)
\end{aligned}$$

令 $\phi(x)x - \Gamma^{-1}\eta(x) = 0$, 即 $\eta(x) = \Gamma\phi(x)x$, 则有

$$\dot{V}(x,\tilde{\theta}) = W(x) = -kx^2 \leqslant 0$$

于是 $V(x(t)),\tilde{\theta}(t)) \leqslant V(x(0)),\tilde{\theta}(0))$, 故 $x(t)$ 和 $\tilde{\theta}(t)$ 均有界. 进一步, 可以推出 $\dot{x}(t)$ 是有界的, 故 $\dot{W}(x) = -2kx\dot{x}$ 有界, 从而 $W(x)$ 一致连续. 因此, 由扩展的类 Lyapunov 引理 (引理 1.3.9) 可知 $W(x) = -kx^2 \overset{t\to\infty}{\longrightarrow} 0$, 这蕴含 $x(t) \overset{t\to\infty}{\longrightarrow} 0$. 由 $\tilde{\theta}(t)$ 的有界性可知 $\hat{\theta}(t)$ 有界. 但是, $\tilde{\theta}(t)$ 未必收敛到零.

1.4　反馈线性化简介

反馈线性化是基于微分几何的非线性系统理论取得的最重要的成果. 本节简要讨论这一方法. 首先讨论单入单出 (single input single output, SISO) 非线性系统通过输入-输出线性化得到规范型形式的方法, 然后讨论系统可输入-状态线性化的条件, 进而讨论影响闭环系统稳定性的一个关键因素: 内动态, 最后简要介绍多入多出 (multiple input multiple output, MIMO) 非线性系统的情况.

1.4.1　反馈线性化的基本思想

通过例 1.3.1 的讨论可知, 若非线性只出现在控制变量能覆盖的部位, 则可以通过反馈直接抵消非线性, 将其化成一个线性系统. 例如, 对于非线性系统

$$\dot{x}=f(x)+u$$

令 $u=-f(x)+v$, 则可以得到线性系统 $\dot{x}=v$.

此外, 还有这样的经验, 对于同一个对象, 可以选用不同的变量作为描述系统的状态变量, 而且选取某一组状态变量对系统进行描述往往会比选取另外一组状态变量更加简洁. 对于线性系统, 通过一个非奇异状态变换可以将一个线性系统等价地转化为另一个更加容易处理的形式 (如能控规范型). 但对于非线性系统, 借助线性非奇异状态变换 $\xi=Tx$ 基本上是没有太大帮助的. 不过, 可以借助非线性状态变换 $\xi=T(x)$ 将一个非线性系统转化为更加容易处理的形式. 当然, 最好是可以将它直接变换为一个线性系统, 或者是一个可以通过非线性反馈抵消而化为线性系统的非线性系统.

考虑非线性系统

$$\dot{x}=f(x)+G(x)u \tag{1.18}$$

其中, $x\in\mathcal{D}$ 为系统状态, $\mathcal{D}\subseteq\mathbf{R}^n$ 为待考察工作点 x_0 (通常为原点) 的一个邻域; $u\in\mathbf{R}^m$ 为系统输入; $f:\mathcal{D}\subseteq\mathbf{R}^n\to\mathbf{R}^n$、$G(x):\mathcal{D}\subseteq\mathbf{R}^n\to\mathbf{R}^{n\times m}$ 为足够光滑的函数 (足够光滑是指后面出现的所有偏导数都有定义且连续). 利用非线性状态变换 $\zeta=T(x)$ 可以将系统转化为如下形式:

$$\dot{\zeta}=\frac{\partial T}{\partial x}\dot{x}=\frac{\partial T}{\partial x}(f(x)+G(x)u)=\frac{\partial T}{\partial x}f(x)+\frac{\partial T}{\partial x}G(x)u \tag{1.19}$$

当然, 为了保证变换前后系统的等价性, 要求非线性变换 $T(x)$ 的逆变换存在 (保证 ζ 和 x 一一对应), 而且要求变换 $\zeta=T(x)$ 及其逆变换 $x=T^{-1}(\zeta)$ 必须是连续可微的 (保证 ζ 和 x 的可微性). 具有连续可微逆的连续可微状态 (坐标) 变换称为微分同胚.

定义 1.4.1 设映射 $T:\mathcal{D}\subseteq\mathbf{R}^n\to\mathbf{R}^n$ 连续可微同时其逆映射 T^{-1} 存在且连续可微，则称 T 为 $\mathcal{D}$ 上的微分同胚映射. 如果微分同胚 $T(x)$ 定义于区域 $\mathcal{D}=\mathbf{R}^n$ 且 $T(\mathbf{R}^n)=\mathbf{R}^n$，则称 $T(x)$ 为全局微分同胚.

一般来说，全局微分同胚不多，大部分都是局部微分同胚. 局部和全局微分同胚的检验方法如下所述.

定理 1.4.1 令 $T(x)$ 为定义在 $\mathcal{D}\subseteq\mathbf{R}^n$ 上的连续可微函数，如果其 Jacobian 矩阵 ∇T 在点 $x=x_0\in\mathcal{D}$ 非奇异，则 $T(x)$ 为 x_0 的一个邻域 $\mathcal{D}_0$ 上的局部微分同胚. 令 $T(x)$ 为定义在 $\mathbf{R}^n$ 上的连续可微函数，如果其 Jacobian 矩阵 ∇T 在任意点 $x\in\mathbf{R}^n$ 都是非奇异的，且

$$\lim_{\|x\|\to\infty}\|T(x)\|=\infty$$

则 $T(x)$ 为全局微分同胚.

如果对于非线性系统 (1.18)，可以找到一个非线性状态变换 $\zeta=T(x)$，使得变换后的系统 (1.19) 恰好具有如下形式:

$$\dot{\zeta}=A\zeta+B(\varGamma(x)u+\alpha(x))$$

其中，$A\in\mathbf{R}^{n\times n}$，$B\in\mathbf{R}^{n\times m}$ 且 (A,B) 能控；矩阵函数 $\varGamma(x)$ 对任意 $x\in\mathcal{D}$ 都是非奇异的，则称系统 (1.18) 在点 x_0 附近是可输入-状态线性化的. 这是因为此时可以进一步构造输入

$$u=\varGamma^{-1}(x)(v-\alpha(x))$$

将系统完全转化为一个线性系统 $\dot{\zeta}=A\zeta+Bv$.

然而，上述操作在一般情况下是不容易做到的，而且在很多应用场合下，需要完成输出对于指令信号的跟踪. 因此，人们希望通过非线性状态变换和反馈抵消非线性而得到一个线性的输入输出关系，以便于进行控制系统设计. 在这种情况下，系统中可能会保留一部分非线性. 这种部分 (也可能是完全) 线性化方法称之为输入-输出线性化.

1.4.2 SISO 系统的反馈线性化

考虑 SISO 系统

$$\begin{cases}\dot{x}=f(x)+g(x)u\\ y=h(x)\end{cases}\tag{1.20}$$

其中，$x\in\mathcal{D}$ 为系统状态，$\mathcal{D}\subseteq\mathbf{R}^n$ 为待考察的工作点 x_0 (通常为原点) 的一个邻域；$u\in\mathbf{R}$ 为系统输入，$y\in\mathbf{R}$ 为系统输出；$f:\mathcal{D}\subseteq\mathbf{R}^n\to\mathbf{R}^n$、$g(x):\mathcal{D}\to\mathbf{R}^n$ 和

$h(x): \mathcal{D} \to \mathbf{R}$ 为足够光滑的函数. 很多情况下, $y = h(x)$ 是由设计要求所指定的, 某些情况下, 也可以根据设计者的需要进行选取.

输入-输出线性化的方法很简单: 首先对输出 y 反复求导, 直至输入 u 出现为止, 然后通过构造输入抵消非线性, 从而得到一个线性的输入-输出关系. 具体过程如下所述.

第 1 步　对输出 y 求 1 阶导数, 得到

$$\dot{y} = \frac{\partial h}{\partial x}(f(x) + g(x)u) = \frac{\partial h}{\partial x}f(x) + \frac{\partial h}{\partial x}g(x)u \xlongequal{\text{def}} L_f h(x) + L_g h(x)u$$

若 $L_g h(x_0) \neq 0$, 则称系统 (1.20) 在 x_0 点具有相对阶 1. 此时, 根据连续性, 存在 x_0 的邻域 $\mathcal{D}_0 \subseteq \mathcal{D}$ 使得 $L_g h(x) \neq 0$ $(\forall x \in \mathcal{D}_0)$. 于是, 在 $\mathcal{D}_0$ 内构造输入

$$u = \frac{1}{L_g h(x)}(-L_f h(x) + v)$$

可以产生一个线性的输入输出关系: $\dot{y} = v$. 若 $L_g h(x_0) = 0$, 则可以分为两种情形. 情形 1: 对任意 $\varepsilon > 0$, 存在 $x \in \{x \in \mathcal{D} : \|x - x_0\| < \varepsilon\}$ 使得 $L_g h(x) \neq 0$. 此时, 称系统在 x_0 点的相对阶没有定义. 情形 2: 情形 1 不成立, 即存在 $\varepsilon > 0$ 使得对任意 $x \in \{x \in \mathcal{D} : \|x - x_0\| < \varepsilon\}$ 都有 $L_g h(x) = 0$, 也就是说, 存在 x_0 的邻域 $\mathcal{D}_0 \subseteq \mathcal{D}$ 使得 $L_g h(x) = 0$ $(\forall x \in \mathcal{D}_0)$. 此时有

$$\dot{y} = L_f h(x)$$

仍然将 $\mathcal{D}_0$ 记为 $\mathcal{D}$, 进行下一步.

第 2 步　对输出 y 求 2 阶导数, 得到

$$\begin{aligned}
\ddot{y} &= \frac{\partial (L_f h(x))}{\partial x}(f(x) + g(x)u) \\
&= \frac{\partial (L_f h(x))}{\partial x}f(x) + \frac{\partial (L_f h(x))}{\partial x}g(x)u \\
&\xlongequal{\text{def}} L_f^2 h(x) + L_g L_f h(x)u
\end{aligned}$$

若 $L_g L_f h(x_0) \neq 0$, 则称系统 (1.20) 在 x_0 点具有相对阶 2. 此时, 根据连续性, 存在 x_0 的邻域 $\mathcal{D}_0 \subseteq \mathcal{D}$ 使得 $L_g L_f h(x) \neq 0$ $(\forall x \in \mathcal{D}_0)$. 于是, 在 $\mathcal{D}_0$ 内构造输入

$$u = \frac{1}{L_g L_f h(x)}(-L_f^2 h(x) + v)$$

可以产生一个线性的输入输出关系: $\ddot{y} = v$. 若 $L_g L_f h(x_0) = 0$, 则可以分为两种情形. 情形 1: 对任意 $\varepsilon > 0$, 存在 $x \in \{x \in \mathcal{D} : \|x - x_0\| < \varepsilon\}$ 使得 $L_g L_f h(x) \neq 0$.

此时, 称系统在 x_0 点的相对阶没有定义. 情形 2: 情形 1 不成立, 即存在 $\varepsilon > 0$ 使得对任意 $x \in \{x \in \mathcal{D} : \|x - x_0\| < \varepsilon\}$ 都有 $L_gL_fh(x) = 0$, 也就是说, 存在 x_0 的邻域 $\mathcal{D}_0 \subseteq \mathcal{D}$ 使得 $L_gL_fh(x) = 0$ $(\forall x \in \mathcal{D}_0)$. 此时有

$$\ddot{y} = L_f^2h(x)$$

仍然将 $\mathcal{D}_0$ 记为 $\mathcal{D}$, 进行下一步.

……

第 r 步 $(1 \leqslant r \leqslant n)$　对输出 y 求 r 阶导数, 得到

$$\begin{aligned} y^{(r)} &= \frac{\partial(L_f^{r-1}h(x))}{\partial x}(f(x) + g(x)u) \\ &= \frac{\partial(L_f^{r-1}h(x))}{\partial x}f(x) + \frac{\partial(L_f^{r-1}h(x))}{\partial x}g(x)u \\ &\overset{\text{def}}{=\!=} L_f^rh(x) + L_gL_f^{r-1}h(x)u \end{aligned}$$

若 $L_gL_f^{r-1}h(x_0) \neq 0$, 则称系统 (1.20) 在 x_0 点具有相对阶 r. 此时, 根据连续性, 存在 x_0 的邻域 $\mathcal{D}_0 \subseteq D$ 使得 $L_gL_f^{r-1}h(x) \neq 0$ $(\forall x \in \mathcal{D}_0)$. 于是, 在 $\mathcal{D}_0$ 内构造输入

$$u = \frac{1}{L_gL_f^{r-1}h(x)}(-L_f^rh(x) + v)$$

则可以产生一个线性的输入输出关系: $y^{(r)} = v$.

根据上面的叙述, 相对阶的正式定义如下.

定义 1.4.2　*对于非线性系统 (1.20), 若存在点 x_0 的邻域 $\mathcal{D}_0 \subseteq \mathcal{D}$ 使得对任意 $x \in \mathcal{D}_0$ 都有*

$$L_gL_f^{i-1}h(x) = 0, \quad i = 1, 2, \cdots, r-1, \quad L_gL_f^{r-1}h(x) \neq 0$$

则称系统在点 x_0 (或者说在区域 $\mathcal{D}_0$ 上) 具有相对阶 r, 这里 $1 \leqslant r \leqslant n$.

通俗地讲, 相对阶就是对 y 反复求导直至 u 出现的次数. 对于 SISO 线性定常系统, 相对阶即为系统传递函数中分母多项式阶次与分子多项式阶次之差, 这也是相对阶得名的由来. 可以看出, 相对阶与所选择的输出有关系. 此外, 需要注意的是, 在上述相对阶定义中, 要求 $1 \leqslant r \leqslant n$. 这对于能控的系统一般都是可以满足的. 例如, 考虑系统

$$\begin{cases} \dot{x}_1 = x_1 \\ \dot{x}_2 = u \\ y = x_1 \end{cases}$$

显然, 对任意 $n \geqslant 1$ 都有 $y^{(n)} = y = x_1$, 即无论对 y 求多少次导数, u 都不会出现. 因此, 该系统不具有满足上述定义的相对阶. 对于此系统, 从 $y(t) = y(0)\mathrm{e}^t$ 可以看出输入无法实现对输出的控制.

当系统 (1.20) 的相对阶满足 $1 \leqslant r \leqslant n$ 时, 可以得到一个 r 阶积分链系统

$$y^{(r)} = L_f^r h(x) + L_g L_f^{r-1} h(x) u$$

但注意到原系统的阶次为 n, 还需要一个 $n-r$ 阶的非线性系统来补全对系统的描述. 这就导致了所谓的系统的"规范型" (normal form) 形式.

定理 1.4.2　若非线性系统 (1.20) 在点 x_0 具有相对阶 r $(1 \leqslant r \leqslant n)$, 则存在一个定义在点 x_0 的邻域 $\mathcal{D}_0 \subseteq \mathcal{D}$ 上的局部微分同胚

$$\zeta = T(x) = \begin{bmatrix} \varphi(x) \\ \phi(x) \end{bmatrix} \overset{\text{def}}{=\!=} \begin{bmatrix} \eta \\ \xi \end{bmatrix}$$

$$\phi(x) = \begin{bmatrix} h(x) \\ L_f h(x) \\ \vdots \\ L_f^{r-1} h(x) \end{bmatrix}, \quad \varphi(x) = \begin{bmatrix} \varphi_1(x) \\ \varphi_2(x) \\ \vdots \\ \varphi_{n-r}(x) \end{bmatrix}$$

将系统 (1.20) 转化为如下的规范型:

$$\dot{\eta} = \frac{\partial \varphi}{\partial x} f(x) \tag{1.21}$$

$$\dot{\xi} = \begin{bmatrix} \xi_2 \\ \vdots \\ \xi_r \\ L_f^r h(x) + L_g L_f^{r-1} h(x) u \end{bmatrix} \tag{1.22}$$

$$y = \xi_1$$

其中, $\varphi(x)$ 满足 $(\partial \varphi / \partial x) g(x) = 0$, 即

$$\frac{\partial \varphi_i}{\partial x} g(x) = 0, \quad i = 1, 2, \cdots, n-r$$

需要指出的是, 如果需要将 $x = x_0$ 映射到 $\zeta = 0$, 还需要满足 $T(x_0) = 0$, 这总是可以通过对上述微分同胚映射进行适当变形而实现的.

由于 $x=T^{-1}(\zeta)$, 式 (1.22) 和 (1.21) 也可以写成

$$\dot{\eta}=\psi(\eta,\xi),\quad \dot{\xi}=\begin{bmatrix}\xi_2\\ \vdots\\ \xi_r\\ \beta(\eta,\xi)+\gamma(\eta,\xi)u\end{bmatrix}$$

其中, $\zeta=[\eta^{\mathrm{T}},\xi^{\mathrm{T}}]^{\mathrm{T}}\in T(\mathcal{D}_0)$, $\psi(\eta,\xi)=\dfrac{\partial\varphi}{\partial x}f(T^{-1}(\zeta))$, $\beta(\eta,\xi)=L_f^r h(T^{-1}(\zeta))$, $\gamma(\eta,\xi)=L_gL_f^{r-1}h(T^{-1}(\zeta))\neq 0$.

特别地, 若系统 (1.20) 在点 x_0 处具有相对阶 $r=n$, 则存在一个定义在点 x_0 的邻域 $\mathcal{D}_0\subseteq\mathcal{D}$ 上的局部微分同胚将系统 (1.20) 转化为下述"规范型"形式:

$$\dot{\xi}=\begin{bmatrix}\xi_2\\ \vdots\\ \xi_r\\ L_f^n h(x)+L_gL_f^{n-1}h(x)u\end{bmatrix}$$

因此, 该系统是可输入-状态线性化的. 事实上, 反过来, 如果系统 (1.20) 在点 x_0 附近是可输入-状态线性化的, 那么也一定可以定义一个合适的输出 $y=h(x)$ 使得系统在点 x_0 具有相对阶 n, 即有下述结论.

定理 1.4.3　考虑非线性系统

$$\dot{x}=f(x)+g(x)u \tag{1.23}$$

其中, $x\in\mathcal{D}$ 为系统状态, $\mathcal{D}\subseteq\mathbf{R}^n$ 为待考察工作点 x_0 (通常为原点) 的一个邻域; $u\in\mathbf{R}$ 为系统输入; $f:\mathcal{D}\subseteq\mathbf{R}^n\rightarrow\mathbf{R}^n$、$g(x):\mathcal{D}\rightarrow\mathbf{R}^n$ 为足够光滑的函数. 该系统在点 x_0 附近是可输入-状态线性化的, 当且仅当存在光滑函数 $h:\mathcal{D}\rightarrow\mathbf{R}$ 使得系统

$$\begin{cases}\dot{x}=f(x)+g(x)u\\ y=h(x)\end{cases}$$

在点 x_0 (或者说在点 x_0 的一个邻域 $\mathcal{D}_0\subseteq\mathcal{D}$ 上) 具有相对阶 n.

根据相对阶的定义, 可以根据如下条件来确定使系统在点 x_0 的一个邻域 $\mathcal{D}_0\subseteq\mathcal{D}$ 上具有相对阶 n 的函数 $h(x)$:

$$L_gL_f^{i-1}h(x)=0,\quad i=1,2,\cdots,n-1,\ \forall x\in\mathcal{D}_0$$

$$L_gL_f^{r-1}h(x) \neq 0, \quad \forall x \in \mathcal{D}_0$$

此外, 如果要将 $x=0$ 映射到 $\xi=0$, 还需要满足 $h(0)=0$, 这总是可以实现的. 上述条件涉及高阶偏微分方程组的求解, 当阶次较高时 $h(x)$ 的求解会很困难, 而且没有给出 $h(x)$ 的存在条件. 幸运的是, 借助 Lie (李) 括号的概念, 不仅可以将高阶偏微分方程组的求解问题转化为一个一阶偏微分方程组

$$\frac{\partial h}{\partial x}\mathrm{ad}_f^{i-1}g = 0, \quad i=1,2,\cdots,n-1, \quad \frac{\partial h}{\partial x}\mathrm{ad}_f^{n-1}g \neq 0$$

的求解问题, 其中, Lie 括号 $\mathrm{ad}_f^k g$ 的定义如下:

$$\mathrm{ad}_f^0 g = g, \quad \mathrm{ad}_f^k g = \frac{\partial \mathrm{ad}_f^{k-1}g}{\partial x}f - \frac{\partial f}{\partial x}\mathrm{ad}_f^{k-1}g, \quad k=1,2,\cdots,n-2 \tag{1.24}$$

而且还可以给出 $h(x)$ 存在的充要条件, 如下面的定理所述.

定理 1.4.4　非线性系统 (1.23) 在点 x_0 附近是可输入-状态线性化的, 当且仅当存在点 x_0 的邻域 $\mathcal{D}_0 \subseteq \mathcal{D}$ 使得:

(1) $\mathrm{rank}[g(x), \mathrm{ad}_f g, \cdots, \mathrm{ad}_f^{n-1}g] = n \ (\forall x \in \mathcal{D}_0)$.

(2) 对任意 $x \in \mathcal{D}_0$ 和任意 $\xi_i, \xi_j \in \{g(x), \mathrm{ad}_f g, \cdots, \mathrm{ad}_f^{n-2}g\}$ 都有

$$\mathrm{rank}\begin{bmatrix} g(x) & \mathrm{ad}_f g & \cdots & \mathrm{ad}_f^{n-1}g \end{bmatrix} = \mathrm{rank}\begin{bmatrix} g(x) & \mathrm{ad}_f g & \cdots & \mathrm{ad}_f^{n-1}g & \mathrm{ad}_{\xi_1}^1\xi_2 \end{bmatrix}$$

定理 1.4.4 的证明可以参阅相关著作, 这里不再赘述. 对应于线性定常系统 $\dot{x} = Ax + bu$, 上述条件 (1) 可以理解为要求系统是能控的. 事实上, 有

$$\begin{bmatrix} g & \mathrm{ad}_f g & \cdots & \mathrm{ad}_f^{n-1}g \end{bmatrix} = \begin{bmatrix} b & -Ab & \cdots & (-1)^{n-1}A^{n-1}b \end{bmatrix}$$

且当条件 (1) 成立时, 条件 (2) 自动成立.

1.4.3　内动态、零动态与最小相位系统

有了非线性系统的规范型描述, 便可以进一步研究基于规范型的非线性控制问题. 这里以镇定问题为例讨论影响闭环系统稳定性的关键因素. 为此, 将系统的规范型写成如下简洁形式:

$$\begin{cases} \dot{\eta} = \psi(\eta, \xi) \\ \dot{\xi} = A\xi + B(\gamma(\eta,\xi)u + \alpha(\eta,\xi)) \end{cases}$$

其中, $\gamma(\eta,\xi)\neq 0$ $(\forall[\eta^{\mathrm{T}},\xi^{\mathrm{T}}]^{\mathrm{T}}\in\mathcal{D})$, 这里 $\mathcal{D}$ 为原点的一个邻域; $\psi(0,0)=0$,

$$A=\begin{bmatrix}0_{(r-1)\times 1} & I_{r-1}\\ 0 & 0_{1\times(r-1)}\end{bmatrix},\quad B=\begin{bmatrix}0_{(r-1)\times 1}\\ 1\end{bmatrix}$$

显然, 矩阵对 (A,B) 能控. 设 ψ、γ 和 α 为足够光滑的函数. 由于 ξ 子系统的状态是输出 y 及其各阶导数, 故通常被称为外动态 (系统). 与此对应, η 子系统通常被称为内动态 (系统).

利用状态反馈

$$u=\frac{1}{\gamma(\eta,\xi)}(v-\alpha(\eta,\xi))$$

其中, v 为辅助输入变量, 则可得 $\dot{\xi}=A\xi+Bv$. 因为矩阵对 (A,B) 能控, 故可以设计 $v=K\xi$ 使得 $A+BK$ 是 Hurwitz 矩阵, 其中, K 是反馈增益. 于是, 闭环系统为

$$\dot{\eta}=\psi(\eta,\xi) \tag{1.25}$$

$$\dot{\xi}=(A+BK)\xi \tag{1.26}$$

显然, 闭环系统零平衡点的稳定性与系统

$$\dot{\eta}=\psi(\eta,0) \tag{1.27}$$

紧密相关. 系统 (1.27) 通常被称为系统 (1.20) 的零动态 (注意: 在线性定常系统中, 零动态系统的系统矩阵的特征值即为系统的不变零点, 见文献 [18] 的第 4 章).

定义 1.4.3 考虑系统 (1.20) 的零动态 (1.27).

(1) 如果系统 (1.27) 的零平衡点为渐近稳定的, 则称系统 (1.20) 为最小相位系统.

(2) 如果系统 (1.27) 的零平衡点为 Lyapunov 稳定的, 且存在二次可微正定函数 $W(\eta)$ 使得 $L_{\psi(\eta,0)}W(\eta)\leqslant 0$, 则称系统 (1.20) 为弱最小相位系统.

(3) 如果系统 (1.27) 的零平衡点不稳定, 则称系统 (1.20) 为非最小相位系统.

最小相位系统的镇定可通过镇定外系统来实现. 这就是下面的定理.

定理 1.4.5 设 $A+BK$ 是 Hurwitz 矩阵, $\psi(\cdot,\cdot)\in\mathcal{C}^1(\mathbf{R}^{n-r}\times\mathbf{R}^r,\mathbf{R}^{n-r})$.

(1) 如果零动态系统 (1.27) 的零平衡点是渐近 (指数) 稳定的, 则闭环系统 (1.25) 和 (1.26) 的零平衡点是局部渐近 (指数) 稳定的.

(2) 如果内动态系统 (1.25) 以 ξ 为输入是输入-状态稳定的, 则闭环系统 (1.25) 和 (1.26) 的零平衡点是全局渐近稳定的.

定理 1.4.5 的结论 (1) 和 (2) 分别是引理 1.3.3 和引理 1.3.2 的直接应用.

之所以在一般情况下不能保证闭环系统 (1.25) 和 (1.26) 的全局渐近稳定性, 是因为内动态在外系统的状态 ξ 驱动下而有可能发生有限时间逃逸现象. 一个自然的想法是, 当初值取自任何给定的任意大但有界的集合 $\mathcal{D}$ 时, 能否设计 K (与 $\mathcal{D}$ 有关) 使得 ξ 子系统收敛得足够快, 即在内动态发生有限时间逃逸之前就收敛到充分小的区域, 进而保证其状态有界并最终收敛到 0. 该问题称为 (部分状态反馈) 半全局镇定问题. 该问题并非总有解, 原因在于: 如果设计 K 使得 ξ 的某个分量 ξ_i 收敛得足够快, 则其他分量 ξ_j $(j \neq i)$ 会在某个时刻出现很大的峰值 (该现象称为峰化现象); 此时如果 $\psi(\eta, \xi)$ 中同时含有 ξ_k $(k = i, j)$, 则内动态在 ξ_k $(k = i, j)$ 驱动下仍有可能发生有限时间逃逸现象. 文献 [19] 和 [20] 首次证明当 $\psi(\eta, \xi) = \psi(\eta, \xi_1)$ 时上述半全局镇定问题是有解的; 文献 [21] 将此条件放松为 $\psi(\eta, \xi) = \psi(\eta, \xi_i)$ $(i \in \{1, 2, \cdots, r+1\})$, 这里 $\xi_{r+1} = v$; 文献 [22] 则进一步将条件减弱为 $\psi(\eta, \xi) = \psi(\eta, \xi_i, \xi_{i+1})$ $(i \in \{1, 2, \cdots, r\})$.

由定理 1.4.5 和上述说明可见, 最小相位系统的镇定问题相对容易解决. 但对于非最小相位系统, 进行控制设计时需要非常小心. 这是因为线性子系统即外动态的稳定性并不能保证闭环系统的稳定性. 非最小相位系统的控制问题目前仍然是非线性控制领域的一个难点和热点问题. 关于此类系统的简要讨论见 8.4 节.

一种非常有趣且常见的情形是, 系统的相对阶为 n, 此时系统的规范型描述中不包含内动态. 在这种情况下, 在解决系统的镇定与跟踪等控制问题时, 不必担心内动态的稳定性问题.

1.4.4　MIMO 系统的反馈线性化

SISO 非线性系统的反馈线性化方法也可以推广到 MIMO 非线性系统. 考虑非线性系统

$$\begin{cases} \dot{x} = f(x) + \displaystyle\sum_{j=1}^{m} g_j(x) u_j \\ y = h(x) \end{cases} \tag{1.28}$$

其中, $x \in \mathcal{D}$ 为系统状态, $\mathcal{D} \subseteq \mathbf{R}^n$ 为待考察工作点 x_0 (通常为原点) 的一个邻域; $u \in \mathbf{R}^m$ 为系统输入; $f : \mathcal{D} \subseteq \mathbf{R}^n \to \mathbf{R}^n$、$g_j(x) : \mathcal{D} \subseteq \mathbf{R}^n \to \mathbf{R}^n$ $(j = 1, 2, \cdots, m)$ 和 $h(x) : \mathcal{D} \to \mathbf{R}^m$ 为足够光滑的函数. 很多情况下, $y = h(x)$ 是由设计要求所指定的, 某些情况下, 也可以根据设计者的需要进行选取.

MIMO 系统 (1.28) 的输入-输出线性化过程与 SISO 的情形类似, 只不过需要对每一个输出分量 $y_i = h_i(x)$ $(i = 1, 2, \cdots, m)$ 分别进行反复求导. 不考虑相对阶没有定义的情形, 设每一个输出分量 y_i 都对应着一个部分相对阶 r_i, 它等于至少有一个输入分量 u_j ($j \in \{1,2,\cdots,m\}$) 出现在 $y_i^{(r_i)}$ 表达式中的最少求导次数. 此时有

$$y_i^{(r_i)} = L_f^{r_i} h_i(x) + \sum_{j=1}^{m} L_{g_j} L_f^{r_i-1} h_i(x) u_j, \quad i = 1,2,\cdots,m$$

而且对于每一个 $i \in \{1,2,\cdots,m\}$, 至少存在一个 $j \in \{1,2,\cdots,m\}$ 使得在点 x_0 的一个邻域 $\mathcal{D}_i$ 上有 $L_{g_j} L_f^{r_i-1} h_i(x) \neq 0$. 取 $\mathcal{D}_0 = \mathcal{D}_1 \cap \cdots \cap \mathcal{D}_m$, 则在 $\mathcal{D}_0$ 上, 每一个部分相对阶都已经定义好了. 此时, 称系统 (1.28) 在点 x_0 具有相对阶 $\{r_1, r_2, \cdots, r_m\}$, 并称系统 (1.28) 在点 x_0 具有总相对阶 $r = r_1 + r_2 + \cdots + r_m$.

据上所述, 在 $\mathcal{D}_0$ 上有

$$\begin{bmatrix} y_1^{(r_1)} \\ \vdots \\ y_m^{(r_m)} \end{bmatrix} = F(x) + G(x)u \tag{1.29}$$

其中,

$$F(x) = \begin{bmatrix} L_f^{r_1} h_1 \\ \vdots \\ L_f^{r_m} h_m \end{bmatrix}, \quad G(x) = \begin{bmatrix} L_{g_1} L_f^{r_1-1} h_1(x) & \cdots & L_{g_m} L_f^{r_1-1} h_1(x) \\ \vdots & & \vdots \\ L_{g_1} L_f^{r_m-1} h_m(x) & \cdots & L_{g_m} L_f^{r_m-1} h_m(x) \end{bmatrix}$$

如果 $G(x)$ 在 $\mathcal{D}_0$ 上可逆, 取

$$u = G^{-1}(x)(-F(x) + v)$$

其中, $v \in \mathbf{R}^m$ 为辅助输入变量, 则可得 m 个解耦的线性定常系统

$$y_i^{(r_i)} = v_i, \quad i = 1,2,\cdots,m$$

若系统 (1.28) 在点 x_0 的总相对阶小于 n, 则系统 (1.29) 不能完全描述原系统, 对原系统的完整描述中还应包括内动态. 类似于 SISO 的情形, 可以定义 MIMO 系统的零动态和最小相位等概念, 且最小相位系统可以实现局部镇定和一定条件下的半全局镇定. 若系统 (1.28) 在点 x_0 的总相对阶等于 n, 则系统 (1.29) 可以完全描述原系统, 此时系统的规范型描述中不包括内动态. 无内动态的规范型是一种非常常见和重要的情况.

1.4.5　对反馈线性化的补充说明

通过前面的讨论可以看出反馈线性化方法作为一种系统性的控制设计方法,其最大的优势是通过非线性状态变换和反馈抵消,将系统完全或者部分地转化为线性系统,从而可以用成熟的线性系统控制设计方法来处理非线性系统的控制问题. 特别是当系统的 (总) 相对阶为 n 时,对应的规范型系统没有内动态 (这在很多情况下都可以做到),这时可以进一步通过反馈抵消得到一个完全 (即阶次为 n) 的线性定常系统,在这种情况下解决系统的镇定与跟踪控制问题时,无须担心内动态的稳定性问题. 但是,将非线性部分完全抵消并非总是明智的选择. 例如,考虑系统

$$\dot{x} = ax - bx^3 + u$$

其中, $a > 0$, $b > 0$. 按照反馈线性化方法,需要设计镇定控制律

$$u_1 = -kx + bx^3$$

其中, $k > a$. 但是对于原点的稳定性, $-bx^3$ 是一个有用的项,有助于提高闭环系统的稳定性和收敛速度,不需要被抵消. 因此,一个更合理的控制律是

$$u_2 = -kx$$

其中, $k > a$. 可以理解为,当 x 远离原点时,控制律 u_2 对应的控制信号更小.

此外,反馈线性化方法对模型的精确性有比较高的要求. 如果系统中含有不确定参数或者外部干扰,反馈线性化方法一般无法通过反馈抵消将系统转化为一个完全或者部分线性系统. 此时,需要在反馈线性化方法的基础上,进一步研究处理不确定性和干扰的鲁棒和自适应控制方法. 在后面的第 2 章和第 4 章中,将着重介绍两种能够处理不确定性和干扰的控制方法,即滑模 (sliding mode) 方法和反步法.

1.5　Jacobi 线性化简介

Jacobi 线性化的核心思想是,首先将动态系统中的非线性函数在工作点附近进行 Taylor 展开,只保留一次项并忽略高阶项,从而得到一个关于偏差的线性系统,然后采用成熟的线性系统控制方法来进行控制系统设计. Jacobi 线性化亦称为小偏差线性化或者近似线性化,这是相对于反馈线性化是精确线性化而言的.

考虑非线性控制系统

$$\dot{x} = f(x, u) \tag{1.30}$$

假设函数 $f(x,u)\in\mathcal{C}^1(\mathbf{R}^n\times\mathbf{R}^m,\mathbf{R}^n)$, 并假设系统的工作点为 (x_0,u_0), 即 $\dot{x}_0=f(x_0,u_0)=0$. 这表明 x_0 是非线性系统

$$\dot{x}=f(x,u_0) \tag{1.31}$$

的平衡点. 将非线性系统 (1.30) 在工作点 (x_0,u_0) 附近进行 Taylor 展开, 有

$$\dot{x}=f(x_0,u_0)+\frac{\partial f(x_0,u_0)}{\partial x}(x-x_0)+\frac{\partial f(x_0,u_0)}{\partial u}(u-u_0)+o \tag{1.32}$$

其中, $o=o(x,u)$ 是满足

$$\lim_{\|X\|\to 0^+}\frac{\|o\|}{\|X\|}=0,\quad X=\begin{bmatrix}x-x_0\\u-u_0\end{bmatrix}\overset{\text{def}}{=\!=}\begin{bmatrix}z\\v\end{bmatrix} \tag{1.33}$$

的高次项. 若定义 Jacobian 矩阵

$$A=\frac{\partial f(x_0,u_0)}{\partial x},\quad B=\frac{\partial f(x_0,u_0)}{\partial u}$$

则系统 (1.32) 可以写成

$$\dot{z}=Az+Bv+o(x,u)$$

通常将上述系统中的高次项 o 被忽略之后的线性系统 $\dot{z}=Az+Bv$ 称为非线性系统 (1.30) 的 Jacobi 线性化系统.

定理 1.5.1 设非线性系统 (1.30) 在工作点 (x_0,u_0) 处的 Jacobian 矩阵为 A 和 B, 有:

(1) 如果 A 是 Hurwitz 矩阵, 则系统 (1.31) 的平衡点 x_0 是局部指数稳定的.

(2) 如果 A 至少有一个正实部的特征值, 则系统 (1.31) 的平衡点 x_0 是不稳定的.

(3) 如果 (A,B) 能稳, 则非线性系统 (1.30) 在线性控制律

$$u=u_0+K(x-x_0) \tag{1.34}$$

作用下的闭环系统是局部指数稳定的, 这里 K 为任何使得 $A+BK$ 是 Hurwitz 矩阵的反馈增益.

(4) 如果 (A,B) 存在不稳定的不能控模态即 $\text{rank}[A-\lambda_0 I_n,B]<n$ $(\text{Re}\{\lambda_0\}>0)$, 则非线性系统 (1.30) 不存在连续可微的反馈镇定控制律 $u(x)\in\mathcal{C}^1(\mathbf{R}^n,\mathbf{R}^m)$, 这里 $u(x_0)=u_0$.

(5) 如果 (A,B) 不能控, 非线性系统 (1.30) 是仿射的且 $f(x,u)$ 充分光滑, 则该系统在工作点 x_0 附近是不能反馈线性化的.

证明　本定理结论 (1) 和 (2) 的证明参见文献 [18] 的第 3 章.

结论 (3) 的证明: 在控制律 (1.34) 作用下的闭环系统为

$$\dot{z} = (A+BK)z + o(x,u) \tag{1.35}$$

定义 $V(z) = z^{\mathrm{T}}Pz$, 其中 P 是正定矩阵且满足 Lyapunov 方程

$$(A+BK)^{\mathrm{T}}P + P(A+BK) = -3I_n$$

于是 $V(z)$ 沿着闭环系统 (1.35) 的时间导数为

$$\begin{aligned}\dot{V} &= \dot{z}^{\mathrm{T}}Pz + z^{\mathrm{T}}P\dot{z} \\ &= ((A+BK)z+o)^{\mathrm{T}}Pz + z^{\mathrm{T}}P((A+BK)z+o) \\ &= z^{\mathrm{T}}((A+BK)^{\mathrm{T}}P + P(A+BK))z + o^{\mathrm{T}}Pz + z^{\mathrm{T}}Po \\ &= -3z^{\mathrm{T}}z + 2z^{\mathrm{T}}Po \\ &\leqslant -3\|z\|^2 + 2\|P\|\,\|o\|\,\|z\|\end{aligned} \tag{1.36}$$

根据式 (1.33) 可知存在 $\delta > 0$ 使得当 $\|X\| \leqslant \delta$ 时有 $\|o\|/\|X\| \leqslant 1/(\|P\|(1+\|K\|))$, 即

$$\|P\|\,\|o\| \leqslant \frac{\|X\|}{1+\|K\|} \leqslant \|z\|$$

对任意 $z \in \mathcal{D}_\delta \xlongequal{\text{def}} \{z : V(z) \leqslant \delta^2\lambda_{\min}(P)/(1+\|K\|)^2 \xlongequal{\text{def}} c\}$ 有

$$\|X\| \leqslant (1+\|K\|)\,\|z\| \leqslant (1+\|K\|)\sqrt{\frac{V(z)}{\lambda_{\min}(P)}} \leqslant \delta$$

进而根据式 (1.36) 有

$$\dot{V}(z) \leqslant -3\|z\|^2 + 2\|z\|^2 = -\|z\|^2 \leqslant -\lambda_{\max}^{-1}(P)z^{\mathrm{T}}Pz = -\lambda_{\max}^{-1}(P)V(z)$$

即 $V(z) \leqslant c$ 蕴含 $\dot{V}(z) \leqslant -\lambda_{\max}^{-1}(P)V(z) \leqslant 0$. 根据定理 1.2.9 可知起始于 $\mathcal{D}_\delta$ 的状态 (指数) 收敛到 0, 即 $\mathcal{D}_\delta$ 为不变集. 因此, 闭环系统 (1.35) 的原点是局部指数稳定的.

结论 (4) 的证明: 反证. 假设存在连续可微反馈控制律 $u=u(x)$ 使得非线性系统 $\dot{x}=f(x,u(x))$ 的平衡点 x_0 是局部渐近稳定的. 注意到

$$A_{\mathrm{c}} \overset{\text{def}}{=\!=} \frac{\partial f(x_0,u(x_0))}{\partial x}=\frac{\partial f(x_0,u_0)}{\partial x}+\frac{\partial f(x_0,u_0)}{\partial u}\frac{\partial u(x_0)}{\partial x}=A+B\frac{\partial u(x_0)}{\partial x}$$

由于 (A,B) 存在不稳定的不能控模态即 $\operatorname{rank}[A-\lambda_0 I_n, B]<n$ $(\operatorname{Re}\{\lambda_0\}>0)$, 故有 $\lambda_0\in\lambda(A_{\mathrm{c}})$. 根据本定理的结论 (2) 可知闭环系统的平衡点 x_0 是不稳定的. 矛盾.

结论 (5) 的证明: 由于非线性系统 (1.30) 是仿射的, 可将其写成

$$\dot{x}=f_1(x)+g(x)u=f_1(x)+g(x)u_0+g(x)v \overset{\text{def}}{=\!=} \phi(x)+g(x)v \tag{1.37}$$

其中, $v=u-u_0$. 此系统的工作点 (平衡点) 为 x_0, 即 $\phi(x_0)=f(x_0,u_0)=0$. 因此有

$$\phi(x)=A(x-x_0)+\phi_0(x),\quad g(x)=B+g_0(x)$$

其中, $\phi_0(x_0)=0, \partial\phi_0(x_0)/\partial x=0, g_0(x_0)=0$.

可以断言: 对任意 $k=0,1,\cdots$ 都有

$$\operatorname{ad}_\phi^k g(x)=(-1)^k A^k B+p_k(x) \tag{1.38}$$

其中, $p_k(x)$ 是满足 $p_k(x_0)=0$ 的函数矩阵. 用数学归纳法简证如下: $k=0$ 时, 式 (1.38) 显然成立. 假设式 (1.38) 对某个 k 成立, 则根据式 (1.24) 有

$$\begin{aligned}
\operatorname{ad}_\phi^{k+1} g(x) &= \frac{\partial \operatorname{ad}_\phi^k g}{\partial x}\phi(x)-\frac{\partial\phi(x)}{\partial x}\operatorname{ad}_\phi^k g(x)\\
&=\frac{\partial p_k(x)}{\partial x}\phi(x)-\left(A+\frac{\partial\phi_0(x)}{\partial x}\right)((-1)^k A^k B+p_k(x))\\
&=(-1)^{k+1}A^{k+1}B+p_{k+1}(x)
\end{aligned}$$

其中,

$$p_{k+1}(x)=\frac{\partial p_k(x)}{\partial x}\phi(x)-Ap_k(x)-\frac{\partial\phi_0(x)}{\partial x}((-1)^k A^k B+p_k(x))$$

显然满足 $p_{k+1}(x_0)=0$. 因此, 式 (1.38) 得证.

根据定理 1.4.4, 非线性系统 (1.37) 在 x_0 附近可以反馈线性化的一个必要条件是

$$n=\operatorname{rank}\begin{bmatrix} g(x_0) & \operatorname{ad}_\phi g(x_0) & \cdots & \operatorname{ad}_\phi^{n-1} g(x_0)\end{bmatrix}$$

$$= \operatorname{rank}\begin{bmatrix} B & -AB & \cdots & (-1)^{n-1}A^{n-1}B \end{bmatrix}$$

证毕. □

从定理 1.5.1 可以看出, Jacobi 线性化方法有效的原因在于: 当偏差足够小时, 闭环系统 (1.35) 的一次项 $(A+BK)z$ 相对于高次项 o 是占主导地位的, 这实际上也是 Lyapunov 间接方法的理论依据. 此外, 还可以看出 Jacobi 线性化方法的主要缺陷在于: 从理论上讲, 该方法只是在平衡点附近有效, 而且有效的范围难以精确计算 (注意到不变集 $\mathcal{D}_\delta$ 只是该范围的一个保守估计). 最后指出, 对于 A 是临界稳定和 A 的不能控模态是临界稳定的情形, 原非线性系统的稳定性和光滑反馈可镇定性与 Jacobi 线性化系统的稳定性和可镇定性之间没有直接的联系.

关于反馈线性化方法与 Jacobi 线性化 (即近似线性化) 方法的优劣, 文献 [23] 将两种方法用于欠驱的惯性轮倒立摆系统 (对该系统的介绍见 6.4 节) 的控制并进行了实验比较, 得出结论: In practice the performance of feedback linearization control is comparable to approximate linearization and pole placement control—the performance being limited by finite actuator torque capability (在实践中, 反馈线性化的控制性能与近似线性化和极点配置的控制性能相当——二者的性能均被执行器的有限执行能力所限制). 上述观点可供读者参考.

1.6　本章小结与文献说明

本章重点介绍了基于 Lyapunov 函数的非线性系统构造性设计中所需的各种理论工具. 对于这些理论工具, 不加证明地给出了一些重要结论, 并着重指出了一些值得注意的地方. 本章的写作主要参考了文献 [3]、[4] 和 [8]. 特别地, 前两部著作都是非线性控制理论的经典教材, 前者偏通俗, 后者偏严谨. 对于运动稳定性理论, 一本引人入胜的英文参考书是文献 [12], 中文参考书有文献 [24]. 关于反馈线性化的内容, 一本经典的著作是文献 [9].

最后, 需要特别指出的, 尽管在本章的 Lyapunov 相关理论的叙述中, 假设非线性函数满足 Lipschitz 连续性以保证系统解的唯一性, 但是相关结果也可以进一步推广到非 Lipschitz 连续的情形. 这种情况下, 系统的解可能不唯一. 此时, 可以按照如下方式来理解: 在原点的渐近稳定中, 不论系统是具有唯一解还是多解, 这些解都会渐近收敛到原点. 对此有兴趣的读者可以参阅文献 [1] 和 [25] 等. 鉴于此, 后面的章节将不再强调非线性函数的 Lipschitz 连续性.

参考文献

[1] Bhat S P, Bernstein D S. Finite-time stability of continuous autonomous systems. SIAM Journal on Control and Optimization, 2000, 38(3): 751-766.

[2] Teel A R, Hespanha J. Examples of GES systems that can be driven to infinity by arbitrarily small additive decaying exponentials. IEEE Transactions on Automatic Control, 2004, 49(8): 1407-1410.

[3] Khalil H K. 非线性系统 (英文版). 北京: 电子工业出版社, 2007.

[4] Slotine J E, Li W P. 应用非线性控制 (英文版). 北京: 机械工业出版社, 2004.

[5] Sastry S. 非线性系统 (英文版). 北京: 世界图书出版公司, 2007.

[6] 李友善. 自动控制原理. 北京: 国防工业出版社, 2012.

[7] Hou M Z, Deng Z Q, Duan G R. Adaptive control of uncertain pure-feedback nonlinear systems. International Journal of Systems Science, 2017, 48(10): 2137-2145.

[8] Haddad W M, Chellanoina V C. Nonlinear Dynamical Systems and Control: A Lyapunov-Based Approach. Princeton: Princeton University Press, 2008.

[9] Isidori A. Nonlinear Control Systems. London: Springer-Verlag, 1995.

[10] Zhou B. Stability analysis of non-linear time-varying systems by Lyapunov functions with indefinite derivatives. IET Control Theory & Applications, 2017, 11(9): 1434-1442.

[11] Massera J L. On Liapounoff's conditions of stability. Annals of Mathematics, 1949, 50(3): 705-721.

[12] Hahn W. The Stability of Motion. New York: Springer, 1967.

[13] Zhou B, Zhang K K. A linear time-varying inequality approach for prescribed time stability and stabilization. IEEE Transactions on Cybernetics, 2023, 53(3): 1880-1889.

[14] Tsiotras P. Further passivity results for the attitude control problem. IEEE Transactions on Automatic Control, 1998, 43(11): 1597-1600.

[15] Vidyasagar M. Decomposition techniques for large-scale systems with nonadditive interactions: Stability and stabilizability. IEEE Transactions on Automatic Control, 1980, 25(4): 773-779.

[16] Tao G. A simple alternative to the Barbalat lemma. IEEE Transactions on Automatic Control, 2000, 42(5): 698.

[17] Hou M Z, Duan G R, Guo M S. New versions of Barbalat's lemma with applications. Journal of Control Theory and Applications, 2010, 8(4): 545-547.

[18] 周彬. 线性系统理论. 北京: 科学出版社, 2024.

[19] Sussmann H J, Kokotovic P V. The peaking phenomenon and the global stabilization of nonlinear systems. IEEE Transactions on Automatic Control, 1991, 36 (4): 424-440.

[20] Byrnes C I, Isidori A. Asymptotic stabilization of minimum phase nonlinear systems. IEEE Transactions on Automatic Control, 1991, 36(10): 1122-1137.

[21] Teel A R. Semi-global stabilization of minimum phase nonlinear systems in special normal forms. Systems & Control Letters, 1992, 19(3): 187-192.

[22] Sepulchre R, Jankovic M, Kokotovic P V. Constructive Nonlinear Control. Berlin: Springer Science & Business Media, 2012.

[23] Spong M W, Corke P, Lozano R. Nonlinear control of the reaction wheel pendulum. Automatica, 2001, 37(11): 1845-1851.

[24] 宋申民. 运动稳定性与航天控制. 北京: 科学出版社, 2014.

[25] Orlov Y. Discontinuous Systems. London: Springer-Verlag, 2009.

第 2 章　滑模控制

滑模控制方法起源于由苏联学者 Utkin (乌特金) 和 Emelyanov (伊迈雅诺夫) 等于 20 世纪 50、60 年代提出的变结构控制方法. 1977 年, Utkin 发表了综述论文 [1], 系统地阐述了变结构和滑模控制方法. 滑模控制方法因其具有降阶特性以及对于不确定性和干扰的不变性 (鲁棒性) 两个独特性质而引起了国内外众多学者和控制工程师的高度重视, 不论是在理论上还是在应用上都得到了广泛而深入的研究. 迄今为止, 滑模控制方法已经成为非线性控制的一个重要分支.

2.1　滑模控制的基本原理

滑模控制通过构造一个滑模变量 (它是一个关于原系统状态变量的函数) 将原系统的控制设计问题转化为一个由滑模变量描述的一阶系统的控制设计问题. 针对此一阶系统, 很容易设计控制律使得滑模变量在有限时间内收敛到并保持为零. 因滑模变量是关于原系统状态变量的函数, 故滑模变量为零对应于原系统状态空间中的一个超曲面. 因此, 滑模变量在有限时间内收敛到并保持为零就意味着, 经过有限时间后, 原系统的运动将被限制在此超曲面上, 或者说, 原系统在此超曲面上滑动, 进入滑动模式 (此即 "滑模" 一词的由来). 当然, 迫使原系统在此超曲面上运动仅仅是一个中间过程或者说手段, 真正的控制目标是使原系统状态变量收敛到零. 为此, 必须精心设计滑模变量, 确保滑模变量为零蕴含原系统状态变量收敛到零. 滑模控制的基本原理如图 2.1 所示.

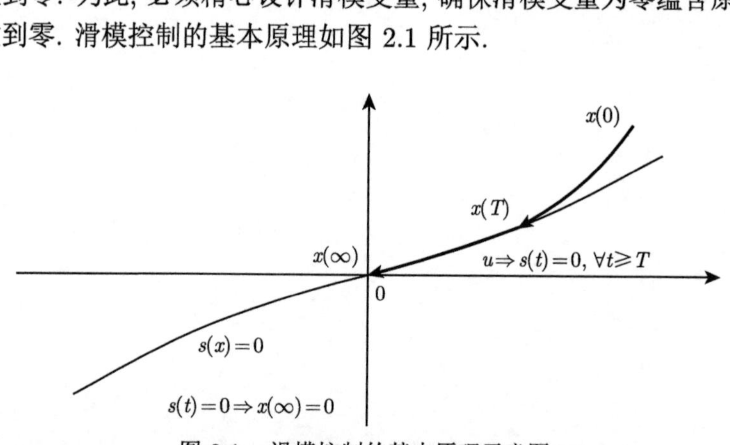

图 2.1　滑模控制的基本原理示意图

综上所述, 滑模控制设计包含两个方面: 一是设计滑模变量, 使得由滑模变量为零能够保证系统状态变量收敛到零; 二是设计控制律, 使得滑模变量能够在有限时间内收敛到并保持为零.

2.2 SISO 规范型系统的鲁棒滑模控制

考虑如下不含内动态的 SISO 规范型系统:

$$y^{(n)} = f(y, \dot{y}, \cdots, y^{(n-1)}) + g(y, \dot{y}, \cdots, y^{(n-1)})u \tag{2.1}$$

其中, $u \in \mathbf{R}$ 为系统输入, $y \in \mathbf{R}$ 为系统输出. 定义状态变量 $x_1 = y$, $x_2 = \dot{y}, \cdots, x_n = y^{(n-1)}$, 则该系统可以等价地写成如下状态空间形式:

$$\begin{cases} \dot{x}_1 = x_2 \\ \dot{x}_2 = x_3 \\ \quad \vdots \\ \dot{x}_{n-1} = x_n \\ \dot{x}_n = f(x) + g(x)u \\ y = x_1 \end{cases} \tag{2.2}$$

其中, $x = [x_1, x_2, \cdots, x_n]^{\mathrm{T}} \in \mathbf{R}^n$ 为系统状态向量. 假设 $f(x)$ 和 $g(x)$ 为定义在 $\mathbf{R}^n$ 上的连续函数, 且 $g(x) \neq 0$ $(\forall x \in \mathbf{R}^n)$ (保证系统的全局能控性).

需要指出的是, 系统模型 (2.1) 或 (2.2) 在实际应用中具有广泛的代表性. 一方面, 很多物理系统直接可以建模成式 (2.1) 或式 (2.2) 的形式, 如单摆系统、质量弹簧系统、STT (skid to turn, 侧滑转弯) 飞行器滚转通道的控制系统、阻尼振荡器等. 另一方面, 根据第 1 章介绍的反馈线性化相关理论可知, 许多非线性系统也可以通过非线性状态变换转化成式 (2.1) 或式 (2.2) 的形式.

这里要解决的控制问题可以描述为: 针对系统 (2.1) 或 (2.2), 设计控制律 u, 使得闭环系统信号有界, 并使得系统输出 y 跟踪给定的参考信号 y_{d}. 这里的参考信号 y_{d} 满足如下假设.

假设 2.2.1 对于 $t \in [0, +\infty)$, $y_{\mathrm{d}}(t)$、$\dot{y}_{\mathrm{d}}(t)$、$\cdots$、$y_{\mathrm{d}}^{(n)}(t)$ 有界且连续.

若给定的参考信号 y_{d} 仅仅满足它本身及其一阶导数是有界的, 则可以将其通过一组一阶低通滤波器进行预处理, 即

$$\tau_i \dot{\chi}_i + \chi_i = \chi_{i-1}, \quad i = 1, 2, \cdots, n$$

或等价地写成

$$\dot{\chi}_i = -\lambda_i \chi_i + \lambda_i \chi_{i-1}, \quad i = 1, 2, \cdots, n$$

其中, $\tau_i = 1/\lambda_i > 0$ 为滤波时间常数; $\chi_0 = y_{\mathrm{d}}, \chi_i(0) = y_{\mathrm{d}}(0)$. 于是有

$$
\begin{aligned}
\chi_i(t) &= \mathrm{e}^{-\lambda_i t}\chi_i(0) + \lambda_i \int_0^t \mathrm{e}^{-\lambda_i(t-s)}\chi_{i-1}(s)\mathrm{d}s \\
&= \mathrm{e}^{-\lambda_i t}\chi_i(0) + \chi_{i-1}(t) - \mathrm{e}^{-\lambda_i t}\chi_{i-1}(0) - \mathrm{e}^{-\lambda_i t}\int_0^t \mathrm{e}^{\lambda_i s}\dot{\chi}_{i-1}(s)\mathrm{d}s \\
&= \chi_{i-1}(t) - \mathrm{e}^{-\lambda_i t}\int_0^t \mathrm{e}^{\lambda_i s}\dot{\chi}_{i-1}(s)\mathrm{d}s
\end{aligned}
$$

由此可得

$$
|\chi_i(t) - \chi_{i-1}(t)| = \mathrm{e}^{-\lambda_i t}\left|\int_0^t \mathrm{e}^{\lambda_i s}\dot{\chi}_{i-1}(s)\mathrm{d}s\right| \leqslant \mathrm{e}^{-\lambda_i t}\int_0^t \mathrm{e}^{\lambda_i s}\left|\dot{\chi}_{i-1}(s)\right|\mathrm{d}s
$$

于是可以求得

$$
|\chi_1(t) - y_{\mathrm{d}}(t)| \leqslant \mathrm{e}^{-\lambda_1 t}\int_0^t \mathrm{e}^{\lambda_1 s}\varpi\mathrm{d}s = \frac{\varpi}{\lambda_1}(1 - \mathrm{e}^{-\lambda_1 t}) \leqslant \frac{\varpi}{\lambda_1}
$$

$$
|\dot{\chi}_1| = \lambda_1|\chi_1 - y_{\mathrm{d}}| \leqslant \varpi
$$

其中, ϖ 表示 $|\dot{y}_{\mathrm{d}}|$ 的一个上界, 即 $|\dot{y}_{\mathrm{d}}| \leqslant \varpi$, 以及

$$
|\chi_i(t) - \chi_{i-1}(t)| \leqslant \mathrm{e}^{-\lambda_i t}\int_0^t \mathrm{e}^{\lambda_i s}\varpi\mathrm{d}s = \frac{\varpi}{\lambda_i}(1 - \mathrm{e}^{-\lambda_i t}) \leqslant \frac{\varpi}{\lambda_i}
$$

$$
|\dot{\chi}_i| = \lambda_i|\chi_i - \chi_{i-1}| \leqslant \varpi, \quad i = 2, 3, \cdots, n
$$

令 $\bar{y}_{\mathrm{d}} = \chi_n$ 为滤波器的最终输出, 则有

$$
|\bar{y}_{\mathrm{d}} - y_{\mathrm{d}}| = \left|\sum_{i=1}^n(\chi_i - \chi_{i-1})\right| \leqslant \sum_{i=1}^n|\chi_i - \chi_{i-1}| \leqslant \sum_{i=1}^n\frac{\varpi}{\lambda_i}
$$

且其各阶导数可以根据下述代数公式计算:

$$
\begin{aligned}
\dot{\bar{y}}_{\mathrm{d}} &= \dot{\chi}_n = -\lambda_n\chi_n + \lambda_n\chi_{n-1} \\
\ddot{\bar{y}}_{\mathrm{d}} &= -\lambda_n\dot{\chi}_n + \lambda_n\dot{\chi}_{n-1} \\
&= \lambda_n(\lambda_n\chi_n - (\lambda_n + \lambda_{n-1})\chi_{n-1} + \lambda_{n-1}\chi_{n-2}) \\
&\;\;\vdots
\end{aligned}
$$

根据上述推导过程可知信号 $\chi_i\ (i=1,2,\cdots,n)$ 是有界的, 因此信号 $\bar{y}_{\rm d}$、$\dot{\bar{y}}_{\rm d}$、$\cdots$、$\bar{y}_{\rm d}^{(n)}$ 是有界的, 并且还可以看出: 若选取的低通滤波时间常数 $\tau_i=1/\lambda_i$ 都足够小, 则可以近似得到 $\bar{y}_{\rm d}=y_{\rm d}$. 因此, 如果能够实现输出 y 对信号 $\bar{y}_{\rm d}$ 的跟踪, 就能够近似实现输出 y 对参考信号 $y_{\rm d}$ 的跟踪.

定义跟踪误差 $e=y-y_{\rm d}=x_1-y_{\rm d}$, 则有

$$e^{(n)}=f(y,\dot{y},\cdots,y^{(n-1)})+g(y,\dot{y},\cdots,y^{(n-1)})u-y_{\rm d}^{(n)} \tag{2.3}$$

或等价地写成

$$\begin{cases}\dot{\xi}_1=\xi_2\\ \dot{\xi}_2=\xi_3\\ \quad\vdots\\ \dot{\xi}_{n-1}=\xi_n\\ \dot{\xi}_n=f(x)+g(x)u-y_{\rm d}^{(n)}\end{cases} \tag{2.4}$$

其中, $\xi_1=e,\ \xi_2=\dot{e},\ \cdots,\ \xi_n=e^{(n-1)}$; $\xi=[\xi_1,\xi_2,\cdots,\xi_n]^{\rm T}$. 现在的控制设计问题转化为: 针对系统 (2.3) 或者 (2.4), 设计控制律 u, 使得闭环系统信号有界且变量 e 或者 ξ_1 收敛到零.

很显然, 若 $f(x)$ 和 $g(x)$ 为已知, 令

$$u=\frac{1}{g(x)}\left(-f(x)+y_{\rm d}^{(n)}+v\right) \tag{2.5}$$

其中, v 为辅助控制变量, 则可以得到线性系统 $e^{(n)}=v$, 或等价地, 有

$$\begin{cases}\dot{\xi}_1=\xi_2\\ \dot{\xi}_2=\xi_3\\ \quad\vdots\\ \dot{\xi}_{n-1}=\xi_n\\ \dot{\xi}_n=v\end{cases}$$

于是, 可以进一步利用线性系统的控制设计方法来完成辅助控制律 v 的设计, 使得闭环系统信号有界且变量 e 或者 ξ_1 收敛到零. 进而, 根据式 (2.5) 可以得到真正的控制律 u. 但实际中, 由于不确定性等因素的影响, $f(x)$ 和 $g(x)$ 一般为非精确已知甚至为未知函数, 因而非线性项不能被完全抵消. 如此便难以保证闭环系统信号的有界性, 更不用说输出对参考信号跟踪误差的收敛性. 为了解决这个问题, 可以利用滑模控制方法来进行控制律设计.

2.2.1 滑模变量设计

最常见的做法是将滑模变量设计成如下线性形式:

$$s = e^{(n-1)} + a_{n-2}e^{(n-2)} + \cdots + a_0 e \tag{2.6}$$

其中, a_i 为设计参数, 使得多项式 $p^{n-1} + a_{n-2}p^{n-2} + \cdots + a_0$ 是 Hurwitz 多项式.

前面提及过, 在设计滑模变量时须确保滑模变量等于零蕴含跟踪误差收敛到零. 下面对此进行验证. 将式 (2.6) 视为如下所示的以 s 为输入、以 e 为输出的动态系统:

$$e^{(n-1)} + a_{n-2}e^{(n-2)} + \cdots + a_0 e = s \tag{2.7}$$

定义 $z = [z_1, z_2, \cdots, z_{n-1}]^{\mathrm{T}} = [e, \dot{e}, \cdots, e^{(n-2)}]^{\mathrm{T}}$, 则可以得到该系统的状态方程

$$\dot{z} = Az + bs \tag{2.8}$$

其中,

$$A = \left[\begin{array}{c|ccc} 0 & 1 & & \\ \vdots & & \ddots & \\ 0 & & & 1 \\ \hline -a_0 & -a_1 & \cdots & -a_{n-2} \end{array}\right], \quad b = \begin{bmatrix} 0 \\ \vdots \\ 0 \\ 1 \end{bmatrix}$$

且 A 为 Hurwitz 矩阵. 由此可以得到下述结论.

引理 2.2.1 将式 (2.6) 视为以 s 为输入、以 e 为输出的动态系统, 有:

(1) 若 s 连续且有界, 则 e、$\dot{e}$、$\cdots$、$e^{(n-1)}$ 连续且有界.

(2) 若 s 连续且存在正常数 α_0、β_0 和 ϵ 使得 $|s| \leqslant \alpha_0 \mathrm{e}^{-\beta_0 t} + \epsilon$, 则存在正常数 α_1、β_1 和 κ_A (依赖于矩阵 A 或者说参数向量 $a = [a_0, a_1, \cdots, a_{n-2}]^{\mathrm{T}}$) 使得

$$\left\|[e, \dot{e}, \cdots, e^{(n-2)}]^{\mathrm{T}}\right\| \leqslant \alpha_1 \mathrm{e}^{-\beta_1 t} + \kappa_A \epsilon$$

(3) 若 s 连续且收敛到零, 则 e、$\dot{e}$、$\cdots$、$e^{(n-1)}$ 连续、有界且收敛到零.

(4) 若 s 连续且存在常数 $T \geqslant 0$ 使得 $s = 0$ ($\forall t \geqslant T$), 则 e、$\dot{e}$、$\cdots$、$e^{(n-1)}$ 连续、有界且当 $t \geqslant T$ 时, e、$\dot{e}$、$\cdots$、$e^{(n-1)}$ 指数收敛到零.

证明 系统 (2.8) 始于 $t_0 \geqslant 0$ 的解为

$$z(t) = \mathrm{e}^{A(t-t_0)}z(t_0) + \int_{t_0}^{t} \mathrm{e}^{A(t-\tau)}bs(\tau)\mathrm{d}\tau$$

令 J_A 为 A 的 Jordan 标准型, 则 $A = P_A^{-1}J_A P_A$, 其中, P_A 为与 A 相关的非奇异矩阵. 因 A 为 Hurwitz 矩阵, 故 J_A 为 Hurwitz 矩阵, 于是存在与 J_A 相关 (因而

与 A 相关) 的常数 $\rho_A > 0$ 和 $\lambda_A > 0$ 使得 (参见文献 [2] 的第 68 页)

$$\left\|\mathrm{e}^{J_A(t-t_0)}\right\| \leqslant \rho_A \mathrm{e}^{-\lambda_A(t-t_0)}, \quad \forall t \geqslant t_0 \geqslant 0$$

因此有

$$\left\|\mathrm{e}^{A(t-t_0)}\right\| = \left\|P_A^{-1}\mathrm{e}^{J_A(t-t_0)}P_A\right\| \leqslant \left\|P_A^{-1}\right\|\left\|\mathrm{e}^{J_A(t-t_0)}\right\|\left\|P_A\right\| \leqslant \mu_A \mathrm{e}^{-\lambda_A(t-t_0)}$$

其中, $\mu_A = \rho_A\left\|P_A^{-1}\right\|\left\|P_A\right\|$. 于是有

$$\begin{aligned}\|z(t)\| &\leqslant \left\|\mathrm{e}^{A(t-t_0)}z(t_0)\right\| + \left\|\int_{t_0}^{t}\mathrm{e}^{A(t-\tau)}bs(\tau)\mathrm{d}\tau\right\| \\ &\leqslant \left\|\mathrm{e}^{A(t-t_0)}\right\|\|z(t_0)\| + \int_{t_0}^{t}\left\|\mathrm{e}^{A(t-\tau)}\right\|\|b\|\,|s(\tau)|\mathrm{d}\tau \\ &\leqslant \mu_A\|z(t_0)\|\mathrm{e}^{-\lambda_A(t-t_0)} + \mu_A\int_{t_0}^{t}\mathrm{e}^{-\lambda_A(t-\tau)}|s(\tau)|\mathrm{d}\tau\end{aligned}$$

(1) 若 s 有界, 即存在常数 $M > 0$ 使得对于任意 $t \geqslant 0$, $|s(t)| \leqslant M$, 此时有

$$\begin{aligned}\|z(t)\| &\leqslant \mu_A\|z(0)\|\mathrm{e}^{-\lambda_A t} + \mu_A M\int_{0}^{t}\mathrm{e}^{-\lambda_A(t-\tau)}\mathrm{d}\tau \\ &= \mu_A\|z(0)\|\mathrm{e}^{-\lambda_A t} + \frac{\mu_A M}{\lambda_A}(1-\mathrm{e}^{-\lambda_A t}) \\ &\leqslant \mu_A\|z(0)\| + \frac{\mu_A M}{\lambda_A}\end{aligned}$$

即 z 有界, 进而由式 (2.7) 可知 $e^{(n-1)}$ 有界. 另外, 根据 s 的连续性易知 e、$\dot{e}$、$\cdots$、$e^{(n-1)}$ 连续. 结论 (1) 得证.

(2) 若 $|s(t)| \leqslant \alpha_0\mathrm{e}^{-\beta_0 t} + \epsilon$, 则有

$$\begin{aligned}\|z(t)\| &\leqslant \mu_A\|z(0)\|\mathrm{e}^{-\lambda_A t} + \mu_A\int_{0}^{t}\mathrm{e}^{-\lambda_A(t-\tau)}(\alpha_0\mathrm{e}^{-\beta_0\tau} + \epsilon)\mathrm{d}\tau \\ &= \mu_A\|z(0)\|\mathrm{e}^{-\lambda_A t} + \mu_A\alpha_0\mathrm{e}^{-\lambda_A t}\int_{0}^{t}\mathrm{e}^{(\lambda_A-\beta_0)\tau}\mathrm{d}\tau + \frac{\mu_A}{\lambda_A}(1-\mathrm{e}^{-\lambda_A t})\epsilon\end{aligned}$$

若 $\beta_0 \neq \lambda_A$, 则有

$$\|z(t)\| \leqslant \mu_A\|z(0)\|\mathrm{e}^{-\lambda_A t} + \frac{\mu_A\alpha_0}{\lambda_A-\beta_0}(\mathrm{e}^{-\beta_0 t} - \mathrm{e}^{-\lambda_A t}) + \frac{\mu_A}{\lambda_A}\epsilon$$

取 $\alpha_1 = \mu_A \|z(0)\| + \mu_A \alpha_0 / |\lambda_A - \beta_0|$, $\beta_1 = \min\{\beta_0, \lambda_A\}$, $\kappa_A = \mu_A/\lambda_A$, 则有

$$\|z(t)\| \leqslant \alpha_1 \mathrm{e}^{-\beta_1 t} + \kappa_A \epsilon$$

当 $\beta_0 = \lambda_A$ 时有

$$\|z(t)\| \leqslant \mu_A \|z(0)\| \mathrm{e}^{-\lambda_A t} + \mu_A \alpha_0 t \mathrm{e}^{-\lambda_A t} + \frac{\mu_A}{\lambda_A}\epsilon$$

取 $\alpha_1 = \mu_A \|z(0)\| + \mu_A \alpha_0 \max\limits_{t\geqslant 0}\{t\mathrm{e}^{-(\lambda_A - \beta_1)t}\}$, $0 < \beta_1 < \lambda_A$, $\kappa_A = \mu_A/\lambda_A$, 则有

$$\|z(t)\| \leqslant \alpha_1 \mathrm{e}^{-\beta_1 t} + \kappa_A \epsilon$$

由于矩阵 A 依赖于参数向量 a, 故 κ_A 也依赖于参数向量 a. 结论 (2) 得证.

(3) 因 s 连续且收敛到零, 故 s 有界, 并且对任意 $\varepsilon > 0$, 存在 $T_1 > 0$, 使得当 $t \geqslant T_1$ 时有 $|s(t)| \leqslant \varepsilon$. 因 s 连续且有界, 故 e、$\dot{e}$、$\cdots$、$e^{(n-1)}$ 连续且有界. 当 $t \geqslant T_1$ 时有

$$\begin{aligned}
\|z(t)\| &\leqslant \mu_A \|z(T_1)\| \mathrm{e}^{-\lambda_A(t-T_1)} + \mu_A \int_{T_1}^{t} \mathrm{e}^{-\lambda_A(t-\tau)}|s(\tau)|\mathrm{d}\tau \\
&\leqslant \mu_A \|z(T_1)\| \mathrm{e}^{-\lambda_A(t-T_1)} + \varepsilon\mu_A \int_{T_1}^{t} \mathrm{e}^{-\lambda_A(t-\tau)}\mathrm{d}\tau \\
&= \mu_A \|z(T_1)\| \mathrm{e}^{-\lambda_A(t-T_1)} + \frac{\varepsilon\mu_A}{\lambda_A}(1 - \mathrm{e}^{-\lambda_A(t-T_1)}) \\
&\leqslant \mu_A \|z(T_1)\| \mathrm{e}^{-\lambda_A(t-T_1)} + \frac{\varepsilon\mu_A}{\lambda_A}
\end{aligned}$$

很显然, 存在 $T \geqslant T_1 > 0$, 使得当 $t \geqslant T$ 时有

$$\mu_A \|z(T_1)\| \mathrm{e}^{-\lambda_A(t-T_1)} \leqslant \varepsilon$$

于是, 当 $t \geqslant T$ 时有

$$\|z(t)\| \leqslant \left(1 + \frac{\mu_A}{\lambda_A}\right)\varepsilon$$

即 z 收敛到零, 进而由式 (2.7) 可知 $e^{(n-1)}$ 也收敛到零. 结论 (3) 得证.

(4) 若 s 连续且当 $t \geqslant T$ 时有 $s(t) = 0$, 则 s 有界, 因而 e、$\dot{e}$、$\cdots$、$e^{(n-1)}$ 连续且有界. 当 $t \geqslant T$ 时有

$$\|z(t)\| \leqslant \mu_A \|z(T)\| \mathrm{e}^{-\lambda_A(t-T)}$$

即当 $t \geqslant T$ 时, $z(t)$ 指数收敛到零, 进而由式 (2.7) 可知 $e^{(n-1)}$ 也指数收敛到零. 证毕. □

根据引理 2.2.1 的结论 (4), 对于由式 (2.6) 定义的滑模变量, 若可以确保当 $t \geqslant T$ 时有 $s(t)=0$, 则可以保证 $e(t)$ 最终指数收敛到零. 因此, 接下来的任务自然就是设计控制律, 保证滑模变量在有限时间内收敛到并保持为零.

2.2.2 鲁棒滑模控制律设计

考虑由滑模变量描述的一阶系统

$$\begin{aligned}\dot{s} &= e^{(n)} + a_{n-2}e^{(n-1)} + \cdots + a_0\dot{e} \\ &= f(x) + g(x)u - y_{\mathrm{d}}^{(n)} + a_{n-2}e^{(n-1)} + \cdots + a_0\dot{e}\end{aligned}$$

对于非精确已知的非线性函数 $f(x)$ 和 $g(x)$, 设它们满足如下形式:

$$\begin{aligned}f(x) &= f_0(x) + \delta_f(x) \\ g(x) &= g_0(x)(1+\delta_g)\end{aligned} \tag{2.9}$$

其中, $f_0(x)$ 和 $g_0(x)$ 分别为 $f(x)$ 和 $g(x)$ 的标称值; $\delta_f(x)$ 表示加性不确定性; δ_g 表示乘性不确定性 (其可以是常数, 也可以是关于系统状态的函数), 满足 $|\delta_f(x)| \leqslant \Delta_f(x)$ 和 $|\delta_g| \leqslant \Delta_g < 1$, $\Delta_f(x)$ 和 Δ_g 分别为已知连续非负函数和已知正常数. 根据假设 "$g(x) \neq 0$ ($\forall x \in \mathbf{R}^n$)" 可知 $g_0(x) \neq 0$ ($\forall x \in \mathbf{R}^n$). 不失一般性, 假设对任意 $x \in \mathbf{R}^n$ 有 $g_0(x) > 0$. 因此有

$$\dot{s} = f_0(x) + \delta_f(x) + g_0(x)(1+\delta_g)u + \eta \tag{2.10}$$

其中, $\eta = -y_{\mathrm{d}}^{(n)} + a_{n-2}e^{(n-1)} + \cdots + a_0\dot{e}$.

为了构造控制律使得滑模变量在有限时间内收敛到并保持为零, 定义候选 Lyapunov 函数为 $V = s^2/2$. 其沿着系统 (2.10) 的时间导数满足

$$\begin{aligned}\dot{V} &= s\dot{s} \\ &= s(f_0(x) + \delta_f(x) + g_0(x)(1+\delta_g)u + \eta) \\ &= s(f_0(x) + \delta_f(x) + g_0(x)u + g_0(x)\delta_g u + \eta)\end{aligned}$$

若构造控制律

$$u = \frac{1}{g_0(x)}(-f_0(x) - \eta - k_1 s + v) \tag{2.11}$$

其中, $k_1 > 0$ 为设计参数; v 为待定的辅助控制变量, 则有

$$\dot{V} = s(-k_1 s + \delta_f(x) + v + \delta_g(-f_0(x) - \eta - k_1 s + v))$$

$$= s(-k_1 s + \delta_f(x) + \delta_g(-f_0(x) - \eta - k_1 s) + (1+\delta_g)v)$$
$$\leqslant -k_1 s^2 + |s|(\Delta_f(x) + \Delta_g|f_0(x) + \eta + k_1 s|) + (1+\delta_g)vs \tag{2.12}$$

若取

$$v = -\gamma \text{sign}(s) \tag{2.13}$$

其中, sign(·) 为标准的符号函数; $\gamma \geqslant 0$ 为待定函数, 则有

$$\dot{V} \leqslant -k_1 s^2 + |s|(\Delta_f(x) + \Delta_g|f_0(x) + \eta + k_1 s|) - (1+\delta_g)\gamma|s|$$
$$\leqslant -k_1 s^2 + |s|(\Delta_f(x) + \Delta_g|f_0(x) + \eta + k_1 s|) - (1-\Delta_g)\gamma|s|$$

取

$$\gamma = \frac{1}{1-\Delta_g}(\Delta_f(x) + \Delta_g|f_0(x) + \eta + k_1 s| + k_2)$$

其中, $k_2 > 0$ 为设计参数, 则有

$$\dot{V} \leqslant -k_1 s^2 - k_2|s| = -2k_1 V - \sqrt{2}k_2 V^{\frac{1}{2}} \leqslant -\sqrt{2}k_2 V^{\frac{1}{2}}$$

因此, 根据有限时间收敛定理 (定理 1.2.8) 可知 V 有限时间收敛到零并保持, 由此可知 s 有限时间收敛到零并保持. 如此便完成了滑模控制律的设计.

综上所述, 有下述结果.

定理 2.2.1 考虑系统 (2.1) 或 (2.2), 其中的非线性函数满足式 (2.9). 给定满足假设 2.2.1 的参考信号 y_d, 则由式 (2.6)、式 (2.11) 和式 (2.13) 构成的控制律可以使闭环系统信号有界, 并使系统输出 y 渐近跟踪参考信号 y_d.

需要说明的是, 由于上述控制律中包含符号函数项, 所以其是不连续的, 此时系统的解可以在 Filippov (菲利波夫) 意义下进行定义, 感兴趣的读者可以参阅文献 [3] 等. 由于符号函数项的存在, 在有限时间之后, 滑模变量始终保持为零, 系统始终在滑模面上滑动而不受不确定性和干扰的影响, 因此滑模控制对于不确定性和干扰具有良好的鲁棒性. 在上述控制设计过程中, 尽管系统中存在不确定性, 但是不确定性的上界是已知的, 而且控制律正好利用了“不确定性的上界”这一确定的信息来处理不确定性带来的影响. 这种以不变应万变的控制方式称为鲁棒控制. 可以看出, 鲁棒控制律是基于不确定性中“最恶劣的情形”而设计的, 因而会在一定程度上导致控制设计的保守性.

2.2.3 抖振现象及其抑制

前述滑模控制律依靠其中的符号函数项来实现滑模变量在有限时间内收敛到并保持为零. 符号函数项在滑模变量为零处是不连续的, 在实际应用中, 由于时

滞、测量以及计算误差等因素的影响, 控制信号会产生高频切换, 即产生所谓的"抖振现象", 如 2.2.4 节的仿真例子所示. 抖振现象一般是不受欢迎的, 它不仅会导致控制功率增大, 而且会导致机械部件的磨损加剧, 甚至可能激发系统的未建模动态, 导致系统动态性能下降乃至失稳.

为了抑制抖振现象, 可以使用连续甚至光滑的函数逼近符号函数. 常用的连续函数包括:

(1) 饱和函数: $\sigma(w/\varepsilon)$.

(2) 连续分式型函数: $\mathrm{cfr}_\varepsilon(w) = w/(|w| + \varepsilon)$.

常用的光滑函数包括:

(1) 光滑分式型函数: $\mathrm{sfr}_\varepsilon(w) = w/\sqrt{w^2 + \varepsilon^2}$.

(2) 双曲正切函数: $\tanh(w/\varepsilon)$.

(3) 反正切函数: $2\arctan(w/\varepsilon)/\pi$.

不难看出, 上述近似函数中的参数 ε 决定了它们对符号函数的近似程度. ε 越小, 近似程度越高, 控制效果越接近于采用符号函数时的情况, 但同时近似函数在原点附近变化越剧烈, 对抖振的抑制效果也会越差. 因此, 在实际应用中对 ε 进行选取时, 需要在控制效果和抖振抑制效果之间进行折中考虑.

若利用上述近似函数代替符号函数, 则在闭环系统的稳定性分析中, 将会用到它们的下述性质.

引理 2.2.2 对任意 $\varepsilon > 0$, $w \in \mathbf{R}$, 下述不等式成立:

$$
\begin{aligned}
&0 \leqslant |w| - w\sigma\left(\frac{w}{\varepsilon}\right) < \varepsilon \\
&0 \leqslant |w| - w\mathrm{cfr}_\varepsilon(w) < \varepsilon \\
&0 \leqslant |w| - w\mathrm{sfr}_\varepsilon(w) < \varepsilon \\
&0 \leqslant |w| - w\tanh\left(\frac{w}{\varepsilon}\right) < \alpha\varepsilon \\
&0 \leqslant |w| - \frac{2}{\pi} w\arctan\left(\frac{w}{\varepsilon}\right) < \frac{2}{\pi}\varepsilon
\end{aligned}
\tag{2.14}
$$

这里 $\alpha \approx 0.2785$ 是方程 $\alpha = \mathrm{e}^{-(\alpha+1)}$ 的唯一正实根. 另外, 任取它们中的一个函数, 记为 $f(\cdot)$, 则对于任意 $w \in \mathbf{R}$ 都有 $wf(w) \geqslant 0$.

证明 (1) 若 $|w| \geqslant \varepsilon$, 则 $|w| - w\sigma(w/\varepsilon) = |w| - |w| = 0$. 若 $|w| < \varepsilon$, 则 $|w| - w\sigma(w/\varepsilon) = |w| - w^2/\varepsilon$. 由于 $0 \leqslant \varepsilon|w| \leqslant 2\varepsilon|w| < w^2 + \varepsilon^2$, 故有 $0 \leqslant \varepsilon|w| - w^2 < \varepsilon^2$, 进而有 $0 \leqslant |w| - w^2/\varepsilon < \varepsilon$. 因此, 有 $0 \leqslant |w| - w\sigma(w/\varepsilon) < \varepsilon$. 综合上述两种情况, 第一个不等式成立.

(2) 由于 $0 \leqslant |w|(|w|+\varepsilon)-w^2=|w|\varepsilon<|w|\varepsilon+\varepsilon^2=(|w|+\varepsilon)\varepsilon$, 故有

$$0 \leqslant |w|-w\mathrm{cfr}_\varepsilon(w)=|w|-w\frac{w}{|w|+\varepsilon}=\frac{|w|(|w|+\varepsilon)-w^2}{|w|+\varepsilon}<\frac{(|w|+\varepsilon)\varepsilon}{|w|+\varepsilon}=\varepsilon$$

即第二个不等式成立.

(3) 由于 $w^4+\varepsilon^2 w^2<(w^2+\varepsilon\sqrt{w^2+\varepsilon^2})^2$, 故有 $0 \leqslant \sqrt{w^4+\varepsilon^2w^2}-w^2<\varepsilon\sqrt{w^2+\varepsilon^2}$, 进而有

$$0 \leqslant |w|-w\mathrm{sfr}_\varepsilon(w)=|w|-w\frac{w}{\sqrt{w^2+\varepsilon^2}}=\frac{\sqrt{w^4+\varepsilon^2w^2}-w^2}{\sqrt{w^2+\varepsilon^2}}<\frac{\varepsilon\sqrt{w^2+\varepsilon^2}}{\sqrt{w^2+\varepsilon^2}}=\varepsilon$$

即第三个不等式成立.

(4) 关于双曲正切函数的不等式中左边的不等式显然成立. 由于

$$|w|-w\tanh\left(\frac{\omega}{\varepsilon}\right)=|w|-|w|\tanh\left(\frac{|w|}{\varepsilon}\right)$$

欲证明右侧的不等式成立, 只需考察函数 $f_1(s)=s-s\tanh(s/\varepsilon)$ $(s \geqslant 0)$ 的极大值情况即可. 由于

$$f_1(s)=s-s\tanh\left(\frac{s}{\varepsilon}\right)=s\left(1-\frac{\mathrm{e}^{\frac{2s}{\varepsilon}}-1}{\mathrm{e}^{\frac{2s}{\varepsilon}}+1}\right)=\frac{2s}{\mathrm{e}^{\frac{2s}{\varepsilon}}+1}=\frac{\frac{2s}{\varepsilon}}{\mathrm{e}^{\frac{2s}{\varepsilon}}+1}\varepsilon$$

故函数 $f_1(s)$ $(s \geqslant 0)$ 和函数 $f_2(s)=s\varepsilon/(\mathrm{e}^s+1)$ $(s \geqslant 0)$ 的极大值相同, 因此只需考察函数 $f_2(s)$ 的极大值即可. 注意到该函数的自变量是 s, 因而只需考察函数 $g(s)=s/(\mathrm{e}^s+1)$ $(s \geqslant 0)$ 的极大值即可. 经简单计算可知

$$\dot{g}(s)=\frac{\mathrm{e}^s+1-s\mathrm{e}^s}{(\mathrm{e}^s+1)^2}, \quad s \geqslant 0$$

令 $h(s)=\mathrm{e}^s+1-s\mathrm{e}^s$ $(s \geqslant 0)$. 显然, 有 $h(0)=2$, $\dot{h}(0)=0$ 且当 $s>0$ 时, $\dot{h}(s)=-s\mathrm{e}^s<0$. 这意味着函数 $h(s)$ 严格单调递减. 因此, 令

$$\mathrm{e}^{s_0}+1-s_0\mathrm{e}^{s_0}=0, \quad s_0>0 \tag{2.15}$$

则当 $s<s_0$ 时, $h(s)>0$, 故 $\dot{g}(s)>0$; 当 $s>s_0$ 时, $h(s)<0$, 故 $\dot{g}(s)<0$; 而当 $s=s_0$ 时, $h(s)=0$, 故 $\dot{g}(s)=0$. 即 $g(s)$ 在 $s=s_0$ 时取得极大值. 令此极大值为

$$\alpha=\frac{s_0}{\mathrm{e}^{s_0}+1}, \quad s_0>0$$

由式 (2.15) 可得 $(\mathrm{e}^{s_0}+1)/s_0=\mathrm{e}^{s_0}$. 于是, 有 $\mathrm{e}^{s_0}=1/\alpha$, 故 $s_0=-\ln(\alpha)$. 因此, 有 $(1/\alpha+1)/(-\ln(\alpha))=1/\alpha$, 故有 $-(1+\alpha)=\ln(\alpha)$, 或等价地写成 $\alpha=\mathrm{e}^{-(\alpha+1)}$, 由此可以解得 $\alpha\approx 0.2785$.

综上所述, 右边不等式成立. 于是, 第四个不等式得证 (需要指出的是, 此不等式由文献 [4] 不加证明地给出, 这里补充了其证明).

(5) 关于反正切函数的不等式的证明见文献 [5]. 另外, 引理最后一个结论的证明是显然的, 这里不再赘述. 证毕. □

下面采用反正切函数代替控制律 (2.11) 中辅助控制变量 v 的表达式 (2.13) 里的符号函数. 将辅助控制变量 v 设计为

$$v=-\frac{2}{\pi}\gamma\arctan\left(\frac{\gamma s}{\varepsilon}\right) \tag{2.16}$$

其中, $\varepsilon>0$ 为设计参数; $\gamma\geqslant 0$ 为待定函数. 此时, 由式 (2.12) 可得

$$\begin{aligned}\dot V&\leqslant -k_1s^2+|s|(\varDelta_f(x)+\varDelta_g|f_0(x)+\eta+k_1s|)+(1+\delta_g)vs\\&=-k_1s^2+|s|(\varDelta_f(x)+\varDelta_g|f_0(x)+\eta+k_1s|)-\frac{2}{\pi}(1+\delta_g)\gamma s\arctan\left(\frac{\gamma s}{\varepsilon}\right)\\&\leqslant -k_1s^2+|s|\left(\varDelta_f(x)+\varDelta_g|f_0(x)+\eta+k_1s|\right)-\frac{2}{\pi}(1-\varDelta_g)\gamma s\arctan\left(\frac{\gamma s}{\varepsilon}\right)\end{aligned}$$

取

$$\gamma=\frac{1}{1-\varDelta_g}\left(\varDelta_f(x)+\varDelta_g|f_0(x)+\eta+k_1s|\right)$$

则利用式 (2.14) 可得

$$\dot V\leqslant -k_1s^2+\frac{2}{\pi}(1-\varDelta_g)\varepsilon=-2k_1V+\epsilon$$

其中, $\epsilon=2(1-\varDelta_g)\varepsilon/\pi$. 根据有界性定理 (定理 1.3.3) 可知

$$V(t)\leqslant V(0)\mathrm{e}^{-2k_1t}+\frac{\epsilon}{2k_1}(1-\mathrm{e}^{-2k_1t})=\left(V(0)-\frac{\epsilon}{2k_1}\right)\mathrm{e}^{-2k_1t}+\frac{\epsilon}{2k_1}$$

于是有

$$|s(t)|=\sqrt{2V(t)}\leqslant\begin{cases}\sqrt{2V(0)-\dfrac{\epsilon}{k_1}}\mathrm{e}^{-k_1t}+\sqrt{\dfrac{\epsilon}{k_1}}, & |s(0)|>\sqrt{\dfrac{\epsilon}{k_1}}\\ \sqrt{\dfrac{\epsilon}{k_1}}, & |s(0)|\leqslant\sqrt{\dfrac{\epsilon}{k_1}}\end{cases}$$

可以看出, 采用反正切函数代替符号函数后, $s(t)$ 要么始终位于集合 $\{s:|s|\leqslant\sqrt{\epsilon/k_1}\}$ 内, 要么指数收敛到集合 $\{s:|s|\leqslant\sqrt{\epsilon/k_1}\}$.

根据引理 2.2.1 可知:

(1) 若对任意 $t\geqslant 0$ 有 $|s(t)|\leqslant\sqrt{\epsilon/k_1}$, 则存在常数 $\mu_A>0$ 和 $\lambda_A>0$, $\kappa_A=\mu_A/\lambda_A$, 使得

$$|e(t)|\leqslant\|z(t)\|=\left\|[e(t),\ \dot{e}(t),\ \cdots,\ e^{(n-2)}(t)]^{\mathrm{T}}\right\|\leqslant\mu_A\|z(0)\|\,\mathrm{e}^{-\lambda_A t}+\kappa_A\sqrt{\frac{\epsilon}{k_1}}$$

(2) 若 $|s(t)|\leqslant\sqrt{2V(0)-\epsilon/k}\mathrm{e}^{-k_1 t}+\sqrt{\epsilon/k_1}$, 则存在正常数 α_1、β_1 和 κ_A 使得

$$|e(t)|\leqslant\|z(t)\|\leqslant\alpha_1\mathrm{e}^{-\beta_1 t}+\kappa_A\sqrt{\frac{\epsilon}{k_1}}$$

因此, 无论如何, e 最终都会收敛到集合 $\{e:|e|\leqslant\kappa_A\sqrt{\varepsilon/k_1}\}$. 显然, 该集合的半径可以通过减小设计参数 ε 和增大设计参数 k_1 而变得任意小, 从而使得跟踪误差 e 最终变得任意小.

综上所述, 有下述结果.

定理 2.2.2 考虑系统 (2.1) 或 (2.2), 其中的非线性函数满足式 (2.9). 给定满足假设 2.2.1 的参考信号 y_{d}, 则由式 (2.6)、式 (2.11) 和式 (2.16) 构成的控制律可以使闭环系统信号有界, 并使系统输出 y 对给定参考信号 y_{d} 的跟踪误差的最终界的大小可任意调整.

2.2.4 船舶航向的鲁棒滑模控制

带有外部干扰的船舶航向控制系统的非线性 Norrbin (诺尔宾) 模型为

$$T\ddot{\varphi}+\dot{\varphi}+c\dot{\varphi}^3=K\delta_\varphi+d \tag{2.17}$$

其中, 输出 φ 为船舶的航向角 (°); T 为时间常数 (s); c 为 Norrbin 系数 $(((°)/\mathrm{s})^{-2})$; 输入 δ_φ 为方向舵偏角 (°); K 为增益常数 (s^{-1}); d 为外部干扰 $((°)/\mathrm{s})$. 令 $x_1=\varphi$, $x_2=\dot{\varphi}$, $u=\delta_\varphi$, $y=x_1$, 则系统 (2.17) 可以写成如下状态空间模型形式:

$$\begin{cases}\dot{x}_1=x_2\\ \dot{x}_2=-\dfrac{1}{T}x_2-\dfrac{c}{T}x_2^3+\dfrac{K}{T}u+d\\ y=x_1\end{cases} \tag{2.18}$$

记系统参数 c、K 和 T 的标称值分别为 c_0、K_0 和 T_0, 则式 (2.18) 可以重新写为

$$\begin{cases} \dot{x}_1 = x_2 \\ \dot{x}_2 = f_0 + g_0(1+\delta_g)u + \delta_f \\ y = x_1 \end{cases} \tag{2.19}$$

其中, $f_0 = -x_2/T_0 - c_0x_2^3/T_0$, $g_0 = K_0/T_0$, $\delta_g = KT_0/(TK_0) - 1$, $\delta_f = (1/T_0 - 1/T)x_2 + (c_0/T_0 - c/T)x_2^3 + d$. 船舶航向控制的任务可以描述为: 针对系统 (2.19) 设计控制律 u, 使得航向角 φ 跟踪期望航向角 φ_{d}.

设系统参数的标称值为: $c_0 = 0.3((°)/\mathrm{s})^{-2}$, $K_0 = 0.23\mathrm{s}^{-1}$, $T_0 = 21\mathrm{s}$. 参数实际值满足: $c \in [0.2, 0.4]((°)/\mathrm{s})^{-2}$, $K \in [0.21, 0.25]\mathrm{s}^{-1}$, $T \in [20, 22]\mathrm{s}$. 那么, 有

$$|\delta_f| \leqslant \varDelta_f \overset{\mathrm{def}}{=\!=} 0.03|x_2| + 0.006|x_2^3| + d_{\mathrm{M}}$$

其中, d_{M} 表示外部干扰的最大值. $|\delta_g| \leqslant \varDelta_g = 0.15$. 定义跟踪误差 $e = y - y_{\mathrm{d}} = \varphi - \varphi_{\mathrm{d}}$, 则有

$$\ddot{e} = f_0 + g_0(1+\delta_g)u + \delta_f - \ddot{\varphi}_{\mathrm{d}}$$

设计滑模变量 $s = \dot{e} + a_0 e$, 其中, $a_0 > 0$ 为设计参数, 并构造控制律

$$u = \frac{1}{g_0}\left(-f_0 - \eta - k_1 s - \gamma \mathrm{sign}(s)\right)$$

其中, $k_1 > 0$ 为设计参数; $\eta = -\ddot{\varphi}_{\mathrm{d}} + a_0\dot{e}$;

$$\gamma = \frac{1}{1 - \varDelta_g}\left(\varDelta_f + \varDelta_g|f_0 + \eta + k_1 s| + k_2\right)$$

这里, $k_2 > 0$ 为设计参数. 根据定理 2.2.1 可知, 该控制律可以使航向角跟踪误差收敛到零.

下面进行仿真验证, 设置控制参数为: $a_0 = 0.2$, $k_1 = 0.05$, $k_2 = 0.01$; 系统参数为: $c = 0.4((°)/\mathrm{s})^{-2}$, $K = 0.25\mathrm{s}^{-1}$, $T = 22\mathrm{s}$; 初始条件为: $\varphi(0) = 0°$, $\dot{\varphi}(0) = 0(°)/\mathrm{s}$; 外部干扰为: $d = 0.1\sin(t)(°)/\mathrm{s}$, 于是 $d_{\mathrm{M}} = 0.1(°)/\mathrm{s}$; 期望航向角为 $\varphi_{\mathrm{d}} = 25°$. 仿真结果如图 2.2 所示. 图中分别给出了航向角、航向角速度、滑模变量和航向舵偏角随时间的变化曲线. 由仿真结果可以看出, 航向角逐渐收敛至期望航向角; 航向角速度逐渐收敛到零; 由于计算误差的影响, 舵偏角出现抖振现象; 经过一段时间后, 滑模变量并不是恒定地保持为零, 而是在零上下做微幅高频波动.

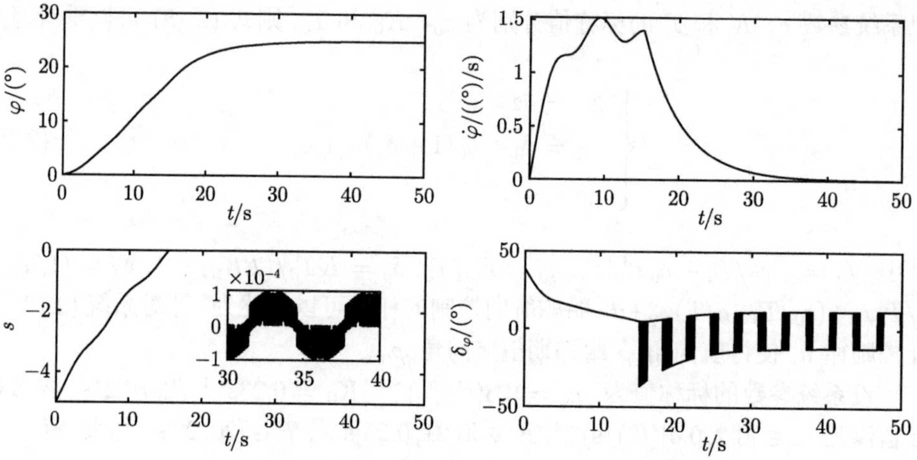

图 2.2　船舶航向鲁棒滑模控制仿真结果 (使用符号函数)

为了消除抖振现象, 利用反正切函数代替符号函数, 得到如下控制律:

$$u=\frac{1}{g_0}\left(-f_0-\eta-k_1 s-\frac{2}{\pi}\gamma\arctan\left(\frac{\gamma s}{\varepsilon}\right)\right),\quad \gamma=\frac{\Delta_f+\Delta_g|f_0+\eta+k_1 s|}{1-\Delta_g}$$

取 $k_1=0.05$, $\varepsilon=0.001$, 其他仿真条件设置同前所述. 仿真结果如图 2.3 所示. 图中分别给出了航向角、航向角速度、滑模变量和航向舵偏角随时间的变化曲线. 由仿真结果可以看出, 航向角最终收敛至期望航向角附近; 航向角速度最终收敛到零附近; 采用光滑的反正切函数代替不连续的符号函数后, 消除了舵偏角的抖振现象; 经过一段时间后, 滑模变量在零上下缓慢波动, 没有出现高频波动现象.

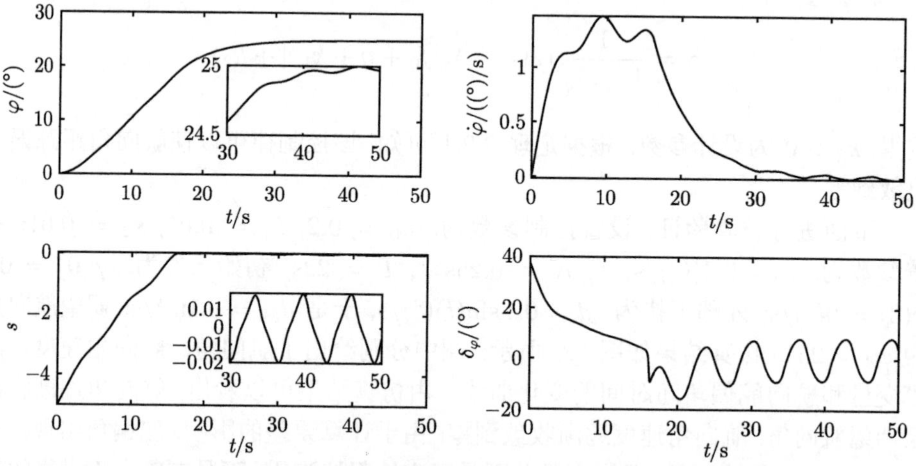

图 2.3　船舶航向鲁棒滑模控制仿真结果 (使用反正切函数)

2.3 SISO 规范型系统的自适应滑模控制

与鲁棒控制的“以不变应万变”不同，另外一种处理不确定性的思想是“以变制变”，即对不确定性进行实时估计和补偿设计，这种控制方式称为自适应控制．下面介绍自适应滑模控制设计．滑模变量的设计与前面一样，这里重点讨论自适应控制律的设计．

2.3.1 自适应滑模控制律设计

仍然考虑由滑模变量描述的一阶系统

$$\dot{s} = f(x) + g(x)u + \eta$$

其中，$\eta = -y_{\mathrm{d}}^{(n)}(t) + a_{n-2}e^{(n-1)} + \cdots + a_1\ddot{e} + a_0\dot{e}$．假设非精确已知的非线性函数 $f(x)$ 和 $g(x)$ 具有如下线性参数化形式：

$$f(x) = f_0(x) + \theta_f^{\mathrm{T}}\phi_f(x), \quad g(x) = g_0(x) + \theta_g^{\mathrm{T}}\phi_g(x) \tag{2.20}$$

其中，$\theta_f \in \mathbf{R}^{m_f}$ 和 $\theta_g \in \mathbf{R}^{m_g}$ 为定常的未知不确定参数向量；$f_0(x)$、$g_0(x)$、$\phi_f(x)$ 和 $\phi_g(x)$ 为已知连续函数．根据式 (2.20)，有

$$\dot{s} = f_0(x) + \theta_f^{\mathrm{T}}\phi_f(x) + (g_0(x) + \theta_g^{\mathrm{T}}\phi_g(x))u + \eta$$

构造控制律如下所示：

$$u = \frac{1}{g_0(x) + \hat{\theta}_g^{\mathrm{T}}\phi_g(x)}\left(-ks - f_0(x) - \hat{\theta}_f^{\mathrm{T}}\phi_f(x) - \eta\right) \tag{2.21}$$

其中，$k > 0$ 为设计参数；$\hat{\theta}_i$ 为对 θ_i $(i \in \{f, g\})$ 的估计，其更新律或者说自适应律设计为

$$\dot{\hat{\theta}}_i = \varGamma_i\tau_i(\cdot), \quad i \in \{f, g\} \tag{2.22}$$

这里，$\varGamma_i \in \mathbf{R}^{m_i \times m_i}$ $(i \in \{f, g\})$ 为正定对角矩阵；τ_i $(i \in \{f, g\})$ 为待定的连续函数，则有

$$\begin{aligned}\dot{s} &= f_0(x) + \hat{\theta}_f^{\mathrm{T}}\phi_f(x) + \tilde{\theta}_f^{\mathrm{T}}\phi_f(x) + (g_0(x) + \hat{\theta}_g^{\mathrm{T}}\phi_g(x))u + \tilde{\theta}_g^{\mathrm{T}}\phi_g(x)u + \eta \\ &= -ks + \tilde{\theta}_f^{\mathrm{T}}\phi_f(x) + \tilde{\theta}_g^{\mathrm{T}}\phi_g(x)u\end{aligned}$$

定义 $\tilde{\theta}_i = \theta_i - \hat{\theta}_i$ $(i \in \{f, g\})$ 为参数估计误差，则有

$$\dot{\tilde{\theta}}_i = \dot{\theta}_i - \dot{\hat{\theta}}_i = -\dot{\hat{\theta}}_i = -\varGamma_i\tau_i, \quad i \in \{f, g\}$$

因此可得闭环系统为

$$\dot{s} = -ks + \tilde{\theta}_f^{\mathrm{T}}\phi_f(x) + \tilde{\theta}_g^{\mathrm{T}}\phi_g(x)u$$
$$\dot{\tilde{\theta}}_i = -\Gamma_i\tau_i, \quad i \in \{f, g\}$$

为了确定 τ_i $(i \in \{f, g\})$, 定义如下候选 Lyapunov 函数:

$$V(s, \tilde{\theta}_f, \tilde{\theta}_g) = \frac{1}{2}s^2 + \frac{1}{2}\tilde{\theta}_f^{\mathrm{T}}\Gamma_f^{-1}\tilde{\theta}_f + \frac{1}{2}\tilde{\theta}_g^{\mathrm{T}}\Gamma_g^{-1}\tilde{\theta}_g$$

该函数沿着闭环系统的时间导数为

$$\begin{aligned}\dot{V} &= s\dot{s} + \tilde{\theta}_f^{\mathrm{T}}\Gamma_f^{-1}\dot{\tilde{\theta}}_f + \tilde{\theta}_g^{\mathrm{T}}\Gamma_g^{-1}\dot{\tilde{\theta}}_g \\ &= -ks^2 + \tilde{\theta}_f^{\mathrm{T}}\phi_f(x)s + \tilde{\theta}_g^{\mathrm{T}}\phi_g(x)us - \tilde{\theta}_f^{\mathrm{T}}\tau_f - \tilde{\theta}_g^{\mathrm{T}}\tau_g \\ &= -ks^2 + \tilde{\theta}_f^{\mathrm{T}}(\phi_f(x)s - \tau_f) + \tilde{\theta}_g^{\mathrm{T}}(\phi_g(x)us - \tau_g)\end{aligned}$$

若取

$$\tau_f = \phi_f(x)s, \quad \tau_g = \phi_g(x)us \tag{2.23}$$

则有 $\dot{V}(s, \tilde{\theta}_f, \tilde{\theta}_g) = -ks^2 \leqslant 0$. 于是有

$$V(s(t), \tilde{\theta}_f(t), \tilde{\theta}_g(t)) \leqslant V(s(0), \tilde{\theta}_f(0), \tilde{\theta}_g(0))$$

故 $s(t)$ 和 $\tilde{\theta}_i(t)$ $(i \in \{f, g\})$ 均有界. 因而 $e(t)$、$\dot{e}(t)$、$\cdots$、$e^{(n-1)}(t)$ 有界. 由于 $y_{\mathrm{d}}(t)$、$\dot{y}_{\mathrm{d}}(t)$、$\cdots$、$y_{\mathrm{d}}^{(n)}(t)$ 有界, 故 $x(t)$ 有界, 进一步易得 $\dot{s}(t)$ 有界, 故 $2ks(t)\dot{s}(t)$ 有界, 即 $ks^2(t)$ 关于 t 一致连续. 由扩展的类 Lyapunov 引理 (引理 1.3.9) 可知 $ks^2(t) \overset{t\to\infty}{\longrightarrow} 0$, 故 $s(t) \overset{t\to\infty}{\longrightarrow} 0$. 进而, 由引理 2.2.1 可知 $e(t) \overset{t\to\infty}{\longrightarrow} 0$, 即跟踪误差收敛到零. 另外, 由 $\tilde{\theta}_i(t)$ 的有界性可知 $\hat{\theta}_i(t)$ 有界. 需要指出的是, 这里只能得到 $\tilde{\theta}_i(t)$ 有界的结论, 但不能保证 $\tilde{\theta}_i(t)$ 收敛到零.

2.3.2 修正的自适应滑模控制律设计

2.3.1 节设计的自适应滑模控制律存在如下两个方面的问题. 一是无法严格保证对任意 $x \in \mathbf{R}^n$ 都有 $g_0(x) + \hat{\theta}_g^{\mathrm{T}}\phi_g(x) \neq 0$, 即无法保证控制律不会发生奇异现象; 二是尽管在理论上可以保证 $\hat{\theta}_i(t)$ 有界, 但是在实际应用中, 由于测量干扰等因素的影响, $\hat{\theta}_i(t)$ 可能变得无界, 从而导致闭环系统不稳定. 这两个问题可以通过在自适应律中引入投影算子来解决.

尽管不确定参数 θ_i $(i \in \{f, g\})$ 未知, 但是对于它们的范围一般可以给出粗略的估计, 即可以认为它们满足如下假设.

假设 2.3.1 存在已知常值向量 $\theta_f^{\mathrm{m}}=[\theta_{f1}^{\mathrm{m}},\theta_{f2}^{\mathrm{m}},\cdots,\theta_{fm_f}^{\mathrm{m}}]^{\mathrm{T}}$、$\theta_g^{\mathrm{m}}=[\theta_{g1}^{\mathrm{m}},\theta_{g2}^{\mathrm{m}},\cdots,\theta_{gm_g}^{\mathrm{m}}]^{\mathrm{T}}$、$\theta_f^{\mathrm{M}}=[\theta_{f1}^{\mathrm{M}},\theta_{f2}^{\mathrm{M}},\cdots,\theta_{fm_f}^{\mathrm{M}}]^{\mathrm{T}}$ 和 $\theta_g^{\mathrm{M}}=[\theta_{g1}^{\mathrm{M}},\theta_{g2}^{\mathrm{M}},\cdots,\theta_{gm_g}^{\mathrm{M}}]^{\mathrm{T}}$ 使得

$$\theta_i\in\mathcal{D}_{\theta_i}\xlongequal{\mathrm{def}}\{\theta_i:\theta_i^{\mathrm{m}}\preceq\theta_i\preceq\theta_i^{\mathrm{M}}\},\quad i\in\{f,g\}\tag{2.24}$$

其中,“$\preceq$”表示按元素比较的小于或等于.

在假设 2.3.1 中, 常数 θ_{ij}^{m} 和 θ_{ij}^{M} 分别表示对未知参数 θ_{ij} 上、下界的保守估计. 尽管可以利用这些估计值进行鲁棒控制律设计, 但是为了降低控制设计的保守性, 这里将设计自适应律, 对不确定参数进行在线实时估计和补偿设计. 根据前面的假设“$g(x)\neq 0\ (\forall x\in\mathbf{R}^n)$”可知

$$g_0(x)+\vartheta^{\mathrm{T}}\phi_g(x)\neq 0,\quad \forall\vartheta\in\mathcal{D}_{\theta_g},\ \forall x\in\mathbf{R}^n$$

引入投影算子

$$\mathrm{Pr}_{\hat{\theta}_i}(\nu_i)=\left[\mathrm{Pr}_{\hat{\theta}_{i1}}(\nu_{i1}),\mathrm{Pr}_{\hat{\theta}_{i2}}(\nu_{i2}),\cdots,\ \mathrm{Pr}_{\hat{\theta}_{im_i}}(\nu_{im_i})\right]^{\mathrm{T}}$$

其中, $\nu_i=[\nu_{i1},\nu_{i2},\cdots,\nu_{im_i}]^{\mathrm{T}}$, ν_{ij} 为连续函数,

$$\mathrm{Pr}_{\hat{\theta}_{ij}}(\nu_{ij})=\begin{cases}0, & \hat{\theta}_{ij}=\theta_{ij}^{\mathrm{M}},\ \nu_{ij}>0\\ 0, & \hat{\theta}_{ij}=\theta_{ij}^{\mathrm{m}},\ \nu_{ij}<0\\ \nu_{ij}, & 其他\end{cases}$$

这里, $i\in\{f,g\}$, $j=1,2,\cdots m_i$. 该投影算子具有如下性质.

引理 2.3.1 令 $\dot{\hat{\theta}}_i=\mathrm{Pr}_{\hat{\theta}_i}(\varGamma_i\tau_i)$, 其中, $\varGamma_i=\mathrm{diag}(\varGamma_{i1},\varGamma_{i2},\cdots,\varGamma_{im_i})$ 为正定对角矩阵, τ_i 为连续向量函数. 若 $\hat{\theta}_i(0)\in\mathcal{D}_{\theta_i}=\{\theta_i:\theta_i^{\mathrm{m}}\preceq\theta_i\preceq\theta_i^{\mathrm{M}}\}$, 则对于 $t\geqslant 0$ 有:

(1) $\hat{\theta}_i\in\mathcal{D}_{\theta_i}$.

(2) $\tilde{\theta}_i^{\mathrm{T}}(\varGamma_i^{-1}\mathrm{Pr}_{\hat{\theta}_i}(\varGamma_i\tau_i)-\tau_i)\geqslant 0$ 或 $\tilde{\theta}_i^{\mathrm{T}}(\tau_i-\varGamma_i^{-1}\mathrm{Pr}_{\hat{\theta}_i}(\varGamma_i\tau_i))\leqslant 0$.

证明 性质 (1) 的证明: $\hat{\theta}_i(0)\in\mathcal{D}_{\theta_i}$ 意味着 $\theta_{ij}^{\mathrm{m}}\leqslant\hat{\theta}_{ij}(0)\leqslant\theta_{ij}^{\mathrm{M}}$. 根据投影算子的定义可知

$$\dot{\hat{\theta}}_{ij}=\mathrm{Pr}_{\hat{\theta}_{ij}}(\varGamma_{ij}\tau_{ij})=\begin{cases}0, & \hat{\theta}_{ij}=\theta_{ij}^{\mathrm{M}},\ \varGamma_{ij}\tau_{ij}>0\\ 0, & \hat{\theta}_{ij}=\theta_{ij}^{\mathrm{m}},\ \varGamma_{ij}\tau_{ij}<0\\ \varGamma_{ij}\tau_{ij}, & 其他\end{cases}$$

由此可知 $\hat{\theta}_{ij}(t)$ 随时间连续变化, 并且当 $\hat{\theta}_{ij}=\theta_{ij}^{\mathrm{M}}$ 时有 $\dot{\hat{\theta}}_{ij}\leqslant 0$, 而当 $\hat{\theta}_{ij}=\theta_{ij}^{\mathrm{m}}$ 时有 $\dot{\hat{\theta}}_{ij}\geqslant 0$. 因此, 对任意 $t\geqslant 0$ 有 $\theta_{ij}^{\mathrm{m}}\leqslant\hat{\theta}_{ij}(t)\leqslant\theta_{ij}^{\mathrm{M}}$, 即对任意 $t\geqslant 0$ 有 $\hat{\theta}_i\in\mathcal{D}_{\theta_i}$.

性质 (2) 的证明: 注意到

$$\tilde{\theta}_i^{\mathrm{T}}(\varGamma_i^{-1}\mathrm{Pr}_{\hat{\theta}_i}(\varGamma_i\tau_i)-\tau_i)=\sum_{j=1}^{m_i}\tilde{\theta}_{ij}(\varGamma_{ij}^{-1}\mathrm{Pr}_{\hat{\theta}_{ij}}(\varGamma_{ij}\tau_{ij})-\tau_{ij})$$

对任意 $j\in\{1,2,\cdots,m_i\}$, 若 $\hat{\theta}_{ij}=\theta_{ij}^{\mathrm{M}}$, $\varGamma_{ij}\tau_{ij}>0$, 则有 $\mathrm{Pr}_{\hat{\theta}_{ij}}(\varGamma_{ij}\tau_{ij})=0$, $\tau_{ij}>0$, $\theta_{ij}-\hat{\theta}_{ij}=\theta_{ij}-\theta_{ij}^{\mathrm{M}}\leqslant 0$, 故有

$$\tilde{\theta}_{ij}(\varGamma_{ij}^{-1}\mathrm{Pr}_{\hat{\theta}_{ij}}(\varGamma_{ij}\tau_{ij})-\tau_{ij})=-(\theta_{ij}-\hat{\theta}_{ij})\tau_{ij}\geqslant 0$$

若 $\hat{\theta}_{ij}=\theta_{ij}^{\mathrm{m}}$, $\varGamma_{ij}\tau_{ij}<0$, 则有 $\mathrm{Pr}_{\hat{\theta}_{ij}}(\varGamma_{ij}\tau_{ij})=0$, $\tau_{ij}<0$, $\theta_{ij}-\hat{\theta}_{ij}=\theta_{ij}-\theta_{ij}^{\mathrm{m}}\geqslant 0$, 故有

$$\tilde{\theta}_{ij}(\varGamma_{ij}^{-1}\mathrm{Pr}_{\hat{\theta}_{ij}}(\varGamma_{ij}\tau_{ij})-\tau_{ij})=-(\theta_{ij}-\hat{\theta}_{ij})\tau_{ij}\geqslant 0$$

否则, $\mathrm{Pr}_{\hat{\theta}_{ij}}(\varGamma_{ij}\tau_{ij})=\varGamma_{ij}\tau_{ij}$, 故有

$$\tilde{\theta}_{ij}(\varGamma_{ij}^{-1}\mathrm{Pr}_{\hat{\theta}_{ij}}(\varGamma_{ij}\tau_{ij})-\tau_{ij})=\tilde{\theta}_{ij}(\varGamma_{ij}^{-1}\varGamma_{ij}\tau_{ij}-\tau_{ij})=0$$

综合上述三种情况可知: 对任意 $j\in\{1,2,\cdots,m_i\}$, 都有 $\tilde{\theta}_{ij}(\varGamma_{ij}^{-1}\mathrm{Pr}_{\hat{\theta}_{ij}}(\varGamma_{ij}\tau_{ij})-\tau_{ij})\geqslant 0$, 故有 $\tilde{\theta}_i^{\mathrm{T}}(\varGamma_i^{-1}\mathrm{Pr}_{\hat{\theta}_i}(\varGamma_i\tau_i)-\tau_i)\geqslant 0$. 证毕. □

利用投影算子, 将自适应律 (2.22) 修正为如下形式:

$$\dot{\hat{\theta}}_i=\mathrm{Pr}_{\hat{\theta}_i}(\varGamma_i\tau_i),\quad \hat{\theta}_i(0)\in\mathcal{D}_{\theta_i},\ i\in\{f,g\}\tag{2.25}$$

于是闭环系统变为

$$\dot{s}=-ks+\tilde{\theta}_f^{\mathrm{T}}\phi_f(x)+\tilde{\theta}_g^{\mathrm{T}}\phi_g(x)u$$

$$\dot{\tilde{\theta}}_i=-\mathrm{Pr}_{\hat{\theta}_i}(\varGamma_i\tau_i),\quad i\in\{f,g\}$$

为了确定 τ_i, 定义如下候选 Lyapunov 函数:

$$V(s,\tilde{\theta}_f,\tilde{\theta}_g)=\frac{1}{2}s^2+\frac{1}{2}\tilde{\theta}_f^{\mathrm{T}}\varGamma_f^{-1}\tilde{\theta}_f+\frac{1}{2}\tilde{\theta}_g^{\mathrm{T}}\varGamma_g^{-1}\tilde{\theta}_g$$

该函数沿着闭环系统的时间导数为

$$\dot{V}=-ks^2+\tilde{\theta}_f^{\mathrm{T}}(\phi_f(x)s-\varGamma_f^{-1}\mathrm{Pr}_{\hat{\theta}_f}(\varGamma_f\tau_f))+\tilde{\theta}_g^{\mathrm{T}}(\phi_g(x)us-\varGamma_g^{-1}\mathrm{Pr}_{\hat{\theta}_g}(\varGamma_g\tau_g))$$

同式 (2.23), 令

$$\tau_f = \phi_f(x)s, \quad \tau_g = \phi_g(x)us \tag{2.26}$$

则根据投影算子的性质 (2) 可得 $\dot{V} \leqslant -ks^2 \leqslant 0$. 于是有

$$V(s(t), \tilde{\theta}_1(t), \tilde{\theta}_2(t)) \leqslant V(s(0), \tilde{\theta}_1(0), \tilde{\theta}_2(0))$$

故 $s(t)$ 和 $\tilde{\theta}_i(t)$ ($i \in \{f, g\}$) 均有界. 因而 $e(t)$、$\dot{e}(t)$、$\cdots$、$e^{(n-1)}(t)$ 有界. 由于 $y_{\rm d}(t)$、$\dot{y}_{\rm d}(t)$、$\cdots$、$y_{\rm d}^{(n)}(t)$ 有界, 故 $x(t)$ 有界, 进一步易得 $\dot{s}(t)$ 有界, 故 $2ks(t)\dot{s}(t)$ 有界, 即 $ks^2(t)$ 关于 t 一致连续. 由扩展的类 Lyapunov 引理 (引理 1.3.9) 可知 $ks^2(t) \overset{t\to\infty}{\longrightarrow} 0$, 因此 $s(t) \overset{t\to\infty}{\longrightarrow} 0$. 进而, 由引理 2.2.1 可知 $e(t) \overset{t\to\infty}{\longrightarrow} 0$, 即跟踪误差收敛到零. 另外, 根据投影算子的性质 (1) 可知 $\hat{\theta}_i \in \mathcal{D}_{\theta_i}$, 故有

$$g_0(x) + \hat{\theta}_g^{\rm T}\phi_g(x) \neq 0, \quad \forall x \in \mathbf{R}^n$$

因此, 控制律不会发生奇异现象.

综上所述, 有下述结果.

定理 2.3.1 *考虑系统 (2.1) 或 (2.2), 其中的非线性函数满足式 (2.20) 且不确定性满足假设 2.3.1. 给定满足假设 2.2.1 的参考信号 $y_{\rm d}$, 则由式 (2.6)、式 (2.21)、式 (2.25) 和式 (2.26) 构成的控制律可以使闭环系统信号有界, 并使系统输出 y 渐近跟踪给定的参考信号 $y_{\rm d}$, 同时还能避免控制律发生奇异现象.*

2.3.3 船舶航向的自适应滑模控制

考虑不带干扰输入的船舶航向非线性控制系统

$$\begin{cases} \dot{x}_1 = x_2 \\ \dot{x}_2 = -\dfrac{1}{T}x_2 - \dfrac{c}{T}x_2^3 + \dfrac{K}{T}u \\ y = x_1 \end{cases} \tag{2.27}$$

其中, $x_1 = \varphi$ 为船舶航向角 (°); $x_2 = \dot{\varphi}$ 为船舶航向角速度 ((°)/s); 输入 $u = \delta_\varphi$ 为方向舵偏角 (°); 输出 $y = \varphi$; T 为时间常数 (s); c 为 Norrbin 系数 (((°)/s)$^{-2}$); K 为增益常数 (s^{-1}). 设系统参数 c、K 和 T 的精确值未知. 记

$$\theta_f = \begin{bmatrix} \dfrac{1}{T} \\ \dfrac{c}{T} \end{bmatrix}, \quad \theta_g = \frac{K}{T}, \quad \phi_f(x) = \begin{bmatrix} -x_2 \\ -x_2^3 \end{bmatrix}, \quad \phi_g(x) = 1$$

则系统 (2.27) 可以重新写为

$$\begin{cases} \dot{x}_1 = x_2 \\ \dot{x}_2 = \theta_f^{\mathrm{T}}\phi_f(x) + \theta_g\phi_g(x)u \\ y = x_1 \end{cases} \tag{2.28}$$

此处的控制任务是: 针对系统 (2.27) 或者 (2.28) 设计自适应控制律 u, 使航向角 φ 跟踪期望航向角 φ_{d}. 定义跟踪误差为 $e = y - y_{\mathrm{d}} = \varphi - \varphi_{\mathrm{d}}$, 则有

$$\ddot{e} = \theta_f^{\mathrm{T}}\phi_f(x) + \theta_g\phi_g(x)u - \ddot{\varphi}_{\mathrm{d}}$$

设计滑模变量 $s = \dot{e} + a_0 e$, 其中, $a_0 > 0$ 为设计参数, 并构造控制律

$$u = \frac{1}{\hat{\theta}_g\phi_g(x)}\left(-k_1 s - \hat{\theta}_f^{\mathrm{T}}\phi_f(x) - \eta\right)$$

其中, $k_1 > 0$ 为设计参数; $\eta = -\ddot{\varphi}_{\mathrm{d}} + a_0\dot{e}$. 如果构造自适应律

$$\dot{\hat{\theta}}_f = \Gamma_f\tau_f = \Gamma_f\phi_f(x)s$$

$$\dot{\hat{\theta}}_g = \Gamma_g\tau_g = \Gamma_g\phi_g(x)us$$

其中, $\Gamma_f = \mathrm{diag}(\Gamma_{f1}, \Gamma_{f2})$ $(\Gamma_{f1} > 0,\ \Gamma_{f2} > 0)$ 和 $\Gamma_g > 0$ 为设计参数, 那么根据前面的分析可知, 若不发生奇异现象, 则该控制律可以使航向角跟踪误差收敛到零. 但是, 上述自适应律不能保证控制律在计算中不会发生奇异现象, 对此有兴趣的读者可以通过仿真进行验证.

为了从理论上避免控制律的奇异性问题, 下面利用投影算子修正自适应律. 设系统参数的标称值为: $c_0 = 0.3((^\circ)/\mathrm{s})^{-2}$, $K_0 = 0.23\mathrm{s}^{-1}$, $T_0 = 21\mathrm{s}$, 并设对参数实际值的保守估计范围如下: $c \in [c_{\mathrm{m}}, c_{\mathrm{M}}] = [0.2, 0.4]((^\circ)/\mathrm{s})^{-2}$, $K \in [K_{\mathrm{m}}, K_{\mathrm{M}}] = [0.21, 0.25]\mathrm{s}^{-1}$, $T \in [T_{\mathrm{m}}, T_{\mathrm{M}}] = [20, 22]\mathrm{s}$, 则有

$$\theta_{f1} = \frac{1}{T} \in \left[\frac{1}{T_{\mathrm{M}}}, \frac{1}{T_{\mathrm{m}}}\right], \quad \theta_{f2} = \frac{a}{T} \in \left[\frac{c_{\mathrm{m}}}{T_{\mathrm{M}}}, \frac{c_{\mathrm{M}}}{T_{\mathrm{m}}}\right], \quad \theta_g = \frac{K}{T} \in \left[\frac{K_{\mathrm{m}}}{T_{\mathrm{M}}}, \frac{K_{\mathrm{M}}}{T_{\mathrm{m}}}\right]$$

即 $\theta_{f1}^{\mathrm{m}} = 1/T_{\mathrm{M}}$, $\theta_{f1}^{\mathrm{M}} = 1/T_{\mathrm{m}}$, $\theta_{f2}^{\mathrm{m}} = c_{\mathrm{m}}/T_{\mathrm{M}}$, $\theta_{f2}^{\mathrm{M}} = c_{\mathrm{M}}/T_{\mathrm{m}}$, $\theta_g^{\mathrm{m}} = K_{\mathrm{m}}/T_{\mathrm{M}}$, $\theta_g^{\mathrm{M}} = K_{\mathrm{M}}/T_{\mathrm{m}}$. 基于投影算子的修正自适应律为 $\dot{\hat{\theta}}_f = [\dot{\hat{\theta}}_{f1}, \dot{\hat{\theta}}_{f2}]^{\mathrm{T}}$, 其中,

$$\dot{\hat{\theta}}_{fj} = \mathrm{Pr}_{\hat{\theta}_{fj}}(\Gamma_{fj}\tau_{fj})$$

$$
=\begin{cases}0, & \hat{\theta}_{fj}=\theta_{fj}^{\mathrm{M}}, \varGamma_{fj}\tau_{fj}=\varGamma_{fj}\phi_{fj}(x)s>0\\ 0, & \hat{\theta}_{fj}=\theta_{fj}^{\mathrm{m}}, \varGamma_{fj}\tau_{fj}=\varGamma_{fj}\phi_{fj}(x)s<0\\ \varGamma_{fj}\tau_{fj}=\varGamma_{fj}\phi_{fj}(x)s, & \text{其他}\end{cases}
$$

这里 $j=1,2$, 以及

$$
\dot{\hat{\theta}}_g=\mathrm{Pr}_{\hat{\theta}_g}(\varGamma_g\tau_g)=\begin{cases}0, & \hat{\theta}_g=\theta_g^{\mathrm{M}},\ \varGamma_g\tau_g=\varGamma_g\phi_g(x)us>0\\ 0, & \hat{\theta}_g=\theta_g^{\mathrm{m}},\ \varGamma_g\tau_g=\varGamma_g\phi_g(x)us<0\\ \varGamma_g\tau_g=\varGamma_g\phi_g(x)us, & \text{其他}\end{cases}
$$

下面进行仿真验证. 设置系统参数为: $c=0.4((^\circ)/\mathrm{s})^{-2}$, $K=0.25\mathrm{s}^{-1}$, $T=22\mathrm{s}$; 初始条件为: $\varphi(0)=0^\circ$, $\dot{\varphi}(0)=0(^\circ)/\mathrm{s}$; 期望航向角为 $\varphi_{\mathrm{d}}=25^\circ$; 控制参数为: $a_0=0.2$, $k_1=0.01+0.24(1-\mathrm{e}^{-0.2t})$, $\varGamma_{f1}=0.001$, $\varGamma_{f2}=0.001$, $\varGamma_g=0.001$; 对参数的初始估计值为: $\hat{\theta}_f(0)=[1/T_0,\ c_0/T_0]^{\mathrm{T}}, \hat{\theta}_g(0)=K_0/T_0$. 仿真结果如图 2.4 所示. 图中分别给出了航向角、滑模变量、航向舵偏角和参数估计值随时间的变化曲线.

由仿真结果可以看出, 航向角逐渐收敛至期望航向角; 滑模变量逐渐收敛到零; 参数的自适应估计值并未收敛到其真值. 由于投影算子的截断作用, 参数的估计值被限制在保守的预估范围内, 因而可以确保控制律不会产生奇异现象.

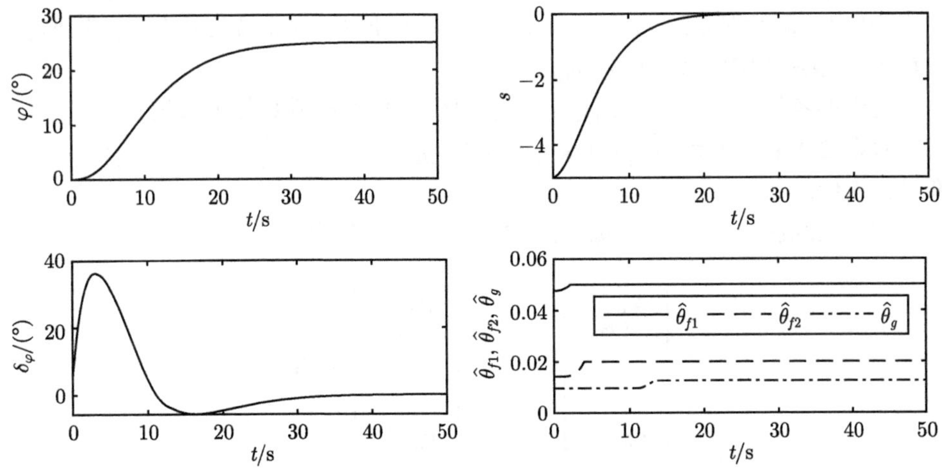

图 2.4 船舶航向自适应滑模控制仿真结果 (使用投影算子)

2.4 MIMO 规范型系统的滑模控制

前述滑模控制方法可以拓展到 MIMO 规范型系统. 考虑系统

$$y_k^{(n_k)} = f_k(Y_1, Y_2, \cdots, Y_m) + G_k(Y_1, Y_2, \cdots, Y_m)u \tag{2.29}$$

其中, $k = 1, 2, \cdots, m$; $u = [u_1, u_2, \cdots, u_m]^{\mathrm{T}} \in \mathbf{R}^m$ 为系统输入; $y = [y_1, y_2, \cdots, y_m]^{\mathrm{T}} \in \mathbf{R}^m$ 为系统输出; $Y_k = [y_k, \dot{y}_k, \cdots, y_k^{(n_k-1)}]^{\mathrm{T}}$ $(k = 1, 2, \cdots, m)$; $n_1 + n_2 + \cdots + n_m = n$; $f = [f_1, f_2, \cdots, f_m]^{\mathrm{T}} : \mathbf{R}^n \to \mathbf{R}^m$ 为连续向量函数; $G = [G_1^{\mathrm{T}}, G_2^{\mathrm{T}}, \cdots, G_m^{\mathrm{T}}]^{\mathrm{T}} : \mathbf{R}^n \to \mathbf{R}^{m\times m}$ 为连续矩阵函数, 满足 $\det(G(X)) \neq 0$ $(\forall X \in \mathbf{R}^n)$. 这里以及后面为了使书写简洁, 在不会引起歧义的情况下, 将函数 $f(Y_1, Y_2, \cdots, Y_m)$ 简记为 f, 其余函数做同样处理.

假如 f 和 G 为已知, 令

$$u = G^{-1}(-f + v)$$

其中, $v = [v_1, v_2, \cdots, v_m]^{\mathrm{T}}$ 为辅助控制变量, 则可以得到一个 MIMO 的线性系统

$$y_i^{(n_i)} = v_i, \quad i = 1, 2, \cdots, m$$

这是一个完全解耦的线性系统, 即事实上是 m 个 SISO 线性系统. 针对该系统可以利用线性系统理论设计镇定或者跟踪控制律 v, 进而可以解算出真正的控制律 u.

假如 f 和 G 非精确已知, 则可以利用滑模方法进行控制律设计. 这里考虑输出跟踪问题, 即针对系统 (2.29), 设计控制律 u 使得闭环系统信号有界, 并使得系统输出 y 跟踪给定的参考信号 y_{d}.

对于参考信号 $y_{\mathrm{d}} = [y_{\mathrm{d}1}, y_{\mathrm{d}2}, \cdots, y_{\mathrm{d}m}]^{\mathrm{T}}$, 一般需要满足如下假设.

假设 2.4.1 对于 $t \in [0, +\infty)$, $y_{\mathrm{d}i}(t)$、$\dot{y}_{\mathrm{d}i}(t)$、$\cdots$、$y_{\mathrm{d}i}^{(n_i)}(t)$ $(i = 1, 2, \cdots, m)$ 有界且连续.

定义跟踪误差 $e_i = y_i - y_{\mathrm{d}i}$ $(i = 1, 2, \cdots, m)$, 则有

$$\begin{bmatrix} e_1^{(n_1)} \\ e_2^{(n_2)} \\ \vdots \\ e_m^{(n_m)} \end{bmatrix} = f - \begin{bmatrix} y_{\mathrm{d}1}^{(n_1)} \\ y_{\mathrm{d}2}^{(n_2)} \\ \vdots \\ y_{\mathrm{d}m}^{(n_m)} \end{bmatrix} + Gu$$

定义滑模向量

$$s = [s_1, s_2, \cdots, s_m]^{\mathrm{T}}, \quad s_i = e_i^{(n_i-1)} + a_{i,n_i-2}e_i^{(n_i-2)} + \cdots + a_{i1}\dot{e}_i + a_{i0}e_i$$

其中, a_{ij} $(i=1,2,\cdots,m)$ 为设计参数, 使得 $s^{n_i-1}+a_{i,n_i-2}s^{n_i-2}+\cdots+a_{i0}$ 是 Hurwitz 多项式. 根据 SISO 系统滑模控制的相关内容可知, 为了保证跟踪误差 e_i 收敛到零或者收敛到零附近, 只需要设计控制律保证滑模变量 s_i 收敛到零或者收敛到零附近即可.

由滑模向量的定义可知

$$\dot{s}=f+Gu+\eta \tag{2.30}$$

其中,

$$\eta=\begin{bmatrix} -y_{\mathrm{d}1}^{(n_1)}+a_{1,n_1-2}e_1^{(n_1-1)}+\cdots+a_{11}\ddot{e}_1+a_{10}\dot{e}_1 \\ -y_{\mathrm{d}2}^{(n_2)}+a_{2,n_2-2}e_2^{(n_2-1)}+\cdots+a_{21}\ddot{e}_2+a_{20}\dot{e}_2 \\ \vdots \\ -y_{\mathrm{d}m}^{(n_m)}+a_{m,n_m-2}e_m^{(n_m-1)}+\cdots+a_{m1}\ddot{e}_m+a_{m0}\dot{e}_m \end{bmatrix}$$

2.4.1 鲁棒控制律设计

假设非精确已知的非线性函数 f 和 G 满足如下形式:

$$f=f_0+\delta_f,\quad G=(I_m+\varDelta_g)G_0 \tag{2.31}$$

其中, f_0 为 f 的标称值; δ_f 为加性不确定性向量, $|\delta_f|\preceq F$, 这里 $|\delta_f|=[|\delta_{f1}|,|\delta_{f2}|,\cdots,|\delta_{fm}|]^{\mathrm{T}}$, $F=[F_1,F_2,\cdots,F_m]^{\mathrm{T}}$ 的每一个分量均为已知连续非负函数; G_0 为 G 的标称值; $\varDelta_g$ 为乘性不确定性矩阵, 其元素 (可以是常数, 也可以是关于 $y_k^{(0\sim n_k-1)}$ $(k=1,2,\cdots,m)$ 的函数) 满足

$$|\varDelta_{gij}|\leqslant\bar{\varDelta}_{gij},\quad i,j=1,2,\cdots,m$$

并且 $\|\bar{\varDelta}_g\|<1$, 这里 $\bar{\varDelta}_g=[\bar{\varDelta}_{gij}]$. 在后面的分析和设计中, 将会用到下面的引理.

引理 2.4.1 若 m 阶方阵 $\varDelta$ 的元素满足 $|\varDelta_{ij}|\leqslant\bar{\varDelta}_{ij}$ $(i,j=1,2,\cdots,m)$, 并且 $\|\bar{\varDelta}\|<1$, 其中 $\bar{\varDelta}=[\bar{\varDelta}_{ij}]$, 则有:

(1) 矩阵 $I_m+\bar{\varDelta}$ 可逆.

(2) 矩阵 $I_m+\varDelta$ 可逆.

(3) $1-\bar{\varDelta}_{ij}>0$ $(i,j=1,2,\cdots,m)$.

证明 结论 (1) 的证明: 由于 $\rho(\bar{\varDelta})\leqslant\|\bar{\varDelta}\|<1$, 所以矩阵 $I_m+\bar{\varDelta}$ 可逆.

结论 (2) 的证明: 记 $|\varDelta|=[|\varDelta_{ij}|]$, 即矩阵 $|\varDelta|$ 的第 i 行、第 j 列元素为 $|\varDelta_{ij}|$. 由假设可知 $|\varDelta|\preceq\bar{\varDelta}$. 根据文献 [6] 的定理 4.1.4 可知 $\rho(\varDelta)\leqslant\rho(|\varDelta|)\leqslant\rho(\bar{\varDelta})$. 因此有 $\rho(\varDelta)\leqslant\rho(\bar{\varDelta})\leqslant\|\bar{\varDelta}\|<1$, 从而矩阵 $I_m+\varDelta$ 可逆.

结论 (3) 的证明: 设 e_k 表示第 k 个元素为 1、其他元素为零的 m 维列向量, 则有

$$\bar{\varDelta}_{ij}=e_i^{\mathrm{T}}\bar{\varDelta}e_j\leqslant\left|e_i^{\mathrm{T}}\bar{\varDelta}e_j\right|=\left\|e_i^{\mathrm{T}}\bar{\varDelta}e_j\right\|\leqslant\left\|\bar{\varDelta}\right\|\|e_i\|\|e_j\|<1,\quad i,j=1,2,\cdots,m$$

证毕. □

将式 (2.31) 代入式 (2.30), 可得

$$\dot{s} = f_0 + \delta_f + (I_m + \Delta_g)G_0 u + \eta$$

根据假设 "$\det(G(X)) \neq 0\ (\forall X \in \mathbf{R}^n)$" 和引理 2.4.1 的结论 (2) 可知 $\det(G_0(X)) \neq 0\ (\forall X \in \mathbf{R}^n)$. 于是可构造控制律

$$u = G_0^{-1}\left(-f_0 - \eta - Ks - \frac{2}{\pi}\arctan_{\gamma,\varepsilon}(s)\gamma\right)$$

其中,

$$\arctan_{\gamma,\varepsilon}(s) = \operatorname{diag}\left(\arctan\left(\frac{\gamma_1 s_1}{\varepsilon_1}\right), \arctan\left(\frac{\gamma_2 s_2}{\varepsilon_2}\right), \cdots, \arctan\left(\frac{\gamma_m s_m}{\varepsilon_m}\right)\right)$$

$K = \operatorname{diag}(k_1, k_2, \cdots, k_m)$ 为正定的设计参数矩阵; γ 为待定的 m 维向量函数, 满足 $\gamma_i \geqslant 0\ (i = 1, 2, \cdots, m)$; $\varepsilon \in \mathbf{R}^m$ 为设计参数向量, 满足 $\varepsilon_i > 0\ (i = 1, 2, \cdots, m)$. 于是有

$$\dot{s} = -Ks + \delta_f + \Delta_g(-f_0 - \eta - Ks) - \frac{2}{\pi}(I_m + \Delta_g)\arctan_{\gamma,\varepsilon}(s)\gamma$$

即对 $i = 1, 2, \cdots, m$ 有

$$\begin{aligned}\dot{s}_i =& -k_i s_i + \delta_{fi} + \sum_{j=1}^{m} \Delta_{gij}(-f_{0j} - \eta_j - k_j s_j) \\ & - \frac{2}{\pi}\arctan\left(\frac{\gamma_i s_i}{\varepsilon_i}\right)\gamma_i - \frac{2}{\pi}\sum_{j=1}^{m} \Delta_{gij}\arctan\left(\frac{\gamma_j s_j}{\varepsilon_j}\right)\gamma_j\end{aligned}$$

为确定 γ 或者 $\gamma_i\ (i = 1, 2, \cdots, m)$, 取 $V_i = s_i^2/2$, 则有

$$\begin{aligned}\dot{V}_i =& s_i \dot{s}_i \\ =& -k_i s_i^2 + s_i \delta_{fi} + s_i \sum_{j=1}^{m} \Delta_{gij}(-f_{0j} - \eta_j - k_j s_j) \\ & - \frac{2}{\pi}\arctan\left(\frac{\gamma_i s_i}{\varepsilon_i}\right)\gamma_i s_i - s_i \sum_{j=1}^{m} \Delta_{gij}\frac{2}{\pi}\arctan\left(\frac{\gamma_j s_j}{\varepsilon_j}\right)\gamma_j \\ \leqslant & -k_i s_i^2 + |s_i| F_i + |s_i| \sum_{j=1}^{m} \bar{\Delta}_{gij}\left|f_{0j} + \eta_j + k_j s_j\right| - \frac{2}{\pi}\arctan\left(\frac{\gamma_i s_i}{\varepsilon_i}\right)\gamma_i s_i\end{aligned}$$

$$
\begin{aligned}
& - s_i \bar{\Delta}_{gii} \frac{2}{\pi} \arctan\left(\frac{\gamma_i s_i}{\varepsilon_i}\right)\gamma_i - s_i \sum_{j=1,j\neq i}^{m} \Delta_{gij} \frac{2}{\pi} \arctan\left(\frac{\gamma_j s_j}{\varepsilon_j}\right)\gamma_j \\
\leqslant & - k_i s_i^2 + |s_i| F_i + |s_i| \sum_{j=1}^{m} \bar{\Delta}_{gij} |f_{0j} + \eta_j + k_j s_j| + |s_i| \sum_{j=1,j\neq i}^{m} \bar{\Delta}_{gij}\gamma_j \\
& - (1-\bar{\Delta}_{gii})\frac{2}{\pi} \arctan\left(\frac{\gamma_i s_i}{\varepsilon_i}\right)\gamma_i s_i + (1-\bar{\Delta}_{gii})\gamma_i |s_i| - (1-\bar{\Delta}_{gii})\gamma_i |s_i| \\
\leqslant & - k_i s_i^2 + |s_i| F_i + |s_i| \sum_{j=1}^{m} \bar{\Delta}_{gij} |f_{0j} + \eta_j + k_j s_j| \\
& + |s_i| \sum_{j=1,j\neq i}^{m} \bar{\Delta}_{gij}\gamma_j - (1-\bar{\Delta}_{gii})\gamma_i |s_i| + \frac{2}{\pi}(1-\bar{\Delta}_{gii})\varepsilon_i
\end{aligned}
$$

若选取

$$
F_i + \sum_{j=1}^{m} \bar{\Delta}_{gij} |f_{0j} + \eta_j + k_j s_j| + \sum_{j=1,j\neq i}^{m} \bar{\Delta}_{gij}\gamma_j = (1-\bar{\Delta}_{gii})\gamma_i \tag{2.32}
$$

其中, $i = 1, 2, \cdots, m$, 则有

$$
\dot{V}_i \leqslant -k_i s_i^2 + \frac{2}{\pi}\varepsilon_i = -2k_i V_i + \epsilon_i
$$

其中, $\epsilon_i = \dfrac{2}{\pi}(1-\bar{\Delta}_{gii})\varepsilon_i$.

定义

$$
V = \sum_{i=1}^{m} V_i, \quad \epsilon = \sum_{i=1}^{m} \epsilon_i, \quad k = \min\{k_1, k_2, \cdots, k_m\}
$$

则有 $\dot{V} \leqslant -2kV + \epsilon$.

由此可知 s 有界, 进而可得到闭环系统信号的有界性. 类似于 SISO 系统鲁棒滑模控制中的分析, 由条件 (2.32) 可知, $s_i(t)$ 要么始终位于集合 $\{s : |s| \leqslant \sqrt{\epsilon_i/k_i}\}$ 内, 要么指数收敛到集合 $\{s : |s| \leqslant \sqrt{\epsilon_i/k_i}\}$. 进而可以得知, 通过调节设计参数 ε_i 和 k_i, 可以使跟踪误差 $e_i(t)$ 最终变得任意小.

最后, 还需要由条件 (2.32) 求出 γ, 并且证实其各个分量 γ_i $(i = 1, 2, \cdots, m)$ 确实是非负的. 条件 (2.32) 可以写成

$$
\begin{aligned}
F_i + \sum_{j=1}^{m} \bar{\Delta}_{gij} |f_{0j} + \eta_j + k_j s_j| &= (1-\bar{\Delta}_{gii})\gamma_i - \sum_{j=1,j\neq i}^{m} \bar{\Delta}_{gij}\gamma_j \\
&= \gamma_i - \sum_{j=1}^{m} \bar{\Delta}_{gij}\gamma_j, \quad i = 1, 2, \cdots, m
\end{aligned}
$$

这等价于 $(I_m-\bar{\Delta}_g)\gamma=F+\bar{\Delta}_g\,|f_0+\eta+Ks|$, 即

$$\gamma=(I_m-\bar{\Delta}_g)^{-1}(F+\bar{\Delta}_g\,|f_0+\eta+Ks|)$$

其中,

$$|f_0+\eta+Ks|=\begin{bmatrix}|f_{01}+\eta_1+k_1s_1|\\|f_{02}+\eta_2+k_2s_2|\\\vdots\\|f_{0m}+\eta_m+k_ms_m|\end{bmatrix}$$

由于 $F+\bar{\Delta}_g\,|f_0+\eta+Ks|$ 的各个分量均是非负的, 并且 $\rho(\bar{\Delta}_g)\leqslant\|\bar{\Delta}_g\|<1$ $(i=1,2,\cdots,m)$, 所以结合文献 [7] 中 6.3 节的定理 1 可知, γ 的各个分量 γ_i $(i=1,2,\cdots,m)$ 均是非负的.

2.4.2 自适应控制律设计

假设非精确已知的非线性函数 f 和 G 满足 $f=f_0+f_\Delta$、$G=G_0+G_\Delta$, 有

$$f_0=\begin{bmatrix}f_{01}\\\vdots\\f_{0m}\end{bmatrix},\quad f_\Delta=\begin{bmatrix}\theta_{f1}^{\mathrm{T}}\phi_{f1}\\\vdots\\\theta_{fm}^{\mathrm{T}}\phi_{fm}\end{bmatrix}$$

$$G_0=\begin{bmatrix}g_{011}&\cdots&g_{01m}\\\vdots&&\vdots\\g_{0m1}&\cdots&g_{0mm}\end{bmatrix},\quad G_\Delta=\begin{bmatrix}\theta_{g11}\phi_{g11}&\cdots&\theta_{g1m}\phi_{g1m}\\\vdots&&\vdots\\\theta_{gm1}\phi_{gm1}&\cdots&\theta_{gmm}\phi_{gmm}\end{bmatrix}$$

其中, f_0 和 G_0 分别为 f 和 G 的标称值; $\theta_{fi}\in\mathbf{R}^{m_{fi}}$ $(i=1,2,\cdots,m)$ 为定常的未知参数向量; ϕ_{fi} $(i=1,2,\cdots,m)$ 为已知的向量函数; $\theta_{gij}\in\mathbf{R}$ 为未知定常参数; ϕ_{gij} $(i,j=1,2,\cdots,m)$ 为已知标量函数. 于是, 滑模向量满足的动态系统变为

$$\dot{s}=f_0+f_\Delta+(G_0+G_\Delta)u+\eta$$

构造自适应控制律

$$u=(G_0+\hat{G}_\Delta)^{-1}(-Ks-f_0-\hat{f}_\Delta-\eta)$$

其中, K 为正定的设计参数矩阵,

$$\hat{f}_\Delta=\begin{bmatrix}\hat{\theta}_{f1}^{\mathrm{T}}\phi_{f1}\\\hat{\theta}_{f2}^{\mathrm{T}}\phi_{f2}\\\vdots\\\hat{\theta}_{fm}^{\mathrm{T}}\phi_{fm}\end{bmatrix}$$

这里, $\hat{\theta}_{fi}$ $(i=1,2,\cdots,m)$ 为对 θ_{fi} 的估计;

$$\hat{G}_{\Delta}=\begin{bmatrix}\hat{\theta}_{g11}\phi_{g11} & \cdots & \hat{\theta}_{g1m}\phi_{g1m}\\ \vdots & & \vdots\\ \hat{\theta}_{gm1}\phi_{gm1} & \cdots & \hat{\theta}_{gmm}\phi_{gmm}\end{bmatrix}$$

这里, $\hat{\theta}_{gij}$ $(i,j=1,2,\cdots,m)$ 为对 θ_{gij} 的估计. 令 $\tilde{\theta}_{fi}=\theta_{fi}-\hat{\theta}_{fi}$ 和 $\tilde{\theta}_{gij}=\theta_{gij}-\hat{\theta}_{gij}$ $(i,j=1,2,\cdots,m)$ 表示参数估计误差, 则有

$$\dot{\tilde{\theta}}_{fi}=-\dot{\hat{\theta}}_{fi},\quad \dot{\tilde{\theta}}_{gij}=-\dot{\hat{\theta}}_{gij},\quad i,j=1,2,\cdots,m$$

定义

$$\tilde{f}_{\Delta}=\begin{bmatrix}\tilde{\theta}_{f1}^{\mathrm{T}}\phi_{f1}\\ \vdots\\ \tilde{\theta}_{fm}^{\mathrm{T}}\phi_{fm}\end{bmatrix},\quad \tilde{G}_{\Delta}=\begin{bmatrix}\tilde{\theta}_{g11}\phi_{g11} & \cdots & \tilde{\theta}_{g1m}\phi_{g1m}\\ \vdots & & \vdots\\ \tilde{\theta}_{gm1}\phi_{gm1} & \cdots & \tilde{\theta}_{gmm}\phi_{gmm}\end{bmatrix}$$

则有 $f_{\Delta}=\hat{f}_{\Delta}+\tilde{f}_{\Delta}, G_{\Delta}=\hat{G}_{\Delta}+\tilde{G}_{\Delta}$. 于是有

$$\begin{aligned}\dot{s}&=f_0+\hat{f}_{\Delta}+\tilde{f}_{\Delta}+(G_0+\hat{G}_{\Delta})u+\tilde{G}_{\Delta}u+\eta\\&=\tilde{f}_{\Delta}-Ks+\tilde{G}_{\Delta}u\end{aligned}$$

为了确定自适应律 $\dot{\hat{\theta}}_{fi}$ 和 $\dot{\hat{\theta}}_{gij}$, 定义如下候选 Lyapunov 函数:

$$V=\frac{1}{2}s^{\mathrm{T}}s+\frac{1}{2}\sum_{i=1}^{m}\tilde{\theta}_{fi}^{\mathrm{T}}\Gamma_{fi}^{-1}\tilde{\theta}_{fi}+\frac{1}{2}\sum_{i,j=1}^{m}\gamma_{gij}^{-1}\tilde{\theta}_{gij}^{2}$$

其中, Γ_{fi} 为正定的设计参数矩阵; $\gamma_{gij}>0$ $(i,j=1,2,\cdots,m)$ 为设计参数. V 沿闭环系统的时间导数满足

$$\begin{aligned}\dot{V}&=s^{\mathrm{T}}\dot{s}+\sum_{i=1}^{m}\tilde{\theta}_{fi}^{\mathrm{T}}\Gamma_{fi}^{-1}\dot{\tilde{\theta}}_{fi}+\sum_{i,j=1}^{m}\gamma_{gij}^{-1}\tilde{\theta}_{gij}\dot{\tilde{\theta}}_{gij}\\&=-s^{\mathrm{T}}Ks+s^{\mathrm{T}}\tilde{f}_{\Delta}+s^{\mathrm{T}}\tilde{G}_{\Delta}u-\sum_{i=1}^{m}\tilde{\theta}_{fi}^{\mathrm{T}}\Gamma_{fi}^{-1}\dot{\hat{\theta}}_{fi}-\sum_{i,j=1}^{m}\tilde{\theta}_{gij}\gamma_{gij}^{-1}\dot{\hat{\theta}}_{gij}\\&=-s^{\mathrm{T}}Ks+\sum_{i=1}^{m}\tilde{\theta}_{fi}^{\mathrm{T}}\phi_{fi}s_i+\sum_{i,j=1}^{m}\tilde{\theta}_{gij}\phi_{gij}s_iu_j-\sum_{i=1}^{m}\tilde{\theta}_{fi}^{\mathrm{T}}\Gamma_{fi}^{-1}\dot{\hat{\theta}}_{fi}-\sum_{i,j=1}^{m}\tilde{\theta}_{gij}\gamma_{gij}^{-1}\dot{\hat{\theta}}_{gij}\end{aligned}$$

若选取

$$\dot{\hat{\theta}}_{fi} = \Gamma_{fi}\phi_{fi}s_i, \quad \dot{\hat{\theta}}_{gij} = \gamma_{gij}\phi_{gij}s_i u_j, \quad i,j = 1,2,\cdots,m$$

则有 $\dot{V} = -s^{\mathrm{T}}Ks \leqslant 0$. 于是有 $V(t) \leqslant V(0)$ $(t \geqslant 0)$, 故 s、$\tilde{\theta}_{fi}$、$\tilde{\theta}_{gij}$ $(i,j = 1,2,\cdots,m)$ 均有界. 因而 e_i、$\dot{e}_i$、$\cdots$、$e_i^{(n_i-1)}$ $(i = 1,2,\cdots,m)$ 有界. 由于 $y_{\mathrm{d}i}$、$\dot{y}_{\mathrm{d}i}$、$\cdots$、$y_{\mathrm{d}i}^{(n_i)}$ 有界, 故 y_i、$\dot{y}_i$、$\cdots$、$y_i^{(n_i-1)}$ 有界, 进一步易得 $\dot{s}$ 有界, 故 $2s^{\mathrm{T}}K\dot{s}$ 有界, 即 $s^{\mathrm{T}}Ks$ 一致连续. 由扩展的类 Lyapunov 引理 (引理 1.3.9) 可知 $s^{\mathrm{T}}Ks \xrightarrow{t\to\infty} 0$, 因而 $s \xrightarrow{t\to\infty} 0$, 即 $s_i \xrightarrow{t\to\infty} 0$ $(i = 1,2,\cdots,m)$. 由引理 2.2.1 可知 $e_i(t) \xrightarrow{t\to\infty} 0$, 即跟踪误差收敛到零. 另外, 由 $\tilde{\theta}_{fi}$ 和 $\tilde{\theta}_{gij}$ 的有界性可知 $\hat{\theta}_{fi}$ 和 $\hat{\theta}_{gij}$ 有界.

需要指出的是, 这里只能得到 $\tilde{\theta}_{fi}$ 和 $\tilde{\theta}_{gij}$ 有界的结论, 但不能保证它们收敛到零. 得到前述结论的前提是控制律不会发生奇异性问题, 即 $\det(G_0 + \hat{G}_\Delta) \neq 0$ 恒成立, 但是上述控制律不能保证这一点. 为避免控制律的奇异性问题, 仍然可以引入投影算子, 这里不再赘述. 另外, 此处的结果可以很容易地推广到 θ_{gij} 和 ϕ_{gij} 为向量时的情形. 对此感兴趣的读者可以自己推导相关结果.

2.5 本章小结与文献说明

本章介绍了滑模控制的基本原理和设计方法. 首先, 结合 SISO 规范型系统, 介绍了鲁棒滑模控制设计方法和抖振抑制策略. 然后, 介绍了针对线性参数化不确定性的自适应控制设计方法; 考虑到当控制系数存在不确定性时, 所设计的自适应控制律可能会出现奇异性问题, 介绍了如何引入投影算子来克服这一问题. 接着, 通过船舶航向控制的例子, 验证了所设计的鲁棒滑模控制律与自适应滑模控制律的有效性. 最后, 将 SISO 规范型系统的滑模控制设计结果进一步推广到了 MIMO 规范型非线性系统.

本章的写作主要参考了文献 [8] 和 [9]. 滑模控制的进一步研究包括: 终端滑模与非奇异终端滑模控制 [10]、基于滞后周期反馈的指定时间滑模控制 [11] 、二阶滑模和高阶滑模控制 [12]、时变滑模与积分滑模控制 [13,14]、滑模观测器 [12]、滑模控制与其他控制方法的融合 [15] 以及滑模控制的应用 [16] 等. 对滑模控制感兴趣的读者可以进一步阅读导论性著作 [17], 以及更加深入的著作 [12]、[16]、[18] 和 [19] 等.

参 考 文 献

[1] Utkin V. Variable structure systems with sliding modes. IEEE Transactions on Automatic Control, 1977, 22(2): 212-222.

[2] 黄琳. 稳定性与鲁棒性的理论基础. 北京: 科学出版社, 2003.

[3] Orlov B. Discontinuous Systems. London: Springer-Verlag, 2009.

[4] Polycarpou M M, Ioannou P A. A robust adaptive nonlinear control design. Automatica, 1996, 32(3): 423-427.

[5] Shi W R, Hou M Z, Duan G R, et al. Adaptive dynamic surface asymptotic tracking control of uncertain strict-feedback systems with guaranteed transient performance and accurate parameter estimation. International Journal of Robust and Nonlinear Control, 2022, 32(12): 6829-6848.

[6] 陈景良, 陈向晖. 特殊矩阵. 北京: 清华大学出版社, 2001.

[7] Luenberger D G. Introduction to Dynamic Systems: Theory, Models and Applications. New York: Wiley, 1979.

[8] Slotine J E, Li W P. 应用非线性控制 (英文版). 北京: 机械工业出版社, 2004.

[9] Khalil H K. 非线性系统 (英文版). 北京: 电子工业出版社, 2007.

[10] Feng Y, Yu X H, Han F L. On nonsingular terminal sliding-mode control of nonlinear systems. Automatica, 2013, 49(6): 1715-1722.

[11] Zhou B, Ding Y, Zhang K K, et al. Prescribed time control based on the periodic delayed sliding mode surface without singularities. Science China: Information Sciences, 2024, 67(7): 1-15.

[12] Shtessel Y, Edwards C, Fridman L, et al. Sliding Mode Control and Observation. New York: Springer, 2014.

[13] Hou M Z, Tan F, Han F, et al. Adaptive sliding mode control of uncertain nonlinear systems with preassigned settling time and its applications. International Journal of Robust and Nonlinear Control, 2019, 29(18): 6438-6462.

[14] Sui W S, Duan G R, Hou M Z, et al. Distributed fixed-time attitude coordinated tracking for multiple rigid spacecraft via a novel integral sliding mode approach. Journal of the Franklin Institute, 2020, 357(14): 9399-9422.

[15] 刘金琨. 滑模变结构控制 MATLAB 仿真. 3 版. 北京: 清华大学出版社, 2012.

[16] 李世华, 王翔宇, 丁世宏, 等. 滑模控制理论与应用研究. 北京: 科学出版社, 2022.

[17] Utkin V, Poznyak A, Orlov Y V, et al. Road map for sliding mode control design. Cham: Springer, 2020.

[18] 高为炳. 变结构控制理论基础. 北京: 中国科学技术出版社, 1990.

[19] Utkin V, Guldner J, Shi J. Sliding Mode Control in Electro-Mechanical Systems. Boca Raton: CRC Press, 2009.

第 3 章 无源性方法

无源性是网络理论中的一个重要概念, 它表示了耗能网络的一种内在性质: 无源网络只消耗能量而不产生能量. 系统的无源性是网络无源性概念的推广. 由此可见, 无源系统是一类与外界有能量交换的动态系统. 无源性理论构建了一个基于能量的控制系统分析和设计的新框架, 对控制系统的分析和设计起到了很大的推动作用. 无源系统的一个重要性质是无激励无源系统在 Lyapunov 意义下是稳定的. 此时, 只需通过输出反馈引入阻尼即可使得系统渐近稳定. 这是基于无源性理论的控制器设计的主要思想. 无源性不仅在控制理论方面有重要的作用, 在许多实际系统如机器人系统、机电系统、电力系统、内燃机工程、化工过程等的研究中也扮演着重要的角色, 有时甚至不可或缺.

基于 Lyapunov 函数的稳定性理论也可以引入无源性概念. 无源性是稳定性的一种更高层次的抽象. 众所周知, 构造一个 Lyapunov 函数来对系统进行稳定性分析是常用的方法. 在一定条件下, 这一过程可转化为构造一个使得系统是无源的储能函数.

无源性事实上是更广泛的所谓耗散性的特例. 本章使用的主要工具是无源性, 因此不对耗散性进行介绍. 无源性还有许多其他的性质和用途, 为了节省篇幅, 这里只介绍对本章控制器设计有用的部分.

3.1 无源系统的概念和性质

3.1.1 无源系统的基本概念

考虑非线性系统

$$\begin{cases} \dot{x} = f(x,u), & x \in \mathbf{R}^n,\ u \in \mathbf{R}^m \\ y = h(x,u), & y \in \mathbf{R}^m \end{cases} \tag{3.1}$$

其中, $f : \mathbf{R}^n \times \mathbf{R}^m \to \mathbf{R}^n$ 和 $h : \mathbf{R}^n \times \mathbf{R}^m \to \mathbf{R}^m$ 都是光滑的函数, 且 $f(0,0) = 0, h(0,0) = 0$.

定义 3.1.1 设 $\mathcal{X} \subseteq \mathbf{R}^n$ 和 $\mathcal{U} \subseteq \mathbf{R}^m$ 是给定的集合, 且 $0 \in \mathcal{X}$. 如果存在函数 $S(x) : \mathbf{R}^n \to \mathbf{R}_{\geqslant 0}$ 使得 $S(0) = 0, S(x) \geqslant 0\ (\forall x \in \mathcal{X})$ 且

$$S(x(T)) - S(x(0)) \leqslant \int_0^T u^{\mathrm{T}} y \mathrm{d}t, \quad \forall u \in \mathcal{U},\ \forall x \in \mathcal{X},\ \forall T \geqslant 0 \tag{3.2}$$

则称非线性系统 (3.1) 为无源的, 并称 $S(x)$ 为系统 (3.1) 的储能函数.

$u^{\mathrm{T}}y$ 表示 u 输入至系统的即时能量 (可以将系统看成一个电阻, 输入 u 是电压, 输出 y 是电流, 则 $u^{\mathrm{T}}y$ 就是功率), $\int_0^T u^{\mathrm{T}}y\mathrm{d}t$ 表示在时间段 $[0,T]$ 上 u 输入至系统的能量之和. 因此, 对于无源系统而言, 系统增加的能量小于外源输入 u 提供的能量. 通常都假设 $\mathcal{X}=\mathbf{R}^n$ 和 $\mathcal{U}=\mathbf{R}^m$, 即系统 (3.1) 是全局无源的. 如果储能函数 $S(x)\in\mathcal{C}^1(\mathbf{R}^n,\mathbf{R}_{\geqslant 0})$, 则式 (3.2) 可以写成

$$\dot{S}(x)\leqslant u^{\mathrm{T}}y,\quad \forall u\in\mathbf{R}^m,\ \forall x\in\mathbf{R}^n \tag{3.3}$$

如果将式 (3.3) 中的 "$\leqslant$" 换成"$=$", 即 $\dot{S}(x)=u^{\mathrm{T}}y$, 则称系统 (3.1) 为无损的. 如果还存在正定函数 $T(x)$ 使得

$$\dot{S}(x)\leqslant -T(x)+u^{\mathrm{T}}y,\quad \forall u\in\mathbf{R}^m,\ \forall x\in\mathbf{R}^n$$

则称系统 (3.1) 为严格无源的.

例 3.1.1　考虑弹簧质量块系统

$$m\ddot{x}+d\dot{x}+kx=u \tag{3.4}$$

其中, $m>0$ 为质量块的质量; $k>0$ 为弹簧系数; $d\geqslant 0$ 为阻尼系数. 系统的能量为

$$E(x,\dot{x})=\frac{1}{2}mv^2+\frac{1}{2}kx^2$$

其中, $v=\dot{x}$ 表示质量块的速度. 显然有

$$\dot{E}(x,\dot{x})=vu-dv^2\leqslant vu$$

因此, 如果选择 $v=\dot{x}$ 作为系统的输出, 则该系统是无源的; 如果 $d=0$, 则该系统是无损的.

储能函数事实上提供了系统 (3.1) 的一个候选 Lyapunov 函数. 因此, 基于式 (3.3) 可立即得到下面的结论.

引理 3.1.1　设系统 (3.1) 是无源的且存在正定的储能函数 $S(x)\in\mathcal{C}^1(\mathbf{R}^n,\mathbf{R}_{\geqslant 0})$, 则当 $u=0$ 时该系统是 Lyapunov 稳定的.

本书主要讨论比系统 (3.1) 更特殊的仿射非线性系统

$$\varSigma:\begin{cases}\dot{x}=f(x)+g(x)u, & x\in\mathbf{R}^n,\ u\in\mathbf{R}^m\\ y=h(x), & y\in\mathbf{R}^m\end{cases} \tag{3.5}$$

其中, $f:\mathbf{R}^n\to\mathbf{R}^n$、$g:\mathbf{R}^n\to\mathbf{R}^{n\times m}$ 和 $h:\mathbf{R}^n\to\mathbf{R}^m$ 都是光滑的函数, 且 $f(0)=0, h(0)=0$.

引理 3.1.2 设仿射非线性系统 (3.5) 是无源的, 则非负函数 $S(x) \in \mathcal{C}^1(\mathbf{R}^n, \mathbf{R}_{\geqslant 0})$ 为其储能函数当且仅当

$$L_f S = \frac{\partial S(x)}{\partial x} f(x) \leqslant 0, \quad L_g S = \frac{\partial S(x)}{\partial x} g(x) = h^{\mathrm{T}}(x), \quad \forall x \in \mathbf{R}^n \tag{3.6}$$

此外, 如果进一步假设 $S(x)$ 是径向无界的正定函数,

$$L_f S = \frac{\partial S(x)}{\partial x} f(x) \leqslant -T(x) \leqslant 0, \quad \forall x \in \mathbf{R}^n \tag{3.7}$$

其中, $T(x)$ 是半正定函数, 且系统 (3.5) 关于输出 $Y = T(x)$ 是零状态能检测的 (见定义 1.2.10) , 则该系统在 $u = 0$ 时是全局渐近稳定的.

证明 由无源系统的定义可知

$$\dot{S}(x) = \frac{\partial S(x)}{\partial x} f(x) + \frac{\partial S(x)}{\partial x} g(x) u \leqslant u^{\mathrm{T}} y = h^{\mathrm{T}}(x) u$$

即

$$\frac{\partial S(x)}{\partial x} f(x) + \left(\frac{\partial S(x)}{\partial x} g(x) - h^{\mathrm{T}}(x) \right) u \leqslant 0, \quad \forall u \in \mathbf{R}^m, \ \forall x \in \mathbf{R}^n$$

上式左端是关于 u 的线性函数, 其对任意 $u \in \mathbf{R}^m$ 都小于 0 成立当且仅当式 (3.6) 成立.

如果 $S(x)$ 是径向无界的正定函数, 则由式 (3.7) 可知当 $u = 0$ 时系统 (3.5) 的解是有界的, 进而由 LaSalle 不变原理 (推论 1.2.2) 可知当 $u = 0$ 时系统 (3.5) 是全局渐近稳定的. 证毕. □

3.1.2 线性无源系统的性质

考虑线性系统

$$\begin{cases} \dot{x} = Ax + Bu \\ y = Cx \end{cases} \tag{3.8}$$

其中, $x \in \mathbf{R}^n$、$u \in \mathbf{R}^m$ 和 $y \in \mathbf{R}^m$ 分别是状态、输入和输出向量; $A \in \mathbf{R}^{n \times n}$、$B \in \mathbf{R}_m^{n \times m}$ 和 $C \in \mathbf{R}_m^{m \times n}$ 都是常矩阵. 下面的结论是引理 3.1.2 的直接推论.

推论 3.1.1 线性系统 (3.8) 是无源的且有一个二次储能函数当且仅当存在 $P \geqslant 0$ 使得

$$A^{\mathrm{T}} P + PA \leqslant 0, \quad PB = C^{\mathrm{T}} \tag{3.9}$$

下面先介绍一个引理.

引理 3.1.3　设线性系统 (3.8) 满足 $\det(CB) \neq 0$, $C_0 \in \mathbf{R}_{n-m}^{n\times(n-m)}$ 是使得 $CC_0 = 0$ 成立的任意矩阵. 取

$$T = \begin{bmatrix} (C_0^{\mathrm{T}}C_0)^{-1}C_0^{\mathrm{T}}(I_n - B(CB)^{-1}C) \\ C \end{bmatrix} \in \mathbf{R}_n^{n\times n} \tag{3.10}$$

则通过状态变换 $\tilde{x} = [\eta^{\mathrm{T}}, y^{\mathrm{T}}]^{\mathrm{T}} = Tx$ 之后的线性系统为

$$\begin{cases} \dot{\eta} = A_{00}\eta + A_{01}y \\ \dot{y} = A_{10}\eta + A_{11}y + CBu \end{cases} \tag{3.11}$$

其中,

$$\begin{bmatrix} A_{00} & A_{01} \\ A_{10} & A_{11} \end{bmatrix} = TAT^{-1}, \quad A_{00} = (C_0^{\mathrm{T}}C_0)^{-1}C_0^{\mathrm{T}}(I_n - B(CB)^{-1}C)AC_0$$

且线性系统 (3.8) 的不变零点就是 $A_{00} \in \mathbf{R}^{(n-m)\times(n-m)}$ 的特征值.

证明　直接验证可知

$$T\begin{bmatrix} C_0 & B(CB)^{-1} \end{bmatrix} = \left[\begin{array}{c|c} I_{n-m} & \\ \hline & I_m \end{array}\right] = I_n, \quad TB = \begin{bmatrix} 0 \\ CB \end{bmatrix}$$

这表明 T 可逆, 且 $T^{-1} = [C_0, B(CB)^{-1}]$. 因此, 变换后的系统恰好就是式 (3.11). 此外, 观察到

$$\begin{aligned}
\operatorname{rank}\begin{bmatrix} A - sI_n & B \\ C & 0 \end{bmatrix} &= \operatorname{rank}\begin{bmatrix} TAT^{-1} - sI_n & TB \\ CT^{-1} & 0 \end{bmatrix} \\
&= \operatorname{rank}\begin{bmatrix} A_{00} - sI_{n-m} & A_{01} & 0 \\ A_{10} & A_{11} - sI_m & CB \\ 0 & I_m & 0 \end{bmatrix} \\
&= \operatorname{rank}\begin{bmatrix} A_{00} - sI_{n-m} & 0 & 0 \\ 0 & CB & 0 \\ 0 & 0 & I_m \end{bmatrix} \\
&= \operatorname{rank}(A_{00} - sI_{n-m}) + 2m
\end{aligned}$$

这表明 s 是系统 (3.8) 的不变零点当且仅当 s 是 A_{00} 的特征值. 证毕.　□

引理 3.1.3 所述结论是线性系统输入输出规范型的特例. 一般性的讨论见文献 [1] 的第 4 章. 下面给出无源线性系统的进一步的性质.

引理 3.1.4 设线性系统 (3.8) 是无源的, 且存在二次储能函数, 则有 $CB>0$, 从而该系统的相对阶为 $\{1,1,\cdots,1\}$. 此外, 如果储能函数还是正定的, 则系统是弱最小相位的.

证明 根据推论 3.1.1 可知存在半正定矩阵 $P=R^{\mathrm{T}}R$ 使得条件 (3.9) 成立, 这里 R 行满秩, 于是有 $C=B^{\mathrm{T}}R^{\mathrm{T}}R$. 由于 C 行满秩, 必有 $B^{\mathrm{T}}R^{\mathrm{T}}$ 行满秩, 从而 $CB=B^{\mathrm{T}}R^{\mathrm{T}}RB>0$, 进而可知系统的相对阶为 $\{1,1,\cdots,1\}$.

下面证明如果储能函数是正定的, 则系统是弱最小相位的. 根据引理 3.1.3, 考虑变换之后的线性系统 (3.11) 即

$$(\tilde{A},\tilde{B},\tilde{C})=(TAT^{-1},TB,CT^{-1})=\left(\begin{bmatrix} A_{00} & A_{01} \\ A_{10} & A_{11}\end{bmatrix},\begin{bmatrix} 0 \\ CB\end{bmatrix},\begin{bmatrix} 0 & I_m\end{bmatrix}\right)$$

根据推论 3.1.1 有式 (3.9) 成立. 注意到 $A^{\mathrm{T}}P+PA\leqslant 0$ 等价于 $\tilde{A}^{\mathrm{T}}\tilde{P}+\tilde{P}\tilde{A}\leqslant 0$, 其中,

$$\tilde{P}=T^{-\mathrm{T}}PT^{-1}\xlongequal{\text{def}}\begin{bmatrix} P_{00} & P_{01} \\ P_{01}^{\mathrm{T}} & P_{11}\end{bmatrix},\quad P_{00}\in\mathbf{R}^{(n-m)\times(n-m)}$$

同理 $PB=C^{\mathrm{T}}$ 成立当且仅当

$$0=\tilde{P}\tilde{B}-\tilde{C}^{\mathrm{T}}=\begin{bmatrix} P_{01}CB \\ P_{11}CB-I_m\end{bmatrix}$$

即 $P_{01}=0$ 和 $P_{11}=(CB)^{-1}$, 据此可知

$$\tilde{A}^{\mathrm{T}}\tilde{P}+\tilde{P}\tilde{A}=\begin{bmatrix} A_{00}^{\mathrm{T}}P_{00}+P_{00}A_{00} & * \\ * & *\end{bmatrix}\leqslant 0$$

其中, $*$ 表示不关心的元素. 这表明必有 $A_{00}^{\mathrm{T}}P_{00}+P_{00}A_{00}\leqslant 0$. 注意到 $P_{00}>0$, 因此 A_{00} 是 Lyapunov 稳定的, 即该线性系统是弱最小相位的. 证毕. □

引理 3.1.5 设线性系统 (3.8) 是无源的, 且存在正定的二次储能函数 $x^{\mathrm{T}}Px$, 则 (A,B) 能稳当且仅当 (A,C) 能检测. 此时, $A-kBB^{\mathrm{T}}P=A-kBC$ 对任意 $k>0$ 都是 Hurwitz 矩阵.

证明 必要性: 由于 (A,B) 能稳, 不失一般性, 假设

$$A=\begin{bmatrix} A_{11} & A_{12} \\ 0 & A_{22}\end{bmatrix},\quad B=\begin{bmatrix} B_1 \\ 0\end{bmatrix}$$

其中, A_{22} 是 Hurwitz 矩阵; (A_{11}, B_1) 能控. 设

$$P = \begin{bmatrix} P_{11} & P_{12} \\ P_{12}^{\mathrm{T}} & P_{22} \end{bmatrix}$$

其中, $P_{11} > 0, P_{22} > 0$, 且 P_{11} 的维数和 A_{11} 的维数一致, 则有

$$0 \geqslant A^{\mathrm{T}}P + PA = \begin{bmatrix} A_{11}^{\mathrm{T}}P_{11} + P_{11}A_{11} & * \\ * & * \end{bmatrix}$$

这表明 $A_{11}^{\mathrm{T}}P_{11}+P_{11}A_{11} \leqslant 0$, 即 $A_{11}P_{11}^{-1}+P_{11}^{-1}A_{11}^{\mathrm{T}} \leqslant 0$. 设 $A_{\mathrm{c}} = A_{11}-kB_1B_1^{\mathrm{T}}P_{11}$, 进而有

$$A_{\mathrm{c}}P_{11}^{-1} + P_{11}^{-1}A_{\mathrm{c}}^{\mathrm{T}} = -2k\begin{bmatrix} B_1 & B_2 \end{bmatrix}\begin{bmatrix} B_1 & B_2 \end{bmatrix}^{\mathrm{T}}$$

其中, $A_{11}P_{11}^{-1} + P_{11}^{-1}A_{11}^{\mathrm{T}} = -2kB_2B_2^{\mathrm{T}}$. 由 (A_{11}, B_1) 能控可知 (A_{c}, B_1) 能控, 进而 $(A_{\mathrm{c}}, \sqrt{2k}[B_1, B_2])$ 也能控. 根据 Lyapunov 稳定性理论 (Lyapunov 方程理论) 可知 A_{c} 是 Hurwitz 矩阵, 从而可知

$$A - kBB^{\mathrm{T}}P = \left[\begin{array}{c|c} A_{\mathrm{c}} & * \\ \hline 0 & A_{22} \end{array}\right]$$

是 Hurwitz 矩阵, 也就是 $A - kBC$ 为 Hurwitz 矩阵. 根据定义可知 (A, C) 能检测.

充分性: 设 $\check{A} = A^{\mathrm{T}}$, $\check{P} = P^{-1}$, $\check{B} = C^{\mathrm{T}}$, $\check{C} = B^{\mathrm{T}}$, 则条件 (3.9) 可以等价地写成

$$\check{A}^{\mathrm{T}}\check{P} + \check{P}\check{A} \leqslant 0, \quad \check{B}^{\mathrm{T}}\check{P} = \check{C}$$

由 (A, C) 能检测可知 $(\check{A}, \check{B})$ 能稳. 由必要性的证明可知 $(\check{A}, \check{C})$ 能检测, 也就是 (A, B) 能稳. 证毕. □

线性无源系统在频域也有一些特殊的性质, 这里不作详细介绍. 下面举一个例子.

例 3.1.2　*考虑弹簧质量块系统 (3.4). 以 $v = \dot{x}$ 作为输出的系统的传递函数为*

$$g(s) = \frac{s}{ms^2 + ds + k}$$

其相对阶为 1; 其 (不变) 零点为 0, 从而是弱最小相位的; 由于 $d \geqslant 0$, 其极点都具有非正实部. 现在假设 $d = 0$ 且采用 $cx + \dot{x}$ $(c > 0)$ 作为其输出. 相应的传递函数为

$$g(s) = \frac{s + c}{ms^2 + k}$$

其相对阶为 1, (不变) 零点为 $-c$, 极点都具有非正实部. 该系统的状态空间模型为

$$\dot{X} = \begin{bmatrix} 0 & 1 \\ -\dfrac{k}{m} & 0 \end{bmatrix} X + \begin{bmatrix} 0 \\ \dfrac{1}{m} \end{bmatrix} u, \quad y = \begin{bmatrix} c & 1 \end{bmatrix} X$$

其中, $X = [x, \dot{x}]^{\mathrm{T}}$. 设二次储能函数为 $X^{\mathrm{T}}PX$, 其中, $P = [p_{ij}] = P^{\mathrm{T}}$. 由条件 $PB = C^{\mathrm{T}}$ 可知 $p_{12} = p_{21} = mc, p_{22} = m$. 此时有

$$A^{\mathrm{T}}P + PA = -\begin{bmatrix} 2ck & k - p_{11} \\ k - p_{11} & -2cm \end{bmatrix}$$

由此可见, 不可能存在 $c > 0$ 使得 $A^{\mathrm{T}}P + PA \leqslant 0$. 也就是说, 如果选择 $cx + \dot{x}$ 作为输出, 该系统不可能是无源的且存在二次储能函数. 但是, 可以看出 $A - k_0BC$ 对任意 $k_0 > 0$ 都是渐近稳定的.

3.1.3 非线性无源系统的性质

3.1.2 节给出了线性无源系统的特点和性质. 本节将引理 3.1.4 推广到非线性系统. 与线性系统中的 C、B 满秩相对应, 需要假设

$$\operatorname{rank}(g(0)) = \operatorname{rank}\left(\frac{\partial h(0)}{\partial x}\right) = m \tag{3.12}$$

引理 3.1.6 设仿射非线性系统 (3.5) 为无源的, 满足式 (3.12), 且存在半正定的二次可微储能函数, 则有

$$\frac{\partial h(0)}{\partial x} g(0) > 0 \tag{3.13}$$

从而该系统在 $x = 0$ 处的相对阶为 $\{1, 1, \cdots, 1\}$. 此外, 如果储能函数还是正定的, 则该系统是弱最小相位的.

证明 设系统的储能函数为 $S(x) \in \mathcal{C}^2(\mathbf{R}^n, \mathbf{R}_{\geqslant 0})$. 将式 (3.6) 的第二式两端对 x 求偏导得到

$$\frac{\partial h(x)}{\partial x} = \left(\frac{\partial S(x)}{\partial x} \frac{\partial g(x)}{\partial x}\right)^{\mathrm{T}} + \left(\frac{\partial^2 S(x)}{\partial x^2} g(x)\right)^{\mathrm{T}}$$

根据引理 1.2.2 有 $\partial S(0)/\partial x = 0$. 因此从上式可知

$$\frac{\partial h(0)}{\partial x} = g^{\mathrm{T}}(0) \frac{\partial^2 S(0)}{\partial x^2} = g^{\mathrm{T}}(0) R^{\mathrm{T}} R$$

根据引理 1.2.2 有 $\partial^2 S(0)/\partial x^2 = R^{\mathrm{T}}R \geqslant 0$, 这里 R 行满秩. 根据式 (3.12) 和上式可知 $g^{\mathrm{T}}(0)R^{\mathrm{T}}$ 行满秩, 从而上式进一步蕴含

$$\frac{\partial h(0)}{\partial x}g(0) = g^{\mathrm{T}}(0)R^{\mathrm{T}}Rg(0) > 0$$

这就证明了式 (3.13), 从而证明了系统 (3.5) 在 $x=0$ 处的相对阶为 $\{1,1,\cdots,1\}$.

根据非线性系统的微分几何理论 (1.4.4节), 存在局部坐标变换 $\tilde{x} = [\eta^{\mathrm{T}}, \xi^{\mathrm{T}}]^{\mathrm{T}} = T(x)$ 使得系统 (3.5) 被变换成规范型

$$\begin{cases} \dot{\eta} = \psi(\eta,\xi) \\ \dot{\xi} = \alpha(\eta,\xi) + \gamma(\eta,\xi)u \\ y = \xi \end{cases} \tag{3.14}$$

其中, ψ 和 α 是光滑函数; γ 对所有 (η,ξ) 都非奇异. 相应的储能函数为 $\tilde{S}(\tilde{x}) = S(T^{-1}(\tilde{x}))$, 输出为 $\tilde{h}(\tilde{x}) = \xi$. 此时, 条件 (3.6) 分别等价于

$$0 \geqslant \frac{\partial \tilde{S}(\tilde{x})}{\partial \tilde{x}}\begin{bmatrix} \psi(\eta,\xi) \\ \alpha(\eta,\xi) \end{bmatrix} = \frac{\partial \tilde{S}(\tilde{x})}{\partial \eta}\psi(\eta,\xi) + \frac{\partial \tilde{S}(\tilde{x})}{\partial \xi}\alpha(\eta,\xi) \tag{3.15}$$

和

$$0 = \tilde{h}^{\mathrm{T}}(\tilde{x}) - \frac{\partial \tilde{S}(\tilde{x})}{\partial \tilde{x}}\begin{bmatrix} 0 \\ \gamma(\eta,\xi) \end{bmatrix} = \xi^{\mathrm{T}} - \frac{\partial \tilde{S}(\tilde{x})}{\partial \xi}\gamma(\eta,\xi) \tag{3.16}$$

从式 (3.16) 可知当 $\xi \equiv 0$ 时有 $(\partial \tilde{S}(\tilde{x})/\partial \xi)\gamma(\eta,0) = 0$. 由于 $\gamma(\eta,0)$ 非奇异, 所以有 $\partial \tilde{S}(\eta,0)/\partial \xi = 0$. 因此从式 (3.15) 可知

$$0 \geqslant \frac{\partial \tilde{S}(\eta,0)}{\partial \eta}\psi(\eta,0) + \frac{\partial \tilde{S}(\eta,0)}{\partial \xi}\alpha(\eta,0) = \frac{\partial \tilde{S}(\eta,0)}{\partial \eta}\psi(\eta,0)$$

由于 $\tilde{S}(\eta,0)$ 是关于 η 的正定函数, 上式表明 $\dot{\eta} = \psi(\eta,0)$ 是 Lyapunov 稳定的, 进而根据定义 1.4.3 可知系统是弱最小相位的. 证毕. □

3.1.4 无源系统的连接和稳定性

在实际问题中, 整体系统往往是若干子系统通过并联、串联和反馈连接形成的. 因此, 整体系统是否继承子系统的无源性是一个非常关键的问题.

定理 3.1.1 考虑非线性系统

$$\Sigma_i : \begin{cases} \dot{x}_i = f_i(x_i,u_i), & x_i \in \mathbf{R}^{n_i}, \ u \in \mathbf{R}^{m_i} \\ y_i = h_i(x_i,u_i), & y_i \in \mathbf{R}^{m_i} \end{cases}$$

其中, $i=1,2$. 假设如图 3.1 所示的反馈/并联连接为良定的 (即不存在代数环, 特别地, 如果 $h_1(x_1,u_1)=h_1(x_1)$, $h_2(x_2,u_2)=h_2(x_2)$, 则必良定), 且 Σ_1、Σ_2 都为无源的, 储能函数分别为 $S_1(x_1)$ 和 $S_2(x_2)$, 则反馈/并联系统也必为无源的, 且储能函数为

$$S(x)=S_1(x_1)+S_2(x_2)$$

其中, $x=[x_1^{\mathrm{T}},x_2^{\mathrm{T}}]^{\mathrm{T}}$.

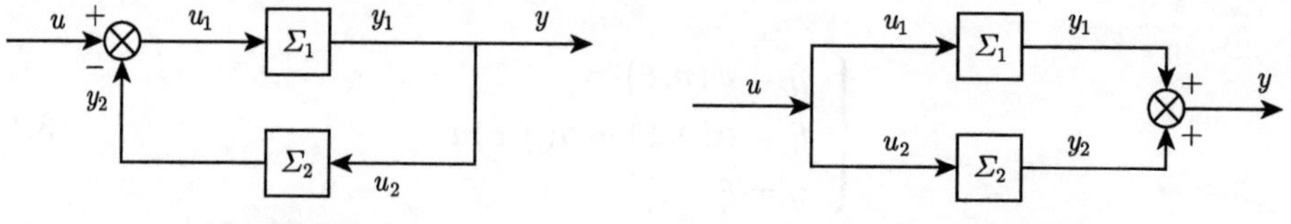

图 3.1　无源系统的反馈连接和并联连接

证明　由本定理的假设可知, 对任意的 $T\geqslant 0$ 有

$$S_i(x_i(T))-S_i(x_i(0))\leqslant\int_0^T u_i^{\mathrm{T}}y_i\mathrm{d}t,\quad i=1,2$$

对反馈连接而言, 有 $u_2=y_1$, $u_1=u-y_2$ 和 $y=y_1$. 因此有

$$\begin{aligned}S(x(T))-S(x(0))&=\sum_{i=1}^{2}(S_i(x_i(T))-S_i(x_i(0)))\\&\leqslant\int_0^T(u_1^{\mathrm{T}}y_1+u_2^{\mathrm{T}}y_2)\mathrm{d}t\\&=\int_0^T((u-y_2)^{\mathrm{T}}y_1+y_1^{\mathrm{T}}y_2)\mathrm{d}t\\&=\int_0^T u^{\mathrm{T}}y\mathrm{d}t\end{aligned}$$

对并联连接而言, 有 $y=y_1+y_2$ 和 $u_1=u_2=u$. 因此有

$$S(x(T))-S(x(0))\leqslant\int_0^T(u_1^{\mathrm{T}}y_1+u_2^{\mathrm{T}}y_2)\mathrm{d}t=\int_0^T(u^{\mathrm{T}}y_1+u^{\mathrm{T}}y_2)\mathrm{d}t=\int_0^T u^{\mathrm{T}}y\mathrm{d}t$$

根据定义 3.1.1 可知结论成立. 证毕. □

定理 3.1.1 的意义有两方面. 一方面, 基于该定理, 可将小的子系统的无源性扩充至大系统. 另一方面, 子系统的无源性保证了其反馈/并联系统的储能/Lyapunov 函数是子系统储能/Lyapunov 函数之和. 由于交叉影响, 这种 Lyapunov 函数的可加性在一般非线性系统的反馈/并联连接中并非总能得到保证.

如图 3.2 所示, 输入和输出变换在无源系统的连接中也是非常常见的.

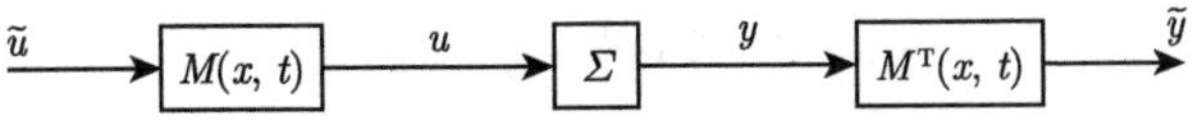

图 3.2　无源系统的输入和输出变换

引理 3.1.7　设 $M(x,t):\mathbf{R}^n\times\mathbf{R}\to\mathbf{R}^{q\times m}$ 为任意矩阵, 系统 (3.1) 是无源的, 储能函数为 $S(x)$, 则图 3.2 中的系统即

$$\begin{cases}\dot{x}=f(x,M(x,t)\tilde{u}), & x\in\mathbf{R}^n,\ \tilde{u}\in\mathbf{R}^q\\ \tilde{y}=M^{\mathrm{T}}(x,t)h(x,M(x,t)\tilde{u}), & \tilde{y}\in\mathbf{R}^q\end{cases}\tag{3.17}$$

仍为无源的, 且储能函数也为 $S(x)$.

证明　根据假设有

$$S(x(T))-S(x(0))\leqslant\int_0^T u^{\mathrm{T}}y\mathrm{d}t=\int_0^T(M(x,t)\tilde{u})^{\mathrm{T}}y\mathrm{d}t=\int_0^T\tilde{u}^{\mathrm{T}}\tilde{y}\mathrm{d}t$$

根据定义 3.1.1, 图 3.2 中的系统即系统 (3.17) 也为无源的. 证毕. □

无源系统之所以重要, 是因为其镇定问题有非常简单的解决方案. 这就是下面的关键性定理.

定理 3.1.2　设非线性系统 (3.5) 是无源的且存在径向无界的正定储能函数 $S(x)\in\mathcal{C}^1(\mathbf{R}^n,\mathbf{R}_{\geqslant 0})$. 如果系统 (3.5) 关于输出 $y=h(x)$ 是零状态能检测的, 那么由系统 (3.5) 和静态输出反馈

$$u=-\phi(y)\tag{3.18}$$

组成的闭环系统是全局渐近稳定的, 其中, $\phi(\cdot):\mathbf{R}^m\to\mathbf{R}^m$ 是满足

$$\phi(0)=0,\quad y^{\mathrm{T}}\phi(y)>0,\quad\forall y\neq 0\tag{3.19}$$

的任意连续函数. 此外, 如果条件 (3.7) 成立, 则上述关于 $y=h(x)$ 的零状态能检性可以替换成关于输出

$$Y=\begin{bmatrix}T(x)\\h(x)\end{bmatrix}\tag{3.20}$$

的零状态能检测性.

证明 由假设可知

$$\dot{S}(x) \leqslant u^{\mathrm{T}} y = -y^{\mathrm{T}} \phi(y) \leqslant 0$$

这表明系统 (3.5) 的解是有界的. 由零状态能检测性和 LaSalle 不变原理 (推论 1.2.2) 可知系统 (3.5) 的解是全局渐近稳定的. 此外, 如果条件 (3.7) 成立, 则有

$$\dot{S}(x) \leqslant -T(x) - y^{\mathrm{T}} \phi(y) \leqslant 0$$

因此 $\dot{S}(x) = 0$ 仅当 $Y = 0$. 同理由零状态能检测性和 LaSalle 不变原理 (推论 1.2.2) 可知结论成立. 证毕. □

容易看出, 系统 (3.5) 是零状态能检测的当且仅当由系统 (3.5) 和静态输出反馈 (3.18) 组成的闭环系统是零状态能检测的. 对于线性系统 (3.8), 零状态能检测性等价于能检测性. 由引理 3.1.5 可知这等价于 (A, B) 能稳. 因此, 根据定理 3.1.2, 存在正定二次储能函数的无源线性系统可由 $u = -ky$ $(k > 0)$ 全局镇定, 即 $A - kBC = A - kBB^{\mathrm{T}}P$ 是 Hurwitz 矩阵. 这与引理 3.1.5 的结论是一致的.

说明 3.1.1 对于弹簧质量块系统 (3.4), 静态输出反馈控制器 (3.18) 就是 $u = -\phi(v) = -\phi(\dot{x})$. 该项可以改变系统 (3.4) 的阻尼项 $d\dot{x}$. 因此, 静态输出反馈控制器 (3.18) 本质上是增加系统的阻尼. 事实上, 由于无源系统是 Lyapunov 稳定的 (引理 3.1.1), 只要给系统增加一点阻尼以消耗系统的能量, 系统即可被镇定.

静态输出反馈 (3.18) 中函数 $\phi(\cdot)$ 的选择有很大的自由度. 最简单的选择就是线性函数 $\phi(x) = Kx$, 其中, $K > 0$ 是正定矩阵. 为了限制控制 u 的幅值, 通常选择

$$\phi(x) = \begin{bmatrix} k_1\sigma(x_1) & k_2\sigma(x_2) & \cdots & k_m\sigma(x_m) \end{bmatrix}^{\mathrm{T}}$$

其中, k_i $(i = 1, 2, \cdots, m)$ 是正常数; $x = [x_1, x_2, \cdots, x_m]^{\mathrm{T}}$; $\sigma(\cdot)$ 为饱和函数. 为了保证 $\phi(\cdot)$ 的光滑性, 上述饱和函数也可用下面的函数替代:

$$\phi(x) = \frac{2}{\pi} \begin{bmatrix} k_1 \arctan(x_1) & k_2 \arctan(x_2) & \cdots & k_m \arctan(x_m) \end{bmatrix}^{\mathrm{T}}$$

下面举两个例子说明定理 3.1.2 的初级应用.

例 3.1.3 考虑线性系统

$$\dot{x}_1 = x_2, \quad \dot{x}_2 = u \tag{3.21}$$

要求设计满足 $|u| \leqslant 1$ 的全局镇定控制律. 取储能函数

$$V(x_1, x_2) = \frac{1}{2} x_2^2 + \int_0^{x_1} \phi_1(s) \mathrm{d}s$$

其中, $\phi_1(s)=k_1\sigma(s)$ $(k_1>0)$. 显然, $V(x_1,x_2)$ 是径向无界的正定函数. 计算可知

$$\dot V(x_1,x_2)=x_2\dot x_2+\phi_1(x_1)\dot x_1=(u+\phi_1(x_1))x_2 \tag{3.22}$$

取 $v=u+\phi_1(x_1)$, 则系统 (3.21) 可以写成

$$\dot x_1=x_2,\quad \dot x_2=-\phi_1(x_1)+v \tag{3.23}$$

而式 (3.22) 可以写成 $\dot V(x_1,x_2)=vx_2$. 这表明系统 (3.23) 关于输入 v 和输出 x_2 是无源的. 由 $x_2\equiv 0$ 可知 $\phi_1(x_1)\equiv 0$, 即 $x_1\equiv 0$. 因此, 系统 (3.23) 是零状态能观测的. 根据定理 3.1.2 可知反馈 $v=-\phi_2(x_2)$ 全局镇定该系统, 其中, $\phi_2(s)=k_2\sigma(s)$ $(k_2>0)$. 最终的控制律为

$$u=-\phi_1(x_1)-\phi_2(x_2)=-k_1\sigma(x_1)-k_2\sigma(x_2)$$

当 $k_1+k_2\leqslant 1$ 时有 $|u|\leqslant 1$.

例 3.1.4　考虑三阶线性系统

$$\dot x=\begin{bmatrix}0&0&1\\0&0&\omega\\0&-\omega&0\end{bmatrix}x+\begin{bmatrix}1\\0\\1\end{bmatrix}u$$

其中, $x=[x_1,x_2,x_3]^{\mathrm T}$; $\omega>0$ 是常数. 该系统的极点为 $\{0,\pm\omega\mathrm i\}$. 同上例, 目的也是设计满足 $|u|\leqslant 1$ 的全局镇定控制律. 取储能函数

$$V(x)=\frac12(x_2^2+x_3^2)+\int_0^{x_1}\phi_1(s)\mathrm ds$$

其中, $\phi_1(s)=k_1\sigma(s)$ $(k_1>0)$. 显然, $V(x)$ 是径向无界的正定函数. 计算可知

$$\begin{aligned}\dot V(x_1,x_2)&=x_2\dot x_2+x_3\dot x_3+\phi_1(x_1)(x_3+u)\\&=x_3(u+\phi_1(x_1))+\phi_1(x_1)u\\&=-T(x)+(x_3+\phi_1(x_1))(u+\phi_1(x_1))\end{aligned}$$

其中, $T(x)=\phi_1^2(x_1)\geqslant 0$. 和上例类似, 取 $v=u+\phi_1(x_1)$, 则系统

$$\dot x_1=x_3-\phi_1(x_1)+v,\quad \dot x_2=\omega x_3,\quad \dot x_3=-\omega x_2-\phi_1(x_1)+v \tag{3.24}$$

关于输入 v 和输出 $y=x_3+\phi_1(x_1)=h(x)$ 是无源的. 因此, 如果系统 (3.24) 关于输出 y 是零状态能检测的, 根据定理 3.1.2 可知反馈 $v=-\phi_2(y)$ 全局镇定该系统, 其中, $\phi_2(s)=k_2\sigma(s)$ $(k_2>0)$. 最终的控制律为

$$u=-\phi_1(x_1)-\phi_2(y)=-k_1\sigma(x_1)-k_2\sigma(x_3+k_1\sigma(x_1))$$

当 $k_1+k_2\leqslant 1$ 时有 $|u|\leqslant 1$. 下面检验系统 (3.24) 关于输出 y 的零状态能检测性. 由 $y=x_3+\phi_1(x_1)\equiv 0$ 可知 $\phi_1(x_1)=-x_3$, 从而有

$$\dot{x}_2=\omega x_3,\quad \dot{x}_3=-\omega x_2+x_3$$

遗憾的是, 上述系统的特征方程为 $s^2-s+\omega^2$, 并非渐近稳定的, 也就是系统 (3.24) 关于输出 y 不是零状态能检测的. 下面考虑式 (3.20) 对应的输出

$$Y=\left[\begin{array}{c}T(x)\\ h(x)\end{array}\right]=\left[\begin{array}{c}\phi_1^2(x_1)\\ x_3+\phi_1(x_1)\end{array}\right]$$

由 $Y\equiv 0$ 可知 $x_1\equiv 0, x_3\equiv 0$, 进而由 $\dot{x}_3=-\omega x_2-\phi_1(x_1)$ 可知 $x_2\equiv 0$. 因此, 系统 (3.24) 关于输出 Y 却是零状态能观测的, 从而闭环系统是全局渐近稳定的.

3.2　反馈无源化

定理 3.1.2 表明, 无源系统可用静态输出反馈实现全局镇定, 其具有无穷大的增益裕度 (即 $u=-k\phi(y)$ $(\forall k>0)$ 都是镇定控制律). 因此, 如果非线性系统 (3.1) 是无源的, 镇定问题就解决了. 但引理 3.1.1 表明, 无源性要求系统 (3.1) 在 $u=0$ 时就是 Lyapunov 稳定的. 为了消除该限制, 可以构造反馈 u 来实现无源性. 为了方便起见, 这里考虑仿射非线性系统 (3.5), 即寻找形如 $u=\alpha(x)+\beta(x)v$ 的反馈控制律使得闭环系统

$$\left\{\begin{array}{l}\dot{x}=f(x)+g(x)\alpha(x)+g(x)\beta(x)v\overset{\text{def}}{=\!=\!=}f_{\mathrm{c}}(x)+g_{\mathrm{c}}(x)v\\ y=h(x)\end{array}\right.\tag{3.25}$$

是无源的, 其中, $\beta(x):\mathbf{R}^n\to\mathbf{R}^{m\times m}$ 对任意 $x\in\mathbf{R}^n$ 都是可逆的. 如果前述目标能达成, 则称原系统 (3.5) 是反馈无源的.

3.2.1　线性系统的反馈无源化

先讨论线性系统 (3.8) 的反馈无源化, 即寻找状态反馈 $u=Kx+Gv$ 使得闭环系统

$$\left\{\begin{array}{l}\dot{x}=(A+BK)x+BGv\\ y=Cx\end{array}\right.\tag{3.26}$$

是无源的.

定理 3.2.1　线性系统 (3.8) 是反馈无源的且存在正定二次储能函数, 当且仅当 $\det(CB)\neq 0$ (此条件件蕴含系统的相对阶为 $\{1,1,\cdots,1\}$) 且该系统是弱最小相位系统.

证明　必要性: 如果闭环系统 (3.26) 是无源的且有正定二次储能函数, 根据引理 3.1.4 可知 $CBG > 0$, 且闭环系统 (3.26) 是弱最小相位系统. 因此有 $\det(CB) \neq 0$. 由于不变零点在状态反馈作用之下具有不变性, 原系统 (3.8) 也是弱最小相位系统.

充分性: 假设线性系统 (3.8) 满足 $\det(CB) \neq 0$ 且是弱最小相位系统, 则根据引理 3.1.3 可得到形如式 (3.11) 的规范型, 且存在 $P_{00} > 0$ 使得

$$A_{00}^{\mathrm{T}} P_{00} + P_{00} A_{00} \leqslant 0 \tag{3.27}$$

取

$$v = CBu + A_{10}\eta + A_{11}y + 2A_{01}^{\mathrm{T}} P_{00}\eta \tag{3.28}$$

和二次正定储能函数 $S(x) = \eta^{\mathrm{T}} P_{00}\eta + y^{\mathrm{T}} y/2$, 则有 $\dot{y} = v - 2A_{10}^{\mathrm{T}} P_{00}\eta$ 和

$$\begin{aligned}\dot{S}(x) &= \eta^{\mathrm{T}}(A_{00}^{\mathrm{T}} P_{00} + P_{00}A_{00})\eta + 2y^{\mathrm{T}} A_{01}^{\mathrm{T}} P_{00}\eta + \dot{y}^{\mathrm{T}} y \\ &\leqslant 2\eta^{\mathrm{T}} P_{00} A_{10} y + (v - 2A_{10}^{\mathrm{T}} P_{00}\eta)^{\mathrm{T}} y \\ &= v^{\mathrm{T}} y\end{aligned}$$

根据定义 3.1.1, 闭环系统是无源的且存在正定的二次储能函数. 证毕. □

3.2.2 非线性系统的反馈无源化

本节将线性系统反馈无源化的结论推广至非线性系统.

定理 3.2.2　设仿射非线性系统 (3.5) 满足式 (3.12), 则该系统是反馈无源的且存在二次可微的正定储能函数, 当且仅当

$$\det\left(\frac{\partial h(0)}{\partial x} g(0)\right) \neq 0 \tag{3.29}$$

(此条件蕴含系统在 $x = 0$ 处的相对阶为 $\{1, 1, \cdots, 1\}$), 且该系统是弱最小相位系统.

证明　必要性: 证明过程和定理 3.2.1 的必要性的证明类似. 由于闭环系统 (3.25) 是无源的且存在正定的二次可微储能函数, 根据引理 3.1.6 可知

$$0 < \frac{\partial h(0)}{\partial x} g_{\mathrm{c}}(0) = \frac{\partial h(0)}{\partial x} g(0)\beta(0)$$

且闭环系统 (3.25) 是弱最小相位的. 上式蕴含了式 (3.29). 此外, 由于状态反馈不改变系统的内动态, 开环系统 (3.5) 也是弱最小相位系统.

充分性: 注意到这样一个事实, 即对任意函数 $f\in\mathcal{C}^k(\mathbf{R}^n,\mathbf{R}^m)$ $(k\geqslant 1)$, 存在函数 $p\in\mathcal{C}^{k-1}(\mathbf{R}^n,\mathbf{R}^{m\times n})$ 使得

$$f(x)=f(0)+p(x)x,\quad \forall x\in\mathbf{R}^n \tag{3.30}$$

事实上, 可取

$$p(x)=\int_0^1 \left.\frac{\mathrm{d}f(\xi)}{\mathrm{d}\xi}\right|_{\xi=\theta x}\mathrm{d}\theta:\mathbf{R}^n\to\mathbf{R}^{m\times n}$$

为了说明式 (3.30) 成立, 设 $p(x)=[p_1^{\mathrm{T}}(x),p_2^{\mathrm{T}}(x),\cdots,p_m^{\mathrm{T}}(x)]^{\mathrm{T}},f(x)=[f_1(x),f_2(x),\cdots,f_m(x)]^{\mathrm{T}}$, 则有

$$\begin{aligned}p_i(x)x&=\left(\int_0^1\left.\frac{\partial f_i(\xi)}{\partial\xi}\right|_{\xi=\theta x}\mathrm{d}\theta\right)x\\&=\sum_{k=1}^n\left(\int_0^1\left.\frac{\partial f_i(\xi)}{\partial\xi_k}\right|_{\xi_k=\theta x_k}\mathrm{d}(\theta x_k)\right)\\&=f_i(\theta x)\Big|_{\theta=0}^{\theta=1}\\&=f_i(x)-f_i(0),\quad i=1,2,\cdots,m\end{aligned}$$

由于式 (3.29) 成立, 从

$$\dot{y}=\frac{\partial h(x)}{\partial x}f(x)+\frac{\partial h(x)}{\partial x}g(x)u$$

可知开环系统的相对阶为 $\{1,1,\cdots,1\}$ 且 u 的系数矩阵在 $x=0$ 附近是可逆的. 因此, 根据非线性系统的微分几何理论 (1.4.4 节), 系统 (3.5) 可转化成其规范型 (3.14). 根据式 (3.30), 其 η 子系统可以写成

$$\dot{\eta}=\psi(\eta,\xi)=\psi(\eta,0)+p(\eta,\xi)\xi$$

其中, $p(\eta,\xi)$ 是连续函数. 由于系统 (3.5) 是弱最小相位系统, 根据定义 1.4.3, 存在二次可微的正定函数 $W(\eta)$ 使得

$$\frac{\partial W(\eta)}{\partial\eta}\psi(\eta,0)\leqslant 0 \tag{3.31}$$

考虑状态反馈

$$u=\gamma^{-1}(\eta,\xi)\left(v-\alpha(\eta,\xi)-\left(\frac{\partial W(\eta)}{\partial\eta}p(\eta,\xi)\right)^{\mathrm{T}}\right) \tag{3.32}$$

将其代入式 (3.14) 得到

$$\dot{\xi} = -\left(\frac{\partial W(\eta)}{\partial \eta} p(\eta, \xi)\right)^{\mathrm{T}} + v$$

取二次可微的正定函数 $V(\eta,\xi) = W(\eta) + y^{\mathrm{T}}y/2$. 从式 (3.31) 可得

$$\begin{aligned}\dot{V}(\eta,\xi) &= \frac{\partial W(\eta)}{\partial \eta}\psi(\eta,0) + \frac{\partial W(\eta)}{\partial \eta}p(\eta,\xi)\xi + \dot{\xi}^{\mathrm{T}}\xi \\ &\leqslant \left(\left(\frac{\partial W(\eta)}{\partial \eta}p(\eta,\xi)\right)^{\mathrm{T}} + \dot{\xi}\right)^{\mathrm{T}}\xi \\ &= v^{\mathrm{T}}y\end{aligned}$$

根据定义 3.1.1, 闭环系统关于输入 v 和输出 y 是无源的且存在二次可微的正定储能函数. 证毕. □

需要指出的是, 定理 3.2.2 的结论是局部的. 该结论是否全局成立, 取决于系统 (3.5) 的规范型 (3.14) 是否全局存在 (即式 (3.29) 是否对所有 x 都成立而不仅是对 $x = 0$ 成立).

下面考虑一个简单的例子.

例 3.2.1 考虑二阶非线性系统

$$\begin{cases}\dot{x}_1 = x_1x_2 \\ \dot{x}_2 = u \\ y = x_2\end{cases}$$

这是一个形如式 (3.14) 的规范型系统, 其零动态 $\dot{x}_1 = 0$ 是 Lyapunov 稳定的, 相对阶为 1. 该系统关于输出 y 不是零状态能检测的, 因此, 根据定理 3.1.2, 输出反馈 $u = -\phi(y)$ 不能保证闭环系统的稳定性. 该系统满足定理 3.2.2 的条件, 且已经具备形如式 (3.14) 的规范型. 取 $W(x_1) = x_1^2/2$, 则反馈变换 (3.32) 为 $u = v - x_1^2$. 闭环系统

$$\begin{cases}\dot{x}_1 = x_1x_2 \\ \dot{x}_2 = -x_1^2 + v \\ y = x_2\end{cases}$$

是无源的, 储能函数为 $V(x) = W(x_1) + y^2/2 = x^{\mathrm{T}}x/2$. 显然, $y \equiv 0 \Leftrightarrow x_2 \equiv 0 \Rightarrow \dot{x}_2 \equiv 0 \Rightarrow x_1 \equiv 0$, 因此该系统是零状态能观测的. 根据定理 3.1.2, 静态输出反馈

控制律 $v=-\phi(y)$ 全局镇定该系统, 这里 $\phi(s)$ 是满足式 (3.19) 的连续函数. 最终的控制律为

$$u=-x_1^2-\phi(x_2)$$

3.3 串联非线性系统的反馈镇定

本节利用前述介绍的反馈无源化和定理 3.1.2 解决几类串联系统的镇定问题.

3.3.1 临界稳定系统与无源系统的串联

考虑非线性系统

$$\begin{cases} \dot{z}=f(z)+\psi(z,\xi)y \\ \dot{\xi}=a(\xi)+b(\xi)u \\ y=h(\xi) \end{cases} \tag{3.33}$$

其中, $z\in\mathbf{R}^q$ 和 $\xi\in\mathbf{R}^n$ 是状态向量; $u\in\mathbf{R}^m$ 和 $y\in\mathbf{R}^m$ 分别是控制和输出向量; $f(\cdot)$、$\psi(\cdot)$、$a(\cdot)$、$b(\cdot)$ 和 $h(\cdot)$ 都是适当的向量值连续函数, 且 $f(0)=0, a(0)=0, h(0)=0$.

假设 3.3.1 子系统 $\dot{z}=f(z)$ 的平衡点 $z=0$ 是稳定的, 且存在径向无界的正定函数 $W(z)\in\mathcal{C}^1(\mathbf{R}^q,\mathbf{R}_{\geqslant 0})$ 使得

$$L_fW(z)=\frac{\partial W}{\partial z}f(z)\leqslant 0,\quad \forall z\in\mathbf{R}^q$$

假设 3.3.2 ξ 子系统

$$\Sigma_1:\begin{cases} \dot{\xi}=a(\xi)+b(\xi)u_1 \\ y_1=h(\xi) \end{cases}$$

是无源的, 且存在径向无界的储能函数 $U(\xi)\in\mathcal{C}^1(\mathbf{R}^n,\mathbf{R}_{\geqslant 0})$.

系统 (3.33) 具有上三角结构. 对于非线性系统, 即使 $\dot{z}=f(z)$ 和 $\dot{\xi}=a(\xi)$ 都是全局渐近稳定的, 整体系统不一定是全局渐近稳定的 (根据引理 1.3.3 可知系统仅为局部渐近稳定的), 甚至会出现有限时间逃逸现象.

例 3.3.1 考虑非线性系统

$$\begin{cases} \dot{z}=-z+z^2\xi \\ \dot{\xi}=-a\xi \end{cases} \tag{3.34}$$

其中, $a>0$ 是正常数. 设 $w=1/z$, 则 $\dot{w}=-\dot{z}/z^2=w-\xi$, 有

$$w(t)=\mathrm{e}^tw(0)-\int_0^t\mathrm{e}^{(t-s)}\mathrm{e}^{-as}\xi(0)\mathrm{d}s=\mathrm{e}^t\left(w(0)-\frac{1-\mathrm{e}^{-(a+1)t}}{a+1}\xi(0)\right)$$

从而有

$$z(t)=\frac{\mathrm{e}^{-t}}{\dfrac{1}{z(0)}-\dfrac{1-\mathrm{e}^{-(a+1)t}}{a+1}\xi(0)}$$

因此, 当 $z(0)>\xi(0)/(a+1)$ 时存在 $T>0$ 使得 $1/z(0)=(1-\mathrm{e}^{-(a+1)T})\xi(0)/(a+1)$, 从而 $z(t)\xrightarrow{t\to T}\infty$, 即 $z(t)$ 有限时间逃逸.

定理 3.3.1 设非线性系统 (3.33) 满足假设 3.3.1 和 3.3.2. 如果系统

$$\begin{cases}\dot{z}=f(z)+\psi(z,\xi)y\\ \dot{\xi}=a(\xi)-b(\xi)\left(\dfrac{\partial W(z)}{\partial z}\psi(z,\xi)\right)^{\mathrm{T}}+b(\xi)v\\ y=h(\xi)\end{cases}\tag{3.35}$$

关于输出 y 是零状态能检测的, 则在控制律

$$u=-\phi(y)-\left(\frac{\partial W(z)}{\partial z}\psi(z,\xi)\right)^{\mathrm{T}}\tag{3.36}$$

作用下的闭环系统是全局渐近稳定的, 其中, $\phi(\cdot)$ 是满足式 (3.19) 的连续函数. 此外, 如果 $L_fW(z)$ 负定 (即子系统 $\dot{z}=f(z)$ 是全局渐近稳定的), ξ 子系统关于输出 y 是零状态能检测的, 则闭环系统是全局渐近稳定的.

证明 考虑子系统

$$\Sigma_2:\begin{cases}\dot{z}=f(z)+\psi(z,\xi)u_2\\ y_2=\left(\dfrac{\partial W(z)}{\partial z}\psi(z,\xi)\right)^{\mathrm{T}}\end{cases}\tag{3.37}$$

根据假设 3.3.1 可知

$$\dot{W}(z)=\frac{\partial W(z)}{\partial z}(f(z)+\psi(z,\xi)y_1)\leqslant\frac{\partial W(z)}{\partial z}\psi(z,\xi)u_2=y_2^{\mathrm{T}}u_2$$

因此 Σ_2 是无源的. 根据非线性系统 (3.33) 的结构, 考虑如图 3.1 (其中 $u=v$) 的反馈连接, 其中,

$$y_1=u_2=y,\quad u_1=v-y_2\tag{3.38}$$

根据定理 3.1.1, 该反馈连接系统即系统 (3.35) 关于输入 v 和输出 y 是无源的. 因此, 如果系统 (3.35) 关于输出 y 是零状态能检测的, 根据定理 3.1.2, 静态输出反

馈 $v=-\phi(y)$ 全局镇定该系统. 将 v 代入式 (3.38) 并结合式 (3.37) 中的 y_2, 即得到控制律 (3.36).

最后, 如果 $L_fW(z)$ 负定, 则 $V(z,\xi)=W(z)+U(\xi)$ 沿着闭环系统的时间导数满足

$$\dot{V}(z,\xi)=\frac{\partial W(z)}{\partial z}f(z)+\frac{\partial U(\xi)}{\partial \xi}a(\xi)-y^{\mathrm{T}}\phi(y)\leqslant \frac{\partial W(z)}{\partial z}f(z)-y^{\mathrm{T}}\phi(y)$$

因此, $\dot{V}(z,\xi)=0$ 蕴含 $z=0,y=0$, 进而 $u=0$. 由 ξ 子系统的零状态能检测性可知 $\xi(t)\stackrel{t\to\infty}{\longrightarrow}0$. 由 LaSalle 不变原理 (推论 1.2.2) 可知闭环系统是全局渐近稳定的. 证毕. □

下面举一个应用定理 3.3.1 的例子.

例 3.3.2 考虑形如式 (3.33) 的非线性系统

$$\begin{cases}\dot{z}=-z+z^2\xi\\ \dot{\xi}=u\end{cases}$$

此系统如果仅设计部分状态反馈 $u=-a\xi$ $(a>0)$, 则闭环系统为式 (3.34). 例 3.3.1 已经说明闭环系统不是全局渐近稳定的. 注意到 ξ 子系统

$$\Sigma_1:\dot{\xi}=u,\quad y=y_1=\xi$$

是一个线性无源系统, 其储能函数为 $\xi^{\mathrm{T}}\xi$. 显然, z 系统满足假设 3.3.1, 其中, $\psi(z,\xi)=z^2$, 相应的径向无界正定函数为 $W(z)=z^2/2\in\mathcal{C}^2(\mathbf{R},\mathbf{R}_{\geqslant 0})$. 根据式 (3.37) 有

$$\Sigma_2:\begin{cases}\dot{z}=-z+\psi(z,\xi)u_2\\[2ex] y_2=\left(\dfrac{\partial W}{\partial z}\psi(z,\xi)\right)^{\mathrm{T}}=z^3\end{cases}$$

下面检验系统 (3.35) 即

$$\begin{cases}\dot{z}=-z+z^2\xi\\ \dot{\xi}=-z^3+v\\ y=\xi\end{cases}\tag{3.39}$$

的零状态能检测性. 显然, $y\equiv 0\Leftrightarrow\xi\equiv 0\Rightarrow\dot{z}=-z\Rightarrow z\stackrel{t\to\infty}{\longrightarrow}0$. 因此, 系统 (3.39) 是零状态能检测的. 根据式 (3.36), 该系统的全局镇定控制律为

$$u=-\phi(\xi)-z^3$$

其中, $\phi(\cdot)$ 是满足式 (3.19) 的连续函数. 当然, 此系统满足定理 3.3.1 最后面的条件, 也可不必检验系统 (3.39) 的零状态能检测性.

3.3.2 临界稳定系统与线性系统的串联

考虑串联非线性系统

$$\begin{cases} \dot{z} = f(z) + \psi(z,\xi)y \\ \dot{\xi} = A\xi + Bu \\ y = C\xi \end{cases} \tag{3.40}$$

其中, $z \in \mathbf{R}^q$ 和 $\xi \in \mathbf{R}^n$ 是状态向量; $u \in \mathbf{R}^m$ 和 $y \in \mathbf{R}^m$ 分别是控制和输出向量; $f(\cdot)$ 和 $\psi(\cdot,\cdot)$ 是光滑函数且 $f(0) = 0$; $A \in \mathbf{R}^{n\times n}$、$B \in \mathbf{R}_m^{n\times m}$ 和 $C \in \mathbf{R}_m^{m\times n}$ 都是常矩阵. 系统 (3.40) 可看成是非线性系统的规范型经过部分线性化后的系统, 此时, z 子系统就是系统的内动态. 与系统 (3.33) 不同, 这里不再假设 ξ 子系统是无源的, 而是反馈无源的, 即下面的假设.

假设 3.3.3　线性系统满足 $\det(CB) \neq 0$, 且是弱最小相位系统.

定理 3.3.2　设非线性系统 (3.40) 满足假设 3.3.1 和 3.3.3. 令线性系统 (A, B, C) 的规范型为式 (3.11). 考虑控制器

$$u = -(CB)^{-1}\left(A_{10}\eta + A_{11}y + 2A_{01}^{\mathrm{T}}P_{00}\eta + \phi(y) + \frac{\partial W}{\partial z}\psi(z,\xi)\right) \tag{3.41}$$

其中, $P_{00} > 0$ 满足式 (3.27); $\phi(\cdot)$ 是满足式 (3.19) 的连续函数. 如果闭环系统 (即系统 (3.43)) 关于输出 $y = C\xi$ 是零状态能检测的, 则闭环系统是全局渐近稳定的. 特别地, 如果 (A, B) 能稳且 $\dot{z} = f(z)$ 是全局渐近稳定的, 则闭环系统关于输出 $y = C\xi$ 是零状态能检测的, 从而是全局渐近稳定的.

证明　经过反馈无源化控制 (3.28) 之后的系统为

$$\begin{cases} \dot{z} = f(z) + \psi(z,\xi)y \\ \dot{\tilde{\xi}} = \begin{bmatrix} A_{00} & A_{01} \\ -2A_{01}^{\mathrm{T}} & 0 \end{bmatrix}\tilde{\xi} + \begin{bmatrix} 0 \\ I_m \end{bmatrix} v \\ y = \begin{bmatrix} 0 & I_m \end{bmatrix}\tilde{\xi} \end{cases} \tag{3.42}$$

其中, $\tilde{\xi} = T\xi$ 子系统是无源的, 且有正定二次储能函数 $U(\xi) = \tilde{\xi}^{\mathrm{T}}P\tilde{\xi}$, 这里 $P = \mathrm{diag}(P_{00}, I_m/2)$. 系统 (3.42) 具有系统 (3.33) 的形式且满足假设 3.3.1 和 3.3.2. 根据定理 3.3.1, 可构造控制律

$$v = -\phi(y) - \left(\frac{\partial W}{\partial z}\psi(z,\xi)\right)^{\mathrm{T}}$$

且如果闭环系统或者系统

$$\begin{cases} \dot{z} = f(z) + \psi(z,\xi)y \\ \dot{\tilde{\xi}} = \begin{bmatrix} A_{00} & A_{01} \\ -2A_{01}^{\mathrm{T}} & 0 \end{bmatrix} \tilde{\xi} - \begin{bmatrix} 0 \\ I_m \end{bmatrix} \left(\dfrac{\partial W}{\partial z} \psi(z,\xi) \right)^{\mathrm{T}} \\ y = \begin{bmatrix} 0 & I_m \end{bmatrix} \tilde{\xi} \end{cases} \tag{3.43}$$

关于 $y = C\xi$ 是零状态能检测的, 那么闭环系统是渐近稳定的. 将上述 v 代入式 (3.28) 即得式 (3.41).

如果 (A, B) 能稳, 则 $\tilde{\xi}$ 子系统也能稳, 进而根据引理 3.1.5 可知其为能检测的. 因此, 由 $y = 0$ 可推出 $\tilde{\xi} \overset{t\to\infty}{\longrightarrow} 0$, 进而由 $\dot{z} = f(z)$ 的全局渐近稳定性可推出 $z \overset{t\to\infty}{\longrightarrow} 0$, 即系统 (3.43) 关于 $y = C\xi$ 是零状态能检测的. 证毕. □

下面举一个例子说明定理 3.3.2 的应用.

例 3.3.3 考虑非线性系统

$$\begin{cases} \dot{z} = -qz^3 + (c\xi_1 + \xi_2)z^3 \\ \dot{\xi}_1 = \xi_2 \\ \dot{\xi}_2 = u \end{cases}$$

其中, $\dot{z} = -qz^3$, 当 $q > 0$ 时其为全局渐近稳定的, 当 $q = 0$ 时为 Lyapunov 稳定的. 设 $y = c\xi_1 + \xi_2$, 则 ξ 子系统可写为

$$\begin{cases} \dot{\xi} = \begin{bmatrix} 0 & 1 \\ 0 & 0 \end{bmatrix} \xi + \begin{bmatrix} 0 \\ 1 \end{bmatrix} u \\ y = \begin{bmatrix} c & 1 \end{bmatrix} \xi \end{cases}$$

下面求其规范型. 注意到 $C_0 = [1, -c]^{\mathrm{T}}$, 根据式 (3.10) 可取

$$T = \begin{bmatrix} 1 & 0 \\ c & 1 \end{bmatrix} = \begin{bmatrix} 1 & 0 \\ -c & 1 \end{bmatrix}^{-1}$$

因此根据式 (3.11) 可知 ξ 子系统被变换成其规范型

$$\begin{aligned} \begin{bmatrix} \dot{\eta} \\ \dot{y} \end{bmatrix} &= \begin{bmatrix} -c & 1 \\ -c^2 & c \end{bmatrix} \begin{bmatrix} \eta \\ y \end{bmatrix} + \begin{bmatrix} 0 \\ 1 \end{bmatrix} u \\ &\overset{\text{def}}{=\!=} \begin{bmatrix} A_{00} & A_{01} \\ A_{10} & A_{11} \end{bmatrix} \begin{bmatrix} \eta \\ y \end{bmatrix} + \begin{bmatrix} 0 \\ CB \end{bmatrix} u \end{aligned} \tag{3.44}$$

这表明当 $c>0$ 时 ξ 子系统是最小相位的, 当 $c=0$ 时 ξ 子系统是弱最小相位的. 因此, ξ 子系统满足假设 3.3.3 (但不满足假设 3.3.2). 取 $P_{00}=1/2$ 以满足 Lyapunov 不等式 (3.27). 对于 z 子系统, 取 $W(z)=z^2/2$, 则有

$$L_fW=\frac{\partial W(z)}{\partial z}f(z)=-qz^4\leqslant 0$$

最后, 根据式 (3.41) 可得控制器

$$u=-z^4-\phi(y)+\begin{bmatrix}1 & c\end{bmatrix}\xi$$

其中, $\phi(\cdot)$ 满足式 (3.19). 根据定理 3.3.2, 由于 (A,B) 能控, 当 $q>0$ 时闭环系统是渐近稳定的, 当 $q=0$ 时需要检验系统 (3.43) 即

$$\begin{cases}\dot{z}=-qz^3+z^3y\\ \begin{bmatrix}\dot{\eta}\\ \dot{y}\end{bmatrix}=\begin{bmatrix}-c & 1\\ -2 & 0\end{bmatrix}\begin{bmatrix}\eta\\ y\end{bmatrix}-\begin{bmatrix}0\\ 1\end{bmatrix}z^4\\ y=\begin{bmatrix}0 & 1\end{bmatrix}\tilde{\xi},\quad \tilde{\xi}=[\eta,y]^{\mathrm{T}}\end{cases}$$

的零状态能检测性. 显然, $y\equiv 0\Rightarrow \dot{y}\equiv 0\Rightarrow 2\eta+z^4\equiv 0, \dot{\eta}=-c\eta$. 这表明当 $c>0$ 时有 $\eta\overset{t\to\infty}{\longrightarrow}0$, 进而有 $z\overset{t\to\infty}{\longrightarrow}0$. 因此, 该系统的确是零状态能检测的. 综合上述讨论可知, 当 $q>0, c\geqslant 0$ 或者 $q=0, c>0$ 时, 闭环系统都是全局渐近稳定的.

3.3.3　不稳定系统和线性系统的串联

本节考虑非线性系统

$$\begin{cases}\dot{z}=f(z)+\psi(z)y\\ \dot{\xi}=A\xi+Bu\\ y=C\xi\end{cases}\tag{3.45}$$

其中, 各向量和函数与系统 (3.40) 相同, 但与系统 (3.40) 不同的是, 这里假设 $\psi(z,\xi)$ 只与 z 有关. 此外, 这里不再假设 z 子系统满足假设 3.3.1, 而是满足如下更弱的假设.

假设 3.3.4　存在函数 $k(z)\in\mathcal{C}^1(\mathbf{R}^q,\mathbf{R}^m)$ $(k(0)=0)$ 使得

$$\dot{z}=f(z)+\psi(z)k(z)\tag{3.46}$$

是 Lyapunov 稳定的, 且存在径向无界的正定函数 $W(z) \in \mathcal{C}^1(\mathbf{R}^q, \mathbf{R}_{\geqslant 0})$ 使得

$$\frac{\partial W(z)}{\partial z}(f(z) + \psi(z)k(z)) \leqslant 0 \tag{3.47}$$

同时, 要求线性系统 (A, B, C) 满足下面稍微强于假设 3.3.3 的假设.

假设 3.3.5 线性系统 (A, B, C) 满足 $\det(CB) \neq 0$, 且是最小相位系统.

定理 3.3.3 设非线性系统 (3.45) 满足假设 3.3.4 和 3.3.5. 令线性系统 (A, B, C) 的规范型为式 (3.11). 考虑非线性控制律

$$\begin{aligned} u = & -(CB)^{-1}\left(\phi(\tilde{y}) + A_{10}\eta + A_{11}y - \frac{\partial k(z)}{\partial z}(f(z) + \psi(z)y)\right. \\ & \left. + \frac{\partial W(z)}{\partial z}\psi(z)\tilde{y}\right) \end{aligned} \tag{3.48}$$

其中, $\tilde{y} = y - k(z)$; $\phi(\cdot)$ 是满足式 (3.19) 的连续函数, 如果系统

$$\begin{cases} \dot{z} = f(z) + \psi(z)y \\ \dot{y} = \dfrac{\partial k(z)}{\partial z}(f(z) + \psi(z)y) - \left(\dfrac{\partial W(z)}{\partial z}\psi(z)\right)^{\mathrm{T}} \\ \tilde{y} = y - k(z) \end{cases} \tag{3.49}$$

关于输出 $\tilde{y}$ 是零状态能检测的, 则闭环系统是全局渐近稳定的. 此外, 如果系统 (3.46) 还是全局渐近稳定的, 则闭环系统必为零状态能检测的, 从而是全局渐近稳定的.

证明 根据假设, 原系统 (3.45) 可写成

$$\begin{cases} \dot{z} = f(z) + \psi(z)y \\ \dot{\eta} = A_{00}\eta + A_{01}y \\ \dot{y} = A_{10}\eta + A_{11}y + CBu \end{cases}$$

现考虑 (z, y) 子系统, 将 $\tilde{y} = y - k(z)$ 代入得到 $\dot{z} = f(z) + \psi(z)k(z) + \psi(z)\tilde{y}$ 和

$$\begin{aligned} \dot{\tilde{y}} &= \dot{y} - \frac{\partial k(z)}{\partial z}\dot{z} \\ &= A_{10}\eta + A_{11}y + CBu - \frac{\partial k(z)}{\partial z}(f(z) + \psi(z)y) \\ &\xlongequal{\text{def}} v \end{aligned} \tag{3.50}$$

取候选 Lyapunov 函数 $V(z,\tilde{y}) = W(z) + \tilde{y}^{\mathrm{T}}\tilde{y}/2$, 则根据式 (3.47) 有

$$\begin{aligned}\dot{V}(z,\tilde{y}) &= \frac{\partial W(z)}{\partial z}(f(z)+\psi(z)k(z)) + \frac{\partial W(z)}{\partial z}\psi(z)\tilde{y} + \dot{\tilde{y}}^{\mathrm{T}}\tilde{y} \\ &\leqslant \left(\left(\frac{\partial W(z)}{\partial z}\psi(z)\right)^{\mathrm{T}} + v\right)^{\mathrm{T}}\tilde{y}\end{aligned} \tag{3.51}$$

如果取

$$\tilde{u} = v + \left(\frac{\partial W(z)}{\partial z}\psi(z)\right)^{\mathrm{T}} \tag{3.52}$$

则从式 (3.51) 可知系统

$$\begin{cases}\dot{z} = f(z) + \psi(z)k(z) + \psi(z)\tilde{y} \\ \dot{\tilde{y}} = v = -\left(\dfrac{\partial W(z)}{\partial z}\psi(z)\right)^{\mathrm{T}} + \tilde{u}\end{cases} \tag{3.53}$$

关于输入 $\tilde{u}$ 和输出 $\tilde{y}$ 为无源的. 因此, 根据定理 3.1.2, 如果系统 (3.53) 关于输出 $\tilde{y}$ 为零状态能检测的, 则 $\tilde{u} = -\phi(\tilde{y})$ 全局镇定该系统. 而 η 子系统是线性且 A_{00} 是 Hurwitz 矩阵, 从而是渐近稳定的. 若系统 (3.46) 是全局渐近稳定的, 则由 $\tilde{y} \equiv 0$ 可知

$$\begin{cases}\dot{z} = f(z) + \psi(z)k(z) \\ \dot{\eta} = A_{00}\eta + A_{01}k(z)\end{cases}$$

后者显然有 $(z,\eta) \overset{t\to\infty}{\longrightarrow} 0$. 最后, 将 $\tilde{u} = -\phi(\tilde{y})$ 代入式 (3.52) 和式 (3.50) 得到式 (3.48), 系统 (3.53) 就是系统 (3.49). 证毕. □

如果将假设 3.3.5 对相对阶的要求 (即 $\det(CB) \neq 0$) 进一步放松, 则可用反步方法设计系统 (3.45) 的全局镇定控制律. 该方法将在 4.1.4 节详细讨论. 下面用一个例子说明定理 3.3.3 的应用.

例 3.3.4　考虑非线性系统

$$\begin{cases}\dot{z} = z^4 + (c\xi_1 + \xi_2)z^3 \\ \dot{\xi}_1 = \xi_2 \\ \dot{\xi}_2 = u\end{cases}$$

其中, $c > 0$. 由于 $\dot{z} = z^4$ 不稳定, 该系统不满足假设 3.3.1. 设 $y = c\xi_1 + \xi_2$ 和 $k(z) = -z - 1$, 则有

$$\dot{z} = f(z) + \psi(z)k(z) = -z^3$$

取 $W(z)=z^2$, 则有

$$\frac{\partial W(z)}{\partial z}(f(z)+\psi(z)k(z))=-2z^4\leqslant 0$$

因此假设 3.3.4 满足. 将式 (3.44) 中的参数代入式 (3.48) 得到

$$u=-(\phi(\tilde{y})-c^2\eta+cy+z^4+z^3y+2z^4\tilde{y})$$

其中, $\tilde{y}=y-k(z)=y+z+1, \eta=\xi_1$. 由于 $\dot{z}=-z^3$ 是全局渐近稳定的, 闭环系统也是全局渐近稳定的.

3.4 刚体姿态控制系统的全局镇定

考虑刚体姿态控制系统

$$\begin{cases}\dot{\rho}=G(\rho)\omega\\ J\dot{\omega}=S(\omega)J\omega+u\\ y=\omega=h(\omega)\end{cases}\tag{3.54}$$

其中, $\omega=[\omega_1,\omega_2,\omega_3]^{\mathrm{T}}\in\mathbf{R}^3$ 是体坐标系下的角速度向量; $\rho=[\rho_1,\rho_2,\rho_3]^{\mathrm{T}}\in\mathbf{R}^3$ 是修正 Rodrigeus (罗德里格斯) 参数; $J>0$ 是常值转动惯量矩阵;

$$G(\rho)=\frac{1}{2}\left(I_3-S(\rho)+\rho\rho^{\mathrm{T}}-\frac{1+\rho^{\mathrm{T}}\rho}{2}I_3\right)$$

这里

$$S(\omega)=\begin{bmatrix}0&\omega_3&-\omega_2\\-\omega_3&0&\omega_1\\\omega_2&-\omega_1&0\end{bmatrix}:\mathbf{R}^3\to\mathbf{R}^{3\times 3}$$

是反对称矩阵. 容易验证下面两个等式恒成立:

$$\rho^{\mathrm{T}}G(\rho)=\frac{1+\rho^{\mathrm{T}}\rho}{4}\rho^{\mathrm{T}},\quad G^{\mathrm{T}}(\rho)G(\rho)=\left(\frac{1+\rho^{\mathrm{T}}\rho}{4}\right)^2 I_3\tag{3.55}$$

非线性系统 (3.54) 是可以反馈线性化的. 事实上, 如果取 $y=\rho$, 则有

$$\dot{y}=\dot{\rho}=G(\rho)\omega,\quad \ddot{y}=\frac{\partial G(\rho)}{\partial\rho}G(\rho)\omega+G(\rho)(J^{-1}S(\omega)J\omega+J^{-1}u)$$

由于 $G(\rho)$ 非奇异, 上式意味着该系统的相对阶为 $\{2,2,2\}$, 从而是可以反馈线性化的. 取 $x=[y^{\mathrm{T}},\dot{y}^{\mathrm{T}}]^{\mathrm{T}}$ 和

$$\frac{\partial G(\rho)}{\partial \rho}G(\rho)\omega+G(\rho)(J^{-1}S(\omega)J\omega+J^{-1}u)=v$$

则有

$$\dot{x}=\begin{bmatrix}0 & I_3\\ 0 & 0\end{bmatrix}x+\begin{bmatrix}0\\ I_3\end{bmatrix}v$$

但这种完全替换开环系统的固有动态获得线性系统的控制方法是不可取的.

3.4.1 全状态反馈全局镇定

注意到 ρ 和 ω 子系统分别对应系统 (3.33) 的 z 和 ξ 子系统, 其中, $\psi=G(\rho)$, 对于 ρ 子系统, 显然 $f(\rho)=0$, 故当 $\omega=0$ 时该子系统是 Lyapunov 稳定的, 任意径向无界的候选 Lyapunov 函数都满足假设 3.3.1. 特别地, 取径向无界的正定函数

$$W(\rho)=2k\ln(1+\rho^{\mathrm{T}}\rho)\in\mathcal{C}^2(\mathbf{R}^3,\mathbf{R}_{\geqslant 0})$$

其中, $k>0$ 是常数. 对 ω 子系统, 取径向无界的正定函数 $U(\omega)=\omega^{\mathrm{T}}J\omega/2\in\mathcal{C}^2(\mathbf{R}^3,\mathbf{R}_{\geqslant 0})$, 则有

$$\begin{aligned}\dot{U}(\omega)&=\frac{1}{2}\dot{\omega}^{\mathrm{T}}J\omega+\frac{1}{2}\omega^{\mathrm{T}}J\dot{\omega}\\&=\frac{1}{2}(S(\omega)J\omega+u)^{\mathrm{T}}\omega+\frac{1}{2}\omega^{\mathrm{T}}(S(\omega)J\omega+u)\\&=\frac{1}{2}(\omega^{\mathrm{T}}JS(\omega)\omega+\omega^{\mathrm{T}}S(\omega)J\omega)+u^{\mathrm{T}}\omega\\&=u^{\mathrm{T}}\omega\end{aligned}\tag{3.56}$$

这里 $\omega^{\mathrm{T}}S(\omega)=0$, 表明子系统

$$\begin{cases}J\dot{\omega}=S(\omega)J\omega+u\\ y=\omega=h(\omega)\end{cases}$$

是无源的, 即满足假设 3.3.2. 根据定理 3.3.1, 控制器可设计为

$$u=-\phi(y)-\left(\frac{\partial W(\rho)}{\partial \rho}G(\rho)\right)^{\mathrm{T}}$$

$$
\begin{aligned}
&= -\phi(y) - 2k\left(\frac{2\rho^{\mathrm{T}}G(\rho)}{1+\rho^{\mathrm{T}}\rho}\right)^{\mathrm{T}} \\
&= -\phi(y) - 2k\left(\frac{2}{1+\rho^{\mathrm{T}}\rho}\frac{1+\rho^{\mathrm{T}}\rho}{4}\rho^{\mathrm{T}}\right)^{\mathrm{T}} \\
&= -\phi(\omega) - k\rho
\end{aligned} \tag{3.57}
$$

这里用到了式 (3.55), 这是标准的 PD 反馈. 特别地, 如果 $\phi(\omega) = \kappa\omega$ ($\kappa > 0$), 则这是标准的线性状态反馈.

下面检验闭环系统的零状态能检测性. 由 $y = \omega \equiv 0$ 可推知 $0 \equiv \dot{\omega} = u \equiv -k\rho \Rightarrow \rho \equiv 0$. 根据定理 3.3.1, 闭环系统是全局渐近稳定的.

3.4.2 无速度反馈全局镇定

控制律 (3.57) 是全状态反馈, 需要用到系统的速度项 ω. 本节介绍如何用动态反馈取代速度项 ω 的反馈.

根据 3.4.1 节的讨论, 考虑储能/候选 Lyapunov 函数

$$
V(\rho,\omega) = U(\omega) + W(\rho) = \frac{1}{2}\omega^{\mathrm{T}}J\omega + 2k\ln(1+\rho^{\mathrm{T}}\rho)
$$

则从式 (3.56) 可知

$$
\begin{aligned}
\dot{V}(\rho,\omega) &= u^{\mathrm{T}}\omega + \frac{4k\rho^{\mathrm{T}}\dot{\rho}}{1+\rho^{\mathrm{T}}\rho} \\
&= u^{\mathrm{T}}\omega + \frac{4k\rho^{\mathrm{T}}G(\rho)\omega}{1+\rho^{\mathrm{T}}\rho} \\
&= u^{\mathrm{T}}\omega + \frac{4k}{1+\rho^{\mathrm{T}}\rho}\frac{1+\rho^{\mathrm{T}}\rho}{4}\rho^{\mathrm{T}}\omega \\
&= (u+k\rho)^{\mathrm{T}}\omega
\end{aligned} \tag{3.58}
$$

这表明系统 (3.54) 关于输出 ω 和新输入

$$
v = u + k\rho \tag{3.59}
$$

是无源的. 定义 $\tilde{u} = G^{-\mathrm{T}}(\rho)v$ 即 $v = G^{\mathrm{T}}(\rho)\tilde{u}$ 和 $\tilde{y} = G(\rho)\omega = \dot{\rho}$, 则从式 (3.58) 可知

$$
\dot{V}(\rho,\omega) = v^{\mathrm{T}}\omega = v^{\mathrm{T}}G^{-1}(\rho)G(\rho)\omega = \tilde{u}^{\mathrm{T}}\tilde{y} \tag{3.60}
$$

这表明系统 (3.54) 关于输入 $\tilde{u}$ 和输出 $\tilde{y}$ 也是无源的, 如图 3.3 所示. 这事实上就是引理 3.1.7 所讨论的无源系统的输入输出变换.

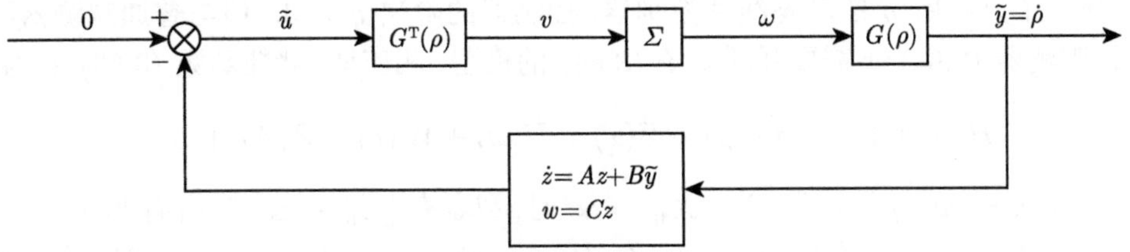

图 3.3　刚体姿态控制系统: 无速度反馈

下面构造一个以 $\tilde{y}$ 为输入的线性无源系统

$$\begin{cases} \dot{z}=Az+B\tilde{y} \\ w=Cz \end{cases} \tag{3.61}$$

其中, $z\in\mathbf{R}^q$ 是动态补偿器的状态; $B\in\mathbf{R}^{q\times 3}$ 列满秩; A 是 Hurwitz 矩阵. 为了保证线性系统 (3.61) 的无源性, 根据推论 3.1.1, 假设其储能函数为二次正定函数 $Z(z)=z^{\mathrm{T}}Pz/2$, 其中, $P>0$ 满足 Lyapunov 方程

$$A^{\mathrm{T}}P+PA=-Q \tag{3.62}$$

且选择 $C=B^{\mathrm{T}}P$, $Q>0$ 是任意给定的矩阵. 容易看出, 如果 $\tilde{u}=-w$, 则系统 (3.61) 和 (3.54) 就是反馈连接的. 根据定理 3.1.1, 闭环系统的储能函数为

$$H(\rho,\omega,z)=U(\omega)+W(\rho)+Z(z) \tag{3.63}$$

且闭环系统也是无源的. 闭环系统的稳定性可由相应的储能/候选 Lyapunov 函数 $H(\rho,\omega,z)$ 来确定.

然而, 线性无源系统 (3.61) 的输入仍含有 $\tilde{y}$ 即 $\dot{\rho}$. 为此, 令 $z=\dot{x}$, 并将式 (3.61) 写成

$$\begin{cases} \ddot{x}=A\dot{x}+B\dot{\rho} \\ -\tilde{u}=B^{\mathrm{T}}P\dot{x} \end{cases}$$

其中, $\tilde{u}=-w$. 将上述方程第一式两端积分并忽略积分常数得到

$$\begin{cases} \dot{x}=Ax+B\rho \\ -\tilde{u}=B^{\mathrm{T}}P(Ax+B\rho) \end{cases}$$

此时, 控制器 (3.59) 为 $u=v-k\rho=G^{\mathrm{T}}(\rho)\tilde{u}-k\rho=-k\rho-B^{\mathrm{T}}P(Ax+B\rho)$, 即

$$\begin{cases} \dot{x}=Ax+B\rho \\ u=-k\rho-B^{\mathrm{T}}P(Ax+B\rho) \end{cases} \tag{3.64}$$

这是一个只利用 ρ 的动态线性控制器, 控制器的阶次 $q \geqslant 3$. 但与普通观测器不同, 观测器 (3.64) 不需要开环系统 (3.54) 的模型. 相应地, 储能函数 (3.63) 变为

$$H(\rho,\omega,x) = V(\omega,\rho) + Z(\dot{x}) = U(\omega) + W(\rho) + Z(Ax + B\rho)$$

设 $X = [\omega^{\mathrm{T}}, \rho^{\mathrm{T}}, x^{\mathrm{T}}]^{\mathrm{T}}$. 当 $\|X\| \to \infty$ 时, 或者有 $\|\omega\| \to \infty$, 或者有 $\|\rho\| \to \infty$, 或者有 $\|x\| \to \infty$. 对于前两者, 必有 $H(\rho,\omega,x) \to \infty$. 当 $\|x\| \to \infty$ 时, 或者有 $\|\rho\| \to \infty$, 或者 $\|\rho\|$ 有界. 如果 $\|\rho\| \to \infty$, 如前所述必有 $H(\rho,\omega,x) \to \infty$. 如果 $\|\rho\|$ 有界, 由 A 是非奇异矩阵可知 $Z(Ax + B\rho) \to \infty$. 综合可知 $H(\rho,\omega,x)$ 正定且径向无界.

接下来证明由式 (3.54) 和式 (3.64) 组成的闭环系统的稳定性. 将储能函数 $H(\rho,\omega,x)$ 选为闭环系统的候选 Lyapunov 函数. 从式 (3.60) 可知

$$\begin{aligned}
\dot{H}(\rho,\omega,x) &= \tilde{u}^{\mathrm{T}}\tilde{y} + \dot{x}^{\mathrm{T}}P\ddot{x} \\
&= (-B^{\mathrm{T}}P\dot{x})^{\mathrm{T}}\dot{\rho} + \dot{x}^{\mathrm{T}}P(A\dot{x} + B\dot{\rho}) \\
&= -\frac{1}{2}\dot{x}^{\mathrm{T}}(A^{\mathrm{T}}P + PA)\dot{x} \\
&= -\frac{1}{2}\dot{x}^{\mathrm{T}}Q\dot{x}
\end{aligned}$$

由 $\dot{x} \equiv 0$ 可知 x 为常数, 进而由 $B\rho = \dot{x} - Ax$ 和 B 列满秩可知 ρ 也为常数, 即 $\dot{\rho} \equiv 0$. 由 $G(\rho)\omega = \dot{\rho} \equiv 0$ 可知 $\omega \equiv 0$, 由 $u = J\dot{\omega} - S(\omega)J\omega$ 可知 $u \equiv 0$, 由 $k\rho = -u - B^{\mathrm{T}}P\dot{x}$ 可知 $\rho \equiv 0$, 由 $x = A^{-1}(\dot{x} - B\rho)$ 可知 $x \equiv 0$. 综上有 $\dot{H}(\rho,\omega,x) = 0$ 蕴含 $(\omega,\rho,x) = (0,0,0)$. 由 LaSalle 不变原理 (推论 1.2.2) 可知闭环系统是全局渐近稳定的.

3.4.3 数值仿真

本节通过数值仿真来验证 3.4.1 节和 3.4.2 节所给出的方法的有效性. 根据文献 [2], 选择转动惯量矩阵 $J = \mathrm{diag}(10,15,20)\mathrm{kg \cdot m^2}$, 初始修正 Rodrigeus 参数 $\rho(0) = [1.4735, 0.6115, 2.5521]^{\mathrm{T}}$ 以及初始角速度 $\omega(0) = [0,0,0]^{\mathrm{T}}\mathrm{rad/s}$.

首先验证控制律 (3.57). 取参数 $k = 1$, $\phi(\omega) = k_1\sigma(\omega)$, $k_1 = 1$. 仿真结果如图 3.4 所示. 由图可见修正 Rodrigeus 参数和姿态角速度都很好地收敛到零, 且控制信号的幅值保持在合理的范围之内.

其次验证无速度反馈控制律 (3.64) 的有效性. 取参数 $k = 1$ 及矩阵

$$A = \left[\begin{array}{c|cc} 0 & 1 & 0 \\ 0 & 0 & 1 \\ \hline -0.5 & -1.5 & -1.5 \end{array}\right], \quad B = I_3, \quad P = Q = \begin{bmatrix} 1 & 2 & 1 \\ 2 & 5 & 3 \\ 1 & 3 & 3 \end{bmatrix}$$

其中, A 是 Hurwitz 矩阵; (P, Q) 满足 Lyapunov 方程 (3.62). 动态补偿器的初值选为 $x(0) = 0$. 仿真结果如图 3.5 所示. 由图可见修正 Rodrigeus 参数、姿态角速度和动态补偿器状态 x 都很好地收敛到零且控制信号的幅值也保持在合理的范围之内.

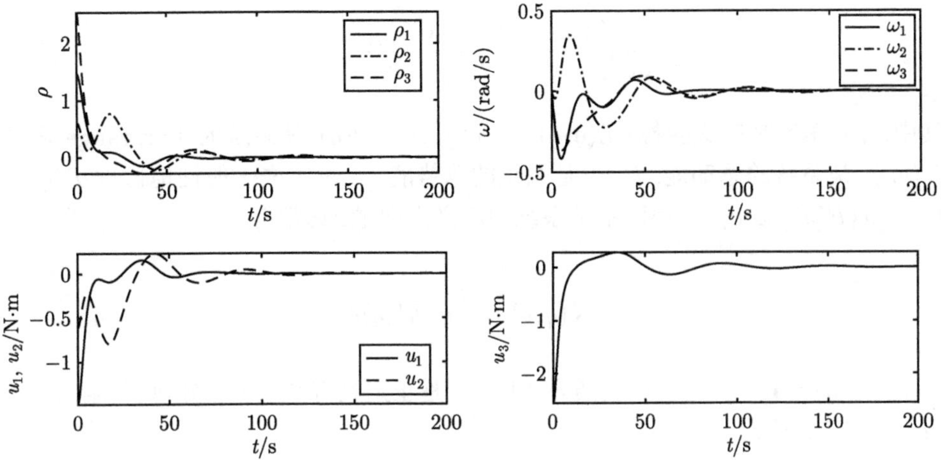

图 3.4　全状态反馈刚体姿态控制仿真

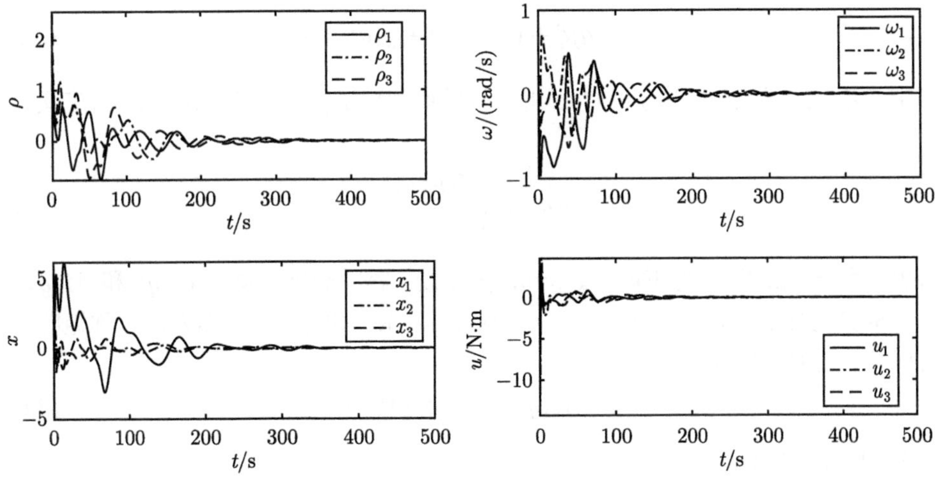

图 3.5　无速度反馈刚体姿态控制仿真

3.5 Euler-Lagrange 系统的控制

3.5.1 Euler-Lagrange 系统

标准机械动力系统的 Euler-Lagrange (欧拉-拉格朗日) 方程为

$$\frac{\mathrm{d}}{\mathrm{d}t}\left(\frac{\partial L(q,\dot{q})}{\partial \dot{q}}\right)-\frac{\partial L(q,\dot{q})}{\partial q}=\tau \tag{3.65}$$

其中, $q\in\mathbf{R}^n$ 是广义坐标; $L(q,\dot{q})=K(q,\dot{q})-P(q)$ 是系统的 Largrange 函数; $K(q,\dot{q})$ 是系统的总动能; $P(q)$ 是系统的总势能 (这里不失一般性地假设 $P(q)$ 满足 $\min\limits_{q\in\mathbf{R}^n}\{P(q)\}\geqslant 0$); τ 是作用于系统的广义力向量. 通常有

$$K(q,\dot{q})=\frac{1}{2}\dot{q}^{\mathrm{T}}M(q)\dot{q}$$

其中, $M(q)\in\mathbf{R}^{n\times n}$ 称为广义质量矩阵, 它是正定且有界的惯量矩阵, 即存在正常数 λ_- 和 λ_+ 使得

$$\lambda_- I_n\leqslant M(q)\leqslant\lambda_+ I_n,\quad \forall q\in\mathbf{R}^n \tag{3.66}$$

将 Largrange 函数的形式代入 Euler-Lagrange 方程 (3.65) 得到

$$M(q)\ddot{q}+C(q,\dot{q})\dot{q}+g(q)=\tau \tag{3.67}$$

其中, $C(q,\dot{q})\dot{q}$ 代表离心力和 Coriolis (科里奥利) 力 (无功力); $g(q)$ 代表 (广义) 重力, 由

$$g(q)=\left(\frac{\partial P(q)}{\partial q}\right)^{\mathrm{T}} \tag{3.68}$$

给出. 系统 (3.67) 即为 Euler-Lagrange 系统. 容易验证矩阵 $C(q,\dot{q})$ 和 $M(q)$ 有一个重要的性质: $\dot{M}(q)-2C(q,\dot{q})$ 对所有 $q\in\mathbf{R}^n$ 和 $\dot{q}\in\mathbf{R}^n$ 都为反对称矩阵, 即对任意 $z\in\mathbf{R}^n$ 都有

$$z^{\mathrm{T}}(\dot{M}(q)-2C(q,\dot{q}))z=0 \tag{3.69}$$

其中, $\dot{M}(q)$ 是 $M(q)$ 对 t 的全微分.

在实际问题中, 往往 τ 的维数并不等于广义坐标的维数, 即 $\tau=Bu$, 其中, $B\in\mathbf{R}^{n\times m}_{\min\{m,n\}}$ 是常矩阵; $u\in\mathbf{R}^m$ 是控制输入 (通常为力或力矩). 另外, 在很多问题中, 输入 τ 中会含有摩擦力、黏性阻力等外部不可控的广义力, 即

$$\tau=-D\dot{q}+Bu \tag{3.70}$$

其中, $D \in \mathbf{R}^{n\times n}$ 是半正定矩阵, 也就是说外部不可控广义力 $D\dot{q}$ 和速度的方向相反. 将式 (3.70) 代入式 (3.67) 得到

$$M(q)\ddot{q} + C(q,\dot{q})\dot{q} + D\dot{q} + g(q) = Bu \tag{3.71}$$

当 $m = n$ 时, Euler-Lagrange 系统 (3.71) 称为全驱的. 此情况下该系统很明显是一个可以反馈线性化的系统. 当 $m < n$ 时, 输入 u 的维数低于广义坐标的维数, 此时系统 (3.71) 称为欠驱的. 欠驱系统一般是不能反馈线性化的, 如 3.6 节介绍的 TORA 系统; 但也有一些欠驱系统是可以反馈线性化的, 如 6.4 节介绍的惯性轮倒立摆系统. 当 $m > n$ 时, 输入 u 的维数高于广义坐标的维数, 此时系统 (3.71) 称为过驱的. 从控制的角度看, 过驱系统的控制问题可以很容易地转化成全驱系统的控制问题.

引理 3.5.1 设 Euler-Lagrange 系统 (3.71) 的输出为 $y = B^{\mathrm{T}}\dot{q}$, 输入为 u, 则该系统关于如下储能函数 (即系统的总能量) 是无源的:

$$E(q,\dot{q}) = K(q,\dot{q}) + P(q) = \frac{1}{2}\dot{q}^{\mathrm{T}}M(q)\dot{q} + P(q)$$

证明 容易看出 $E(q,\dot{q})$ 是半正定函数, 其时间导数满足

$$\begin{aligned}
\dot{E}(q,\dot{q}) &= \dot{q}^{\mathrm{T}}M(q)\ddot{q} + \frac{1}{2}\dot{q}^{\mathrm{T}}\dot{M}(q)\dot{q} + \frac{\partial P(q)}{\partial q}\dot{q} \\
&= \dot{q}^{\mathrm{T}}(Bu - C(q,\dot{q})\dot{q} - D\dot{q} - g(q)) + \frac{1}{2}\dot{q}^{\mathrm{T}}\dot{M}(q)\dot{q} + \frac{\partial P(q)}{\partial q}\dot{q} \\
&= \dot{q}^{\mathrm{T}}\left(\frac{1}{2}\dot{M}(q) - C(q,\dot{q})\right)\dot{q} - \dot{q}^{\mathrm{T}}D\dot{q} + \dot{q}^{\mathrm{T}}Bu + \left(g^{\mathrm{T}}(q) - \frac{\partial P(q)}{\partial q}\right)\dot{q} \\
&= -\dot{q}^{\mathrm{T}}D\dot{q} + (B^{\mathrm{T}}\dot{q})^{\mathrm{T}}u
\end{aligned} \tag{3.72}$$

这里用到了式 (3.68) 和式 (3.69). 式 (3.72) 表明 Euler-Lagrange 系统 (3.71) 是无源的. 证毕. □

3.5.2 Euler-Lagrange 系统的全局镇定

根据引理 3.5.1, 为了利用定理 3.1.2 设计 Euler-Lagrange 系统 (3.71) 基于无源性的全局镇定控制器, 要求 $P(q)$ 正定、径向无界且 $P(0) = 0$. 这些要求一般是不能同时满足的. 为此, 可以引入所谓的势能补偿项 $P_{\mathrm{c}}(q)$, 其作用是使得

$$P_*(q) = P(q) + P_{\mathrm{c}}(q)$$

正定、径向无界且 $P_*(0) = 0$. 基于这样的思想, 给出如下定理.

定理 3.5.1 设 $P_c(q): \mathbf{R}^n \to \mathbf{R}$ 使得 $P_*(q) \in \mathcal{C}^1(\mathbf{R}^n, \mathbf{R}_{\geqslant 0})$ 正定、径向无界且 $P_*(0) = 0$, 函数 $\pi_c(q): \mathbf{R}^n \to \mathbf{R}^m$ 使得

$$B\pi_c(q) = \left(\frac{\partial P_c(q)}{\partial q}\right)^{\mathrm{T}} \stackrel{\text{def}}{=\!=} g_c(q) \tag{3.73}$$

对所有 $q \in \mathbf{R}^n$ 都成立. 如果系统

$$M(q)\ddot{q} + C(q,\dot{q})\dot{q} + D\dot{q} + g(q) + g_c(q) = 0 \tag{3.74}$$

关于输出 $Y = C\dot{q}$ $(C = [B, D^{\mathrm{T}}]^{\mathrm{T}})$ 是零状态能检测的, 则由 Euler-Lagrange 系统 (3.71) 和

$$u = -\phi(B^{\mathrm{T}}\dot{q}) - \pi_c(q) \tag{3.75}$$

组成的闭环系统是全局渐近稳定的, 这里 ϕ 是满足式 (3.19) 的任意连续函数. 特别地, 如果 $P_*(q)$ 在 0 处有唯一的极小值 (即 $\partial P_*(q)/\partial q = 0$ 当且仅当 $q = 0$) 且

$$\mathrm{rank}(C) = n \tag{3.76}$$

则闭环系统是全局渐近稳定的.

证明 取储能函数

$$E_c(q,\dot{q}) = \frac{1}{2}\dot{q}^{\mathrm{T}}M(q)\dot{q} + P_*(q) = E(q,\dot{q}) + P_c(q) \tag{3.77}$$

根据假设可知 $E_c(q,\dot{q})$ 是径向无界的正定函数. 从式 (3.72) 可知

$$\dot{E}_c(q,\dot{q}) = \dot{E}(q,\dot{q}) + \frac{\partial P_c(q)}{\partial q}\dot{q} = -\dot{q}^{\mathrm{T}}D\dot{q} + \dot{q}^{\mathrm{T}}Bu + (B\pi_c(q))^{\mathrm{T}}\dot{q} = -T(\dot{q}) + (B^{\mathrm{T}}\dot{q})^{\mathrm{T}}v$$

其中, $T(\dot{q}) = \dot{q}^{\mathrm{T}}D\dot{q} \geqslant 0$,

$$v = u + \pi_c(q) \tag{3.78}$$

式 (3.78) 表明系统 (3.71) 关于输入 v 和输出 $y = B^{\mathrm{T}}\dot{q}$ 是无源的. 将式 (3.78) 代入系统 (3.71) 得到

$$\begin{aligned} Bv &= M(q)\ddot{q} + C(q,\dot{q})\dot{q} + D\dot{q} + g(q) + B\pi_c(q) \\ &= M(q)\ddot{q} + C(q,\dot{q})\dot{q} + D\dot{q} + g(q) + g_c(q) \end{aligned}$$

因此, 如果系统 (3.71) 关于输出 $\tilde{Y} = \left[T(\dot{q}), (B^{\mathrm{T}}\dot{q})^{\mathrm{T}}\right]^{\mathrm{T}}$ 是零状态能检测的, 根据定理 3.1.2 可知 $v = -\phi(y)$ 全局镇定该系统. 据此控制律 (3.78) 可以写成式 (3.75).

注意到 $\tilde{Y} \equiv 0$ 当且仅当 $B^{\mathrm{T}}\dot{q} \equiv 0$ 和 $D\dot{q} \equiv 0$, 系统 (3.71) 关于输出 $\tilde{Y}$ 是零状态能检测的当且仅当其关于 $Y = C\dot{q}$ 是零状态能检测的.

如果式 (3.76) 成立, 则 $Y = C\dot{q} \equiv 0 \Rightarrow \dot{q} \equiv 0$, 进而系统 (3.71) 可写成 $\partial P_*(q)/\partial q = 0$. 根据假设, 上式蕴含 $q = 0$, 即系统 (3.71) 关于输出 Y 是零状态能检测的. 证毕. □

定理 3.5.1 的关键是匹配条件 (3.73). 该条件的含义是补偿的重力 $g_c(q)$ 一定要属于 B 的列空间. 定理 3.5.1 有效地解决了满足匹配条件 (3.73) 的欠驱 Euler-Lagrange 系统的控制问题. 不满足匹配条件 (3.73) 的欠驱 Euler-Lagrange 系统的控制问题十分具有挑战性.

3.5.3 Euler-Lagrange 系统的跟踪

现在考虑设计状态反馈控制律使得 Euler-Lagrange 系统 (3.71) 的状态 q 渐近跟踪可微的参考信号 $q_{\mathrm{d}}(t) : \mathbf{R}_{\geqslant 0} \to \mathbf{R}^n$. 目标是设计控制律 u 使得对任意初值 $q(0)$ 和 $\dot{q}(0)$ 都有

$$\lim_{t\to\infty} \|q(t) - q_{\mathrm{d}}(t)\| = \lim_{t\to\infty} \|\dot{q}(t) - \dot{q}_{\mathrm{d}}(t)\| = 0 \tag{3.79}$$

为了方便起见, 以下假设 $B = I_n$, 即仅考虑全驱系统. 设 $e = q - q_{\mathrm{d}}$,

$$u = M(q)\ddot{q}_{\mathrm{d}} + C(q,\dot{q})\dot{q}_{\mathrm{d}} + D\dot{q}_{\mathrm{d}} + g(q) + v \tag{3.80}$$

注意到反馈量 $g(q)$ 的作用是抵消原系统的 (广义) 重力, 容易验证 e 满足微分方程

$$M(q)\ddot{e} + C(q,\dot{q})\dot{e} + D\dot{e} = v \tag{3.81}$$

如果上述系统的零平衡点 $(e,\dot{e}) = (0,0)$ 全局吸引, 则问题得解.

由于系统 (3.81) 是全驱系统, 可以采用反馈线性化方法设计 v, 即

$$v = (C(q,\dot{q}) + D)\dot{e} - M(q)(A_1\dot{e} + A_0 e)$$

其中, $A_i \in \mathbf{R}^{n\times n}$ 是常值矩阵. 闭环系统为

$$M(q)(\ddot{e} + A_1\dot{e} + A_0 e) = 0$$

因此, 只要 $\det(s^2 I_n + A_1 s + A_0)$ 是 Hurwitz 多项式, 闭环系统就是全局渐近稳定的. 最终控制律为

$$u = M(q)\ddot{q}_{\mathrm{d}} + C(q,\dot{q})\dot{q}_{\mathrm{d}} + D\dot{q}_{\mathrm{d}} + g(q) + (C(q,\dot{q}) + D)\dot{e} - M(q)(A_1\dot{e} + A_0 e)$$

由于系统 (3.81) 是时变系统, 而时变系统的 LaSalle 不变原理一般不存在, 故不宜采用无源性理论设计系统 (3.81) 的控制律. 请看下例.

例 3.5.1　考虑控制律

$$u = M(q)\ddot{q}_{\mathrm{d}} + C(q,\dot{q})\dot{q}_{\mathrm{d}} + D\dot{q}_{\mathrm{d}} + g(q) - K_{\mathrm{p}}e + v$$

其中, $K_{\mathrm{p}} \in \mathbf{R}^{n\times n}$ 是正定矩阵. 将其代入系统 (3.81) 得到

$$M(q)\ddot{e} + C(q,\dot{q})\dot{e} + D\dot{e} + K_{\mathrm{p}}e = v \tag{3.82}$$

若 $K_{\mathrm{p}} = \mathrm{diag}(k_1, k_2, \cdots, k_n)$, 则 $K_{\mathrm{p}}e$ 项相当于在每个广义坐标处引入一个弹性系数为 k_i 的弹簧, 因此其对应的势能为 $e^{\mathrm{T}}K_{\mathrm{p}}e/2$. 故系统的动能与势能之和为

$$E(t,e,\dot{e}) = \frac{1}{2}\dot{e}^{\mathrm{T}}M(q)\dot{e} + \frac{1}{2}e^{\mathrm{T}}K_{\mathrm{p}}e$$

显然, $E(t,e,\dot{e})$ 是径向无界的正定函数, 其时间导数满足

$$\begin{aligned}
\dot{E}(t,e,\dot{e}) &= \dot{e}^{\mathrm{T}}M(q)\ddot{e} + \frac{1}{2}\dot{e}^{\mathrm{T}}\dot{M}(q)\dot{e} + e^{\mathrm{T}}K_{\mathrm{p}}\dot{e} \\
&= \frac{1}{2}\dot{e}^{\mathrm{T}}(\dot{M}(q) - 2C)\dot{e} - \dot{e}^{\mathrm{T}}D\dot{e} - \dot{e}^{\mathrm{T}}K_{\mathrm{p}}e + \dot{e}^{\mathrm{T}}v + e^{\mathrm{T}}K_{\mathrm{p}}\dot{e} \\
&= -\dot{e}^{\mathrm{T}}D\dot{e} + \dot{e}^{\mathrm{T}}v \\
&\leqslant \dot{e}^{\mathrm{T}}v
\end{aligned}$$

这表明, 若将 $y = \dot{e}$ 作为输出、v 作为输入, 则系统 (3.82) 是无源的. 此外, 有 $\dot{e} \equiv 0 \Rightarrow \ddot{e} \equiv 0 \Rightarrow K_{\mathrm{p}}e \equiv 0 \Rightarrow e \equiv 0$. 因此, 系统 (3.82) 是零状态能观测的. 根据定理 3.1.2, 静态输出反馈 $v = -\phi(y) = -\phi(\dot{e})$ 全局镇定系统 (3.82). 然而, 除非 $M(q)$ 不依赖于 q, 由于 $E(t,e,\dot{e})$ 依赖于 q 即时间 t, 上述处理方式是不严密的 (虽然有可能结论正确). 如果采用替代的 LaSalle-Yashizawa 定理 (定理 1.2.15), 则从 $\dot{E}(t,e,\dot{e}) \leqslant -\dot{e}^{\mathrm{T}}\phi(\dot{e})$ 可知 $\|\dot{e}\| \overset{t\to\infty}{\longrightarrow} 0$, 但无法断定 $\|e\| \overset{t\to\infty}{\longrightarrow} 0$.

下面利用 Lyapunov 稳定性定理来设计一种新的控制律.

定理 3.5.2　设 $q_{\mathrm{d}}(t): \mathbf{R}_{\geqslant 0} \to \mathbf{R}^n$ 是给定的可微参考信号, ϕ 是满足式 (3.19) 的任何连续函数, $A \in \mathbf{R}^{n\times n}$ 是任意 Hurwitz 矩阵, 则控制律

$$u = M(q)\ddot{q}_{\mathrm{d}} + C(q,\dot{q})\dot{q}_{\mathrm{d}} + D\dot{q}_{\mathrm{d}} + g(q) + (C(q,\dot{q}) + D)Ae + M(q)A\dot{e} - \phi(\dot{e} - Ae) \tag{3.83}$$

可保证 Euler-Lagrange 系统 (3.71) 的状态满足式 (3.79).

证明　设 $\eta = \dot{e} - Ae$ 和

$$v = \mu + M(q)A\dot{e} + (C(q,\dot{q}) + D)Ae \tag{3.84}$$

则系统 (3.81) 可以写成

$$M(q)\dot{\eta}+(C(q,\dot{q})+D)\eta=\mu \tag{3.85}$$

考虑候选 Lyapunov 函数 $V(t,\eta)=\eta^{\mathrm{T}}M(q)\eta/2$. 根据式 (3.66) 可知 $\lambda_{-}\|\eta\|^{2}/2\leqslant V(t,\eta)\leqslant\lambda_{+}\|\eta\|^{2}/2$. 因此, $V(t,\eta)$ 是径向无界的正定函数. 其沿着系统 (3.85) 的时间导数满足

$$\begin{aligned}\dot{V}(t,\eta)&=\eta^{\mathrm{T}}M(q)\dot{\eta}+\frac{1}{2}\eta^{\mathrm{T}}\dot{M}(q)\eta\\&=\eta^{\mathrm{T}}(\mu-(C(q,\dot{q})+D)\eta)+\frac{1}{2}\eta^{\mathrm{T}}\dot{M}(q)\eta\\&=-\eta^{\mathrm{T}}D\eta+\eta^{\mathrm{T}}\mu\\&\leqslant\eta^{\mathrm{T}}\mu\end{aligned}$$

这里用到了式 (3.69). 根据无源性理论, 系统 (3.85) 是关于输入 μ 和输出 η 是无源的. 对系统 (3.85) 运用定理 3.1.2 可以设计控制律

$$\mu=-\phi(\eta)=-\phi(\dot{e}-Ae) \tag{3.86}$$

但由于候选 Lyapunov 函数 $V(t,\eta)$ 与时间相关, 不能直接应用定理 3.1.2 判断闭环系统的稳定性. 注意到

$$\dot{V}(t,\eta)\leqslant-\eta^{\mathrm{T}}\phi(\eta)$$

根据 Lyapunov 稳定性定理 (定理 1.2.7) 可知 $\|\eta\|\xrightarrow{t\to\infty}0$. 注意到 $\dot{e}=Ae+\eta$, 由线性系统的性质 (推论 1.3.1) 可知 $\|e\|\xrightarrow{t\to\infty}0$, 进而有 $\|\dot{e}\|\xrightarrow{t\to\infty}0$, 此即式 (3.79) 成立. 最后, 将式 (3.86) 依次代入式 (3.84) 和式 (3.80), 得到跟踪控制律 (3.83). 证毕. □

3.6　应用举例: TORA 系统

具有旋转激励的平移振荡器 (translational oscillator with rotating actuator, TORA) 由一个平移振荡器和转动小球组成. 平移振荡器和小球都在水平面内运动. 小球可由电机驱动在垂直平面内旋转, 进而驱动平移振荡器. TORA 系统原用于模拟双自旋航天器, 目前主要用作检验非线性控制方法的四阶非线性基准系统.

3.6.1 系统模型与无源性

如图 3.6 所示. 小车的质量为 M, 水平位移为 x. 弹簧的弹性系数为 k. 小球的质量为 m, 小球与球杆刚性连接 (忽略连杆的质量), 球杆的转动半径为 r, 小球关于其质心的转动惯量为 J. 设小球逆时针转动为正方向, 与垂直方向的角度记为 θ. 重力加速度为 g. 该系统的控制量为施加在球杆上的转矩 τ.

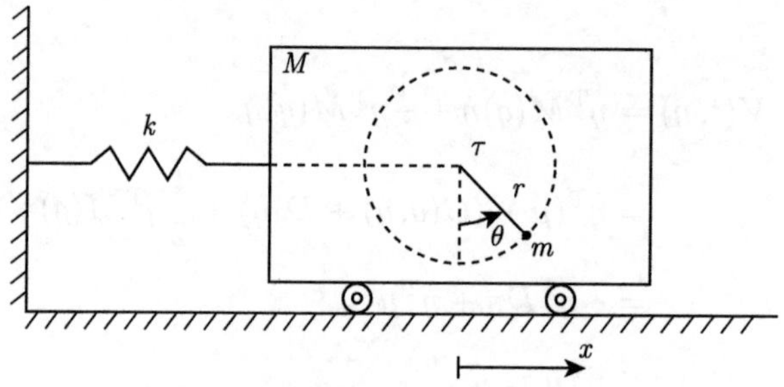

图 3.6 TORA 系统示意图

设 $q=[x,\theta]^{\mathrm{T}}$ 是广义坐标向量. 小车的动能为 $K_M(q,\dot{q})=M\dot{x}^2/2$, 小球的动能为

$$K_m(q,\dot{q})=\frac{1}{2}m((r\dot{\theta}\cos(\theta)+\dot{x})^2+(r\dot{\theta}\sin(\theta))^2)+\frac{1}{2}J\dot{\theta}^2$$

该系统的总动能为

$$K(q,\dot{q})=K_M(q,\dot{q})+K_m(q,\dot{q})=\frac{1}{2}\dot{q}^{\mathrm{T}}M(q)\dot{q} \tag{3.87}$$

其中, $u(q)$ 是正定矩阵, 有

$$M(q)=\begin{bmatrix} M+m & mr\cos(\theta) \\ mr\cos(\theta) & mr^2+J \end{bmatrix}\in\mathbf{R}^{2\times 2}$$

记小球在最低点的势能为 0. 那么, 该系统的总势能为

$$P(q)=mgr(1-\cos(\theta))+\frac{1}{2}kx^2 \tag{3.88}$$

系统的 Largrange 函数为 $L(q,\dot{q})=K(q,\dot{q})-P(q)$. 将式 (3.88) 代入 Euler-Largrange 方程 (3.65) 并经过计算可得

$$M(q)\ddot{q}+C(q,\dot{q})\dot{q}+g(q)=Bu \tag{3.89}$$

其中, $u=\tau; B=[0,1]^{\mathrm{T}}$;

$$C(q,\dot{q})=\begin{bmatrix}0 & -mr\dot{\theta}\sin(\theta)\\ 0 & 0\end{bmatrix},\quad g(q)=\left(\frac{\partial P(q)}{\partial q}\right)^{\mathrm{T}}=\begin{bmatrix}kx\\ mgr\sin(\theta)\end{bmatrix} \tag{3.90}$$

系统 (3.89) 就是形如式 (3.71) 的 Euler-Lagrange 系统. 容易验证

$$\dot{M}(q)-2C(q,\dot{q})=\begin{bmatrix}0 & mr\sin(\theta)\dot{\theta}\\ -mr\sin(\theta)\dot{\theta} & 0\end{bmatrix} \tag{3.91}$$

即式 (3.69) 成立. 系统 (3.89) 也可写成分量的形式:

$$\begin{cases}0=(M+m)\ddot{x}+mr\cos(\theta)\ddot{\theta}-mr\sin(\theta)\dot{\theta}^2+kx\\ u=mr\cos(\theta)\ddot{x}+(mr^2+J)\ddot{\theta}+mgr\sin(\theta)\end{cases} \tag{3.92}$$

由动力学方程 (3.89) 可以看出, TORA 系统只有一个施加在摆杆上的驱动力矩 τ, 却有两个位置量即小车的位移 x 和小球的摆角 θ 需要控制. 因此, TORA 系统是一个典型的欠驱动机械系统. 研究表明 TORA 系统是不可以反馈线性化的, 只能部分反馈线性化 (有 1 维渐近稳定的零动态, 从而是最小相位系统 [3]). 注意到该系统有两个平衡点, 即一个不稳定的平衡点 $(x,\dot{x},\theta,\dot{\theta})=(0,0,\pi,0)$ 和一个稳定的平衡点 $(x,\dot{x},\theta,\dot{\theta})=(0,0,0,0)$. 系统的总能量

$$E(q,\dot{q})=K(q,\dot{q})+P(q)=\frac{1}{2}\dot{q}^{\mathrm{T}}M(q)\dot{q}+mgr(1-\cos(\theta))+\frac{1}{2}kx^2$$

在不稳定的平衡点处为 $2mgr$, 在稳定的平衡点处为 0. 与倒立摆系统不同, TORA 系统的控制目标是将系统稳定在其稳定平衡点处.

下面检验 TORA 系统的无源性. 显然, 总能量 $E(q,\dot{q})\in\mathcal{C}^2(\mathbf{R}^4,\mathbf{R}_{\geqslant 0})$ 是正定函数. 根据式 (3.87) ~ 式 (3.91) 可知

$$\begin{aligned}\dot{E}(q,\dot{q})&=\dot{q}^{\mathrm{T}}M(q)\ddot{q}+\frac{1}{2}\dot{q}^{\mathrm{T}}\dot{M}(q)\dot{q}+\frac{\partial P(q)}{\partial q}\dot{q}\\ &=\dot{q}^{\mathrm{T}}\left(-C(q,\dot{q})\dot{q}-g(q)+Bu+\frac{1}{2}\dot{M}(q)\dot{q}\right)+\dot{q}^{\mathrm{T}}g(q)\\ &=\dot{q}^{\mathrm{T}}Bu\\ &=\dot{\theta}u\end{aligned}$$

则以 u 为输入和 $\dot{\theta}$ 为输出的系统是无源的. 但是, 从式 (3.88) 可以看出 $E(q,\dot{q})$ 关于 θ 不是径向无界的. 因此, 系统的能量 $E(q,\dot{q})$ 并非一个合格的候选 Lyapunov 函数.

3.6.2 基于势能补偿的全局镇定

容易看出, $E(q,\dot{q})$ 关于 θ 不是径向无界的主要原因在于势能 (3.88) 关于 θ 不是径向无界的. 为此, 根据定理 3.5.1, 可以对其引入势能补偿项 $P_{\rm c}(q)$. 取

$$P_{\rm c}(q) = -mgr(1-\cos(\theta)) + k_\theta \ln(1+\theta^2)$$

其中, k_θ 是正常数. 那么, 补偿后的势能为

$$P_*(q) = P(q) + P_{\rm c}(q) = \frac{1}{2}kx^2 + k_\theta \ln(1+\theta^2)$$

显然, $P_*(q) \in \mathcal{C}^1(\mathbf{R}^2, \mathbf{R}_{\geqslant 0})$ 是正定、径向无界的且满足 $P_*(0) = 0$. 直接计算可知

$$g_{\rm c}(q) = \left(\frac{\partial P_{\rm c}(q)}{\partial q}\right)^{\rm T} = \begin{bmatrix} 0 \\ \dfrac{2k_\theta \theta}{1+\theta^2} - mgr\sin(\theta) \end{bmatrix} = B\pi_{\rm c}(q)$$

其中, $\pi_{\rm c}(q) = 2k_\theta\theta/(1+\theta^2) - mgr\sin(\theta)$. 这表明匹配条件 (3.73) 成立. 根据式 (3.77), 补偿后的储能/候选 Lyapunov 函数为

$$E_{\rm c}(q,\dot{q}) = \frac{1}{2}\dot{q}^{\rm T}M(q)\dot{q} + \frac{1}{2}kx^2 + k_\theta\ln(1+\theta^2)$$

与 $E(q,\dot{q})$ 相比, $E_{\rm c}(q,\dot{q})$ 是径向无界的.

下面验证系统 (3.74) 对应的系统 (注意到式 (3.92))

$$\begin{aligned} 0 &= M(q)\ddot{q} + C(q,\dot{q})\dot{q} + g(q) + g_{\rm c}(q) \\ &= \begin{bmatrix} (M+m)\ddot{x} + mr\cos(\theta)\ddot{\theta} - mr\sin(\theta)\dot{\theta}^2 + kx \\ mr\cos(\theta)\ddot{x} + (mr^2+J)\ddot{\theta} \end{bmatrix} + \begin{bmatrix} 0 \\ \dfrac{2k_\theta\theta}{1+\theta^2} \end{bmatrix} \end{aligned} \tag{3.93}$$

关于输出 $Y = C\dot{q} = B^{\rm T}\dot{q} = \dot{\theta}$ 的零状态能检测性.

引理 3.6.1 系统 (3.93) 关于输出 $Y = \dot{\theta}$ 是零状态能观测的.

证明 由 $\dot{\theta} \equiv 0$ 知 $\ddot{\theta} \equiv 0$ 且 $\theta = c$ 为常数. 此时, 系统 (3.93) 可写成

$$(M+m)\ddot{x} + kx = 0 \tag{3.94}$$

$$mr\cos(c)\ddot{x} + \frac{2k_\theta c}{1+c^2} = 0 \tag{3.95}$$

若 $\cos(c)=0$, 则方程 (3.95) 蕴含 $c=0$. 这是不可能的. 故 $\cos(c)\neq 0$. 将式 (3.94) 代入式 (3.95) 得到

$$mr\cos(c)\frac{kx}{M+m}=\frac{2k_\theta c}{1+c^2}$$

这表明 x 也是常数, 从而 $\dot{x}=\ddot{x}=0$. 进而由式 (3.94) 可知 $x=0$, 由式 (3.95) 可知 $c=0$. 综合可知 $(x,\theta,\dot{x},\dot{\theta})=0$. 因此, 系统 (3.93) 关于输出 $\dot{\theta}$ 是零状态能观测的. 证毕. □

根据定理 3.5.1, 该系统的全局镇定控制律为

$$u=-\phi(B^{\mathrm{T}}\dot{q})-\pi_{\mathrm{c}}(q)=-\phi(\dot{\theta})-\frac{2k_\theta\theta}{1+\theta^2}+mgr\sin(\theta) \tag{3.96}$$

可以取 $\phi(s)=k_{\dot{\theta}}\sigma(s)$, 这里 $k_{\dot{\theta}}$ 是正常数, 那么有

$$|u|\leqslant k_{\dot{\theta}}+mgr+k_\theta$$

这说明控制量是有界的, 且可通过选取任意小的 $k_{\dot{\theta}}$ 和 k_θ 使得该界充分接近 mgr. 此外, 注意到控制律 (3.96) 没有用到 x 和 $\dot{x}$ 的信息.

3.6.3　无重力力矩补偿的有界控制律

在控制律 (3.96) 中, 存在重力力矩的补偿项 $mgr\sin(\theta)$. 参数的不确定性会导致补偿得不彻底, 进而影响控制性能. 本节讨论一种不直接补偿重力力矩的基于无源性的设计方法.

由于 $E(q,\dot{q})$ 关于 θ 不是径向无界的, 考虑如下势能补偿项:

$$P_{\mathrm{c}}(q)=\int_0^\theta \phi_1(s)\mathrm{d}s$$

其中, $\phi_1(s)=k_1\sigma(s)$. 由于

$$\lim_{|\theta|\to\infty}\int_0^\theta \phi_1(s)\mathrm{d}s=\infty$$

$P_{\mathrm{c}}(q)$ 关于 θ 是径向无界的. 补偿后的势能为

$$P_*(q)=P(q)+P_{\mathrm{c}}(q)=\frac{1}{2}kx^2+mgr(1-\cos(\theta))+\int_0^\theta \phi_1(s)\mathrm{d}s$$

显然, $P_*(q)\in\mathcal{C}^1(\mathbf{R}^2,\mathbf{R}_{\geqslant 0})$ 也是正定、径向无界的且满足 $P_*(0)=0$. 直接计

算可知

$$g_{\mathrm{c}}(q) = \left(\frac{\partial P_{\mathrm{c}}(q)}{\partial q}\right)^{\mathrm{T}} = \begin{bmatrix} 0 \\ \phi_1(\theta) \end{bmatrix} = B\pi_{\mathrm{c}}(q)$$

其中, $\pi_{\mathrm{c}}(q) = \phi_1(\theta)$. 这表明匹配条件 (3.73) 也成立. 根据式 (3.77), 补偿后的储能/候选 Lyapunov 函数为

$$E_{\mathrm{c}}(q,\dot{q}) = \frac{1}{2}\dot{q}^{\mathrm{T}}M(q)\dot{q} + \frac{1}{2}kx^2 + mgr(1-\cos(\theta)) + \int_0^{\theta}\phi_1(s)\mathrm{d}s$$

与 $E(q,\dot{q})$ 相比, $E_{\mathrm{c}}(q,\dot{q})$ 也是径向无界的.

下面验证系统 (3.74) 对应的系统 (注意到式 (3.92))

$$0 = \begin{bmatrix} (M+m)\ddot{x} + mr\cos(\theta)\ddot{\theta} - mr\sin(\theta)\dot{\theta}^2 + kx \\ mr\cos(\theta)\ddot{x} + (mr^2+J)\ddot{\theta} + mgr\sin(\theta) \end{bmatrix} + \begin{bmatrix} 0 \\ \phi_1(\theta) \end{bmatrix} \tag{3.97}$$

关于输出 $Y = C\dot{q} = B^{\mathrm{T}}\dot{q} = \dot{\theta}$ 的零状态能检测性.

引理 3.6.2 如果 $k_1 > mgr$, 则系统 (3.97) 关于输出 $\dot{\theta}$ 是零状态能观测的.

证明 由 $\dot{\theta} \equiv 0$ 可知 $\ddot{\theta} \equiv 0$ 且 $\theta = c$ 为常数. 系统 (3.97) 可写成

$$(M+m)\ddot{x} + kx = 0 \tag{3.98}$$

$$mr\cos(c)\ddot{x} + mgr\sin(c) = -k_1\sigma(c) \tag{3.99}$$

若 $\cos(c) = 0$, 则 $\sin(c) = \pm 1$. 当 $k_1 > mgr$ 时, 方程 (3.99) 无解. 故 $\cos(c) \neq 0$. 将方程 (3.98) 代入方程 (3.99) 得到

$$mr\cos(c)\frac{kx}{M+m} = mgr\sin(c) + k_1\sigma(c)$$

这表明 x 也是常数, 从而 $\dot{x} = \ddot{x} = 0$. 进而由方程 (3.98) 知 $x = 0$. 此时, 方程 (3.99) 退化成

$$mgr\sin(c) = -k_1\sigma(c)$$

当 $k_1 > mgr$ 时其仅有解 $c = 0$. 综合可知 $(x,\theta,\dot{x},\dot{\theta}) = 0$. 因此, 系统 (3.97) 关于输出 $\dot{\theta}$ 是零状态能观测的. 证毕. □

根据定理 3.5.1, 该系统的全局镇定控制律为

$$u = -\phi(B^{\mathrm{T}}\dot{q}) - \pi_{\mathrm{c}}(q) = -k_1\sigma(\theta) - k_2\sigma(\dot{\theta}), \quad k_1 > mgr \tag{3.100}$$

这里取 $\phi(s) = k_2\sigma(s)$ $(k_2 > 0)$. 控制律 (3.100) 也是有界的, 且 $|u| \leqslant k_1 + k_2$, 后者可充分接近 mgr. 与式 (3.96) 相比, 控制律 (3.100) 中不含有重力矩的补偿项 $mgr\sin(\theta)$.

3.6.4 数值仿真

为了仿真需要, 根据文献 [4] 选取参数 $M = 1.3608\text{kg}, m = 0.096\text{kg}, r = 0.0592\text{m}, k = 186.3\text{N/m}, J = 0.0002175\text{kg}\cdot\text{m}^2$ 以及初值为 $q(0) = [0, \pi/6]^{\text{T}}$, $\dot{q}(0) = 0$. 针对控制器 (3.96), 选择参数 $k_\theta = 0.01$ 和 $k_{\dot{\theta}} = 0.01$. 仿真结果如图 3.7 所示. 由图可以看出闭环系统是渐近稳定的. 针对控制器 (3.100), 选择参数 $k_1 = 0.01$ 和 $k_2 = 0.005$. 仿真结果如图 3.8 所示. 由图可以看出闭环系统也是渐近稳定的.

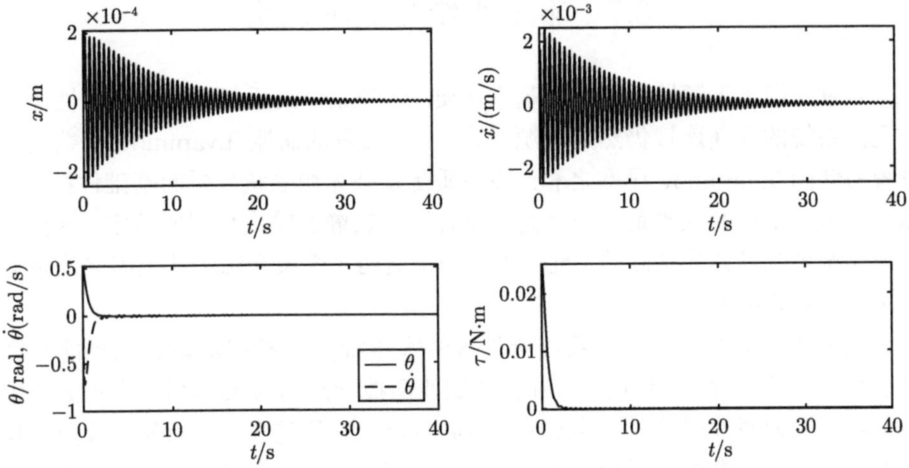

图 3.7 TORA 系统: 基于势能补偿的有界控制律的仿真验证

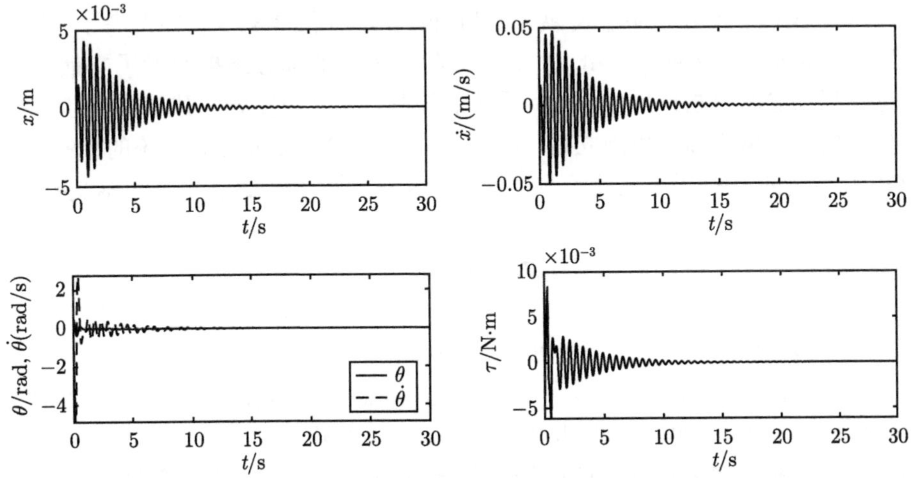

图 3.8 TORA 系统: 无重力力矩补偿的有界控制律的仿真验证

从图 3.7 和图 3.8 可以看出闭环系统位移 x 及速度 $\dot{x}$ 的收敛速率要慢于角度 θ 及角速度 $\dot{\theta}$ 的收敛速率, 这是由于控制器 (3.96) 和 (3.100) 都不含有位移 x 及速度 $\dot{x}$ 的信息即控制器直接作用于角度 θ 及角速度 $\dot{\theta}$、间接作用于位移 x 和速度 $\dot{x}$. 从图中还可以看出, 就闭环系统状态的收敛速度而言, 控制器 (3.100) 明显要优于控制器 (3.96). 由此可见无重力补偿控制器的控制性能要更好. 此外, 图 3.7 和图 3.8 均表明小车的位移不大于 0.025m, 持续输入转矩不大于 0.1N·m, 满足文献 [4] 中的设计要求.

3.7 本章小结与文献说明

本章介绍了无源性的概念和基本性质. 无源系统最重要的一个基本性质是两个无源系统的反馈连接仍然是无源系统, 从而后者的储能/Lyapunov 函数是各子系统的储能/Lyapunov 函数之和. 该性质是复杂无源系统分析的基础性结论. 无源系统另一个重要性质是其在一定的条件下可被静态输出反馈所镇定. 该性质是复杂无源系统设计的基础性结论. 本章基于这两个性质介绍了几类串联连接非线性系统的全局镇定问题.

无源性是绝大多数物理系统所具备的本质特性. 控制器设计如果能充分利用系统本身的特性, 顺势而为, 就能达到四两拨千斤的效果, 是控制的最高境界. 在实际使用无源性理论时, 不必拘泥本章中介绍的几类系统. 无源系统分析和设计方法本质上是提供了复杂系统 Lyapunov 函数的一种构造方法, 即复合系统的 Lyapunov 函数是组成它的子系统的 Lyapunov 函数之和. 需要注意的是, 该性质并非对所有复合非线性系统都是成立的.

本章 3.1 节主要参考了文献 [5] 和 [6], 3.2 节和 3.3 节主要参考了文献 [6], 3.4 节主要参考了文献 [7] 和 [8], 3.5 节和 3.6 节的部分结果参考了文献 [9], 而部分结果 (定理 3.5.1 和 TORA 系统的控制) 未公开发表. 建议进一步开展的工作: 欠驱机械系统 (如倒立摆) 的控制 [10], 端口 Hamilton 系统的控制 [11,12], TORA 系统的控制 [13], 柔性关节机器人的控制 [14]. 其他最新工作包括文献 [15].

参 考 文 献

[1] 周彬. 线性系统理论. 北京: 科学出版社, 2024.

[2] Krstic M, Tsiotras P. Inverse optimal stabilization of a rigid spacecraft. IEEE Transactions on Automatic Control, 1999, 44(5): 1042-1049.

[3] 张宇, 郭源博, 李芦钰, 等. 基于最大反馈线性化的 TORA 系统非奇异镇定控制. 控制与决策, 2018, 33(8): 1415-1421.

[4] Robert T B, Bernstein D S, Coppola V T. A benchmark problem for nonlinear control design. International Journal of Robust and Nonlinear Control, 1998, 8(4-5): 307-310.

[5] Byrnes C I, Isidori A, Willems J C. Passivity feedback equivalence and the global stabilization of minimum phase nonlinear systems. IEEE Transactions on Automatic Control, 1991, 36(11): 1228-1240.

[6] Sepulchre R, Jankovic M, Kokotovic P V. Constructive Nonlinear Control. Berlin: Springer Science & Business Media, 2012.

[7] Tsiotras P. Further passivity results for the attitude control problem. IEEE Transactions on Automatic Control, 1998, 43(11): 1597-1600.

[8] Tsiotras P. Stabilization and optimality results for the attitude control problem. Journal of Guidance, Control, and Dynamics, 1996, 19(4): 772-779.

[9] Khalil H. Nonlinear Systems. New York: Pearson, 2001.

[10] Acosta J A, Ortega R, Astolfi A, et al. Interconnection and damping assignment passivity-based control of mechanical systems with underactuation degree one. IEEE Transactions on Automatic Control, 2005, 50(12): 1936-1955.

[11] Borja P, Ortega R, Scherpen J M. New results on stabilization of port-Hamiltonian systems via PID passivity-based control. IEEE Transactions on Automatic Control, 2020, 66(2): 625-636.

[12] Ortega R, Van Der Schaft A, Castanos F, et al. Control by interconnection and standard passivity-based control of port-Hamiltonian systems. IEEE Transactions on Automatic Control, 2008, 53(11): 2527-2542.

[13] Jankovic M, Fontaine D, Kokotovic P V. TORA example: Cascade-and passivity-based control designs. IEEE Transactions on Control Systems Technology, 1996, 4(3): 292-297.

[14] Ott C, Albu-Schaffer A, Kugi A, et al. On the passivity-based impedance control of flexible joint robots. IEEE Transactions on Robotics, 2008, 24(2): 416-429.

[15] Kawano Y, Kosaraju K C, Scherpen J M. Krasovskii and shifted passivity-based control. IEEE Transactions on Automatic Control, 2020, 66(10): 4926-4932.

第 4 章　反步设计

第 2 章针对规范型系统介绍了滑模控制方法. 在规范型系统中, 不确定性出现的部位完全被控制输入直接覆盖, 因而可以直接在控制律中添加一些项来克服其影响, 这种不确定性称为匹配不确定性. 本章介绍形式上更加一般的下三角系统的控制设计方法: 反步设计方法. 在下三角系统中, 除了匹配不确定性, 还有非匹配不确定性. 所谓非匹配不确定性, 是指出现在控制输入直接覆盖范围之外的不确定性. 对于非匹配不确定性, 难以直接在控制律中添加一些项来克服其影响. 反步设计方法由 Kokotovic (科科托维奇) 等于 20 世纪 90 年代提出 [1,2], 由于它能够很好地处理下三角系统中的非匹配不确定性, 一经提出便引起非线性控制领域的学者与工程师们的极大关注, 迅速成为非线性控制设计的主流方法之一, 并被尝试应用于各种实际对象的控制律设计中.

4.1　反步设计的基本原理

考虑系统

$$\begin{cases} \dot{x}_1 = f_1(x_1) + g_1(x_1)x_2 \\ \dot{x}_2 = f_2(\bar{x}_2) + g_2(\bar{x}_2)x_3 \\ \quad\vdots \\ \dot{x}_{n-1} = f_{n-1}(\bar{x}_{n-1}) + g_{n-1}(\bar{x}_{n-1})x_n \\ \dot{x}_n = f_n(x) + g_n(x)u \\ y = x_1 \end{cases} \tag{4.1}$$

其中, $x_i \in \mathbf{R}$ $(i = 1, 2, \cdots, n)$ 为状态变量, $\bar{x}_i = [x_1, x_2, \cdots, x_i]^{\mathrm{T}}$, $x = [x_1, x_2, \cdots, x_n]^{\mathrm{T}}$, $u \in \mathbf{R}$ 为控制输入, $y \in \mathbf{R}$ 为系统输出; 函数 $f_i(\bar{x}_i), g_i(\bar{x}_i) \in \mathcal{C}^{n-i}(\mathbf{R}^i, \mathbf{R})$, 且对任意 $\bar{x}_i \in \mathbf{R}^i$ 有 $g_i(\bar{x}_i) \neq 0$. 不失一般性, 可以设对任意 $\bar{x}_i \in \mathbf{R}^i$ 有 $g_i(\bar{x}_i) > 0$. 上述形式的系统称为严格反馈 (strict feedback) 型系统, 或简称为严反馈系统. 有时也根据其结构特点称其为下三角 (lower-triangular) 系统. 工程中有许多控制系统可以建模成严反馈形式, 或者可以化成严反馈形式, 例如, 第 2 章提到的各种系统, 以及单连杆机械手模型、STT 飞行器俯仰或偏航通道的控制系统模型等.

对于系统 (4.1), 常见的控制问题包括:

(1) 输出调节问题, 即设计控制律 u 使闭环系统信号有界且输出 y 收敛到零.

(2) 输出跟踪问题, 即设计控制律 u 使闭环系统信号有界且系统的输出渐近跟踪参考信号 y_{d}, 其中参考信号满足如下假设.

假设 4.1.1　$y_{\mathrm{d}} \in \mathcal{C}^n(\mathbf{R}_{\geqslant 0}, \mathbf{R})$ 且 $y_{\mathrm{d}}^{(i)}$ $(i = 0, 1, \cdots, n)$ 有界.

可以看出, 输出调节问题可以看作输出跟踪问题的一个特例. 这里首先讨论系统 (4.1) 的输出调节问题, 然后将结果拓展到输出跟踪问题. 为便于介绍反步设计方法的基本原理, 假设 $f_i(\bar{x}_i)$ 和 $g_i(\bar{x}_i)$ 为已知.

4.1.1　输出调节反步设计

总的来说, 反步设计方法是一种基于 Lyapunov 理论的、递推的、构造性的设计方法, 其实现手段是将 x_i 看作由前 $i-1$ 个变量 x_1、x_2、$\cdots$、x_{i-1} 所构成系统的控制变量, 从距离 u 最远的子系统 $\dot{x}_1 = f_1(x_1) + g_1(x_1)x_2$ 开始, 一步一步地向后逐级构造 Lyapunov 函数并设计虚拟控制律 $x_{i\mathrm{d}}$, 直到最后的第 n 步得到闭环系统真正的 Lyapunov 函数和实际控制律 u.

系统 (4.1) 输出调节的反步设计分 n 步完成.

第 1 步　定义 $z_1 = x_1$, 则有

$$\dot{z}_1 = f_1(x_1) + g_1(x_1)x_2 \tag{4.2}$$

视 x_2 为 z_1-系统 (4.2) 的控制变量. 定义 $V_1 = z_1^2/2$, 则 V_1 沿系统 (4.2) 的时间导数为

$$\dot{V}_1 = z_1\dot{z}_1 = z_1(f_1(x_1) + g_1(x_1)x_2)$$

为了使闭环系统的原点渐近稳定, 只需设计 x_2 使得 $\dot{V}_1$ 负定即可. 构造

$$x_{2\mathrm{d}} = \frac{1}{g_1(x_1)}(-k_1z_1 - f_1(x_1)) \tag{4.3}$$

其中, $k_1 > 0$ 为设计参数. 显然, 若 $x_2 \equiv x_{2\mathrm{d}}$, 则可得 $\dot{V}_1 = -k_1z_1^2$. 但是, 因 x_2 受到自身动态方程的约束, 故不可能有 $x_2 \equiv x_{2\mathrm{d}}$. 因此, 将 $x_{2\mathrm{d}}$ 作为 x_2 的期望变化规律, 称之为虚拟控制律, 并定义它们之间的误差为 $z_2 = x_2 - x_{2\mathrm{d}}$, 则可得闭环 z_1-系统为

$$\dot{z}_1 = f_1(x_1) + g_1(x_1)x_{2\mathrm{d}} + g_1(x_1)(x_2 - x_{2\mathrm{d}}) = -k_1z_1 + g_1(x_1)z_2 \tag{4.4}$$

且 V_1 沿系统 (4.4) 的时间导数为

$$\dot{V}_1 = -k_1z_1^2 + g_1(x_1)z_1z_2$$

很显然, 若 $z_2 \equiv 0$, 即 x_2 与 $x_{2\mathrm{d}}$ 之间没有偏差, 则 z_1 将收敛到零. 很自然地, 下一步工作就是分析和处理 x_2 与 $x_{2\mathrm{d}}$ 之间的误差 z_2 带来的影响.

说明 4.1.1　基于 Lyapunov 理论的构造性控制设计的最终目标是要尽可能使 Lyapunov 函数的导数负定、半负定或者满足有界性引理中的条件. 为了实现这一目标, 虚拟控制律中一般至少包含两个部分: 一部分是线性或者非线性阻尼项, 如 $x_{2\mathrm{d}}$ 中的 $-k_1z_1$ 项, 它在 $\dot{V}_1$ 中形成非正项 $-k_1z_1^2$; 另一部分为抵消项, 如 $-f_1(x_1)$, 它的作用是避免 $\dot{V}_1$ 中出现符号不确定项或者非负项 $z_1f_1(x_1)$. 当然, 如果 $z_1f_1(x_1)\leqslant 0$, 则虚拟控制律 $x_{2\mathrm{d}}$ 中无须引入 $-f_1(x_1)$ 项.

说明 4.1.2　在 $\dot{V}_1$ 中, 除了非正项 $-k_1z_1^2$ 外, 还有交叉项 $g_1(x_1)z_1z_2$, 其是一个符号不确定的项. 这一项将留到下一步处理. 请读者思考, 为什么不能在 $x_{2\mathrm{d}}$ 中引入项 $-z_2$ 来进行抵消?

第 2 步　由于 $z_2=x_2-x_{2\mathrm{d}}$, 其满足如下动态方程:

$$\dot{z}_2=f_2(\bar{x}_2)+g_2(\bar{x}_2)x_3-\dot{x}_{2\mathrm{d}}$$

考虑 $\bar{z}_2$-系统

$$\begin{cases}\dot{z}_1=-k_1z_1+g_1(x_1)z_2\\ \dot{z}_2=f_2(\bar{x}_2)+g_2(\bar{x}_2)x_3-\dot{x}_{2\mathrm{d}}\end{cases}\tag{4.5}$$

视 x_3 为系统 (4.5) 的控制变量. 设待定的虚拟控制律为 $x_{3\mathrm{d}}$, 并定义 x_3 和 $x_{3\mathrm{d}}$ 之间的误差为 $z_3=x_3-x_{3\mathrm{d}}$, 则有

$$\begin{cases}\dot{z}_1=-k_1z_1+g_1(x_1)z_2\\ \dot{z}_2=f_2(\bar{x}_2)+g_2(\bar{x}_2)x_{3\mathrm{d}}+g_2(\bar{x}_2)z_3-\dot{x}_{2\mathrm{d}}\end{cases}\tag{4.6}$$

定义 $V_2=V_1+z_2^2/2=\sum\limits_{j=1}^{2}z_j^2/2$, 则 V_2 沿系统 (4.6) 的时间导数为

$$\dot{V}_2=\dot{V}_1+z_2\dot{z}_2=-k_1z_1^2+g_1(x_1)z_1z_2+z_2(f_2(\bar{x}_2)+g_2(\bar{x}_2)x_{3\mathrm{d}}+g_2(\bar{x}_2)z_3-\dot{x}_{2\mathrm{d}})$$

为了使 $\dot{V}_2$ 中的项除交叉项 $g_2(\bar{x}_2)z_2z_3$ 外是非正的, 构造

$$x_{3\mathrm{d}}=\frac{1}{g_2(\bar{x}_2)}(-k_2z_2-f_2(\bar{x}_2)-g_1(x_1)z_1+\dot{x}_{2\mathrm{d}})\tag{4.7}$$

其中, $k_2>0$ 为设计参数, 则有

$$\dot{V}_2=-\sum_{j=1}^{2}k_jz_j^2+g_2(\bar{x}_2)z_2z_3$$

同时可得闭环 $\bar{z}_2$-系统为

$$\begin{cases} \dot{z}_1 = -k_1 z_1 + g_1(x_1) z_2 \\ \dot{z}_2 = -g_1(x_1) z_1 - k_2 z_2 + g_2(\bar{x}_2) z_3 \end{cases}$$

第 i 步 $(i = 3, 4, \cdots, n-1)$ 由于 $z_i = x_i - x_{i\mathrm{d}}$, 其满足如下动态方程:

$$\dot{z}_i = f_i(\bar{x}_i) + g_i(\bar{x}_i) x_{i+1} - \dot{x}_{i\mathrm{d}}$$

考虑 $\bar{z}_i$-系统

$$\begin{cases} \dot{z}_1 = -k_1 z_1 + g_1(x_1) z_2 \\ \dot{z}_2 = -k_2 z_2 - g_1(x_1) z_1 + g_2(\bar{x}_2) z_3 \\ \quad \vdots \\ \dot{z}_{i-1} = -k_{i-1} z_{i-1} - g_{i-2}(\bar{x}_{i-2}) z_{i-2} + g_{i-1}(\bar{x}_{i-1}) z_i \\ \dot{z}_i = f_i(\bar{x}_i) + g_i(\bar{x}_i) x_{i+1} - \dot{x}_{i\mathrm{d}} \end{cases} \tag{4.8}$$

视 x_{i+1} 为系统 (4.8) 的控制变量. 设待定的虚拟控制律为 $x_{i+1,\mathrm{d}}$, 并定义 x_{i+1} 和 $x_{i+1,\mathrm{d}}$ 之间的误差为 $z_{i+1} = x_{i+1} - x_{i+1,\mathrm{d}}$, 则有

$$\begin{cases} \dot{z}_1 = -k_1 z_1 + g_1(x_1) z_2 \\ \dot{z}_2 = -k_2 z_2 - g_1(x_1) z_1 + g_2(\bar{x}_2) z_3 \\ \quad \vdots \\ \dot{z}_{i-1} = -k_{i-1} z_{i-1} - g_{i-2}(\bar{x}_{i-2}) z_{i-2} + g_{i-1}(\bar{x}_{i-1}) z_i \\ \dot{z}_i = f_i(\bar{x}_i) + g_i(\bar{x}_i) x_{i+1,\mathrm{d}} + g_i(\bar{x}_i) z_{i+1} - \dot{x}_{i\mathrm{d}} \end{cases} \tag{4.9}$$

定义 $V_i = V_{i-1} + z_i^2/2 = \sum_{j=1}^{i} z_j^2/2$, 则 V_i 沿系统 (4.9) 的时间导数为

$$\begin{aligned} \dot{V}_i &= \dot{V}_{i-1} + z_i \dot{z}_i \\ &= -\sum_{j=1}^{i-1} k_j z_j^2 + g_{i-1}(\bar{x}_{i-1}) z_{i-1} z_i + z_i (f_i(\bar{x}_i) + g_i(\bar{x}_i) x_{i+1,\mathrm{d}} + g_i(\bar{x}_i) z_{i+1} - \dot{x}_{i\mathrm{d}}) \end{aligned}$$

为了使 $\dot{V}_i$ 中的项除交叉项 $g_i(\bar{x}_i) z_i z_{i+1}$ 外是非正的, 构造

$$x_{i+1,\mathrm{d}} = \frac{1}{g_i(\bar{x}_i)} (-k_i z_i - f_i(\bar{x}_i) - g_{i-1}(\bar{x}_{i-1}) z_{i-1} + \dot{x}_{i\mathrm{d}}) \tag{4.10}$$

其中, $k_i > 0$ 为设计参数, 则有

$$\dot{V}_i = -\sum_{j=1}^{i} k_j z_j^2 + g_i(\bar{x}_i) z_i z_{i+1}$$

同时可得闭环 $\bar{z}_i$-系统为

$$\begin{cases} \dot{z}_1 = -k_1 z_1 + g_1(x_1) z_2 \\ \dot{z}_2 = -k_2 z_2 - g_1(x_1) z_1 + g_2(\bar{x}_2) z_3 \\ \quad \vdots \\ \dot{z}_i = -k_i z_i - g_{i-1}(\bar{x}_{i-1}) z_{i-1} + g_i(\bar{x}_i) z_{i+1} \end{cases}$$

第 n 步 由于 $z_n = x_n - x_{\mathrm{nd}}$, 其满足如下动态方程:

$$\dot{z}_n = f_n(x) + g_n(x) u - \dot{x}_{\mathrm{nd}}$$

考虑 $\bar{z}_n$-系统或者说 z-系统

$$\begin{cases} \dot{z}_1 = -k_1 z_1 + g_1(x_1) z_2 \\ \dot{z}_2 = -k_2 z_2 - g_1(x_1) z_1 + g_2(\bar{x}_2) z_3 \\ \quad \vdots \\ \dot{z}_{n-1} = -k_{n-1} z_{n-1} - g_{n-2}(\bar{x}_{n-2}) z_{n-2} + g_{n-1}(\bar{x}_{n-1}) z_n \\ \dot{z}_n = f_n(x) + g_n(x) u - \dot{x}_{\mathrm{nd}} \end{cases} \tag{4.11}$$

这里, $z = [z_1, z_2, \cdots, z_n]^{\mathrm{T}}$. 此时, 真正的控制输入变量 u 出现了. 定义 $V = V_{n-1} + z_n^2/2 = \sum_{j=1}^{n} z_j^2/2$, 则 V 沿系统 (4.11) 的时间导数为

$$\dot{V} = \dot{V}_{n-1} + z_n \dot{z}_n = -\sum_{j=1}^{n-1} k_j z_j^2 + g_{n-1}(\bar{x}_{n-1}) z_{n-1} z_n + z_n (f_n(x) + g_n(x) u - \dot{x}_{\mathrm{nd}})$$

为了使闭环 z-系统的原点渐近稳定, 只需构造 u 使 $\dot{V}$ 负定即可. 构造控制律为

$$u = \frac{1}{g_n(x)} (-k_n z_n - f_n(x) - g_{n-1}(\bar{x}_{n-1}) z_{n-1} + \dot{x}_{\mathrm{nd}}) \tag{4.12}$$

其中, $k_n > 0$ 为设计参数, 则有

$$\dot{V} = -\sum_{j=1}^{n} k_j z_j^2$$

同时可得闭环 z-系统为

$$\begin{cases}\dot{z}_1 = -k_1 z_1 + g_1(x_1) z_2 \\ \dot{z}_2 = -k_2 z_2 - g_1(x_1) z_1 + g_2(\bar{x}_2) z_3 \\ \quad\vdots \\ \dot{z}_{n-1} = -k_{n-1} z_{n-1} - g_{n-2}(\bar{x}_{n-2}) z_{n-2} + g_{n-1}(\bar{x}_{n-1}) z_n \\ \dot{z}_n = -k_n z_n - g_{n-1}(\bar{x}_{n-1}) z_{n-1}\end{cases}$$

根据 Lyapunov 稳定性定理可知，闭环 z-系统的零平衡点全局渐近稳定.

下面分析闭环 x-系统的稳定性. 根据 z_i 的定义可知 x 和 z 之间满足关系

$$\begin{cases}z_1 = x_1 \\ z_2 = x_2 - x_{2\mathrm{d}}(x_1) \\ \quad\vdots \\ z_{n-1} = x_{n-1} - x_{n-1,\mathrm{d}}(\bar{x}_{n-2}) \\ z_n = x_n - x_{n\mathrm{d}}(\bar{x}_{n-1})\end{cases}$$

将上式简写为 $z = T(x)$ 的形式. 显然，这是一个非线性状态变换. 经过简单计算可知

$$\frac{\partial T(x)}{\partial x} = \begin{bmatrix} 1 & 0 & 0 & \cdots & 0 & 0 & 0 \\ * & 1 & 0 & \cdots & 0 & 0 & 0 \\ * & * & 1 & \cdots & 0 & 0 & 0 \\ \vdots & \vdots & \vdots & & \vdots & \vdots & \vdots \\ * & * & * & \cdots & 1 & 0 & 0 \\ * & * & * & \cdots & * & 1 & 0 \\ * & * & * & \cdots & * & * & 1 \end{bmatrix}_{n\times n}$$

很显然，对任意 $x \in \mathbf{R}^n$ 有 $\det(\partial T(x)/\partial x) \neq 0$. 同时，容易验证当 $\|x\| \to \infty$ 时有 $\|T(x)\| \to \infty$. 可见，$T(x)$ 是全局微分同胚的. 由于闭环 z-系统的零平衡点全局渐近稳定，闭环 x-系统的解全局收敛到点 $x_\mathrm{e} = T^{-1}(0)$. 同时，很容易验证 u 的有界性. 因此，闭环系统信号有界且输出 $y = x_1 = z_1$ 收敛到零，即系统 (4.1) 的输出调节问题得以解决. 特别地，若 $x_\mathrm{e} = T^{-1}(0) = 0$，则闭环 x-系统的解全局收敛到原点.

综上所述，有下述结果.

定理 4.1.1　考虑系统 (4.1). 由式 (4.3)、式 (4.7)、式 (4.10) 和式 (4.12) 所构成的控制律可以使闭环系统信号有界且输出 y 收敛到零.

作为本节的结尾, 下面给出几点补充说明. 首先, 在使用反步设计方法时, 不必要求系统 (4.1) 中的系数 $g_i(\bar{x}_i)$ 严格满足对任意 $\bar{x}_i \in \mathbf{R}^i$ 有 $g_i(\bar{x}_i) \neq 0$, 如下面的例子.

例 4.1.1 考虑下述系统:

$$\begin{cases} \dot{x}_1 = x_1 x_2 \\ \dot{x}_2 = u \end{cases}$$

该系统的一个有趣之处是它在原点的近似线性化系统不能控. 实际上, 它在原点附近也不是可规范化的, 即找不到 $y = h(x)$ 使得系统在原点处的相对阶为 2. 但是, 该系统仍然可以用反步设计方法进行反馈控制律设计使得原点渐近稳定. 有兴趣的读者可以一试.

其次, 由前述推导过程不难发现, 反步设计方法对系统的结构式是有要求的. 一般来说, 需要其满足下三角形式, 但此要求并非完全必须, 如下面的例子.

例 4.1.2 考虑下述系统:

$$\begin{cases} \dot{x}_1 = x_2 + f(x_3) \\ \dot{x}_2 = x_3 \\ \dot{x}_3 = u \end{cases}$$

令 $z_1 = x_1, z_2 = x_2 - x_{2\mathrm{d}}, z_3 = x_3 - x_{3\mathrm{d}}$, 其中 $x_{2\mathrm{d}}$ 和 $x_{3\mathrm{d}}$ 为待定的虚拟控制律, 则有

$$\begin{cases} \dot{z}_1 = z_2 + x_{2\mathrm{d}} + f(x_3) \\ \dot{z}_2 = z_3 + x_{3\mathrm{d}} - \dot{x}_{2\mathrm{d}} \\ \dot{z}_3 = u - \dot{x}_{3\mathrm{d}} \end{cases}$$

根据前面的推导, 取

$$\begin{cases} x_{2\mathrm{d}} = -k_1 z_1 - f(x_3) \\ x_{3\mathrm{d}} = -z_1 - k_2 z_2 + \dot{x}_{2\mathrm{d}} \\ u = -z_2 - k_3 z_3 + \dot{x}_{3\mathrm{d}} \end{cases}$$

其中, $k_i > 0$ $(i = 1, 2, 3)$ 为设计参数, 则可得如下闭环系统:

$$\begin{cases} \dot{z}_1 = -k_1 z_1 + z_2 \\ \dot{z}_2 = -z_1 - k_2 z_2 + z_3 \\ \dot{z}_3 = -z_2 - k_3 z_3 \end{cases}$$

令 $V=(z_1^2+z_2^2+z_3^2)/2$, 则 V 沿闭环系统的时间导数为 $\dot{V}=-k_1z_1^2-k_2z_2^2-k_3z_3^2$. 由此可知 $z_i\xrightarrow{t\to\infty}0$. 但是注意到

$$\begin{cases}\dot{x}_{2\mathrm{d}}=k_1^2z_1-k_1z_2-\dfrac{\partial f}{\partial x_3}u\\[2ex]\dot{x}_{3\mathrm{d}}=(k_1^2-1)\dot{z}_1-(k_1+k_2)\dot{z}_2-\dfrac{\partial^2 f}{\partial x_3^2}u^2-\dfrac{\partial f}{\partial x_3}\dot{u}\end{cases}$$

于是有

$$u+\frac{\partial^2 f}{\partial x_3^2}u^2+\frac{\partial f}{\partial x_3}\dot{u}=-z_2-k_3z_3+(k_1^2-1)\dot{z}_1-(k_1+k_2)\dot{z}_2$$

一般来说, 无法由此求得控制律 u 的解析表达式. 但是对于一些特殊情况, 如当 $f(x_3)=x_3$ 时有 $\partial f/\partial x_3=1$, $\partial^2 f/\partial x_3^2=0$, 故有

$$u+\dot{u}=-z_2-k_3z_3+(k_1^2-1)\dot{z}_1-(k_1+k_2)\dot{z}_2$$

由此可以求出控制律 u. 对于这种特殊情况, 可以进一步求得 $x_i\xrightarrow{t\to\infty}0$.

最后, 根据反步设计基本原理的推导过程以及例 4.1.2 可以看出, 由于从第 2 步开始, 每一步都需要对上一步求得的虚拟控制律求导数, 所以随着系统阶次的增加, 最终的实际控制律中的项数会急剧增加, 此即所谓的反步设计方法的 "项数膨胀" 问题. 反步设计方法的另一个不足之处是要求函数 $f_i(\bar{x}_i),g_i(\bar{x}_i)\in\mathcal{C}^{n-i}(\mathbf{R}^i,\mathbf{R})$, 这在一定程度上限制了其应用范围.

4.1.2 输出跟踪反步设计

进一步考虑系统 (4.1) 的输出跟踪问题. 首先定义坐标变换

$$\begin{cases}z_1=x_1-x_{1\mathrm{d}}=y-y_{\mathrm{d}}\\ z_2=x_2-x_{2\mathrm{d}}\\ \qquad\vdots\\ z_n=x_n-x_{n\mathrm{d}}\end{cases}$$

其中, $x_{i\mathrm{d}}$ $(i=2,3,\cdots,n)$ 为待定的虚拟控制律. 控制设计仍然分 n 步完成.

第 1 步 根据 z_1 的定义可知

$$\dot{z}_1=f_1(x_1)+g_1(x_1)x_2-\dot{x}_{1d}=f_1(x_1)+g_1(x_1)x_{2\mathrm{d}}+g_1(x_1)z_2-\dot{x}_{1\mathrm{d}} \tag{4.13}$$

定义 $V_1=z_1^2/2$, 则 V_1 沿系统 (4.13) 的时间导数为

$$\dot{V}_1=z_1\dot{z}_1=z_1\left(f_1(x_1)+g_1(x_1)x_{2\mathrm{d}}+g_1(x_1)z_2-\dot{x}_{1\mathrm{d}}\right)$$

构造虚拟控制律

$$x_{2\mathrm{d}}=\frac{1}{g_1(x_1)}(-k_1z_1-f_1(x_1)+\dot{x}_{1\mathrm{d}}) \tag{4.14}$$

其中, $k_1>0$ 为设计参数, 则有

$$\dot{z}_1=-k_1z_1+g_1(x_1)z_2 \tag{4.15}$$

以及

$$\dot{V}_1=-k_1z_1^2+g_1(x_1)z_1z_2$$

第 i 步 $(i=2,3,\cdots,n-1)$ 根据 z_i 的定义可知

$$\dot{z}_i=f_i(\bar{x}_i)+g_i(\bar{x}_i)x_{i+1}-\dot{x}_{i\mathrm{d}}=f_i(\bar{x}_i)+g_i(\bar{x}_i)x_{i+1,\mathrm{d}}+g_i(\bar{x}_i)z_{i+1}-\dot{x}_{i\mathrm{d}} \tag{4.16}$$

定义 $V_i=V_{i-1}+z_i^2/2$, 则 V_i 沿系统 (4.15) 和 (4.16) 的时间导数为

$$\begin{aligned}\dot{V}_i&=\dot{V}_{i-1}+z_i\dot{z}_i\\&=-\sum_{j=1}^{i-1}k_jz_j^2+g_{i-1}(\bar{x}_{i-1})z_{i-1}z_i+z_i\left(f_i(\bar{x}_i)+g_i(\bar{x}_i)x_{i+1,\mathrm{d}}+g_i(\bar{x}_i)z_{i+1}-\dot{x}_{i\mathrm{d}}\right)\end{aligned}$$

构造虚拟控制律

$$x_{i+1,\mathrm{d}}=\frac{1}{g_i(\bar{x}_i)}(-k_iz_i-f_i(\bar{x}_i)-g_{i-1}(\bar{x}_{i-1})z_{i-1}+\dot{x}_{i\mathrm{d}}) \tag{4.17}$$

其中, $k_i>0$ 为设计参数, 则有

$$\dot{z}_i=-k_iz_i-g_{i-1}(\bar{x}_{i-1})z_{i-1}+g_i(\bar{x}_i)z_{i+1} \tag{4.18}$$

$$\dot{V}_i=-\sum_{j=1}^{i}k_jz_j^2+g_i(\bar{x}_i)z_iz_{i+1}$$

第 n 步 根据 z_n 的定义可知

$$\dot{z}_n=f_n(x)+g_n(x)u-\dot{x}_{n\mathrm{d}} \tag{4.19}$$

定义 $V=V_{n-1}+z_n^2/2$, 则 V 沿式 (4.15)、式 (4.18) 和式 (4.19) 的时间导数为

$$\dot{V}=\dot{V}_{n-1}+z_n\dot{z}_n$$

$$= -\sum_{j=1}^{n-1} k_j z_j^2 + g_{n-1}(\bar{x}_{n-1}) z_{n-1} z_n + z_n \left(f_n(x) + g_n(x)u - \dot{x}_{n\mathrm{d}}\right)$$

构造实际控制律为

$$u = \frac{1}{g_n(x)}(-k_n z_n - f_n(x) - g_{n-1}(\bar{x}_{n-1}) z_{n-1} + \dot{x}_{n\mathrm{d}}) \tag{4.20}$$

其中, $k_n > 0$ 为设计参数, 则有

$$\dot{z}_n = -k_n z_n - g_{n-1}(\bar{x}_{n-1}) z_{n-1}, \quad \dot{V} = -\sum_{j=1}^{n} k_j z_j^2$$

综上所述, 闭环 z-系统为

$$\begin{cases} \dot{z}_1 = -k_1 z_1 + g_1(x_1) z_2 \\ \dot{z}_2 = -k_2 z_2 - g_1(x_1) z_1 + g_2(\bar{x}_2) z_3 \\ \quad \vdots \\ \dot{z}_n = -k_n z_n - g_{n-1}(\bar{x}_{n-1}) z_{n-1} \end{cases}$$

这里, $z = [z_1, z_2, \cdots, z_n]^{\mathrm{T}}$. 根据 Lyapunov 稳定性定理, 闭环 z-系统的零平衡点全局渐近稳定. 于是可知输出信号 y 渐近跟踪参考信号 y_d. 同时, 考虑到 $y_{\mathrm{d}}^{(i)}$ $(i = 0, 1, \cdots, n)$ 的有界性, 可以很容易地推导出状态 x 和控制信号 u 的有界性.

综上所述, 有下述结果.

定理 4.1.2 考虑系统 (4.1). 由式 (4.14)、式 (4.17) 和式 (4.20) 所构成的控制律可以使闭环系统信号有界且输出 y 渐近跟踪参考信号 y_{d}.

有一些实际系统, 表面上看起来不是下三角结构, 但是仍然可以用反步设计方法进行控制律设计, 如 4.1.3 节中的永磁同步电机控制系统.

4.1.3 永磁同步电机控制系统的反步设计

在转子同步坐标系 (即 d-q 坐标系) 下, 永磁同步电机的数学模型如下所示 [3]:

$$\begin{cases} \dfrac{\mathrm{d}\omega}{\mathrm{d}t} = \dfrac{1.5p\varphi}{J} i_q - \dfrac{1.5p(L_q - L_d)}{J} i_q i_d - \dfrac{T}{J} - \dfrac{B}{J}\omega \\ \dfrac{\mathrm{d}i_q}{\mathrm{d}t} = \dfrac{1}{L_q} u_q - \dfrac{R}{L_q} i_q - \dfrac{L_d}{L_q}\omega i_d - \dfrac{\varphi}{L_q}\omega \\ \dfrac{\mathrm{d}i_d}{\mathrm{d}t} = \dfrac{1}{L_d} u_d - \dfrac{R}{L_d} i_d + \dfrac{L_q}{L_d}\omega i_q \end{cases} \tag{4.21}$$

式中, u_d 和 u_q 分别为定子的 d 轴和 q 轴电压 (V); i_d 和 i_q 分别为定子的 d 轴和 q 轴电流 (A); L_d 和 L_q 分别为定子的 d 轴和 q 轴电感 (H); R 为定子电阻 (Ω); p 为电机极对数; ω 为电机的角速度 (rad/s); J 为转动惯量 (kg·m^2); T 为负载转矩 (N·m); φ 为永磁体与定子交链磁链 (Wb); B 为黏滞摩擦系数 (N·m·s/rad). 由于状态乘积耦合项的存在, 永磁同步电机的数学模型呈现出非线性特性. 为了尽量实现转速和电流的解耦, 通常采用 $i_d^* = 0$ 的控制策略. 因此, 永磁同步电机控制系统设计的目标为: 针对系统 (4.21) 设计控制律 u_q 和 u_d 使闭环系统信号有界, 电机能够按照期望的转速 $\omega_{\rm d}$ 转动且 d 轴电流尽量保持为零, 其中, 期望的转速满足 $\omega_{\rm d}$、$\dot{\omega}_{\rm d}$、$\ddot{\omega}_{\rm d}$ 连续且有界.

定义 $x_1 = \omega, x_2 = i_q, x_3 = i_d$, $u_1 = u_q, u_2 = u_d$, 则永磁同步电机的数学模型可化为

$$\begin{cases} \dot{x}_1 = g_1 x_2 - \dfrac{1.5p(L_q - L_d)}{J} x_2 x_3 - \dfrac{T}{J} - \dfrac{B}{J} x_1 \\ \dot{x}_2 = g_2 u_1 - \dfrac{R}{L_q} x_2 - \dfrac{L_d}{L_q} x_1 x_3 - \dfrac{\varphi}{L_q} x_1 \\ \dot{x}_3 = g_3 u_2 - \dfrac{R}{L_d} x_3 + \dfrac{L_q}{L_d} x_1 x_2 \end{cases} \tag{4.22}$$

其中, $g_1 = 1.5p\varphi/J, g_2 = 1/L_q, g_3 = 1/L_d$. 控制系统设计的目标可重新描述为: 针对系统 (4.22) 设计控制律 u_1 和 u_2 使得闭环系统信号有界, 且当 $t \to \infty$ 时有 $x_1 \to x_{1\rm d} = \omega_{\rm d}$, $x_3 \to x_{3\rm d} = i_d^* = 0$. 乍一看, 系统 (4.22) 并不满足所谓的严反馈形式, 但是其独特的结构和控制设计目标使得应用反步法进行控制律设计成为可能. 首先定义坐标变换 $z_1 = x_1 - \omega_{\rm d}, z_2 = x_2 - x_{2\rm d}$, 其中 $x_{2\rm d}$ 为待定的虚拟控制律.

第 1 步 根据定义, z_1 满足如下动态方程:

$$\dot{z}_1 = g_1 z_2 + g_1 x_{2\rm d} - \frac{1.5p}{J}(L_q - L_d) x_2 x_3 - \frac{T}{J} - \frac{B}{J} x_1 - \dot{\omega}_{\rm d} \tag{4.23}$$

定义 $V_1 = z_1^2/2$, 则其沿系统 (4.23) 的时间导数为

$$\dot{V}_1 = z_1 \left(g_1 z_2 + g_1 x_{2\rm d} - \frac{1.5p}{J}(L_q - L_d) x_2 x_3 - \frac{T}{J} - \frac{B}{J} x_1 - \dot{\omega}_{\rm d} \right)$$

构造

$$x_{2\rm d} = \frac{1}{g_1} \left(-k_1 z_1 + \frac{T}{J} + \frac{B}{J} x_1 + \dot{\omega}_{\rm d} \right)$$

其中, $k_1 > 0$ 为设计参数, 则有

$$\dot{z}_1 = g_1 z_2 - k_1 z_1 - \frac{1.5p}{J}(L_q - L_d)x_2 x_3 \tag{4.24}$$

$$\dot{V}_1 = g_1 z_1 z_2 - k_1 z_1^2 - \frac{1.5p}{J}(L_q - L_d)z_1 x_2 x_3$$

第 2 步 根据定义, z_2 满足如下动态方程:

$$\dot{z}_2 = g_2 u_1 - \frac{R}{L_q}x_2 - \frac{L_d}{L_q}x_1 x_3 - \frac{\varphi}{L_q}x_1 - \dot{x}_{2\mathrm{d}} \tag{4.25}$$

经简单计算可知

$$\dot{x}_{2\mathrm{d}} = \frac{1}{g_1}\left(-k_1\dot{z}_1 + \frac{\dot{T}}{J} + \frac{B}{J}\dot{x}_1 + \ddot{\omega}_{\mathrm{d}}\right)$$

取 $V_2 = V_1 + z_2^2/2$, 则其沿系统 (4.24) 和 (4.25) 的时间导数为

$$\begin{aligned}\dot{V}_2 = {} & g_1 z_1 z_2 - k_1 z_1^2 - \frac{1.5p}{J}(L_q - L_d)z_1 x_2 x_3 \\ & + z_2\left(g_2 u_1 - \frac{R}{L_q}x_2 - \frac{L_d}{L_q}x_1 x_3 - \frac{\varphi}{L_q}x_1 - \dot{x}_{2\mathrm{d}}\right)\end{aligned}$$

构造

$$u_1 = \frac{1}{g_2}\left(-g_1 z_1 - k_2 z_2 + \frac{R}{L_q}x_2 + \frac{L_d}{L_q}x_1 x_3 + \frac{\varphi}{L_q}x_1 + \dot{x}_{2\mathrm{d}}\right)$$

其中, $k_2 > 0$ 为设计参数, 则有

$$\dot{z}_2 = -g_1 z_1 - k_2 z_2 \tag{4.26}$$

$$\dot{V}_2 = -k_1 z_1^2 - k_2 z_2^2 - \frac{1.5p}{J}(L_q - L_d)z_1 x_2 x_3$$

第 3 步 考察 x_3 的动态方程

$$\dot{x}_3 = g_3 u_2 - \frac{R}{L_d}x_3 + \frac{L_q}{L_d}x_1 x_2 \tag{4.27}$$

取 $V_3 = V_2 + x_3^2/2$, 则其沿系统 (4.24)、(4.26) 和 (4.27) 的时间导数为

$$\dot{V}_3 = -k_1 z_1^2 - k_2 z_2^2 - \frac{1.5p}{J}(L_q - L_d)z_1 x_2 x_3 + x_3\left(g_3 u_2 - \frac{R}{L_d}x_3 + \frac{L_q}{L_d}x_1 x_2\right)$$

构造

$$u_2 = \frac{1}{g_3}\left(-k_3 x_3 + \frac{R}{L_d}x_3 - \frac{L_q}{L_d}x_1 x_2 + \frac{1.5p}{J}(L_q - L_d)z_1 x_2\right)$$

其中, $k_3 > 0$ 为设计参数, 则有

$$\dot{x}_3 = -k_3 x_3 + \frac{1.5p}{J}(L_q - L_d)z_1 x_2, \quad \dot{V}_3 = -k_1 z_1^2 - k_2 z_2^2 - k_3 x_3^2$$

因此, 有 $z_1 \stackrel{t\to\infty}{\longrightarrow} 0$ (即 $x_1 \stackrel{t\to\infty}{\longrightarrow} x_{1\mathrm{d}} = \omega_{\mathrm{d}}$), $z_2 \stackrel{t\to\infty}{\longrightarrow} 0$, $x_3 \stackrel{t\to\infty}{\longrightarrow} 0$. 进而结合 ω_{d}、$\dot{\omega}_{\mathrm{d}}$、$\ddot{\omega}_{\mathrm{d}}$ 的有界性可知 x_i、u_i $(i = 1, 2)$ 有界.

下面进行仿真验证. 系统参数取为: $L_d = 0.010\mathrm{H}$, $L_q = 0.012\mathrm{H}$, $R = 6.8\Omega$, $p = 2$, $J = 0.003\mathrm{kg{\cdot}m^2}$, $T = 0\mathrm{N{\cdot}m}$, $\varphi = 0.42\mathrm{Wb}$, $B = 0.009\mathrm{N{\cdot}m{\cdot}s/rad}$; 控制器增益取为: $k_1 = 800$, $k_2 = 20$, $k_3 = 20$; 初始值取为: $\omega(0) = 0\mathrm{rad/s}$, $i_q(0) = 0.01\mathrm{A}$, $i_d = 0.01\mathrm{A}$. 电机的期望转速取为: $\omega_{\mathrm{d}} = 10\mathrm{rad/s}$.

仿真结果如图 4.1 所示, 图中分别给出了电机转速、d 轴电流、q 轴电压和 d 轴电压随时间变化的曲线. 由仿真结果曲线可以看出, 电机转速迅速无超调地收敛至期望值 10rad/s, d 轴电流迅速收敛至期望值 0A. 仿真结果证明了所设计控制律的有效性.

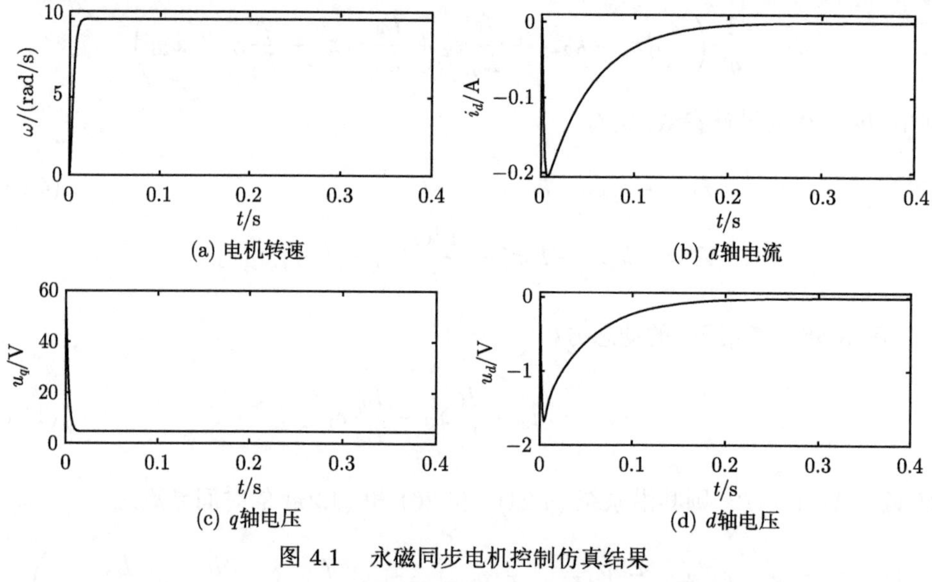

图 4.1　永磁同步电机控制仿真结果

4.1.4 最小相位规范型系统的反步设计

本节考虑一类最小相位规范型系统

$$\begin{cases} \dot{\eta} = \psi(\eta, \xi_1) \\ \dot{\xi}_1 = \xi_2 \\ \quad \vdots \\ \dot{\xi}_{r-1} = \xi_r \\ \dot{\xi}_r = u \end{cases}$$

的全局镇定问题, 这里, $\eta \in \mathbf{R}^{n-r}$ 和 $\xi_i \in \mathbf{R}$ $(i = 1, 2, \cdots, r)$ 为状态, $u \in \mathbf{R}$ 为输入, $\psi(\cdot)$ 是充分光滑的函数, $\psi(0) = 0$. 该规范型系统的特点是内系统只受输出 $y = \xi_1$ 的驱动. 对于线性定常系统, 这总是成立的 (见文献 [4] 的第 4 章); 但对非线性系统, 需要施加额外的条件 [5].

假设该系统是最小相位的, 即零动态

$$\dot{\eta} = \psi(\eta, 0) \stackrel{\text{def}}{=\!=} \psi_0(\eta)$$

的零平衡点是全局渐近稳定的. 根据 Lyapunov 稳定性逆定理 (见定理 1.2.10), 存在可微的径向无界 Lyapunov 函数 $V_\eta(\eta)$ 和 $\mathcal{K}$ 类函数 $\alpha(\cdot)$ 使得

$$\dot{V}_\eta(\eta) = \frac{\partial V_\eta(\eta)}{\partial \eta}\psi_0(\eta) \leqslant -\alpha(\|\eta\|)$$

根据式 (3.30) 可知存在充分光滑的函数 $p(\eta, \xi_1)$ 使得 $\psi(\eta, \xi_1) = \psi_0(\eta) + p(\eta, \xi_1)\xi_1$. 为了简单起见, 本节只考虑 $r = 3$ 的情形. 此时, 上述系统可写为

$$\begin{cases} \dot{\eta} = \psi_0(\eta) + p(\eta, \xi_1)\xi_1 \\ \dot{\xi}_1 = \xi_2 \\ \dot{\xi}_2 = \xi_3 \\ \dot{\xi}_3 = u \end{cases} \tag{4.28}$$

第 1 步 定义 $z_1 = \xi_1$. 选取函数 $V_1 = V_1(\eta, z_1) = V_\eta(\eta) + z_1^2/2$, 其沿着系统 (4.28) 的时间导数满足

$$\begin{aligned} \dot{V}_1 &= \frac{\partial V_\eta(\eta)}{\partial \eta}(\psi_0(\eta) + p(\eta, \xi_1)z_1) + z_1\xi_2 \\ &\leqslant -\alpha(\|\eta\|) + z_1\left(\frac{\partial V_\eta(\eta)}{\partial \eta}p(\eta, \xi_1) + \xi_{2\mathrm{d}}\right) + z_1(\xi_2 - \xi_{2\mathrm{d}}) \end{aligned}$$

$$= -\alpha(\|\eta\|) - z_1^2 + z_1 z_2$$

其中, $z_2 = \xi_2 - \xi_{2\mathrm{d}}$, 虚拟控制律为

$$\xi_{2\mathrm{d}} = -\frac{\partial V_\eta(\eta)}{\partial \eta} p(\eta, \xi_1) - z_1$$

第 2 步　选择函数 $V_2 = V_2(\eta, z_1, z_2) = V_1 + z_2^2/2$, 其沿着系统 (4.28) 的时间导数满足

$$\begin{aligned}\dot{V}_2 &= \dot{V}_1 + z_2(\dot{\xi}_2 - \dot{\xi}_{2\mathrm{d}}) \\ &\leqslant -\alpha(\|\eta\|) - z_1^2 + z_1 z_2 + z_2(\xi_3 - \dot{\xi}_{2\mathrm{d}}) \\ &= -\alpha(\|\eta\|) - z_1^2 - z_2^2 + z_2 z_3\end{aligned}$$

其中, $z_3 = \xi_3 - \xi_{3\mathrm{d}}$, 虚拟控制律为 $\xi_{3\mathrm{d}} = -z_1 + \dot{\xi}_{2\mathrm{d}} - z_2$, 且

$$\begin{aligned}\dot{\xi}_{2\mathrm{d}} = &-\left(\frac{\partial^2 V_\eta(\eta)}{\partial^2 \eta} p(\eta, \xi_1) + \frac{\partial V_\eta(\eta)}{\partial \eta}\frac{\partial p(\eta, \xi_1)}{\partial \eta}\right)(\psi_0(\eta) + p(\eta, \xi_1)\xi_1) \\ &- \frac{\partial V_\eta(\eta)}{\partial \eta}\frac{\partial p(\eta, \xi_1)}{\partial \xi_1}\xi_2 - \xi_2\end{aligned}$$

第 3 步　选择 Lyapunov 函数 $V_3 = V_3(\eta, z_1, z_2, z_3) = V_2 + z_3^2/2$, 其沿着系统 (4.28) 的时间导数满足

$$\begin{aligned}\dot{V}_3 &= \dot{V}_2 + z_3(\dot{\xi}_3 - \dot{\xi}_{3\mathrm{d}}) \\ &\leqslant -\alpha(\|\eta\|) - z_1^2 - z_2^2 + z_2 z_3 + z_3(u - \dot{\xi}_{3\mathrm{d}}) \\ &= -\alpha(\|\eta\|) - z_1^2 - z_2^2 - z_3^2\end{aligned}$$

实际控制律选为

$$u = -z_2 + \dot{\xi}_{3\mathrm{d}} - z_3$$

最后, 由 Lyapunov 稳定性定理知闭环系统是全局渐近稳定的.

上述结论是对定理 1.4.5 的重要补充, 其表明若同时利用外系统和内系统的状态进行反馈控制, 则不对内系统施加输入-状态稳定性的条件也可以实现 (一类) 最小相位规范型系统的全局镇定. 关于最小相位规范型系统反步设计的更多讨论,可以参见文献 [6].

4.2 鲁棒反步设计

4.2.1 半严反馈系统的鲁棒反步设计

考虑不确定非线性系统

$$\begin{cases} \dot{x}_1 = f_1(x_1) + g_1(x_1)(1+\delta_{g1}(x))x_2 + \delta_{f1}(x) \\ \dot{x}_2 = f_2(\bar{x}_2) + g_2(\bar{x}_2)(1+\delta_{g2}(x))x_3 + \delta_{f2}(x) \\ \quad\vdots \\ \dot{x}_{n-1} = f_{n-1}(\bar{x}_{n-1}) + g_{n-1}(\bar{x}_{n-1})(1+\delta_{g,n-1}(x))x_n + \delta_{f,n-1}(x) \\ \dot{x}_n = f_n(x) + g_n(x)(1+\delta_{gn}(x))u + \delta_{fn}(x) \\ y = x_1 \end{cases} \tag{4.29}$$

其中, $f_i, g_i \in \mathcal{C}^{n-i}(\mathbf{R}^i, \mathbf{R})$ $(i=1,2,\cdots,n)$ 为已知函数, 且对任意 $\bar{x}_i \in \mathbf{R}^i$ 有 $g_i(\bar{x}_i) \neq 0$, 因而不妨设对任意 $\bar{x}_i \in \mathbf{R}^i$ 有 $g_i(\bar{x}_i) > 0$; $\delta_{fi}(x)$ 表示与 $f_i(\bar{x}_i)$ 对应的加性不确定性, $\delta_{gi}(x)$ 表示与 $g_i(\bar{x}_i)$ 对应的乘性不确定性, 它们分别满足不等式

$$|\delta_{fi}(x)| \leqslant \eta_i(\bar{x}_i) \tag{4.30}$$

以及

$$|\delta_{gi}(x)| \leqslant \Delta_{gi} < 1 \tag{4.31}$$

其中, $\eta_i(\bar{x}_i)$ 是定义在 $\mathbf{R}^i$ 上的已知光滑非负函数; Δ_{gi} 为常数. 尽管 $\delta_{fi}(x)$ 和 $\delta_{gi}(x)$ 导致系统 (4.29) 本身不满足下三角条件, 但是条件 (4.30) ~ (4.31) 使得系统仍然可以借助反步设计方法进行控制律设计. 满足条件 (4.30) ~ (4.31) 的系统 (4.29) 称为半严反馈系统. 这里控制系统设计的目标是实现系统 (4.29) 的输出跟踪, 即设计控制律 u 使得闭环系统信号有界且输出 y 渐近跟踪参考信号 y_{d}, 其中参考信号满足假设 4.1.1.

首先, 定义如下坐标变换:

$$z_i = x_i - x_{i\mathrm{d}}, \quad i=1,2,\cdots,n \tag{4.32}$$

其中, $x_{1\mathrm{d}} = y_{\mathrm{d}}$; $x_{i\mathrm{d}}$ $(i=2,3,\cdots,n)$ 为待定的虚拟控制律.

第 1 步 根据 z_1 的定义有

$$\begin{aligned} \dot{z}_1 &= f_1(x_1) + g_1(x_1)(1+\delta_{g1}(x))(x_{2\mathrm{d}} + z_2) + \delta_{f1}(x) - \dot{x}_{1\mathrm{d}} \\ &= \beta_1 + g_1(x_1)(1+\delta_{g1}(x))(x_{2\mathrm{d}} + z_2) + \delta_{f1}(x) \end{aligned}$$

其中,

$$\beta_1 = f_1(x_1) - \dot{x}_{1\mathrm{d}} \tag{4.33}$$

构造

$$x_{2\mathrm{d}} = \frac{1}{g_1(x_1)}\left(-k_1 z_1 - \beta_1 - \frac{2}{\pi}\rho_1(x_1)\arctan\left(\frac{\rho_1(x_1)z_1}{\varepsilon_1}\right)\right) \tag{4.34}$$

其中, $\rho_1(x_1) > 0$ 为足够光滑的待设计函数; $k_1 > 0$ 和 $\varepsilon_1 > 0$ 为设计参数, 则有

$$\begin{aligned}
\dot{z}_1 &= \beta_1 + g_1(x_1)(1+\delta_{g1}(x))x_{2\mathrm{d}} + \delta_{f1}(x) + g_1(x_1)(1+\delta_{g1}(x))z_2 \\
&= \beta_1 + (1+\delta_{g1}(x))(-k_1 z_1 - \beta_1) + \delta_{f1}(x) + g_1(x_1)(1+\delta_{g1}(x))z_2 \\
&\quad - (1+\delta_{g1}(x))\frac{2}{\pi}\rho_1(x_1)\arctan\left(\frac{\rho_1(x_1)z_1}{\varepsilon_1}\right) \\
&= -k_1 z_1 + \delta_{g1}(x)(-k_1 z_1 - \beta_1) + \delta_{f1}(x) + g_1(x_1)(1+\delta_{g1}(x))z_2 \\
&\quad - (1+\delta_{g1}(x))\frac{2}{\pi}\rho_1(x_1)\arctan\left(\frac{\rho_1(x_1)z_1}{\varepsilon_1}\right)
\end{aligned} \tag{4.35}$$

定义 $V_1 = z_1^2/2$, 则 V_1 沿系统 (4.35) 的时间导数满足

$$\begin{aligned}
\dot{V}_1 =& -k_1 z_1^2 + \delta_{g1}(x)(-k_1 z_1 - \beta_1)z_1 + z_1\delta_{f1}(x) + g_1(x_1)(1+\delta_{g1}(x))z_1 z_2 \\
& - (1+\delta_{g1}(x))\frac{2}{\pi}\rho_1(x_1)z_1\arctan\left(\frac{\rho_1(x_1)z_1}{\varepsilon_1}\right) \\
\leqslant & -k_1 z_1^2 + (\eta_1(x_1) + \Delta_{g1}|k_1 z_1 + \beta_1|)|z_1| + g_1(x_1)(1+\delta_{g1}(x))z_1 z_2 \\
& - (1-\Delta_{g1})\frac{2}{\pi}\rho_1(x_1)z_1\arctan\left(\frac{\rho_1(x_1)z_1}{\varepsilon_1}\right)
\end{aligned}$$

若取

$$\rho_1(x_1) \geqslant \frac{\eta_1(x_1) + \Delta_{g1}|k_1 z_1 + \beta_1|}{1-\Delta_{g1}} \tag{4.36}$$

则有

$$\dot{V}_1 \leqslant -k_1 z_1^2 + \frac{2}{\pi}\varepsilon_1 + g_1(x_1)z_1 z_2 + g_1(x_1)\delta_{g1}(x)z_1 z_2$$

第 2 步 根据 z_2 的定义有

$$\dot{z}_2 = f_2(\bar{x}_2) + g_2(\bar{x}_2)(1+\delta_{g2}(x))(x_{3\mathrm{d}} + z_3) + \delta_{f2}(x) - \dot{x}_{2\mathrm{d}}$$

经过简单计算可知

$$\begin{aligned}\dot{x}_{2\mathrm{d}} &= \frac{\partial x_{2\mathrm{d}}}{\partial x_1}(f_1(x_1)+g_1(x_1)(1+\delta_{g1}(x))x_2+\delta_{f1}(x))+\sum_{j=0}^{1}\frac{\partial x_{2\mathrm{d}}}{\partial x_{1\mathrm{d}}^{(j)}}x_{1\mathrm{d}}^{(j+1)}\\ &= \frac{\partial x_{2\mathrm{d}}}{\partial x_1}(f_1(x_1)+g_1(x_1)x_2)+\sum_{j=0}^{1}\frac{\partial x_{2\mathrm{d}}}{\partial x_{1\mathrm{d}}^{(j)}}x_{1\mathrm{d}}^{(j+1)}\\ &\quad+\frac{\partial x_{2\mathrm{d}}}{\partial x_1}(g_1(x_1)\delta_{g1}(x)x_2+\delta_{f1}(x))\end{aligned}$$

因此有

$$\begin{aligned}\dot{z}_2 &= \beta_2+g_2(\bar{x}_2)(1+\delta_{g2}(x))x_{3\mathrm{d}}+g_2(\bar{x}_2)(1+\delta_{g2}(x))z_3+\delta_{f2}(x)\\ &\quad-\frac{\partial x_{2\mathrm{d}}}{\partial x_1}(g_1(x_1)\delta_{g1}(x)x_2+\delta_{f1}(x))\end{aligned}$$

其中,

$$\beta_2=f_2(\bar{x}_2)-\frac{\partial x_{2\mathrm{d}}}{\partial x_1}(f_1(x_1)+g_1(x_1)x_2)-\sum_{j=0}^{1}\frac{\partial x_{2\mathrm{d}}}{\partial x_{1\mathrm{d}}^{(j)}}x_{1\mathrm{d}}^{(j+1)} \tag{4.37}$$

构造

$$x_{3\mathrm{d}}=\frac{1}{g_2(\bar{x}_2)}\left(-k_2z_2-\beta_2-g_1(x_1)z_1-\frac{2}{\pi}\rho_2(\bar{x}_2)\arctan\left(\frac{\rho_2(\bar{x}_2)z_2}{\varepsilon_2}\right)\right) \tag{4.38}$$

其中, $\rho_2(\bar{x}_2)>0$ 为足够光滑的待设计函数; $k_2>0$ 和 $\varepsilon_2>0$ 为设计参数, 则有

$$\begin{aligned}\dot{z}_2 &= \beta_2+(1+\delta_{g2}(x))\left(-k_2z_2-\beta_2-g_1(x_1)z_1-\frac{2}{\pi}\rho_2(\bar{x}_2)\arctan\left(\frac{\rho_2(\bar{x}_2)z_2}{\varepsilon_2}\right)\right)\\ &\quad+g_2(\bar{x}_2)(1+\delta_{g2}(x))z_3+\delta_{f2}(x)-\frac{\partial x_{2\mathrm{d}}}{\partial x_1}(g_1(x_1)\delta_{g1}(x)x_2+\delta_{f1}(x))\\ &= \beta_2+(1+\delta_{g2}(x))(-k_2z_2-\beta_2-g_1(x_1)z_1)+g_2(\bar{x}_2)(1+\delta_{g2}(x))z_3+\delta_{f2}(x)\\ &\quad-\frac{2}{\pi}(1+\delta_{g2}(x))\rho_2(\bar{x}_2)\arctan\left(\frac{\rho_2(\bar{x}_2)z_2}{\varepsilon_2}\right)-\frac{\partial x_{2\mathrm{d}}}{\partial x_1}(g_1(x_1)\delta_{g1}(x)x_2+\delta_{f1}(x))\\ &= -k_2z_2-g_1(x_1)z_1+\delta_{g2}(x)(-k_2z_2-\beta_2-g_1(x_1)z_1)+g_2(\bar{x}_2)(1+\delta_{g2}(x))z_3\\ &\quad+\delta_{f2}(x)-\frac{2}{\pi}(1+\delta_{g2}(x))\rho_2(\bar{x}_2)\arctan\left(\frac{\rho_2(\bar{x}_2)z_2}{\varepsilon_2}\right)\end{aligned}$$

$$-\frac{\partial x_{2\mathrm{d}}}{\partial x_1}\left(g_1(x_1)\delta_{g1}(x)x_2+\delta_{f1}(x)\right) \tag{4.39}$$

定义函数 $V_2=V_1+z_2^2/2$, 则 V_2 沿系统 (4.35) 和 (4.39) 的时间导数满足

$$\begin{aligned}
\dot{V}_2 =&\dot{V}_1+z_2\dot{z}_2\\
\leqslant&-k_1z_1^2+\frac{2}{\pi}\varepsilon_1+g_1(x_1)z_1z_2+g_1(x_1)\delta_{g1}(x)z_1z_2-k_2z_2^2-g_1(x_1)z_1z_2\\
&+\delta_{g2}(x)\left(-k_2z_2-\beta_2-g_1(x_1)z_1\right)z_2+g_2(\bar{x}_2)(1+\delta_{g2}(x))z_2z_3+\delta_{f2}(x)z_2\\
&-\frac{2}{\pi}(1+\delta_{g2}(x))\rho_2(\bar{x}_2)z_2\arctan\left(\frac{\rho_2(\bar{x}_2)z_2}{\varepsilon_2}\right)\\
&-z_2\frac{\partial x_{2\mathrm{d}}}{\partial x_1}\left(g_1(x_1)\delta_{g1}(x)x_2+\delta_{f1}(x)\right)\\
\leqslant&-k_1z_1^2+\frac{2}{\pi}\varepsilon_1+g_1(x_1)\varDelta_{g1}\left|z_1\right|\left|z_2\right|-k_2z_2^2+\varDelta_{g2}\left|k_2z_2+\beta_2+g_1(x_1)z_1\right|\left|z_2\right|\\
&+g_2(\bar{x}_2)(1+\delta_{g2}(x))z_2z_3+\eta_2(\bar{x}_2)\left|z_2\right|+\left|z_2\right|\left|\frac{\partial x_{2\mathrm{d}}}{\partial x_1}\right|\left(g_1(x_1)\varDelta_{g1}\left|x_2\right|+\eta_1(x_1)\right)\\
&-\frac{2}{\pi}(1-\varDelta_{g2})\rho_2(\bar{x}_2)z_2\arctan\left(\frac{\rho_2(\bar{x}_2)z_2}{\varepsilon_2}\right)\\
=&-k_1z_1^2-k_2z_2^2+\frac{2}{\pi}\varepsilon_1+g_2(\bar{x}_2)z_2z_3+g_2(\bar{x}_2)\delta_{g2}(x)z_2z_3+\left|z_2\right|g_1(x_1)\varDelta_{g1}\left|z_1\right|\\
&+\left|z_2\right|\left(\varDelta_{g2}\left|k_2z_2+\beta_2+g_1(x_1)z_1\right|+\left|\frac{\partial x_{2\mathrm{d}}}{\partial x_1}\right|\left(g_1(x_1)\varDelta_{g1}\left|x_2\right|+\eta_1(x_1)\right)\right)\\
&+\left|z_2\right|\eta_2(\bar{x}_2)-\frac{2}{\pi}(1-\varDelta_{g2})\rho_2(\bar{x}_2)z_2\arctan\left(\frac{\rho_2(\bar{x}_2)z_2}{\varepsilon_2}\right)
\end{aligned}$$

若取

$$\begin{aligned}
\rho_2(\bar{x}_2)\geqslant&\frac{1}{1-\varDelta_{g2}}\left(g_1(x_1)\varDelta_{g1}\left|z_1\right|+\varDelta_{g2}\left|k_2z_2+\beta_2+g_1(x_1)z_1\right|+\eta_2(\bar{x}_2)\right)\\
&+\frac{1}{1-\varDelta_{g2}}\left|\frac{\partial x_{2\mathrm{d}}}{\partial x_1}\right|\left(g_1(x_1)\varDelta_{g1}\left|x_2\right|+\eta_1(x_1)\right)
\end{aligned} \tag{4.40}$$

则有

$$\dot{V}_2\leqslant-k_1z_1^2-k_2z_2^2+\frac{2}{\pi}\varepsilon_1+\frac{2}{\pi}\varepsilon_2+g_2(\bar{x}_2)z_2z_3+g_2(\bar{x}_2)\delta_{g2}(x)z_2z_3$$

第 i 步 ($i=3,4,\cdots,n-1$) 根据 z_i 的定义有

$$\dot{z}_i=f_i(\bar{x}_i)+g_i(\bar{x}_i)(1+\delta_{gi}(x))(x_{i+1,\mathrm{d}}+z_{i+1})-\dot{x}_{i\mathrm{d}}+\delta_{fi}(x)$$

经过简单计算可知

$$\begin{aligned}\dot{x}_{i\mathrm{d}} =&\sum_{j=1}^{i-1}\left(\frac{\partial x_{i\mathrm{d}}}{\partial x_j}\left(f_j(\bar{x}_j)+g_j(\bar{x}_j)(1+\delta_{gj}(x))x_{j+1}+\delta_{fj}(x)\right)\right)+\sum_{j=0}^{i-1}\frac{\partial x_{i\mathrm{d}}}{\partial x_{1\mathrm{d}}^{(j)}}x_{1\mathrm{d}}^{(j+1)}\\ =&\sum_{j=1}^{i-1}\left(\frac{\partial x_{i\mathrm{d}}}{\partial x_j}\left(f_j(\bar{x}_j)+g_j(\bar{x}_j)x_{j+1}\right)\right)+\sum_{j=0}^{i-1}\frac{\partial x_{i\mathrm{d}}}{\partial x_{1\mathrm{d}}^{(j)}}x_{1\mathrm{d}}^{(j+1)}\\ &+\sum_{j=1}^{i-1}\left(\frac{\partial x_{i\mathrm{d}}}{\partial x_j}\left(\delta_{gj}(x)g_j(\bar{x}_j)x_{j+1}+\delta_{fj}(x)\right)\right)\end{aligned}$$

因此有

$$\begin{aligned}\dot{z}_i =& f_i(\bar{x}_i)+g_i(\bar{x}_i)(1+\delta_{gi}(x))x_{i+1,\mathrm{d}}+g_i(\bar{x}_i)(1+\delta_{gi}(x))z_{i+1}+\delta_{fi}(x)\\ &-\sum_{j=1}^{i-1}\left(\frac{\partial x_{i\mathrm{d}}}{\partial x_j}\left(f_j(\bar{x}_j)+g_j(\bar{x}_j)x_{j+1}\right)\right)-\sum_{j=0}^{i-1}\frac{\partial x_{i\mathrm{d}}}{\partial x_{1\mathrm{d}}^{(j)}}x_{1\mathrm{d}}^{(j+1)}\\ &-\sum_{j=1}^{i-1}\left(\frac{\partial x_{i\mathrm{d}}}{\partial x_j}\left(\delta_{gj}(x)g_j(\bar{x}_j)x_{j+1}+\delta_{fj}(x)\right)\right)\\ =&\beta_i+g_i(\bar{x}_i)(1+\delta_{gi}(x))x_{i+1,\mathrm{d}}+g_i(\bar{x}_i)(1+\delta_{gi}(x))z_{i+1}+\delta_{fi}(x)\\ &-\sum_{j=1}^{i-1}\left(\frac{\partial x_{i\mathrm{d}}}{\partial x_j}\left(\delta_{gj}(x)g_j(\bar{x}_j)x_{j+1}+\delta_{fj}(x)\right)\right)\end{aligned}$$

其中,

$$\beta_i=f_i(\bar{x}_i)-\sum_{j=1}^{i-1}\left(\frac{\partial x_{i\mathrm{d}}}{\partial x_j}\left(f_j(\bar{x}_j)+g_j(\bar{x}_j)x_{j+1}\right)\right)-\sum_{j=0}^{i-1}\frac{\partial x_{i\mathrm{d}}}{\partial x_{1\mathrm{d}}^{(j)}}x_{1\mathrm{d}}^{(j+1)} \tag{4.41}$$

构造

$$x_{i+1,\mathrm{d}}=\frac{1}{g_i(\bar{x}_i)}\left(-k_iz_i-g_{i-1}(\bar{x}_{i-1})z_{i-1}-\beta_i-\frac{2}{\pi}\rho_i(\bar{x}_i)\arctan\left(\frac{\rho_i(\bar{x}_i)z_i}{\varepsilon_i}\right)\right) \tag{4.42}$$

其中, $\rho_i(\bar{x}_i)>0$ 为足够光滑的待设计函数; $k_i>0$ 和 $\varepsilon_i>0$ 为设计参数, 则有

$$\dot{z}_i=\beta_i+(1+\delta_{gi}(x))\left(-k_iz_i-g_{i-1}(\bar{x}_{i-1})z_{i-1}-\beta_i-\frac{2}{\pi}\rho_i(\bar{x}_i)\arctan\left(\frac{\rho_i(\bar{x}_i)z_i}{\varepsilon_i}\right)\right)$$

$$
\begin{aligned}
&+ g_i(\bar{x}_i)(1+\delta_{gi}(x))z_{i+1} + \delta_{fi}(x) - \sum_{j=1}^{i-1}\left(\frac{\partial x_{i\mathrm{d}}}{\partial x_j}(\delta_{gj}(x)g_j(\bar{x}_j)x_{j+1} + \delta_{fj}(x))\right) \\
=& \beta_i + (1+\delta_{gi}(x))(-k_i z_i - g_{i-1}(\bar{x}_{i-1})z_{i-1} - \beta_i) \\
&- (1+\delta_{gi}(x))\frac{2}{\pi}\rho_i(\bar{x}_i)\arctan\left(\frac{\rho_i(\bar{x}_i)z_i}{\varepsilon_i}\right) \\
&+ g_i(\bar{x}_i)(1+\delta_{gi}(x))z_{i+1} + \delta_{fi}(x) \\
&- \sum_{j=1}^{i-1}\left(\frac{\partial x_{i\mathrm{d}}}{\partial x_j}(\delta_{gj}(x)g_j(\bar{x}_j)x_{j+1} + \delta_{fj}(x))\right) \\
=& - k_i z_i - g_{i-1}(\bar{x}_{i-1})z_{i-1} + \delta_{gi}(x)(-k_i z_i - g_{i-1}(\bar{x}_{i-1})z_{i-1} - \beta_i) \\
&+ g_i(\bar{x}_i)(1+\delta_{gi}(x))z_{i+1} - (1+\delta_{gi}(x))\frac{2}{\pi}\rho_i(\bar{x}_i)\arctan\left(\frac{\rho_i(\bar{x}_i)z_i}{\varepsilon_i}\right) \\
&+ \delta_{fi}(x) - \sum_{j=1}^{i-1}\left(\frac{\partial x_{i\mathrm{d}}}{\partial x_j}(\delta_{gj}(x)g_j(\bar{x}_j)x_{j+1} + \delta_{fj}(x))\right)
\end{aligned} \tag{4.43}
$$

定义函数 $V_i = V_{i-1} + z_i^2/2$, 则 V_i 沿系统 (4.35)、(4.39) 和 (4.43) 的时间导数满足

$$
\begin{aligned}
\dot{V}_i =& \dot{V}_{i-1} + z_i \dot{z}_i \\
\leqslant& -\sum_{j=1}^{i-1}k_j z_j^2 + \frac{2}{\pi}\sum_{j=1}^{i-1}\varepsilon_j + g_{i-1}(\bar{x}_{i-1})z_{i-1}z_i + g_{i-1}(\bar{x}_{i-1})\delta_{g,i-1}(x)z_{i-1}z_i \\
&- k_i z_i^2 - g_{i-1}(\bar{x}_{i-1})z_{i-1}z_i + \delta_{gi}(x)(-k_i z_i - g_{i-1}(\bar{x}_{i-1})z_{i-1} - \beta_i)z_i \\
&- (1+\delta_{gi}(x))\frac{2}{\pi}\rho_i(\bar{x}_i)z_i\arctan\left(\frac{\rho_i(\bar{x}_i)z_i}{\varepsilon_i}\right) + g_i(\bar{x}_i)(1+\delta_{gi}(x))z_i z_{i+1} \\
&+ z_i\delta_{fi}(x) - z_i\sum_{j=1}^{i-1}\left(\frac{\partial x_{i\mathrm{d}}}{\partial x_j}(\delta_{gj}(x)g_j(\bar{x}_j)x_{j+1} + \delta_{fj}(x))\right) \\
\leqslant& -\sum_{j=1}^{i}k_j z_j^2 + \frac{2}{\pi}\sum_{j=1}^{i-1}\varepsilon_j + \varDelta_{g,i-1}g_{i-1}(\bar{x}_{i-1})\,|z_{i-1}|\,|z_i| \\
&+ \varDelta_{gi}\,|k_i z_i + g_{i-1}(\bar{x}_{i-1})z_{i-1} + \beta_i|\,|z_i| \\
&- (1-\varDelta_{gi})\frac{2}{\pi}\rho_i(\bar{x}_i)z_i\arctan\left(\frac{\rho_i(\bar{x}_i)z_i}{\varepsilon_i}\right) \\
&+ g_i(\bar{x}_i)(1+\delta_{gi}(x))z_i z_{i+1} + |z_i|\,\eta_i(\bar{x}_i)
\end{aligned}
$$

$$
\begin{aligned}
&+|z_i|\sum_{j=1}^{i-1}\left(\left|\frac{\partial x_{i\mathrm{d}}}{\partial x_j}\right|(\varDelta_{gj}g_j(\bar{x}_j)\,|x_{j+1}|+\eta_j(\bar{x}_j))\right)\\
=&-\sum_{j=1}^{i}k_jz_j^2+\frac{2}{\pi}\sum_{j=1}^{i-1}\varepsilon_j+g_i(\bar{x}_i)z_iz_{i+1}+g_i(\bar{x}_i)\delta_{gi}(x)z_iz_{i+1}\\
&-(1-\varDelta_{gi})\frac{2}{\pi}\rho_i(\bar{x}_i)z_i\arctan\left(\frac{\rho_i(\bar{x}_i)z_i}{\varepsilon_i}\right)\\
&+|z_i|\left(\varDelta_{g,i-1}g_{i-1}(\bar{x}_{i-1})\,|z_{i-1}|+\varDelta_{gi}\,|k_iz_i+g_{i-1}(\bar{x}_{i-1})z_{i-1}+\beta_i|+\eta_i(\bar{x}_i)\right)\\
&+|z_i|\sum_{j=1}^{i-1}\left(\left|\frac{\partial x_{i\mathrm{d}}}{\partial x_j}\right|(\varDelta_{gj}g_j(\bar{x}_j)\,|x_{j+1}|+\eta_j(\bar{x}_j))\right)
\end{aligned}
$$

若取

$$
\begin{aligned}
\rho_i(\bar{x}_i)\geqslant&\frac{1}{1-\varDelta_{gi}}(\varDelta_{g,i-1}g_{i-1}(\bar{x}_{i-1})\,|z_{i-1}|+\varDelta_{gi}\,|k_iz_i+g_{i-1}(\bar{x}_{i-1})z_{i-1}+\beta_i|)\\
&+\frac{1}{1-\varDelta_{gi}}\left(\eta_i(\bar{x}_i)+\sum_{j=1}^{i-1}\left(\left|\frac{\partial x_{i\mathrm{d}}}{\partial x_j}\right|(\varDelta_{gj}g_j(\bar{x}_j)\,|x_{j+1}|+\eta_j(\bar{x}_j))\right)\right)
\end{aligned}
\tag{4.44}
$$

则有

$$
\dot{V}_i\leqslant-\sum_{j=1}^{i}k_jz_j^2+\frac{2}{\pi}\sum_{j=1}^{i}\varepsilon_j+g_i(\bar{x}_i)z_iz_{i+1}+g_i(\bar{x}_i)\delta_{gi}(x)z_iz_{i+1}
$$

第 n 步 根据 z_n 的定义有

$$
\dot{z}_n=f_n(x)+g_n(x)(1+\delta_{gn}(x))u-\dot{x}_{n\mathrm{d}}+\delta_{fn}(x)
$$

经过简单计算可知

$$
\begin{aligned}
\dot{x}_{n\mathrm{d}}=&\sum_{j=1}^{n-1}\left(\frac{\partial x_{n\mathrm{d}}}{\partial x_j}(f_j(\bar{x}_j)+g_j(\bar{x}_j)(1+\delta_{gj}(x))x_{j+1}+\delta_{fj}(x))\right)+\sum_{j=0}^{n-1}\frac{\partial x_{n\mathrm{d}}}{\partial x_{1\mathrm{d}}^{(j)}}x_{1\mathrm{d}}^{(j+1)}\\
=&\sum_{j=1}^{n-1}\left(\frac{\partial x_{n\mathrm{d}}}{\partial x_j}(f_j(\bar{x}_j)+g_j(\bar{x}_j)x_{j+1})\right)+\sum_{j=0}^{n-1}\frac{\partial x_{n\mathrm{d}}}{\partial x_{1\mathrm{d}}^{(j)}}x_{1\mathrm{d}}^{(j+1)}\\
&+\sum_{j=1}^{n-1}\left(\frac{\partial x_{n\mathrm{d}}}{\partial x_j}(\delta_{gj}(x)g_j(\bar{x}_j)x_{j+1}+\delta_{fj}(x))\right)
\end{aligned}
$$

因此有

$$
\begin{aligned}
\dot{z}_n =& f_n(x) + g_n(x)(1+\delta_{gn}(x))u + \delta_{fn}(x) - \sum_{j=1}^{n-1}\left(\frac{\partial x_{n\mathrm{d}}}{\partial x_j}(f_j(\bar{x}_j)+g_j(\bar{x}_j)x_{j+1})\right)\\
&-\sum_{j=0}^{n-1}\frac{\partial x_{n\mathrm{d}}}{\partial x_{1\mathrm{d}}^{(j)}}x_{1\mathrm{d}}^{(j+1)} - \sum_{j=1}^{n-1}\left(\frac{\partial x_{n\mathrm{d}}}{\partial x_j}(\delta_{gj}(x)g_j(\bar{x}_j)x_{j+1}+\delta_{fj}(x))\right)\\
=& \beta_n + g_n(x)(1+\delta_{gn}(x))u + \delta_{fn}(x) - \sum_{j=1}^{n-1}\left(\frac{\partial x_{n\mathrm{d}}}{\partial x_j}(\delta_{gj}(x)g_j(\bar{x}_j)x_{j+1}+\delta_{fj}(x))\right)
\end{aligned}
$$

其中,

$$
\beta_n = f_n(x) - \sum_{j=1}^{n-1}\left(\frac{\partial x_{n\mathrm{d}}}{\partial x_j}(f_j(\bar{x}_j)+g_j(\bar{x}_j)x_{j+1})\right) - \sum_{j=0}^{n-1}\frac{\partial x_{n\mathrm{d}}}{\partial x_{1\mathrm{d}}^{(j)}}x_{1\mathrm{d}}^{(j+1)} \tag{4.45}
$$

构造

$$
u = \frac{1}{g_n(x)}\left(-k_n z_n - g_{n-1}(\bar{x}_{n-1})z_{n-1} - \beta_n - \frac{2}{\pi}\rho_n(x)\arctan\left(\frac{\rho_n(x)z_n}{\varepsilon_n}\right)\right) \tag{4.46}
$$

其中, $\rho_n(x)>0$ 为连续的待设计函数; $k_n>0$ 和 $\varepsilon_n>0$ 为设计参数, 则有

$$
\begin{aligned}
\dot{z}_n =& (1+\delta_{gn}(x))\left(-k_n z_n - g_{n-1}(\bar{x}_{n-1})z_{n-1} - \beta_n - \frac{2}{\pi}\rho_n(x)\arctan\left(\frac{\rho_n(x)z_n}{\varepsilon_n}\right)\right)\\
&+\beta_n + \delta_{fn}(x) - \sum_{j=1}^{n-1}\left(\frac{\partial x_{n\mathrm{d}}}{\partial x_j}(\delta_{gj}(x)g_j(\bar{x}_j)x_{j+1}+\delta_{fj}(x))\right)\\
=& \beta_n + (1+\delta_{gn}(x))(-k_n z_n - g_{n-1}(\bar{x}_{n-1})z_{n-1} - \beta_n)\\
&-(1+\delta_{gn}(x))\frac{2}{\pi}\rho_n(x)\arctan\left(\frac{\rho_n(x)z_n}{\varepsilon_n}\right) + \delta_{fn}(x)\\
&-\sum_{j=1}^{n-1}\left(\frac{\partial x_{n\mathrm{d}}}{\partial x_j}(\delta_{gj}(x)g_j(\bar{x}_j)x_{j+1}+\delta_{fj}(x))\right)\\
=& -k_n z_n - g_{n-1}(\bar{x}_{n-1})z_{n-1} + \delta_{gn}(x)(-k_n z_n - g_{n-1}(\bar{x}_{n-1})z_{n-1} - \beta_n)\\
&-(1+\delta_{gn}(x))\frac{2}{\pi}\rho_n(x)\arctan\left(\frac{\rho_n(x)z_n}{\varepsilon_n}\right) + \delta_{fn}(x)
\end{aligned}
$$

$$
-\sum_{j=1}^{n-1}\left(\frac{\partial x_{\mathrm{nd}}}{\partial x_j}\left(\delta_{gj}(x)g_j(\bar{x}_j)x_{j+1}+\delta_{fj}(x)\right)\right) \tag{4.47}
$$

定义函数 $V=V_{n-1}+z_n^2/2$, 则 V_i 沿系统 (4.35)、(4.39)、(4.43) 和 (4.47) 的时间导数满足

$$
\begin{aligned}
\dot{V}&=\dot{V}_{n-1}+z_n\dot{z}_n\\
&\leqslant-\sum_{j=1}^{n-1}k_jz_j^2+\frac{2}{\pi}\sum_{j=1}^{n-1}\varepsilon_j+g_{n-1}(\bar{x}_{n-1})z_{n-1}z_n+g_{n-1}(\bar{x}_{n-1})\delta_{g,n-1}(x)z_{n-1}z_n\\
&\quad-k_nz_n^2-g_{n-1}(\bar{x}_{n-1})z_{n-1}z_n+\delta_{gn}(x)\left(-k_nz_n-g_{n-1}(\bar{x}_{n-1})z_{n-1}-\beta_n\right)z_n\\
&\quad+z_n\delta_{fn}(x)-z_n\sum_{j=1}^{n-1}\left(\frac{\partial x_{\mathrm{nd}}}{\partial x_j}\left(\delta_{gj}(x)g_j(\bar{x}_j)x_{j+1}+\delta_{fj}(x)\right)\right)\\
&\quad-(1+\delta_{gn}(x))\frac{2}{\pi}\rho_n(x)z_n\arctan\left(\frac{\rho_n(x)z_n}{\varepsilon_n}\right)\\
&\leqslant-\sum_{j=1}^{n}k_jz_j^2+\frac{2}{\pi}\sum_{j=1}^{n-1}\varepsilon_j+\varDelta_{g,n-1}g_{n-1}(\bar{x}_{n-1})\left|z_{n-1}\right|\left|z_n\right|+\left|z_n\right|\eta_n(x)\\
&\quad+\varDelta_{gn}\left|k_nz_n+g_{n-1}(\bar{x}_{n-1})z_{n-1}+\beta_n\right|\left|z_n\right|\\
&\quad+\left|z_n\right|\sum_{j=1}^{n-1}\left(\left|\frac{\partial x_{\mathrm{nd}}}{\partial x_j}\right|\left(\varDelta_{gj}g_j(\bar{x}_j)\left|x_{j+1}\right|+\eta_j(\bar{x}_j)\right)\right)\\
&\quad-(1-\varDelta_{gn})\frac{2}{\pi}\rho_n(x)z_n\arctan\left(\frac{\rho_n(x)z_n}{\varepsilon_n}\right)\\
&=-\sum_{j=1}^{n}k_jz_j^2+\frac{2}{\pi}\sum_{j=1}^{n-1}\varepsilon_j-(1-\varDelta_{gn})\frac{2}{\pi}\rho_n(x)z_n\arctan\left(\frac{\rho_n(x)z_n}{\varepsilon_n}\right)\\
&\quad+\left|z_n\right|\left(\varDelta_{g,n-1}g_{n-1}(\bar{x}_{n-1})\left|z_{n-1}\right|\right.\\
&\quad\left.+\varDelta_{gn}\left|k_nz_n+g_{n-1}(\bar{x}_{n-1})z_{n-1}+\beta_n\right|\right)\\
&\quad+\left|z_n\right|\left(\eta_n(x)+\sum_{j=1}^{n-1}\left(\left|\frac{\partial x_{\mathrm{nd}}}{\partial x_j}\right|\left(\varDelta_{gj}g_j(\bar{x}_j)\left|x_{j+1}\right|+\eta_j(\bar{x}_j)\right)\right)\right)
\end{aligned}
$$

若取

$$\rho_n(x) \geqslant \frac{1}{1-\Delta_{gn}}(\Delta_{g,n-1}g_{n-1}(\bar{x}_{n-1})\,|z_{n-1}| + \Delta_{gn}\,|k_n z_n + g_{n-1}(\bar{x}_{n-1})z_{n-1} + \beta_n|) + \frac{1}{1-\Delta_{gn}}\left(\eta_n(x) + \sum_{j=1}^{n-1}\left(\left|\frac{\partial x_{n\mathrm{d}}}{\partial x_j}\right|(\Delta_{gj}g_j(\bar{x}_j)\,|x_{j+1}| + \eta_j(\bar{x}_j))\right)\right) \tag{4.48}$$

则有

$$\dot{V} \leqslant -\sum_{j=1}^{n} k_j z_j^2 + \frac{2}{\pi}\sum_{j=1}^{n}\varepsilon_j \leqslant -2kV + \varepsilon$$

其中, $k = \min\{k_1, k_2, \cdots, k_n\}$, $\varepsilon = 2(\varepsilon_1 + \varepsilon_2 + \cdots + \varepsilon_n)/\pi$.

根据有界性定理 (定理 1.3.3) 可知

$$\begin{aligned} V(t) &\leqslant V(0)\mathrm{e}^{-2kt} + \frac{\varepsilon}{2k}(1-\mathrm{e}^{-2kt}) \\ &= \left(V(0) - \frac{\varepsilon}{2k}\right)\mathrm{e}^{-2kt} + \frac{\varepsilon}{2k} \end{aligned}$$

于是有

$$|z_1(t)| \leqslant \|z(t)\| \leqslant \begin{cases} \sqrt{2V(0) - \dfrac{\varepsilon}{k}}\mathrm{e}^{-kt} + \sqrt{\dfrac{\varepsilon}{k}}, & |z(0)| > \sqrt{\dfrac{\varepsilon}{k}} \\ \sqrt{\dfrac{\varepsilon}{k}}, & |z(0)| \leqslant \sqrt{\dfrac{\varepsilon}{k}} \end{cases}$$

这里, $z = [z_1, z_2, \cdots, z_n]^{\mathrm{T}}$. 可以看出, 闭环系统状态 z 有界, 而且其要么始终位于集合 $\{z : z \in \mathbf{R}^n, \|z\| \leqslant \sqrt{\varepsilon/k}\}$ 内, 要么指数收敛到该集合. 同样, 跟踪误差 z_1 要么始终位于集合 $\{z_1 : z_1 \in \mathbf{R}, |z_1| \leqslant \sqrt{\varepsilon/k}\}$ 内, 要么指数收敛到该集合. 因此, 可以通过调整设计参数使得跟踪误差 z_1 最终任意小. 根据 z 的有界性以及假设 4.1.1 可以求得 x 和 u 的有界性.

综上所述, 有下述结果.

定理 4.2.1 考虑系统 (4.29), 其中的不确定性满足式 (4.30) 和式 (4.31), 则由式 (4.32) ~ 式 (4.34)、式 (4.36) ~ 式 (4.38)、式 (4.40) ~ 式 (4.42)、式 (4.44) ~ 式 (4.46) 和式 (4.48) 所组成的控制律可以使闭环系统信号有界且输出 y 对参考信号 y_{d} 的跟踪误差最终任意小.

4.2.2 飞行器俯仰控制的鲁棒反步设计

考虑在稠密大气层内运动的飞行器, 其在纵向平面内的运动方程如下所示:

$$
\begin{cases}
\dot{x} = V\cos(\theta) \\
\dot{y} = V\sin(\theta) \\
\dot{V} = \dfrac{1}{m}\left(P\cos(\alpha) - X - mg\sin(\theta)\right) \\
\dot{\theta} = \dfrac{1}{mV}\left(P\sin(\alpha) + Y - mg\cos(\theta)\right) \\
\dot{\vartheta} = \omega_z \\
\alpha = \vartheta - \theta \\
\dot{\omega}_z = \dfrac{1}{J_z}M_z
\end{cases}
\tag{4.49}
$$

式中, x 和 y 为飞行器位置坐标 (m); V 为飞行器速度 (m/s); m 为飞行器质量 (kg); g 为重力加速度, 这里取常值 $g = 9.8\text{kg}\cdot\text{m/s}^2$; θ 为飞行器航迹倾角 (rad); α 为飞行器攻角 (rad); P 为飞行器发动机推力 (N); X 和 Y 分别为飞行器所受气动阻力和升力 (N); ϑ 为飞行器俯仰角 (rad); ω_z 为飞行器俯仰角速度 (rad/s); J_z 为飞行器绕体坐标系 z 轴的转动惯量 ($\text{kg}\cdot\text{m}^2$); M_z 为飞行器所受气动俯仰力矩 (N·m). 阻力 X、升力 Y 和俯仰力矩 M_z 满足如下关系式:

$$
\begin{cases}
X = qS\left(c_{x0} + c_x^{\alpha}|\alpha| + c_x^{\delta_z}|\delta_z|\right) \\
Y = qS\left(c_y^{\alpha}\alpha + c_y^{\delta_z}\delta_z\right) \\
M_z = qSL\left(m_z^{\alpha}\alpha + m_z^{\delta_z}\delta_z\right)
\end{cases}
\tag{4.50}
$$

其中, q 为动压 ($q = 0.5\rho_{\text{a}}V^2$, ρ_{a} 为飞行器所处高度的大气密度); S 为特征面积 (m^2); L 为特征长度 (m); δ_z 为俯仰舵偏角 (rad); c_{x0} 为零升阻力系数; c_x^{α} 和 $c_x^{\delta_z}$ 分别为阻力系数相对于 α 和 δ_z 的偏导数; c_y^{α} 和 $c_y^{\delta_z}$ 分别为升力系数相对于 α 和 δ_z 的偏导数; m_z^{α} 和 $m_z^{\delta_z}$ 分别为俯仰力矩系数相对于 α 和 δ_z 的偏导数. 这里不考虑飞行器质量和发动机推力的变化, 即把飞行器质量和发动机推力当作常值. 由于考虑的是稠密大气层内运动的飞行器, 其所处位置的大气密度与其高度 y 的关系近似满足如下公式:

$$
\rho_{\text{a}} = 1.225\left(1.0 - \frac{y}{44300}\right)^{4.2533}
$$

飞行器控制系统设计的任务可以一般化地描述为: 根据可用信息 (如飞行器的姿态信息等), 设计合适的控制律

$$
\delta_z = \phi_z(\cdot) \tag{4.51}
$$

式中, $\phi_z(\cdot)$ 为待定函数, 使得由此得到的俯仰舵偏角信号可以控制飞行器稳定飞行并遂行既定的飞行任务.

式 (4.49) ~ 式 (4.51) 组成了描述飞行器纵向运动的完整方程组, 它是一组非线性方程, 可以进行封闭求解. 在给定了控制律的具体形式、飞行器的结构和气动参数以及运动状态的初始值之后, 即可用数值积分法求解该方程组, 从而获得飞行器在纵向平面内的运动状态. 所用的飞行器结构参数和气动参数的标称值取为 [7]: $S_0 = 0.42\text{m}^2$, $L_0 = 0.68\text{m}$, $m_0 = 1200\text{kg}$, $P_0 = 3500\text{N}$, $J_{z0} = 5600\text{kg}\cdot\text{m}^2$, $c_{x00} = 0.32$, $c_{x0}^{\alpha} = 0.21$, $c_{x0}^{\delta_z} = 0.06$, $c_{y0}^{\alpha} = 57.16$, $c_{y0}^{\delta_z} = 5.74$, $m_{z0}^{\alpha} = -28.61$, $m_{z0}^{\delta_z} = -27.92$.

这里考虑飞行器的高度跟踪问题, 即设计飞行器的控制律使得飞行器稳定飞行且使其实际高度信号 y 跟踪期望高度信号 y_{d}. 飞行器的高度跟踪可以通过内层俯仰通道控制回路和外层高度跟踪制导回路的双回路方法来实现: 首先, 根据实际高度 y 和期望高度 y_{d}, 利用 PD 控制律生成期望的攻角信号 (即制导信号) α_{d}; 然后, 将此制导信号作为俯仰通道控制回路的参考输入信号, 并设计俯仰控制律使得实际攻角 α 跟踪期望的攻角 α_{d}.

考虑到由飞行器本体产生的升力要比由舵偏角产生的升力大得多, 在控制系统设计中假设可以忽略舵偏角产生的升力. 基于此假设, 可以建立飞行器俯仰通道控制系统的数学模型如下:

$$\begin{cases} \dot{\alpha} = \omega_z - \dfrac{1}{mV}(P\sin(\alpha) + qSc_y^{\alpha}\alpha - mg\cos(\theta)) \\ \dot{\omega}_z = \dfrac{qSLm_z^{\alpha}}{J_z}\alpha + \dfrac{qSLm_z^{\delta_z}}{J_z}\delta_z \end{cases} \tag{4.52}$$

为了进行控制律设计, 假设 α_{d} 已由制导回路产生, 并且满足 α_{d}、$\dot{\alpha}_{\text{d}}$、$\ddot{\alpha}_{\text{d}}$ 有界. 在控制律设计中, 对于飞行器的结构参数和气动参数, 只讨论与控制系统相关的气动参数 c_y^{α}、m_z^{α} 和 $m_z^{\delta_z}$ 发生摄动的情况, 假设: $c_y^{\alpha} = c_{y0}^{\alpha}(1 + \varDelta_{cy\alpha})$, $m_z^{\alpha} = m_{z0}^{\alpha}(1 + \varDelta_{mz\alpha})$ 和 $m_z^{\delta_z} = m_{z0}^{\delta_z}(1 + \varDelta_{mz\delta z})$, 其中 $\varDelta_{cy\alpha}, \varDelta_{mz\alpha}, \varDelta_{mz\delta z} \in [-0.2, 0.2]$, 而其他参数等于其标称值. 同时, 假定飞行器速度和大气密度 (高度) 是慢变的, 即将它们的变化率忽略不计.

于是, 飞行器俯仰通道的控制系统模型可化为

$$\begin{cases} \dot{\alpha} = \omega_z - \dfrac{1}{mV}(P\sin(\alpha) + qSc_{y0}^{\alpha}\alpha) - \dfrac{\varDelta_{cy\alpha}c_{y0}^{\alpha}qS\alpha}{mV} + \dfrac{g}{V}\cos(\theta) \\ \dot{\omega}_z = \dfrac{qSLm_{z0}^{\alpha}}{J_z}\alpha + \dfrac{qSLm_{z0}^{\delta_z}(1 + \varDelta_{mz\delta z})}{J_z}\delta_z + \dfrac{\varDelta_{mz\alpha}qSLm_{z0}^{\alpha}}{J_z}\alpha \end{cases} \tag{4.53}$$

其中,

$$\left|-\frac{\Delta_{cy\alpha}c_{y0}^{\alpha}qS\alpha}{mV}+\frac{g}{V}\cos(\theta)\right|\leqslant\eta_1=\frac{0.2c_{y0}^{\alpha}qS\left|\alpha\right|}{mV}+\frac{g}{V}$$

$$\left|\frac{\Delta_{mz\alpha}qSLm_{z0}^{\alpha}}{J_z}\alpha\right|\leqslant\eta_2=-\frac{0.2qSLm_{z0}^{\alpha}}{J_z}\left|\alpha\right|$$

根据 4.2.1 节的分析, 飞行器俯仰通道的鲁棒反步控制律可以设计如下:

$$z_1=\alpha-\alpha_{\mathrm{d}},\quad \beta_1=-\frac{1}{mV}\left(P\sin(\alpha)+qSc_{y0}^{\alpha}\alpha\right)-\dot{\alpha}_{\mathrm{d}}$$

$$\rho_1=\frac{g}{V}+\frac{0.2c_{y0}^{\alpha}qS}{mV}\left(\frac{\alpha^2}{4\epsilon}+\epsilon\right)$$

$$\omega_{z\mathrm{d}}=-k_1z_1-\beta_1-\frac{2}{\pi}\rho_1\arctan\left(\frac{\rho_1z_1}{\varepsilon_1}\right)$$

$$\frac{\partial\rho_1}{\partial\alpha}=\frac{0.1c_{y0}^{\alpha}qS\alpha}{\epsilon mV},\quad \sum_{j=0}^{1}\frac{\partial\omega_{z\mathrm{d}}}{\partial\alpha_{\mathrm{d}}^{(j)}}\alpha_{\mathrm{d}}^{(j+1)}=k_1\dot{\alpha}_{\mathrm{d}}+\ddot{\alpha}_{\mathrm{d}}+\frac{2}{\pi}\rho_1\frac{\varepsilon_1}{\varepsilon_1^2+\rho_1^2z_1^2}\rho_1\dot{\alpha}_{\mathrm{d}}$$

$$\begin{aligned}\frac{\partial\omega_{z\mathrm{d}}}{\partial\alpha}=&-k_1+\frac{1}{mV}(P\cos(\alpha)+qSc_{y0}^{\alpha})-\frac{2}{\pi}\frac{\partial\rho_1}{\partial\alpha}\arctan\left(\frac{\rho_1z_1}{\varepsilon_1}\right)\\&-\frac{2}{\pi}\rho_1\frac{\varepsilon_1}{\varepsilon_1^2+\rho_1^2z_1^2}\left(\frac{\partial\rho_1}{\partial\alpha}z_1+\rho_1\right)\end{aligned}$$

$$z_2=\omega_z-\omega_{z\mathrm{d}}$$

$$\beta_2=\frac{qSLm_{z0}^{\alpha}\alpha}{J_z}-\frac{\partial\omega_{z\mathrm{d}}}{\partial\alpha}\left(\omega_z-\frac{1}{mV}\left(P\sin(\alpha)+qSc_{y0}^{\alpha}\alpha\right)\right)-\sum_{j=0}^{1}\frac{\partial\omega_{z\mathrm{d}}}{\partial\alpha_{\mathrm{d}}^{(j)}}\alpha_{\mathrm{d}}^{(j+1)}$$

$$\rho_2=1.25\left(0.2\left|k_2z_2+z_1+\beta_2\right|+\eta_2+\left|\frac{\partial\omega_{z\mathrm{d}}}{\partial\alpha}\right|\eta_1\right)$$

$$\delta_z=\frac{J_z}{qSLm_{z0}^{\delta_z}}\left(-k_2z_2-z_1-\beta_2-\frac{2}{\pi}\rho_2\arctan\left(\frac{\rho_2z_2}{\varepsilon_2}\right)\right)$$

其中, $k_i>0$、$\varepsilon_i\ (i=1,2)$ 和 $\epsilon>0$ 为设计参数.

下面进行数值仿真验证. 假设要使飞行器先从 4000m 高度降低到 3000m 高度, 然后仍然保持平飞. 高度的过渡曲线取为

$$y_{\mathrm{d}}=3500-500\tanh(\lambda_0(t-20))$$

其中, $\lambda_0 = 0.2$, 并且按照下式生成攻角指令:

$$\alpha_c = \alpha_0 - k_p(y - y_d) - k_d(\dot{y} - \dot{y}_d)$$

其中, α_0 为初始平衡攻角; k_p 为比例增益, 取为 0.0008; k_d 为微分增益, 取为 0.003. 将攻角指令 α_c 通过如下低通滤波器后产生的输出 α_d 作为控制系统的参考输入信号 (参见 2.2 节的讨论):

$$\dot{\alpha}_{\text{temp}} = -\lambda_1\alpha_{\text{temp}} + \lambda_1\alpha_c, \quad \alpha_{\text{temp}}(0) = \alpha_c(0)$$

$$\dot{\alpha}_d = -\lambda_1\alpha_d + \lambda_1\alpha_{\text{temp}}, \quad \alpha_d(0) = \alpha_{\text{temp}}(0)$$

其中, $\lambda_1 > 0$ 为设计参数, 这里取 $\lambda_1 = 2$. $\ddot{\alpha}_d$ 可以根据公式

$$\ddot{\alpha}_d = -\lambda_1\dot{\alpha}_d + \lambda_1\dot{\alpha}_{\text{temp}} = \lambda_1^2(\alpha_d - 2\alpha_{\text{temp}} + \alpha_c)$$

求得. 飞行器的初始状态取值如下: $x(0) = 0\text{m}$, $y(0) = 4000\text{m}$, $V(0) = 300\text{m}$, $\theta(0) = 0\text{rad}$, $\vartheta(0) = 0.08\text{rad}$, $\omega_z(0) = 0\text{rad/s}$. 除了 $c_y^\alpha = 0.8c_{y0}^\alpha$、$m_z^\alpha = 1.2m_{z0}^\alpha$ 和 $m_z^{\delta_z} = 0.8m_{z0}^{\delta_z}$ 外, 飞行器的其余结构和气动参数均取标称值. 控制参数取为: $\epsilon = 1$, $\varepsilon_1 = 0.01$, $\varepsilon_2 = 0.01$, $k_1 = 0.2$, $k_2 = 0.1$.

将所设计的鲁棒控制律代入飞行器在纵向平面内的非线性运动方程组, 得到的仿真结果如图 4.2 所示. 图中分别给出了飞行器的期望高度变化曲线和实际高度变化曲线, 飞行器的期望攻角变化曲线和实际攻角变化曲线, 以及飞行器的俯仰角速度变化曲线和俯仰舵偏角变化曲线. 由仿真结果可以看出, 飞行器可以完成期望的高度机动任务并且实际攻角可以以较小的误差实现对期望攻角的跟踪. 仿真结果验证了所设计的飞行器俯仰通道鲁棒控制律的有效性.

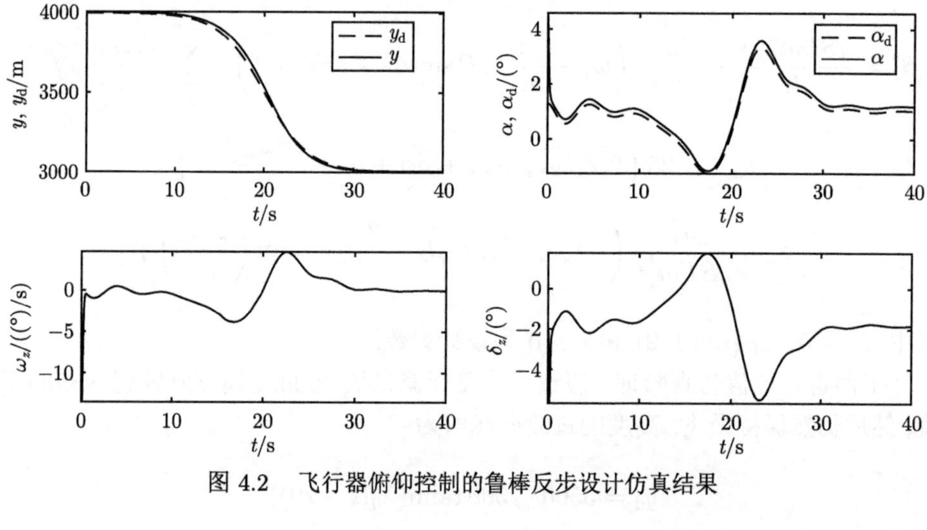

图 4.2　飞行器俯仰控制的鲁棒反步设计仿真结果

需要说明的是, 增大控制参数 k_1、k_2 并减小控制参数 ε_1、ε_2 可以进一步提高攻角的跟踪精度, 但是也会导致控制量的增大. 因此, 设计参数的选取需要将多种因素综合起来考虑.

4.3 自适应反步设计

本节讨论系统 (4.1) 的如下特殊形式:

$$\begin{cases} \dot{x}_1 = f_{10}(x_1) + \theta^{\mathrm{T}}\phi_1(x_1) + g_1(x_1)x_2 \\ \dot{x}_2 = f_{20}(\bar{x}_2) + \theta^{\mathrm{T}}\phi_2(\bar{x}_2) + g_2(\bar{x}_2)x_3 \\ \quad \vdots \\ \dot{x}_{n-1} = f_{n-1,0}(\bar{x}_{n-1}) + \theta^{\mathrm{T}}\phi_{n-1}(\bar{x}_{n-1}) + g_{n-1}(\bar{x}_{n-1})x_n \\ \dot{x}_n = f_{n0}(x) + \theta^{\mathrm{T}}\phi_n(x) + \left(g_{n0}(x) + \vartheta^{\mathrm{T}}\varphi(x)\right)u \\ y = x_1 \end{cases} \tag{4.54}$$

其中, $x_i \in \mathbf{R}$ $(i = 1, 2, \cdots, n)$ 为状态变量; $\bar{x}_i = [x_1, x_2, \cdots, x_i]^{\mathrm{T}}$, $x = [x_1, x_2, \cdots, x_n]^{\mathrm{T}}$; $u \in \mathbf{R}$ 为控制输入; $y \in \mathbf{R}$ 为系统输出; $\theta \in \mathbf{R}^m$ 为定常的未知不确定参数; 函数 $f_{i0}(\bar{x}_i) \in \mathcal{C}^{n-i}(\mathbf{R}^i, \mathbf{R})$, $\phi_i(\bar{x}_i) \in \mathcal{C}^{n-i}(\mathbf{R}^i, \mathbf{R}^m)$, $i = 1, 2, \cdots, n$; $g_i(\bar{x}_i) \in \mathcal{C}^{n-i}(\mathbf{R}^i, \mathbf{R})$ 且 $|g_i(\bar{x}_i)| > 0$ $(\forall \bar{x}_i \in \mathbf{R}^i)$ $(i = 1, 2, \cdots, n-1)$; $\vartheta \in \mathbf{R}^l$ 为定常的未知不确定参数; $g_{n0}(x) \in \mathcal{C}^0(\mathbf{R}^n, \mathbf{R})$, $\varphi(x) \in \mathcal{C}^0(\mathbf{R}^n, \mathbf{R}^l)$. 对于不确定参数 ϑ, 一般可以给出其范围的粗略估计如下:

$$\vartheta \in \mathcal{D} \xlongequal{\text{def}} \{\vartheta : \vartheta_{\mathrm{m}} \preceq \vartheta \preceq \theta_{\mathrm{M}}\}$$

其中, $\vartheta_{\mathrm{m}} = [\vartheta_{1\mathrm{m}}, \vartheta_{2\mathrm{m}}, \cdots, \vartheta_{l\mathrm{m}}]^{\mathrm{T}}$ 和 $\vartheta_{\mathrm{M}} = [\vartheta_{1\mathrm{M}}, \vartheta_{2\mathrm{M}}, \cdots, \vartheta_{l\mathrm{M}}]^{\mathrm{T}}$ 为已知常值向量, 常数 $\vartheta_{i\mathrm{m}}$ 和 $\vartheta_{i\mathrm{M}}$ 分别表示对未知参数 ϑ_i 上、下界的保守估计, $i = 1, 2, \cdots, l$; "$\preceq$" 表示按元素比较的小于或等于, 并且假设

$$\left|g_{n0}(x) + \vartheta^{\mathrm{T}}\varphi(x)\right| > 0, \quad \forall \vartheta \in \mathcal{D},\ \forall x \in \mathbf{R}^n \tag{4.55}$$

考虑系统 (4.54) 的输出跟踪问题, 其中参考信号 y_{d} 满足假设 4.1.1. 为解决此问题, 首先定义坐标变换

$$z_i = x_i - x_{i\mathrm{d}}, \quad i = 1, 2, \cdots, n \tag{4.56}$$

其中, $x_{1\mathrm{d}} = y_{\mathrm{d}}$; $x_{i\mathrm{d}}$ $(i = 2, 3, \cdots, n)$ 为待定的虚拟控制律.

4.3.1 过参数化问题

如果将第 1 章介绍的一阶系统的自适应控制设计方法直接推广到系统 (4.54), 则容易导致所谓的“过参数化” (over parameterization) 问题. 下面仅以系统 (4.54) 在 $n=2$ 时的一种特殊情况为例来说明此问题. 考虑系统

$$\begin{cases} \dot{x}_1 = f_{10}(x_1) + \theta^{\mathrm{T}}\phi_1(x_1) + g_1(x_1)x_2 \\ \dot{x}_2 = f_{20}(x) + \theta^{\mathrm{T}}\phi_2(x) + g_2(x)u \end{cases}$$

第 1 步　根据 z_1 的定义有

$$\begin{aligned} \dot{z}_1 &= f_{10}(x_1) + \theta^{\mathrm{T}}\phi_1(x_1) + g_1(x_1)x_2 - \dot{x}_{1\mathrm{d}} \\ &= f_{10}(x_1) + \theta^{\mathrm{T}}\phi_1(x_1) + g_1(x_1)x_{2\mathrm{d}} + g_1(x_1)z_2 - \dot{x}_{1\mathrm{d}} \end{aligned}$$

构造虚拟控制律为

$$x_{2\mathrm{d}} = \frac{1}{g_1(x_1)}\left(-k_1z_1 - \hat{\theta}_1^{\mathrm{T}}\phi_1(x_1) - f_{10}(x_1) + \dot{x}_{1\mathrm{d}}\right)$$

其中, $k_1>0$ 为设计参数; $\hat{\theta}_1$ 为 θ 的估计值, 其自适应律即 $\dot{\hat{\theta}}_1$ 的表达式待定. 定义估计误差为 $\tilde{\theta}_1 = \theta - \hat{\theta}_1$, 则有

$$\dot{\tilde{\theta}}_1 = -\dot{\hat{\theta}}_1 \tag{4.57}$$

以及

$$\dot{z}_1 = -k_1z_1 + \tilde{\theta}_1^{\mathrm{T}}\phi_1(x_1) + g_1(x_1)z_2 \tag{4.58}$$

定义 $V_1 = z_1^2/2 + \tilde{\theta}_1^{\mathrm{T}}\Gamma_1^{-1}\tilde{\theta}_1/2$, 其中, $\Gamma_1 \in \mathbf{R}^{m\times m}$ 为正定的设计参数矩阵, 则 V_1 沿式 (4.57) 和式 (4.58) 的时间导数为

$$\begin{aligned} \dot{V}_1 &= z_1\dot{z}_1 + \tilde{\theta}_1^{\mathrm{T}}\Gamma_1^{-1}\dot{\tilde{\theta}}_1 = z_1\dot{z}_1 - \tilde{\theta}_1^{\mathrm{T}}\Gamma_1^{-1}\dot{\hat{\theta}}_1 \\ &= -k_1z_1^2 + \tilde{\theta}_1^{\mathrm{T}}\left(\phi_1(x_1)z_1 - \Gamma_1^{-1}\dot{\hat{\theta}}_1\right) + g_1(x_1)z_1z_2 \end{aligned}$$

取

$$\dot{\hat{\theta}}_1 = \Gamma_1\phi_1(x_1)z_1$$

则有 $\dot{V}_1 = -k_1z_1^2 + g_1(x_1)z_1z_2$.

第 2 步　根据 z_2 的定义有

$$\dot{z}_2 = f_{20}(x) + \theta^{\mathrm{T}}\phi_2(x) + g_2(x)u - \dot{x}_{2\mathrm{d}}$$

经过简单计算可知

$$
\begin{aligned}
\dot{x}_{2\mathrm{d}} &= \frac{\partial x_{2\mathrm{d}}}{\partial x_1}\dot{x}_1 + \frac{\partial x_{2\mathrm{d}}}{\partial \hat{\theta}_1}\dot{\hat{\theta}}_1 + \sum_{j=0}^{1}\frac{\partial x_{2\mathrm{d}}}{\partial x_{1\mathrm{d}}^{(j)}}x_{1\mathrm{d}}^{(j+1)} \\
&= \frac{\partial x_{2\mathrm{d}}}{\partial x_1}\big(f_{10}(x_1) + \theta^{\mathrm{T}}\phi_1(x_1) + g_1(x_1)x_2\big) + \frac{\partial x_{2\mathrm{d}}}{\partial \hat{\theta}_1}\dot{\hat{\theta}}_1 + \sum_{j=0}^{1}\frac{\partial x_{2\mathrm{d}}}{\partial x_{1\mathrm{d}}^{(j)}}x_{1\mathrm{d}}^{(j+1)} \\
&= \theta^{\mathrm{T}}\frac{\partial x_{2\mathrm{d}}}{\partial x_1}\phi_1(x_1) + \frac{\partial x_{2\mathrm{d}}}{\partial x_1}(f_{10}(x_1) + g_1(x_1)x_2) + \frac{\partial x_{2\mathrm{d}}}{\partial \hat{\theta}_1}\dot{\hat{\theta}}_1 + \sum_{j=0}^{1}\frac{\partial x_{2\mathrm{d}}}{\partial x_{1\mathrm{d}}^{(j)}}x_{1\mathrm{d}}^{(j+1)}
\end{aligned}
$$

于是有

$$
\begin{aligned}
\dot{z}_2 &= f_{20}(x) + \theta^{\mathrm{T}}\phi_2(x) + g_2(x)u - \theta^{\mathrm{T}}\frac{\partial x_{2\mathrm{d}}}{\partial x_1}\phi_1(x_1) - \sum_{j=0}^{1}\frac{\partial x_{2\mathrm{d}}}{\partial x_{1\mathrm{d}}^{(j)}}x_{1\mathrm{d}}^{(j+1)} \\
&\quad - \frac{\partial x_{2\mathrm{d}}}{\partial x_1}(f_{10}(x_1) + g_1(x_1)x_2) - \frac{\partial x_{2\mathrm{d}}}{\partial \hat{\theta}_1}\dot{\hat{\theta}}_1 \\
&= f_{20}(x) + \theta^{\mathrm{T}}\left(\phi_2(x) - \frac{\partial x_{2\mathrm{d}}}{\partial x_1}\phi_1(x_1)\right) + g_2(x)u - \sum_{j=0}^{1}\frac{\partial x_{2\mathrm{d}}}{\partial x_{1\mathrm{d}}^{(j)}}x_{1\mathrm{d}}^{(j+1)} \\
&\quad - \frac{\partial x_{2\mathrm{d}}}{\partial x_1}(f_{10}(x_1) + g_1(x_1)x_2) - \frac{\partial x_{2\mathrm{d}}}{\partial \hat{\theta}_1}\dot{\hat{\theta}}_1
\end{aligned}
$$

构造控制律为

$$
\begin{aligned}
u = \frac{1}{g_2(x)}\Bigg(&- k_2z_2 - g_1(x_1)z_1 - \hat{\theta}_2^{\mathrm{T}}\left(\phi_2(x) - \frac{\partial x_{2\mathrm{d}}}{\partial x_1}\phi_1(x_1)\right) \\
&- f_{20}(x) + \frac{\partial x_{2\mathrm{d}}}{\partial x_1}(f_{10}(x_1) + g_1(x_1)x_2) + \frac{\partial x_{2\mathrm{d}}}{\partial \hat{\theta}_1}\dot{\hat{\theta}}_1 + \sum_{j=0}^{1}\frac{\partial x_{2\mathrm{d}}}{\partial x_{1\mathrm{d}}^{(j)}}x_{1\mathrm{d}}^{(j+1)}\Bigg)
\end{aligned}
$$

其中, $k_2 > 0$ 为设计参数; $\hat{\theta}_2$ 为 θ 的第二次估计值, 其自适应律即 $\dot{\hat{\theta}}_2$ 的表达式待定. 定义估计误差为 $\tilde{\theta}_2 = \theta - \hat{\theta}_2$, 则有

$$
\dot{\tilde{\theta}}_2 = -\dot{\hat{\theta}}_2 \tag{4.59}
$$

以及

$$
\dot{z}_2 = f_{20}(x) + \hat{\theta}_2^{\mathrm{T}}\left(\phi_2(x) - \frac{\partial x_{2\mathrm{d}}}{\partial x_1}\phi_1(x_1)\right) + \tilde{\theta}_2^{\mathrm{T}}\left(\phi_2(x) - \frac{\partial x_{2\mathrm{d}}}{\partial x_1}\phi_1(x_1)\right)
$$

$$+ g_2(x)u - \frac{\partial x_{2\text{d}}}{\partial x_1}(f_{10}(x_1) + g_1(x_1)x_2) - \frac{\partial x_{2\text{d}}}{\partial \hat{\theta}_1}\dot{\hat{\theta}}_1 - \sum_{j=0}^{1}\frac{\partial x_{2\text{d}}}{\partial x_{1\text{d}}^{(j)}}x_{1\text{d}}^{(j+1)}$$

$$= - k_2 z_2 - g_1(x_1)z_1 + \tilde{\theta}_2^{\text{T}}\left(\phi_2(x) - \frac{\partial x_{2\text{d}}}{\partial x_1}\phi_1(x_1)\right) \tag{4.60}$$

定义 $V_2 = V_1 + z_2^2/2 + \tilde{\theta}_2^{\text{T}}\varGamma_2^{-1}\tilde{\theta}_2/2$, 其中, $\varGamma_2 \in \mathbf{R}^{m\times m}$ 为正定的设计参数矩阵, 则 V_2 沿式 (4.57) $\sim$ 式 (4.60) 的时间导数为

$$\begin{aligned}
\dot{V}_2 &= \dot{V}_1 + z_2\dot{z}_2 + \tilde{\theta}_2^{\text{T}}\varGamma_2^{-1}\dot{\tilde{\theta}}_2 = \dot{V}_1 + z_2\dot{z}_2 - \tilde{\theta}_2^{\text{T}}\varGamma_2^{-1}\dot{\hat{\theta}}_2 \\
&= - k_1 z_1^2 + g_1(x_1)z_1z_2 - k_2 z_2^2 - g_1(x_1)z_1z_2 \\
&\quad + \tilde{\theta}_2^{\text{T}}\left(\phi_2(x) - \frac{\partial x_{2\text{d}}}{\partial x_1}\phi_1(x_1)\right)z_2 - \tilde{\theta}_2^{\text{T}}\varGamma_2^{-1}\dot{\hat{\theta}}_2 \\
&= - k_1 z_1^2 - k_2 z_2^2 + \tilde{\theta}_2^{\text{T}}\left(\left(\phi_2(x) - \frac{\partial x_{2\text{d}}}{\partial x_1}\phi_1(x_1)\right)z_2 - \varGamma_2^{-1}\dot{\hat{\theta}}_2\right)
\end{aligned}$$

取

$$\dot{\hat{\theta}}_2 = \varGamma_2\left(\phi_2(x) - \frac{\partial x_{2\text{d}}}{\partial x_1}\phi_1(x_1)\right)z_2$$

则有 $\dot{V}_2 = -k_1z_1^2 - k_2z_2^2 \leqslant 0$. 由此可知 z_1、z_2、$\tilde{\theta}_1$、$\tilde{\theta}_2$ 均有界. 结合 y_d、$\dot{y}_\text{d}$、$\ddot{y}_\text{d}$ 的有界性可知 x_1、x_2 有界. 进而可知 u、$\dot{z}_1$、$\dot{z}_2$ 有界. 于是 $2k_1z_1\dot{z}_1 + 2k_2z_2\dot{z}_2$ 有界, 这意味着 $k_1z_1^2 + k_2z_2^2$ 一致连续. 由扩展的类 Lyapunov 引理 (引理 1.3.9) 可知 $k_1z_1^2 + k_2z_2^2 \xrightarrow{t\to\infty} 0$, 故 $z_i(t) \xrightarrow{t\to\infty} 0\ (i = 1, 2)$. 因而, 跟踪误差收敛到零.

在上述方法中, 对同一参数 θ 进行了两次估计. 对于一般的 n 阶系统, 这种方法需要对参数 θ 进行 n 次估计, 这就是所谓的 “过参数化” 问题. 为了克服这一问题, 可以采用调整函数 (tuning function) 法. 调整函数法是一种技巧性非常强的构造性自适应律设计方法, 它不是在反步设计的每一步都给出未知参数估计的一个自适应律, 而是以迭代方式定义一个调整函数, 直到控制设计的最后一步, 才通过所定义的调整函数给出未知参数估计的自适应律. 下面介绍基于调整函数的自适应反步设计方法.

4.3.2　调整函数法

第 1 步　根据 z_1 的定义有

$$\begin{aligned}
\dot{z}_1 &= f_{10}(x_1) + \theta^{\text{T}}\phi_1(x_1) + g_1(x_1)x_2 - \dot{x}_{1\text{d}} \\
&= f_{10}(x_1) + \theta^{\text{T}}\phi_1(x_1) + g_1(x_1)x_{2\text{d}} + g_1(x_1)z_2 - \dot{x}_{1\text{d}}
\end{aligned}$$

$$= \theta^{\mathrm{T}} w_1 + g_1(x_1) x_{2\mathrm{d}} + g_1(x_1) z_2 + \beta_1$$

其中,

$$\beta_1 = f_{10}(x_1) - \dot{x}_{1\mathrm{d}} \tag{4.61}$$

$$w_1 = \phi_1(x_1) \tag{4.62}$$

构造虚拟控制律

$$x_{2\mathrm{d}} = \frac{1}{g_1(x_1)} \left(-k_1 z_1 - \hat{\theta}^{\mathrm{T}} w_1 - \beta_1 \right) \tag{4.63}$$

其中, $k_1 > 0$ 为设计参数; $\hat{\theta}$ 为 θ 的估计值, 其自适应律即 $\dot{\hat{\theta}}$ 的表达式待定, 并定义估计误差为 $\tilde{\theta} = \theta - \hat{\theta}$, 则有

$$\dot{\tilde{\theta}} = -\dot{\hat{\theta}} \tag{4.64}$$

以及

$$\dot{z}_1 = \tilde{\theta}^{\mathrm{T}} w_1 - k_1 z_1 + g_1(x_1) z_2 \tag{4.65}$$

定义 $V_1 = z_1^2/2 + \tilde{\theta}^{\mathrm{T}} \varGamma_1^{-1} \tilde{\theta}/2$, 其中, $\varGamma_1 \in \mathbf{R}^{m \times m}$ 为正定的设计参数矩阵, 则 V_1 沿系统 (4.64) 和 (4.65) 的时间导数为

$$\begin{aligned}
\dot{V}_1 &= z_1 \dot{z}_1 + \tilde{\theta}^{\mathrm{T}} \varGamma_1^{-1} \dot{\tilde{\theta}} \\
&= \tilde{\theta}^{\mathrm{T}} w_1 z_1 - k_1 z_1^2 + g_1(x_1) z_1 z_2 - \tilde{\theta}^{\mathrm{T}} \varGamma_1^{-1} \dot{\hat{\theta}} \\
&= -k_1 z_1^2 + \tilde{\theta}^{\mathrm{T}} (w_1 z_1 - \varGamma_1^{-1} \dot{\hat{\theta}}) + g_1(x_1) z_1 z_2 \\
&= -k_1 z_1^2 + \tilde{\theta}^{\mathrm{T}} (\tau_1 - \varGamma_1^{-1} \dot{\hat{\theta}}) + g_1(x_1) z_1 z_2
\end{aligned}$$

其中,

$$\tau_1 = w_1 z_1 \tag{4.66}$$

为第一个调整函数.

第 2 步 根据 z_2 的定义有

$$\dot{z}_2 = f_{20}(\bar{x}_2) + \theta^{\mathrm{T}} \phi_2(\bar{x}_2) + g_2(\bar{x}_2) x_{3\mathrm{d}} + g_2(\bar{x}_2) z_3 - \dot{x}_{2\mathrm{d}}$$

经过简单计算可知

$$\dot{x}_{2\mathrm{d}} = \frac{\partial x_{2\mathrm{d}}}{\partial x_1} \dot{x}_1 + \frac{\partial x_{2\mathrm{d}}}{\partial \hat{\theta}} \dot{\hat{\theta}} + \sum_{j=0}^{1} \frac{\partial x_{2\mathrm{d}}}{\partial x_{1\mathrm{d}}^{(j)}} x_{1\mathrm{d}}^{(j+1)}$$

$$=\frac{\partial x_{2\mathrm{d}}}{\partial x_1}\left(f_{10}(x_1)+\theta^{\mathrm{T}}\phi_1(x_1)+g_1(x_1)x_2\right)+\frac{\partial x_{2\mathrm{d}}}{\partial\hat{\theta}}\dot{\hat{\theta}}+\sum_{j=0}^{1}\frac{\partial x_{2\mathrm{d}}}{\partial x_{1\mathrm{d}}^{(j)}}x_{1\mathrm{d}}^{(j+1)}$$

$$=\theta^{\mathrm{T}}\frac{\partial x_{2\mathrm{d}}}{\partial x_1}\phi_1(x_1)+\frac{\partial x_{2\mathrm{d}}}{\partial x_1}\left(f_{10}(x_1)+g_1(x_1)x_2\right)+\frac{\partial x_{2\mathrm{d}}}{\partial\hat{\theta}}\dot{\hat{\theta}}+\sum_{j=0}^{1}\frac{\partial x_{2\mathrm{d}}}{\partial x_{1\mathrm{d}}^{(j)}}x_{1\mathrm{d}}^{(j+1)}$$

于是有

$$\begin{aligned}\dot{z}_2=&f_{20}(\bar{x}_2)+\theta^{\mathrm{T}}\phi_2(\bar{x}_2)+g_2(\bar{x}_2)x_{3\mathrm{d}}+g_2(\bar{x}_2)z_3-\sum_{j=0}^{1}\frac{\partial x_{2\mathrm{d}}}{\partial x_{1\mathrm{d}}^{(j)}}x_{1\mathrm{d}}^{(j+1)}\\&-\theta^{\mathrm{T}}\frac{\partial x_{2\mathrm{d}}}{\partial x_1}\phi_1(x_1)-\frac{\partial x_{2\mathrm{d}}}{\partial x_1}\left(f_{10}(x_1)+g_1(x_1)x_2\right)-\frac{\partial x_{2\mathrm{d}}}{\partial\hat{\theta}}\dot{\hat{\theta}}\\=&\theta^{\mathrm{T}}w_2+g_2(\bar{x}_2)x_{3\mathrm{d}}+g_2(\bar{x}_2)z_3+\beta_2-\frac{\partial x_{2\mathrm{d}}}{\partial\hat{\theta}}\dot{\hat{\theta}}\end{aligned}$$

其中,

$$\beta_2=f_{20}(\bar{x}_2)-\frac{\partial x_{2\mathrm{d}}}{\partial x_1}\left(f_{10}(x_1)+g_1(x_1)x_2\right)-\sum_{j=0}^{1}\frac{\partial x_{2\mathrm{d}}}{\partial x_{1\mathrm{d}}^{(j)}}x_{1\mathrm{d}}^{(j+1)}\tag{4.67}$$

$$w_2=\phi_2(\bar{x}_2)-\frac{\partial x_{2\mathrm{d}}}{\partial x_1}\phi_1(x_1)\tag{4.68}$$

构造虚拟控制律

$$x_{3\mathrm{d}}=\frac{1}{g_2(\bar{x}_2)}\left(-k_2z_2-g_1(x_1)z_1-\hat{\theta}^{\mathrm{T}}w_2-\beta_2+v_2\right)\tag{4.69}$$

其中, $k_2>0$ 为设计参数; v_2 为待定项, 则有

$$\dot{z}_2=-k_2z_2-g_1(x_1)z_1+\tilde{\theta}^{\mathrm{T}}w_2+v_2+g_2(\bar{x}_2)z_3-\frac{\partial x_{2\mathrm{d}}}{\partial\hat{\theta}}\dot{\hat{\theta}}\tag{4.70}$$

定义 $V_2=V_1+z_2^2/2$, 则 V_2 沿系统 (4.64)、(4.65) 和 (4.70) 的时间导数为

$$\begin{aligned}\dot{V}_2=&\dot{V}_1+z_2\dot{z}_2\\=&-k_1z_1^2+\tilde{\theta}^{\mathrm{T}}(\tau_1-\Gamma_1^{-1}\dot{\hat{\theta}})+g_1(x_1)z_1z_2\\&-k_2z_2^2-g_1(x_1)z_1z_2+\tilde{\theta}^{\mathrm{T}}w_2z_2+v_2z_2+g_2(\bar{x}_2)z_2z_3-z_2\frac{\partial x_{2\mathrm{d}}}{\partial\hat{\theta}}\dot{\hat{\theta}}\end{aligned}$$

$$
\begin{aligned}
&= -\sum_{j=1}^{2} k_j z_j^2 + g_2(\bar{x}_2) z_2 z_3 + \tilde{\theta}^{\mathrm{T}}(w_2 z_2 + \tau_1 - \Gamma_1^{-1}\dot{\hat{\theta}}) + z_2 v_2 - z_2 \frac{\partial x_{2\mathrm{d}}}{\partial \hat{\theta}} \dot{\hat{\theta}} \\
&= -\sum_{j=1}^{2} k_j z_j^2 + g_2(\bar{x}_2) z_2 z_3 + \tilde{\theta}^{\mathrm{T}}(\tau_2 - \Gamma_1^{-1}\dot{\hat{\theta}}) + z_2 v_2 - z_2 \frac{\partial x_{2\mathrm{d}}}{\partial \hat{\theta}} \dot{\hat{\theta}}
\end{aligned}
$$

其中,

$$
\tau_2 = w_2 z_2 + \tau_1 \tag{4.71}
$$

为第二个调整函数. 取

$$
v_2 = \frac{\partial x_{2\mathrm{d}}}{\partial \hat{\theta}} \Gamma_1 \tau_2 \tag{4.72}
$$

则有

$$
\dot{V}_2 = -\sum_{j=1}^{2} k_j z_j^2 + g_2(\bar{x}_2) z_2 z_3 + \tilde{\theta}^{\mathrm{T}}(\tau_2 - \Gamma_1^{-1}\dot{\hat{\theta}}) + z_2 \frac{\partial x_{2\mathrm{d}}}{\partial \hat{\theta}} (\Gamma_1 \tau_2 - \dot{\hat{\theta}})
$$

第 3 步　根据 z_3 的定义有

$$
\dot{z}_3 = f_{30}(\bar{x}_3) + \theta^{\mathrm{T}} \phi_3(\bar{x}_3) + g_3(\bar{x}_3) x_{4\mathrm{d}} + g_3(\bar{x}_3) z_4 - \dot{x}_{3\mathrm{d}}
$$

经过简单计算可知

$$
\begin{aligned}
\dot{x}_{3\mathrm{d}} &= \sum_{j=1}^{2} \frac{\partial x_{3\mathrm{d}}}{\partial x_j} \dot{x}_j + \frac{\partial x_{3\mathrm{d}}}{\partial \hat{\theta}} \dot{\hat{\theta}} + \sum_{j=0}^{2} \frac{\partial x_{3\mathrm{d}}}{\partial x_{1\mathrm{d}}^{(j)}} x_{1\mathrm{d}}^{(j+1)} \\
&= \sum_{j=1}^{2} \frac{\partial x_{3\mathrm{d}}}{\partial x_j} \left(f_{j0}(\bar{x}_j) + \theta^{\mathrm{T}} \phi_j(\bar{x}_j) + g_j(\bar{x}_j) x_{j+1}\right) + \frac{\partial x_{3\mathrm{d}}}{\partial \hat{\theta}} \dot{\hat{\theta}} + \sum_{j=0}^{2} \frac{\partial x_{3\mathrm{d}}}{\partial x_{1\mathrm{d}}^{(j)}} x_{1\mathrm{d}}^{(j+1)} \\
&= \sum_{j=1}^{2} \frac{\partial x_{3\mathrm{d}}}{\partial x_j} (f_{j0}(\bar{x}_j) + g_j(\bar{x}_j) x_{j+1}) + \theta^{\mathrm{T}} \sum_{j=1}^{2} \frac{\partial x_{3\mathrm{d}}}{\partial x_j} \phi_j(\bar{x}_j) \\
&\quad + \frac{\partial x_{3\mathrm{d}}}{\partial \hat{\theta}} \dot{\hat{\theta}} + \sum_{j=0}^{2} \frac{\partial x_{3\mathrm{d}}}{\partial x_{1\mathrm{d}}^{(j)}} x_{1\mathrm{d}}^{(j+1)}
\end{aligned}
$$

于是有

$$
\dot{z}_3 = f_{30}(\bar{x}_3) + \theta^{\mathrm{T}} \phi_3(\bar{x}_3) + g_3(\bar{x}_3) x_{4\mathrm{d}} + g_3(\bar{x}_3) z_4 - \sum_{j=1}^{2} \frac{\partial x_{3\mathrm{d}}}{\partial x_j} (f_{j0}(\bar{x}_j) + g_j(\bar{x}_j) x_{j+1})
$$

$$
\begin{aligned}
&-\theta^{\mathrm{T}}\sum_{j=1}^{2}\frac{\partial x_{3\mathrm{d}}}{\partial x_j}\phi_j(\bar{x}_j)-\frac{\partial x_{3\mathrm{d}}}{\partial\hat{\theta}}\dot{\hat{\theta}}-\sum_{j=0}^{2}\frac{\partial x_{3\mathrm{d}}}{\partial x_{1\mathrm{d}}^{(j)}}x_{1\mathrm{d}}^{(j+1)}\\
=&\,\theta^{\mathrm{T}}w_3+g_3(\bar{x}_3)x_{4\mathrm{d}}+g_3(\bar{x}_3)z_4+\beta_3-\frac{\partial x_{3\mathrm{d}}}{\partial\hat{\theta}}\dot{\hat{\theta}}
\end{aligned}
$$

其中,

$$
\beta_3=f_{30}(\bar{x}_3)-\sum_{j=1}^{2}\frac{\partial x_{3\mathrm{d}}}{\partial x_j}\left(f_{j0}(\bar{x}_j)+g_j(\bar{x}_j)x_{j+1}\right)-\sum_{j=0}^{2}\frac{\partial x_{3\mathrm{d}}}{\partial x_{1\mathrm{d}}^{(j)}}x_{1\mathrm{d}}^{(j+1)} \tag{4.73}
$$

$$
w_3=\phi_3(\bar{x}_3)-\sum_{j=1}^{2}\frac{\partial x_{3\mathrm{d}}}{\partial x_j}\phi_j(\bar{x}_j) \tag{4.74}
$$

构造虚拟控制律

$$
x_{4\mathrm{d}}=\frac{1}{g_3(\bar{x}_3)}\Big(-k_3z_3-g_2(\bar{x}_2)z_2-\hat{\theta}^{\mathrm{T}}w_3-\beta_3+v_3\Big) \tag{4.75}
$$

其中, $k_3>0$ 为设计参数; v_3 为待定项, 则有

$$
\dot{z}_3=-k_3z_3-g_2(\bar{x}_2)z_2+\tilde{\theta}^{\mathrm{T}}w_3+v_3+g_3(\bar{x}_3)z_4-\frac{\partial x_{3\mathrm{d}}}{\partial\hat{\theta}}\dot{\hat{\theta}} \tag{4.76}
$$

定义 $V_3=V_2+z_3^2/2$, 则 V_3 沿系统 (4.64)、(4.65)、(4.70) 和 (4.76) 的时间导数为

$$
\begin{aligned}
\dot{V}_3=&\,\dot{V}_2+z_3\dot{z}_3\\
=&-k_1z_1^2-k_2z_2^2+g_2(\bar{x}_2)z_2z_3+\tilde{\theta}^{\mathrm{T}}(\tau_2-\Gamma_1^{-1}\dot{\hat{\theta}})+z_2\frac{\partial x_{2\mathrm{d}}}{\partial\hat{\theta}}(\Gamma_1\tau_2-\dot{\hat{\theta}})\\
&-k_3z_3^2-g_2(\bar{x}_2)z_2z_3+\tilde{\theta}^{\mathrm{T}}w_3z_3+v_3z_3+g_3(\bar{x}_3)z_3z_4-z_3\frac{\partial x_{3\mathrm{d}}}{\partial\hat{\theta}}\dot{\hat{\theta}}\\
=&-\sum_{j=1}^{3}k_jz_j^2+\tilde{\theta}^{\mathrm{T}}(w_3z_3+\tau_2-\Gamma_1^{-1}\dot{\hat{\theta}})+g_3(\bar{x}_3)z_3z_4+v_3z_3\\
&+z_2\frac{\partial x_{2\mathrm{d}}}{\partial\hat{\theta}}(\Gamma_1\tau_2-\dot{\hat{\theta}})-z_3\frac{\partial x_{3\mathrm{d}}}{\partial\hat{\theta}}\dot{\hat{\theta}}\\
=&-\sum_{j=1}^{3}k_jz_j^2+\tilde{\theta}^{\mathrm{T}}(\tau_3-\Gamma_1^{-1}\dot{\hat{\theta}})+g_3(\bar{x}_3)z_3z_4+v_3z_3\\
&+z_2\frac{\partial x_{2\mathrm{d}}}{\partial\hat{\theta}}(\Gamma_1\tau_2-\dot{\hat{\theta}})-z_3\frac{\partial x_{3\mathrm{d}}}{\partial\hat{\theta}}\dot{\hat{\theta}}
\end{aligned}
$$

其中,

$$\tau_3 = w_3 z_3 + \tau_2 \tag{4.77}$$

为第三个调整函数. 取

$$v_3 = z_2 \frac{\partial x_{2\mathrm{d}}}{\partial \hat{\theta}} \Gamma_1 w_3 + \frac{\partial x_{3\mathrm{d}}}{\partial \hat{\theta}} \Gamma_1 \tau_3 \tag{4.78}$$

则有

$$\begin{aligned}
\dot{V}_3 =& -\sum_{j=1}^{3} k_j z_j^2 + \tilde{\theta}^{\mathrm{T}}(\tau_3 - \Gamma_1^{-1}\dot{\hat{\theta}}) + g_3(\bar{x}_3) z_3 z_4 + z_2 \frac{\partial x_{2\mathrm{d}}}{\partial \hat{\theta}} \Gamma_1 w_3 z_3 \\
& + z_3 \frac{\partial x_{3\mathrm{d}}}{\partial \hat{\theta}} \Gamma_1 \tau_3 + z_2 \frac{\partial x_{2\mathrm{d}}}{\partial \hat{\theta}} (\Gamma_1 \tau_2 - \dot{\hat{\theta}}) - z_3 \frac{\partial x_{3\mathrm{d}}}{\partial \hat{\theta}} \dot{\hat{\theta}} \\
=& -\sum_{j=1}^{3} k_j z_j^2 + \tilde{\theta}^{\mathrm{T}}(\tau_3 - \Gamma_1^{-1}\dot{\hat{\theta}}) + g_3(\bar{x}_3) z_3 z_4 \\
& + z_2 \frac{\partial x_{2\mathrm{d}}}{\partial \hat{\theta}} (\Gamma_1 \tau_3 - \dot{\hat{\theta}}) + z_3 \frac{\partial x_{3\mathrm{d}}}{\partial \hat{\theta}} (\Gamma_1 \tau_3 - \dot{\hat{\theta}}) \\
=& -\sum_{j=1}^{3} k_j z_j^2 + \tilde{\theta}^{\mathrm{T}}(\tau_3 - \Gamma_1^{-1}\dot{\hat{\theta}}) + g_3(\bar{x}_3) z_3 z_4 + \left(\sum_{j=2}^{3} z_j \frac{\partial x_{j\mathrm{d}}}{\partial \hat{\theta}} \right) (\Gamma_1 \tau_3 - \dot{\hat{\theta}})
\end{aligned}$$

第 i 步 $(i = 4, 5, \cdots, n-1)$ 根据 z_i 的定义有

$$\dot{z}_i = f_{i0}(\bar{x}_i) + \theta^{\mathrm{T}} \phi_i(\bar{x}_i) + g_i(\bar{x}_i) x_{i+1,\mathrm{d}} + g_i(\bar{x}_i) z_{i+1} - \dot{x}_{i\mathrm{d}}$$

经过简单计算可知

$$\begin{aligned}
\dot{x}_{i\mathrm{d}} =& \sum_{j=1}^{i-1} \frac{\partial x_{i\mathrm{d}}}{\partial x_j} \dot{x}_j + \frac{\partial x_{i\mathrm{d}}}{\partial \hat{\theta}} \dot{\hat{\theta}} + \sum_{j=0}^{i-1} \frac{\partial x_{i\mathrm{d}}}{\partial x_{1\mathrm{d}}^{(j)}} x_{1\mathrm{d}}^{(j+1)} \\
=& \sum_{j=1}^{i-1} \frac{\partial x_{i\mathrm{d}}}{\partial x_j} \left(f_{j0}(\bar{x}_j) + \theta^{\mathrm{T}} \phi_j(\bar{x}_j) + g_j(\bar{x}_j) x_{j+1} \right) + \frac{\partial x_{i\mathrm{d}}}{\partial \hat{\theta}} \dot{\hat{\theta}} + \sum_{j=0}^{i-1} \frac{\partial x_{i\mathrm{d}}}{\partial x_{1\mathrm{d}}^{(j)}} x_{1\mathrm{d}}^{(j+1)} \\
=& \sum_{j=1}^{i-1} \frac{\partial x_{i\mathrm{d}}}{\partial x_j} \left(f_{j0}(\bar{x}_j) + g_j(\bar{x}_j) x_{j+1} \right) + \theta^{\mathrm{T}} \sum_{j=1}^{i-1} \frac{\partial x_{i\mathrm{d}}}{\partial x_j} \phi_j(\bar{x}_j) \\
& + \frac{\partial x_{i\mathrm{d}}}{\partial \hat{\theta}} \dot{\hat{\theta}} + \sum_{j=0}^{i-1} \frac{\partial x_{i\mathrm{d}}}{\partial x_{1\mathrm{d}}^{(j)}} x_{1\mathrm{d}}^{(j+1)}
\end{aligned}$$

于是有

$$\begin{aligned}\dot{z}_i &= f_{i0}(\bar{x}_i) + \theta^{\mathrm{T}}\phi_i(\bar{x}_i) + g_i(\bar{x}_i)x_{i+1,\mathrm{d}} + g_i(\bar{x}_i)z_{i+1} - \sum_{j=0}^{i-1}\frac{\partial x_{i\mathrm{d}}}{\partial x_{1\mathrm{d}}^{(j)}}x_{1\mathrm{d}}^{(j+1)} \\ &\quad - \sum_{j=1}^{i-1}\frac{\partial x_{i\mathrm{d}}}{\partial x_j}(f_{j0}(\bar{x}_j) + g_j(\bar{x}_j)x_{j+1}) - \theta^{\mathrm{T}}\sum_{j=1}^{i-1}\frac{\partial x_{i\mathrm{d}}}{\partial x_j}\phi_j(\bar{x}_j) - \frac{\partial x_{i\mathrm{d}}}{\partial \hat{\theta}}\dot{\hat{\theta}} \\ &= \theta^{\mathrm{T}}w_i + g_i(\bar{x}_i)x_{i+1,\mathrm{d}} + g_i(\bar{x}_i)z_{i+1} + \beta_i - \frac{\partial x_{i\mathrm{d}}}{\partial \hat{\theta}}\dot{\hat{\theta}}\end{aligned}$$

其中,

$$\beta_i = f_{i0}(\bar{x}_i) - \sum_{j=1}^{i-1}\frac{\partial x_{i\mathrm{d}}}{\partial x_j}(f_{j0}(\bar{x}_j) + g_j(\bar{x}_j)x_{j+1}) - \sum_{j=0}^{i-1}\frac{\partial x_{i\mathrm{d}}}{\partial x_{1\mathrm{d}}^{(j)}}x_{1\mathrm{d}}^{(j+1)} \tag{4.79}$$

$$w_i = \phi_i(\bar{x}_i) - \sum_{j=1}^{i-1}\frac{\partial x_{i\mathrm{d}}}{\partial x_j}\phi_j(\bar{x}_j) \tag{4.80}$$

构造虚拟控制律

$$x_{i+1,\mathrm{d}} = \frac{1}{g_i(\bar{x}_i)}\left(-k_i z_i - g_{i-1}(\bar{x}_{i-1})z_{i-1} - \hat{\theta}^{\mathrm{T}}w_i - \beta_i + v_i\right) \tag{4.81}$$

其中, $k_i > 0$ 为设计参数; v_i 为待定项, 则有

$$\dot{z}_i = -k_i z_i - g_{i-1}(\bar{x}_{i-1})z_{i-1} + \tilde{\theta}^{\mathrm{T}}w_i + v_i + g_i(\bar{x}_i)z_{i+1} - \frac{\partial x_{i\mathrm{d}}}{\partial \hat{\theta}}\dot{\hat{\theta}} \tag{4.82}$$

定义 $V_i = V_{i-1} + z_i^2/2$, 则 V_i 沿系统 (4.64)、(4.65)、(4.70)、(4.76) 和 (4.82) 的时间导数为

$$\begin{aligned}\dot{V}_i &= \dot{V}_{i-1} + z_i\dot{z}_i \\ &= -\sum_{j=1}^{i-1}k_j z_j^2 + \tilde{\theta}^{\mathrm{T}}(\tau_{i-1} - \varGamma_1^{-1}\dot{\hat{\theta}}) + g_{i-1}(\bar{x}_{i-1})z_{i-1}z_i \\ &\quad + \left(\sum_{j=2}^{i-1}z_j\frac{\partial x_{j\mathrm{d}}}{\partial \hat{\theta}}\right)(\varGamma_1\tau_{i-1} - \dot{\hat{\theta}}) - k_i z_i^2 - g_{i-1}(\bar{x}_{i-1})z_{i-1}z_i \\ &\quad + \tilde{\theta}^{\mathrm{T}}w_i z_i + z_i v_i + g_i(\bar{x}_i)z_i z_{i+1} - z_i\frac{\partial x_{i\mathrm{d}}}{\partial \hat{\theta}}\dot{\hat{\theta}}\end{aligned}$$

$$
\begin{aligned}
&= -\sum_{j=1}^{i} k_j z_j^2 + \tilde{\theta}^{\mathrm{T}}(w_i z_i + \tau_{i-1} - \Gamma_1^{-1}\dot{\hat{\theta}}) + g_i(\bar{x}_i) z_i z_{i+1} + z_i v_i \\
&\quad + \left(\sum_{j=2}^{i-1} z_j \frac{\partial x_{j\mathrm{d}}}{\partial \hat{\theta}}\right)(\Gamma_1 \tau_{i-1} - \dot{\hat{\theta}}) - z_i \frac{\partial x_{i\mathrm{d}}}{\partial \hat{\theta}} \dot{\hat{\theta}} \\
&= -\sum_{j=1}^{i} k_j z_j^2 + \tilde{\theta}^{\mathrm{T}}(\tau_i - \Gamma_1^{-1}\dot{\hat{\theta}}) + g_i(\bar{x}_i) z_i z_{i+1} + z_i v_i \\
&\quad + \left(\sum_{j=2}^{i-1} z_j \frac{\partial x_{j\mathrm{d}}}{\partial \hat{\theta}}\right)(\Gamma_1 \tau_{i-1} - \dot{\hat{\theta}}) - z_i \frac{\partial x_{i\mathrm{d}}}{\partial \hat{\theta}} \dot{\hat{\theta}}
\end{aligned}
$$

其中,

$$
\tau_i = w_i z_i + \tau_{i-1} \tag{4.83}
$$

为第 i 个调整函数. 取

$$
v_i = \left(\sum_{j=2}^{i-1} z_j \frac{\partial x_{j\mathrm{d}}}{\partial \hat{\theta}}\right) \Gamma_1 w_i + \frac{\partial x_{i\mathrm{d}}}{\partial \hat{\theta}} \Gamma_1 \tau_i \tag{4.84}
$$

则有

$$
\begin{aligned}
\dot{V}_i &= -\sum_{j=1}^{i} k_j z_j^2 + \tilde{\theta}^{\mathrm{T}}(\tau_i - \Gamma_1^{-1}\dot{\hat{\theta}}) + g_i(\bar{x}_i) z_i z_{i+1} + \left(\sum_{j=2}^{i-1} z_j \frac{\partial x_{j\mathrm{d}}}{\partial \hat{\theta}}\right) \Gamma_1 w_i z_i \\
&\quad + z_i \frac{\partial x_{i\mathrm{d}}}{\partial \hat{\theta}} \Gamma_1 \tau_i + \left(\sum_{j=2}^{i-1} z_j \frac{\partial x_{j\mathrm{d}}}{\partial \hat{\theta}}\right)(\Gamma_1 \tau_{i-1} - \dot{\hat{\theta}}) - z_i \frac{\partial x_{i\mathrm{d}}}{\partial \hat{\theta}} \dot{\hat{\theta}} \\
&= -\sum_{j=1}^{i} k_j z_j^2 + \tilde{\theta}^{\mathrm{T}}(\tau_i - \Gamma_1^{-1}\dot{\hat{\theta}}) + g_i(\bar{x}_i) z_i z_{i+1} \\
&\quad + \left(\sum_{j=2}^{i-1} z_j \frac{\partial x_{j\mathrm{d}}}{\partial \hat{\theta}}\right)(\Gamma_1 \tau_i - \dot{\hat{\theta}}) + z_i \frac{\partial x_{i\mathrm{d}}}{\partial \hat{\theta}}(\Gamma_1 \tau_i - \dot{\hat{\theta}}) \\
&= -\sum_{j=1}^{i} k_j z_j^2 + \tilde{\theta}^{\mathrm{T}}(\tau_i - \Gamma_1^{-1}\dot{\hat{\theta}}) + g_i(\bar{x}_i) z_i z_{i+1} + \left(\sum_{j=2}^{i} z_j \frac{\partial x_{j\mathrm{d}}}{\partial \hat{\theta}}\right)(\Gamma_1 \tau_i - \dot{\hat{\theta}})
\end{aligned}
$$

第 n 步 根据 z_n 的定义有

$$
\dot{z}_n = f_{n0}(x) + \theta^{\mathrm{T}} \phi_n(x) + \left(g_{n0}(x) + \vartheta^{\mathrm{T}} \varphi(x)\right) u - \dot{x}_{n\mathrm{d}}
$$

经过简单计算可知

$$
\begin{aligned}
\dot{x}_{n\mathrm{d}} =& \sum_{j=1}^{n-1} \frac{\partial x_{n\mathrm{d}}}{\partial x_j}\dot{x}_j + \frac{\partial x_{n\mathrm{d}}}{\partial \hat{\theta}}\dot{\hat{\theta}} + \sum_{j=0}^{n-1} \frac{\partial x_{n\mathrm{d}}}{\partial x_{1\mathrm{d}}^{(j)}} x_{1\mathrm{d}}^{(j+1)} \\
=& \sum_{j=1}^{n-1} \frac{\partial x_{n\mathrm{d}}}{\partial x_j}\left(f_{j0}(\bar{x}_j) + \theta^{\mathrm{T}}\phi_j(\bar{x}_j) + g_j(\bar{x}_j)x_{j+1}\right) + \frac{\partial x_{n\mathrm{d}}}{\partial \hat{\theta}}\dot{\hat{\theta}} + \sum_{j=0}^{n-1} \frac{\partial x_{n\mathrm{d}}}{\partial x_{1\mathrm{d}}^{(j)}} x_{1\mathrm{d}}^{(j+1)} \\
=& \sum_{j=1}^{n-1} \frac{\partial x_{n\mathrm{d}}}{\partial x_j}(f_{j0}(\bar{x}_j) + g_j(\bar{x}_j)x_{j+1}) + \theta^{\mathrm{T}} \sum_{j=1}^{n-1} \frac{\partial x_{n\mathrm{d}}}{\partial x_j}\phi_j(\bar{x}_j) \\
& + \frac{\partial x_{n\mathrm{d}}}{\partial \hat{\theta}}\dot{\hat{\theta}} + \sum_{j=0}^{n-1} \frac{\partial x_{n\mathrm{d}}}{\partial x_{1\mathrm{d}}^{(j)}} x_{1\mathrm{d}}^{(j+1)}
\end{aligned}
$$

于是有

$$
\begin{aligned}
\dot{z}_n =& f_{n0}(x) + \theta^{\mathrm{T}}\phi_n(x) + \left(g_{n0}(x) + \vartheta^{\mathrm{T}}\varphi(x)\right)u - \sum_{j=0}^{n-1} \frac{\partial x_{n\mathrm{d}}}{\partial x_{1\mathrm{d}}^{(j)}} x_{1\mathrm{d}}^{(j+1)} \\
& - \sum_{j=1}^{n-1} \frac{\partial x_{n\mathrm{d}}}{\partial x_j}(f_{j0}(\bar{x}_j) + g_j(\bar{x}_j)x_{j+1}) - \theta^{\mathrm{T}} \sum_{j=1}^{n-1} \frac{\partial x_{n\mathrm{d}}}{\partial x_j}\phi_j(\bar{x}_j) - \frac{\partial x_{n\mathrm{d}}}{\partial \hat{\theta}}\dot{\hat{\theta}} \\
=& \theta^{\mathrm{T}} w_n + (g_{n0}(x) + \vartheta^{\mathrm{T}}\varphi(x))u + \beta_n - \frac{\partial x_{n\mathrm{d}}}{\partial \hat{\theta}}\dot{\hat{\theta}}
\end{aligned}
$$

其中,

$$
\beta_n = f_{n0}(x) - \sum_{j=1}^{n-1} \frac{\partial x_{n\mathrm{d}}}{\partial x_j}(f_{j0}(\bar{x}_j) + g_j(\bar{x}_j)x_{j+1}) - \sum_{j=0}^{n-1} \frac{\partial x_{n\mathrm{d}}}{\partial x_{1\mathrm{d}}^{(j)}} x_{1\mathrm{d}}^{(j+1)} \tag{4.85}
$$

$$
w_n = \phi_n(x) - \sum_{j=1}^{n-1} \frac{\partial x_{n\mathrm{d}}}{\partial x_j}\phi_j(\bar{x}_j) \tag{4.86}
$$

构造控制律为

$$
u = \frac{1}{g_{n0}(x) + \hat{\vartheta}^{\mathrm{T}}\varphi(x)}\left(-k_n z_n - g_{n-1}(\bar{x}_{n-1})z_{n-1} - \hat{\theta}^{\mathrm{T}} w_n - \beta_n + v_n\right) \tag{4.87}
$$

其中, $k_n > 0$ 为设计参数; v_n 为待定项; $\hat{\vartheta}$ 为 ϑ 的估计值, 其自适应律即 $\dot{\hat{\vartheta}}$ 的表达式待定, 并定义估计误差为 $\tilde{\vartheta} = \vartheta - \hat{\vartheta}$, 则有

$$
\dot{\tilde{\vartheta}} = -\dot{\hat{\vartheta}} \tag{4.88}
$$

以及

$$\begin{aligned}\dot{z}_n &= \hat{\theta}^{\mathrm{T}} w_n + \tilde{\theta}^{\mathrm{T}} w_n + \big(g_{n0}(x) + \hat{\vartheta}^{\mathrm{T}} \varphi(x)\big) u + \tilde{\vartheta}^{\mathrm{T}} \varphi(x) u + \beta_n - \frac{\partial x_{nd}}{\partial \hat{\theta}} \dot{\hat{\theta}} \\ &= \tilde{\theta}^{\mathrm{T}} w_n - k_n z_n - g_{n-1}(\bar{x}_{n-1}) z_{n-1} + v_n + \tilde{\vartheta}^{\mathrm{T}} \varphi(x) u - \frac{\partial x_{nd}}{\partial \hat{\theta}} \dot{\hat{\theta}} \end{aligned} \tag{4.89}$$

定义

$$V = V_{n-1} + \frac{1}{2} z_n^2 + \frac{1}{2} \tilde{\vartheta}^{\mathrm{T}} \varGamma_2^{-1} \tilde{\vartheta}$$

其中, $\varGamma_2 = \mathrm{diag}(\varGamma_{21}, \varGamma_{22}, \cdots, \varGamma_{2l})$ 为正定对角设计参数矩阵, 则 V 沿系统 (4.64)、(4.65)、(4.70)、(4.76)、(4.82)、(4.88) 和 (4.89) 的时间导数为

$$\begin{aligned}\dot{V} &= \dot{V}_{n-1} + z_n \dot{z}_n + \tilde{\vartheta}^{\mathrm{T}} \varGamma_2^{-1} \dot{\tilde{\vartheta}} \\ &= -\sum_{j=1}^{n-1} k_j z_j^2 + \tilde{\theta}^{\mathrm{T}} (\tau_{n-1} - \varGamma_1^{-1} \dot{\hat{\theta}}) + g_{n-1}(\bar{x}_{n-1}) z_{n-1} z_n - g_{n-1}(\bar{x}_{n-1}) z_{n-1} z_n \\ &\quad + \left(\sum_{j=2}^{n-1} z_j \frac{\partial x_{jd}}{\partial \hat{\theta}} \right) (\varGamma_1 \tau_{n-1} - \dot{\hat{\theta}}) + \tilde{\theta}^{\mathrm{T}} w_n z_n - k_n z_n^2 \\ &\quad + \tilde{\vartheta}^{\mathrm{T}} \varphi(x) u z_n + z_n v_n - z_n \frac{\partial x_{nd}}{\partial \hat{\theta}} \dot{\hat{\theta}} - \tilde{\vartheta}^{\mathrm{T}} \varGamma_2^{-1} \dot{\hat{\vartheta}} \\ &= -\sum_{j=1}^{n} k_j z_j^2 + \tilde{\theta}^{\mathrm{T}} (w_n z_n + \tau_{n-1} - \varGamma_1^{-1} \dot{\hat{\theta}}) + \tilde{\vartheta}^{\mathrm{T}} (\varphi(x) u z_n - \varGamma_2^{-1} \dot{\hat{\vartheta}}) \\ &\quad + z_n v_n + \left(\sum_{j=2}^{n-1} z_j \frac{\partial x_{jd}}{\partial \hat{\theta}} \right) (\varGamma_1 \tau_{n-1} - \dot{\hat{\theta}}) - z_n \frac{\partial x_{nd}}{\partial \hat{\theta}} \dot{\hat{\theta}} \\ &= -\sum_{j=1}^{n} k_j z_j^2 + \tilde{\theta}^{\mathrm{T}} (\tau_n - \varGamma_1^{-1} \dot{\hat{\theta}}) + \tilde{\vartheta}^{\mathrm{T}} (\varphi(x) u z_n - \varGamma_2^{-1} \dot{\hat{\vartheta}}) \\ &\quad + z_n v_n + \left(\sum_{j=2}^{n-1} z_j \frac{\partial x_{jd}}{\partial \hat{\theta}} \right) (\varGamma_1 \tau_{n-1} - \dot{\hat{\theta}}) - z_n \frac{\partial x_{nd}}{\partial \hat{\theta}} \dot{\hat{\theta}} \end{aligned}$$

其中,

$$\tau_n = w_n z_n + \tau_{n-1} \tag{4.90}$$

为第 n 个调整函数. 取

$$v_n = \left(\sum_{j=2}^{n-1} z_j \frac{\partial x_{jd}}{\partial \hat{\theta}} \right) \varGamma_1 w_n + \frac{\partial x_{nd}}{\partial \hat{\theta}} \varGamma_1 \tau_n \tag{4.91}$$

则有

$$
\begin{aligned}
\dot{V} =& -\sum_{j=1}^{n} k_j z_j^2 + \tilde{\theta}^{\mathrm{T}}(\tau_n - \Gamma_1^{-1}\dot{\hat{\theta}}) + \tilde{\vartheta}^{\mathrm{T}}(\varphi(x)uz_n - \Gamma_2^{-1}\dot{\hat{\vartheta}}) + \left(\sum_{j=2}^{n-1} z_j \frac{\partial x_{j\mathrm{d}}}{\partial \hat{\theta}}\right)\Gamma_1 w_n z_n \\
& + z_n \frac{\partial x_{n\mathrm{d}}}{\partial \hat{\theta}}\Gamma_1\tau_n + \left(\sum_{j=2}^{n-1} z_j \frac{\partial x_{j\mathrm{d}}}{\partial \hat{\theta}}\right)(\Gamma_1\tau_{n-1} - \dot{\hat{\theta}}) - z_n \frac{\partial x_{n\mathrm{d}}}{\partial \hat{\theta}}\dot{\hat{\theta}} \\
=& -\sum_{j=1}^{n} k_j z_j^2 + \tilde{\theta}^{\mathrm{T}}(\tau_n - \Gamma_1^{-1}\dot{\hat{\theta}}) + \tilde{\vartheta}^{\mathrm{T}}(\varphi(x)uz_n - \Gamma_2^{-1}\dot{\hat{\vartheta}}) \\
& + z_n \frac{\partial x_{n\mathrm{d}}}{\partial \hat{\theta}}(\Gamma_1\tau_n - \dot{\hat{\theta}}) + \left(\sum_{j=2}^{n-1} z_j \frac{\partial x_{j\mathrm{d}}}{\partial \hat{\theta}}\right)(\Gamma_1\tau_n - \dot{\hat{\theta}}) \\
=& -\sum_{j=1}^{n} k_j z_j^2 + \tilde{\theta}^{\mathrm{T}}(\tau_n - \Gamma_1^{-1}\dot{\hat{\theta}}) + \tilde{\vartheta}^{\mathrm{T}}(\varphi(x)uz_n - \Gamma_2^{-1}\dot{\hat{\vartheta}}) \\
& + \left(\sum_{j=2}^{n} z_j \frac{\partial x_{j\mathrm{d}}}{\partial \hat{\theta}}\right)(\Gamma_1\tau_n - \dot{\hat{\theta}})
\end{aligned}
$$

取

$$\dot{\hat{\theta}} = \Gamma_1\tau_n \tag{4.92}$$

$$\dot{\hat{\vartheta}} = \left[\begin{array}{cccc} \dot{\hat{\vartheta}}_1 & \dot{\hat{\vartheta}}_2 & \cdots & \dot{\hat{\vartheta}}_l \end{array}\right]^{\mathrm{T}} \tag{4.93}$$

其中,

$$\dot{\hat{\vartheta}}_i = \mathrm{Pr}_{\hat{\vartheta}_i}(\Gamma_{2i}\varphi_i(x)uz_n) = \begin{cases} 0, & \hat{\vartheta}_i = \vartheta_{i\mathrm{M}},\ \Gamma_{2i}\varphi_i(x)uz_n > 0 \\ 0, & \hat{\vartheta}_i = \vartheta_{i\mathrm{m}},\ \Gamma_{2i}\varphi_i(x)uz_n < 0 \\ \Gamma_{2i}\varphi_i(x)uz_n, & \text{其他} \end{cases} \tag{4.94}$$

且 $\hat{\vartheta}(0) \in \mathcal{D}$. 根据第 2 章介绍的投影算子的性质可得 $\tilde{\vartheta}^{\mathrm{T}}(\varphi(x)uz_n - \Gamma_2^{-1}\dot{\hat{\vartheta}}) \leqslant 0$, 且 $\hat{\vartheta}(t) \in \mathcal{D}$ $(\forall t \geqslant 0)$. 因此有

$$\dot{V} \leqslant -\sum_{j=1}^{n} k_j z_j^2 \leqslant 0$$

由此可知 z_i $(i = 1, 2, \cdots, n)$、$\tilde{\theta}$、$\tilde{\vartheta}$ 均有界. 由于 y_{d}、$\dot{y}_{\mathrm{d}}$、$\cdots$、$y_{\mathrm{d}}^{(n)}$ 有界, 故可知 x_i $(i = 1, 2, \cdots, n)$ 有界. 进而可知 u 及 $\dot{z}_i$ $(i = 1, 2, \cdots, n)$ 有界. 于是可

知 $\sum_{j=1}^{n} k_j z_j \dot{z}_j$ 有界, 这意味着 $\sum_{j=1}^{n} k_j z_j^2$ 一致连续. 由扩展的类 Lyapunov 引理 (引理 1.3.9) 可知 $\sum_{j=1}^{n} k_j z_j^2 \stackrel{t\to\infty}{\longrightarrow} 0$, 故 $z_i(t) \stackrel{t\to\infty}{\longrightarrow} 0$ $(i=1,2)$. 因此, 跟踪误差收敛到零. 此外, $\hat{\vartheta}(t) \in \mathcal{D}$ $(\forall t \geqslant 0)$ 意味着控制律不会出现奇异性问题.

综上所述, 有下述结果.

定理 4.3.1 考虑系统 (4.54), 其中的不确定性满足式 (4.55), 则由式 (4.56)、式 (4.61) ~ 式 (4.63)、式 (4.66) ~ 式 (4.69)、式 (4.71) ~ 式 (4.75)、式 (4.77) ~ 式 (4.81)、式 (4.83) ~ 式 (4.87) 和式 (4.90) ~ 式 (4.94) 所组成的控制律可以使闭环系统信号有界, 输出 y 渐近跟踪参考信号 y_{d} 且控制律中不会出现奇异现象.

最后给出一点补充说明. 在一般的反步设计中, 当设计过程进行到第 2 步时, 便可以看出虚拟控制律、相应的 Lyapunov 函数及其时间导数所满足不等式的一般规律, 但是在基于调整函数法的控制律设计中, 需要进行到第 3 步才可以看出. 在较为复杂的反步控制律设计中, 有时会利用归纳法来进行证明, 这时需要写出第 i 步的虚拟控制律、相应的 Lyapunov 函数及其导数所满足不等式的一般形式, 并且证明这个一般形式在第 $i+1$ 步仍然成立.

4.3.3 飞行器俯仰控制的自适应反步设计

忽略飞行器俯仰舵偏角产生的升力, 并且忽略重力对控制系统的影响, 则飞行器俯仰通道控制系统的数学模型为

$$\begin{cases} \dot{\alpha} = \omega_z - \dfrac{1}{mV}\left(P\sin(\alpha) + qSc_y^{\alpha}\alpha\right) \\[2ex] \dot{\omega}_z = \dfrac{qSLm_z^{\alpha}}{J_z}\alpha + \dfrac{qSLm_z^{\delta_z}}{J_z}\delta_z \end{cases}$$

假设期望的攻角 α_{d} 由制导回路产生并且满足 α_{d}、$\dot{\alpha}_{\mathrm{d}}$、$\ddot{\alpha}_{\mathrm{d}}$ 有界. 下面利用前面所述的自适应反步方法设计飞行器俯仰通道的控制律, 使得实际攻角 α 跟踪期望的攻角 α_{d}. 在此处的控制律设计中, 对于飞行器的结构参数和气动参数, 只讨论与控制系统相关的气动参数 c_y^{α}、m_z^{α} 和 $m_z^{\delta_z}$ 为未知的情况, 而其他参数取其标称值. 假设对不确定参数 $m_z^{\delta_z}$ 范围的保守估计为 $\mathcal{D} = [\mu_{\mathrm{m}}, \mu_{\mathrm{M}}] = \left[1.3m_{z0}^{\delta_z}, 0.7m_{z0}^{\delta_z}\right]$. 同时, 假定飞行器速度和大气密度 (高度) 是慢变的, 即将它们的变化率忽略不计. 于是, 飞行器俯仰通道的控制系统模型可化为如下标准形式:

$$\begin{cases} \dot{\alpha} = f_{10} + \rho^{\mathrm{T}}\phi_1 + \omega_z \\ \dot{\omega}_z = \rho^{\mathrm{T}}\phi_2 + \mu\varphi\delta_z \end{cases}$$

其中,

$$\rho = \begin{bmatrix} c_y^{\alpha} \\ m_z^{\alpha} \end{bmatrix}, \quad \phi_1 = \begin{bmatrix} -\dfrac{qS\alpha}{mV} \\ 0 \end{bmatrix}, \quad \phi_2 = \begin{bmatrix} 0 \\ \dfrac{qSL\alpha}{J_z} \end{bmatrix}$$

$$f_{10} = -\frac{1}{mV} P \sin(\alpha), \quad \mu = m_z^{\delta_z}, \quad \varphi = \frac{qSL}{J_z}$$

根据 4.3.2 节中的分析, 飞行器俯仰通道的自适应反步控制律设计如下:

$$z_1 = \alpha - \alpha_{\rm d}, \quad \beta_1 = f_{10} - \dot{\alpha}_{\rm d}, \quad w_1 = \phi_1, \quad \omega_{z{\rm d}} = -k_1 z_1 - \beta_1 - \hat{\rho}^{\rm T} w_1$$

$$\frac{\partial \omega_{z{\rm d}}}{\partial \alpha} = -k_1 + \frac{1}{mV} P \cos(\alpha) - \hat{\rho}^{\rm T} \begin{bmatrix} -\dfrac{qS}{mV} \\ 0 \end{bmatrix}$$

$$\frac{\partial \omega_{z{\rm d}}}{\partial \hat{\rho}} = \begin{bmatrix} -\dfrac{qS\alpha}{mV} & 0 \end{bmatrix}, \quad \sum_{j=0}^{1} \frac{\partial \omega_{z{\rm d}}}{\partial \alpha_{\rm d}^{(j)}} \alpha_{\rm d}^{(j+1)} = k_1 \dot{\alpha}_{\rm d} + \ddot{\alpha}_{\rm d}$$

$$z_2 = \omega_z - \omega_{z{\rm d}}, \quad \beta_2 = -\frac{\partial \omega_{z{\rm d}}}{\partial \alpha} (f_{10} + \omega_z) - \sum_{j=0}^{1} \frac{\partial \omega_{z{\rm d}}}{\partial \alpha_{\rm d}^{(j)}} \alpha_{\rm d}^{(j+1)}$$

$$w_2 = \phi_2 - \frac{\partial \omega_{z{\rm d}}}{\partial \alpha} \phi_1, \quad \delta_z = \frac{1}{\hat{\mu}\varphi} \left(-k_2 z_2 - z_1 - \hat{\rho}^{\rm T} w_2 - \beta_2 + v_2 \right)$$

$$\tau_1 = w_1 z_1, \quad \tau_2 = w_2 z_2 + \tau_1, \quad v_2 = \frac{\partial \omega_{z{\rm d}}}{\partial \hat{\rho}} \Gamma_1 \tau_2$$

$$\dot{\hat{\rho}} = \Gamma_1 \tau_2, \quad \dot{\hat{\mu}} = \operatorname{Pr}_{\hat{\mu}}(\gamma \varphi \delta_z z_2) = \begin{cases} 0, & \hat{\mu} = \mu_{\rm M}, \ \gamma \varphi \delta_z z_2 > 0 \\ 0, & \hat{\mu} = \mu_{\rm m}, \ \gamma \varphi \delta_z z_2 < 0 \\ \gamma \varphi \delta_z z_2, & \text{其他} \end{cases}$$

其中, $k_i > 0$ $(i = 1, 2)$ 和 $\gamma > 0$ 为设计参数; $\Gamma_1 \in \mathbf{R}^{2\times 2}$ 为正定的设计参数矩阵, 且参数估计自适应律的初始值取其标称值.

下面进行数值仿真验证. 控制参数取为: $k_1 = 25$, $k_2 = 25$, $\Gamma_1 = {\rm diag}(10, 10)$, $\gamma = 10$. 仿真情形以及其余控制参数的设置与 4.2.2 节数值仿真中的设置相同. 将所设计的自适应控制律代入飞行器在纵向平面内的非线性运动方程组, 得到的仿真结果如图 4.3 所示. 图中分别给出了飞行器的期望高度变化曲线和实际高度变化曲线, 飞行器的期望攻角变化曲线和实际攻角变化曲线, 以及飞行器的俯仰舵偏角变化曲线和参数自适应估计值 $\hat{\rho}_1$、$\hat{\rho}_2$、$\hat{\mu}$ 的变化曲线. 由仿真结果可以看出, 飞行器可以完成期望的高度机动任务并且实际攻角可以以较小的误差实现对期望攻角的跟踪. 仿真结果验证了所设计的飞行器俯仰通道自适应控制律的有效性. 需要注意的是, 在进行俯仰通道的自适应控制律设计时, 忽略了舵偏角产生的升力, 并且没有考虑重力对控制系统的影响. 但是, 在数值仿真中, 所设计的控制律被应用于飞行器在纵向平面内的原始非线性微分方程组, 此时舵偏角产生的升力没有被忽略, 重力也会对系统产生影响, 因此不能保证实际攻角对攻角指令的跟踪误差收敛到零.

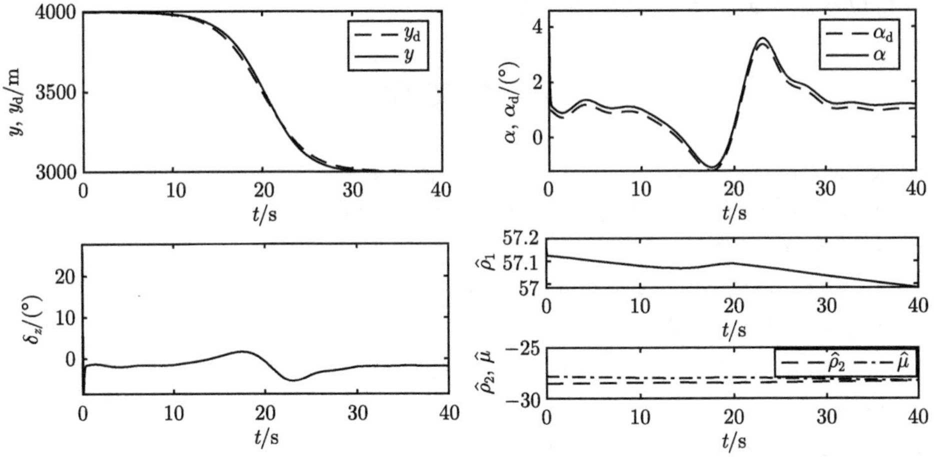

图 4.3　飞行器俯仰控制的自适应反步设计仿真结果

4.4　本章小结与文献说明

本章介绍了反步设计方法的基本原理、鲁棒与自适应反步控制律的设计方法. 反步设计方法是一种基于 Lyapunov 理论的、递推的、构造性的设计方法: 从距离输入最远的子系统开始, 逐步向后递推地构造 Lyapunov 函数和虚拟控制律, 直到最后一步推导出真正的控制律和闭环系统的 Lyapunov 函数. 相比于反馈线性化方法, 反步设计方法的核心不是要将系统转化为线性形式, 而是构造控制律尽可能地使所选取的 Lyapunov 函数的导数为负定、半负定或者满足有界性引理条件. 相比于滑模控制方法, 反步设计方法能够更有效地处理系统中出现的非匹配不确定性或干扰. 反步设计方法一般要求系统具有下三角结构, 但此并非必要条件.

文献 [6] 是深入了解反步设计方法的经典文献, 本章的写作亦深受其影响. 永磁同步电机的例子参考了文献 [3], 但这里的处理方法略有不同. 飞行器俯仰通道控制系统设计的例子源自作者对飞行器制导与控制方法的研究 [7]. 在下三角系统中, 还有一种在形式上比前面介绍的严反馈系统更加一般的系统: 纯反馈系统. 在纯反馈系统中, (虚拟) 控制变量不是以仿射形式出现的, 因而其控制设计更加困难. 关于纯反馈系统的控制律设计及应用, 可以参见文献 [8] ~ [10] 等. 最后需要说明的是, 在自适应控制律设计中, 一般需要引入待估计参数的线性化形式, 这些待估计参数可以是系统中的定常不确定参数, 也可以是它们或者时变不确定参数的界值. 当系统中的非线性函数完全未知时, 可以借助神经网络或者模糊逻辑系统的 "万能逼近" 功能来引入一个线性参数化结构, 继而进行自适应控制律设计, 这方面的研究可以参见文献 [11] 及其参考文献. 基于反步方法的更复杂系统的设计, 可以参见文献 [12] 及其参考文献.

参考文献

[1] Kanellakopoulos I, Kokotovic P V, Morse A S. Systematic design of adaptive controllers for feedback linearizable systems. IEEE Transactions on Automatic Control, 1991, 36(11): 1241-1253.

[2] Kokotovic P V. The joy of feedback: Nonlinear and adaptive. IEEE Control Systems Magazine, 1992, 12(3): 7-17.

[3] 崔苏雯, 盛正印, 李岩. 永磁同步电动机伺服系统反步法控制研究. 微特电机, 2014, 42(11): 74-75, 87.

[4] 周彬. 线性系统理论. 北京: 科学出版社, 2024.

[5] Byrnes C I, Isidori A. Asymptotic stabilization of minimum phase nonlinear systems. IEEE Transactions on Automatic Control, 1991, 36(10): 1122-1137.

[6] Kristic M, Kanellakopoulos I, Kokotovic P. Nonlinear and Adaptive Control Design. New York: Wiley, 1995.

[7] 侯明哲. 寻的导弹导引与控制一体化设计. 哈尔滨: 哈尔滨工业大学, 2011.

[8] Hou M Z, Zhang Z K, Deng Z Q, et al. Global robust finite-time stabilisation of unknown pure-feedback systems with input dead-zone non-linearity. IET Control Theory and Applications, 2016, 10(2): 234-243.

[9] Hou M Z, Deng Z Q, Duan G R. Adaptive control of uncertain pure-feedback nonlinear systems. International Journal of Systems Science, 2017, 48(10): 2137-2145.

[10] Zhang Z K, Duan G R, Hou M Z. Global finite time stabilization of pure-feedback systems with input dead-zone nonlinearity. Journal of the Franklin Institute, 2017, 354(10): 4073-4101.

[11] Shi W R, Hou M Z, Hao M R. Adaptive robust dynamic surface asymptotic tracking for uncertain strict-feedback nonlinear systems with unknown control direction. ISA Transactions, 2022, 121: 95-104.

[12] Zhang K K, Zhou B, Hou M Z, et al. Prescribed-time control of high-order nonholonomic systems in chained form by time-varying feedback. Systems & Control Letters, 2022, 166: 105307.

第 5 章　基于低通滤波的反步设计

如第 4 章所述, 反步方法的主要不足之处在于对虚拟控制律 x_{id} 求导而产生的“项数膨胀”问题. 随着系统阶次的增加, 控制律的复杂度 (所含的项数) 会剧烈增加. 反步方法的另一个不足之处是要求函数 $f_i(\bar{x}_i), g_i(\bar{x}_i) \in \mathcal{C}^{n-i}(\mathbf{R}^i, \mathbf{R})$. 此外, 对于 n 阶系统的输出跟踪问题, 反步方法还要求参考信号的 0 至 n 阶时间导数是连续且有界的. 为了克服这些问题, 文献 [1] 提出了动态面控制 (dynamic surface control) 方法. 该方法源自对多面滑动控制 (multiple surface sliding control) 的动态拓展研究, 故得名为动态面控制, 但是其本质是一种基于一阶低通滤波的反步设计方法, 所以本章取名为“基于低通滤波的反步设计”. 但是, 出于约定俗成的原因, 后面的叙述中直接采用动态面控制这一叫法. 经过二十多年的发展, 动态面控制方法已经成为反步方法的一个重要分支. 下面对该方法进行介绍.

5.1　SISO 系统的动态面控制设计

5.1.1　动态面控制的基本原理

反步方法是将第 i 步求得的虚拟控制信号 $x_{i+1,\mathrm{d}}$ 直接作为第 $i+1$ 步设计的参考输入, 因此, 在第 $i+1$ 步设计中需要计算虚拟控制信号的时间导数 $\dot{x}_{i+1,\mathrm{d}}$. 动态面控制方法是一种改进的反步方法, 它保留了反步方法的基于 Lyapunov 理论的、递推的构造性设计基本框架, 其核心改进之处在于: 将虚拟控制信号 $x_{i+1,\mathrm{d}}$ 通过一个一阶低通滤波器后所得到的输出 $x_{i+1,\mathrm{r}}$ 作为下一步设计的参考输入, 从而避免了对虚拟控制信号求导的过程.

下面以一个简单的二阶系统为例来说明动态面控制的基本原理. 考虑系统

$$\begin{cases} \dot{x}_1 = f_1(x_1) + g_1(x_1)x_2 + \delta_1(x) \\ \dot{x}_2 = f_2(x) + g_2(x)u + \delta_2(x) \\ y = x_1 \end{cases}$$

其中, $x_i \in \mathbf{R}$ $(i = 1, 2)$ 为状态变量, $x = [x_1, x_2]^{\mathrm{T}}$, $u \in \mathbf{R}$ 为控制输入, $y \in \mathbf{R}$ 为系统输出; 函数 $f_1, g_1 \in \mathcal{C}^1(\mathbf{R}, \mathbf{R})$、$f_2, g_2 \in \mathcal{C}^0(\mathbf{R}^2, \mathbf{R})$ 均为已知, g_1 满足 $|g_1(x_1)| > 0$ $(\forall x_1 \in \mathbf{R})$, 且 g_2 满足 $|g_2(x)| > 0$ $(\forall x \in \mathbf{R}^2)$; $\delta_i \in \mathcal{C}^0(\mathbf{R}^2, \mathbf{R})$ 为系统不确定性, 假设存在已知函数 $\rho_1(x_1) \in \mathcal{C}^1(\mathbf{R}, \mathbf{R}_{\geqslant 0})$、$\rho_2(x) \in \mathcal{C}^0(\mathbf{R}^2, \mathbf{R}_{\geqslant 0})$ 使得 $|\delta_1(x)| \leqslant \rho_1(x_1)$、$|\delta_2(x)| \leqslant \rho_2(x)$ $(x \in \mathbf{R}^2)$.

考虑系统输出 y 对参考信号 $y_{\rm d}$ 的跟踪问题. 对于参考信号 $y_{\rm d}$, 假设存在常数 $r>0$, 使得 $[y_{\rm d},\dot{y}_{\rm d},\ddot{y}_{\rm d}]^{\rm T}\in\mathcal{B}^3(r)=\left\{\xi\in\mathbf{R}^3:\|\xi\|\leqslant r\right\}$.

首先, 定义动态面变量

$$z_1=x_1-x_{1\rm r}=x_1-y_{\rm d}=y-y_{\rm d},\quad z_2=x_2-x_{2\rm r}$$

其中, $x_{1\rm r}=y_{\rm d}$, $x_{2\rm r}$ 为待定的虚拟控制信号 $x_{2\rm d}$ 通过如下一阶低通滤波器后产生的输出信号:

$$\tau_2\dot{x}_{2\rm r}+x_{2\rm r}=x_{2\rm d},\quad x_{2\rm r}(0)=x_{2\rm d}(0)$$

其中, $\tau_2>0$ 为滤波器的时间常数. 由上式可得

$$\dot{x}_{2\rm r}=\frac{1}{\tau_2}(x_{2\rm d}-x_{2\rm r}) \tag{5.1}$$

进一步, 定义滤波误差 $e_2=x_{2\rm r}-x_{2\rm d}$, 则有 $x_2=z_2+x_{2\rm r}=z_2+e_2+x_{2\rm d}$ 以及

$$\dot{e}_2=\dot{x}_{2\rm r}-\dot{x}_{2\rm d}=-\frac{1}{\tau_2}(x_{2\rm r}-x_{2\rm d})-\dot{x}_{2\rm d}=-\frac{1}{\tau_2}e_2-\dot{x}_{2\rm d} \tag{5.2}$$

第 1 步 根据 z_1 的定义有

$$\dot{z}_1=f_1(x_1)+g_1(x_1)x_{2\rm d}+g_1(x_1)e_2+g_1(x_1)z_2+\delta_1(x)-\dot{x}_{1\rm r}$$

构造虚拟控制律

$$x_{2\rm d}=\frac{1}{g_1(x_1)}\left(-k_1z_1-f_1(x_1)-\frac{2}{\pi}\rho_1(x_1)\arctan\left(\frac{\rho_1(x_1)z_1}{\varepsilon_1}\right)+\dot{x}_{1\rm r}\right)$$

其中, $k_1>0$ 和 $\varepsilon_1>0$ 为设计参数, 则有

$$\dot{z}_1=-k_1z_1+g_1(x_1)e_2+g_1(x_1)z_2-\frac{2}{\pi}\rho_1(x_1)\arctan\left(\frac{\rho_1(x_1)z_1}{\varepsilon_1}\right)+\delta_1(x) \tag{5.3}$$

定义 $V_1=z_1^2/2$, 则 V_1 沿系统 (5.3) 的时间导数为

$$\begin{aligned}\dot{V}_1=&-k_1z_1^2+g_1(x_1)z_1e_2+g_1(x_1)z_1z_2+z_1\delta_1(x)-\frac{2}{\pi}\rho_1(x_1)z_1\arctan\left(\frac{\rho_1(x_1)z_1}{\varepsilon_1}\right)\\ \leqslant&-k_1z_1^2+g_1(x_1)z_1e_2+g_1(x_1)z_1z_2+|\rho_1(x_1)z_1|\\ &-\frac{2}{\pi}\rho_1(x_1)z_1\arctan\left(\frac{\rho_1(x_1)z_1}{\varepsilon_1}\right)\end{aligned}$$

$$\leqslant -k_1z_1^2+g_1(x_1)z_1e_2+g_1(x_1)z_1z_2+\frac{2}{\pi}\varepsilon_1$$

第 2 步 根据 z_2 的定义有

$$\dot{z}_2=f_2(x)+g_2(x)u+\delta_2(x)-\dot{x}_{2\mathrm{r}}$$

构造控制律

$$u=\frac{1}{g_2(x)}\left(-f_2(x)-k_2z_2-g_1(x_1)z_1-\frac{2}{\pi}\rho_2(x)\arctan\left(\frac{\rho_2(x)z_2}{\varepsilon_2}\right)+\dot{x}_{2\mathrm{r}}\right)$$

其中, $k_2>0$ 和 $\varepsilon_2>0$ 为设计参数, 则有

$$\dot{z}_2=-k_2z_2-g_1(x_1)z_1-\frac{2}{\pi}\rho_2(x)\arctan\left(\frac{\rho_2(x)z_2}{\varepsilon_2}\right)+\delta_2(x) \tag{5.4}$$

由于滤波器的引入, 闭环系统的动态由式 (5.2) ~ 式 (5.4) 共同描述. 定义系统的候选 Lyapunov 函数为

$$V=V_1+\frac{1}{2}z_2^2+\frac{1}{2}e_2^2$$

则 V 沿闭环系统的时间导数为

$$\begin{aligned}\dot{V}&=\dot{V}_1+z_2\dot{z}_2+e_2\dot{e}_2\\&\leqslant -k_1z_1^2+g_1(x_1)z_1e_2+g_1(x_1)z_1z_2+\frac{2}{\pi}\varepsilon_1-k_2z_2^2-g_1(x_1)z_1z_2\\&\quad-\frac{2}{\pi}\rho_2(x)z_2\arctan\left(\frac{\rho_2(x)z_2}{\varepsilon_2}\right)+z_2\delta_2(x)-\frac{1}{\tau_2}e_2^2-e_2\dot{x}_{2\mathrm{d}}\\&\leqslant -k_1z_1^2-k_2z_2^2+\frac{2}{\pi}\varepsilon_1-\frac{2}{\pi}\rho_2(x)z_2\arctan\left(\frac{\rho_2(x)z_2}{\varepsilon_2}\right)\\&\quad+|\rho_2(x)z_2|-\frac{1}{\tau_2}e_2^2+e_2\left(g_1(x_1)z_1-\dot{x}_{2\mathrm{d}}\right)\\&\leqslant -k_1z_1^2-k_2z_2^2-\frac{1}{\tau_2}e_2^2+|e_2|\left|g_1(x_1)z_1-\dot{x}_{2\mathrm{d}}\right|+\frac{2}{\pi}\varepsilon_1+\frac{2}{\pi}\varepsilon_2\end{aligned}$$

经过直接计算可知, $|g_1(x_1)z_1-\dot{x}_{2\mathrm{d}}|$ 是变量 z_1、z_2、e_2、y_{d}、$\dot{y}_{\mathrm{d}}$、$\ddot{y}_{\mathrm{d}}$ 的函数且依赖于设计参数 k_1、ε_1. 因此, 存在非负连续函数 η_2, 它也是变量 z_1、z_2、e_2、y_{d}、$\dot{y}_{\mathrm{d}}$、$\ddot{y}_{\mathrm{d}}$ 的函数且依赖于设计参数 k_1、ε_1, 使得

$$|g_1(x_1)z_1-\dot{x}_{2\mathrm{d}}|\leqslant\eta_2$$

记 $\zeta=[z_1,z_2,e_2]^{\mathrm{T}}$. 任意给定 $p>0$, 集合 $\mathcal{B}_p=\{\zeta:V(\zeta)\leqslant p\}$ 为一紧集. 显然, 集合 $\mathcal{B}_p\times\mathcal{B}^3(r)$ 也是一个紧集. 因此, η_2 在 $\mathcal{B}_p\times\mathcal{B}^3(r)$ 上有最大值, 记为 M_2 (注意: 对于设计参数, 其只依赖于 k_1、ε_1). 于是, 在集合 $\mathcal{B}_p\times\mathcal{B}^3(r)$ 上有

$$|e_2|\,|g_1(x_1)z_1-\dot{x}_{2\mathrm{d}}|\leqslant|e_2|\,\eta_2\leqslant|e_2|\,M_2\leqslant\frac{M_2^2e_2^2}{4\iota}+\iota$$

其中, $\iota>0$ 为任意常数 (为便于分析, 可以取 $\iota=1$). 由此可得

$$\begin{aligned}\dot{V}\leqslant&-k_1z_1^2-k_2z_2^2-\frac{1}{\tau_2}e_2^2+\frac{M_2^2e_2^2}{4\iota}+\iota+\frac{2}{\pi}\varepsilon_1+\frac{2}{\pi}\varepsilon_2\\=&-k_1z_1^2-k_2z_2^2-\left(\frac{1}{\tau_2}-\frac{M_2^2}{4\iota}\right)e_2^2+\epsilon\end{aligned}$$

其中, $\epsilon=\iota+2\varepsilon_1/\pi+2\varepsilon_2/\pi$. 对任意常数 $\kappa>0$, 总可以选取设计参数使得

$$k_1\geqslant\kappa,\quad k_2\geqslant\kappa,\quad \frac{1}{\tau_2}\geqslant\frac{M_2^2}{4\iota}+\kappa$$

(注意: 在确定 τ_2 时, 需要先确定设计参数 k_1、ε_1). 于是有

$$\dot{V}\leqslant-2\kappa V+\epsilon$$

注意到 ε_1、ε_2 的选取不依赖于别的设计参数且一般取为较小的常数而且当它们被选定后 ϵ 便是一个定值, 只要将设计参数 k_1、k_2 选得充分大且将 τ_2 选得充分小, 就可保证 κ 充分大而满足 $2\kappa>\epsilon/p$, 于是在 $\mathcal{B}_p$ 的边界上 (即当 $V=p$ 时) 有 $\dot{V}<0$. 这意味着若 $V(0)\leqslant p$ (注意: 对于任意的闭环系统状态 ζ 的初值集合, 总可以通过调整 p 的值来保证此条件成立), 则有 $V(t)\leqslant p,\forall t\geqslant0$, 故 $\mathcal{B}_p$ 是一个正不变集, 即闭环系统状态 ζ 始终位于紧集 $\mathcal{B}_p$ 内, 从而保持有界. 于是, 结合 y_{d}、$\dot{y}_{\mathrm{d}}$、$\ddot{y}_{\mathrm{d}}$ 的有界性可知 x_1、x_2、$x_{2\mathrm{d}}$、$x_{2\mathrm{r}}$ 及 u 均有界. 进而, 根据比较引理 (引理 1.1.1) 可知

$$0\leqslant V(t)\leqslant\frac{\epsilon}{2\kappa}+\left(V(0)-\frac{\epsilon}{2\kappa}\right)\mathrm{e}^{-2\kappa t}$$

于是有

$$|z_1(t)|\leqslant\|\zeta(t)\|\leqslant\begin{cases}\sqrt{2V(0)-\dfrac{\epsilon}{\kappa}}\mathrm{e}^{-\kappa t}+\sqrt{\dfrac{\epsilon}{\kappa}}, & V(0)>\dfrac{\epsilon}{2\kappa}\\\sqrt{\dfrac{\epsilon}{\kappa}}, & V(0)\leqslant\dfrac{\epsilon}{2\kappa}\end{cases}$$

由此可知, 跟踪误差 z_1 要么始终保持在集合 $\{\xi \in \mathbf{R} : |\xi| \leqslant \sqrt{\epsilon/\kappa}\}$ 内, 要么指数收敛到该集合. 如前所述, 由于选定设计参数 ε_1、ε_2 后 ϵ 便是一个定值, 所以只要将设计参数 k_1 和 k_2 选得足够大且将 τ_2 选得足够小, 就可以保证 κ 足够大, 从而使得 ϵ/κ 足够小. 这意味着通过选择合适的设计参数可以使得跟踪误差 z_1 最终变得任意小.

由前述推导过程可以看出, 由于引入了一阶低通滤波器, 动态面控制方法避开了传统的反步设计方法需要对虚拟控制信号求导的过程, 从而有效解决了"项数膨胀"问题. 尽管在下一步设计中需要对上一步所求的虚拟控制信号经过滤波后所得的输出信号求导, 但是根据一阶低通滤波器的表达式可知, 该求导运算可以转化为代数运算, 如上述例子中求 $\dot{x}_{2\mathrm{r}}$ 的式 (5.1). 当一阶低通滤波器的时间常数取为 0 时, 动态面控制方法退化为传统的反步设计方法. 当然, 在这种情况下, 需要将虚拟控制信号时间导数表达式中的已知项和未知项分离开来并分别进行处理.

下面把动态面控制方法推广至一类含有线性参数化不确定性的半严反馈非线性系统. 为了处理不同类型的不确定性, 将同时用到自适应与鲁棒策略.

5.1.2 自适应/鲁棒动态面控制设计

考虑下述含有线性参数化不确定性的半严反馈非线性系统:

$$\begin{cases} \dot{x}_1 = f_{10}(x_1) + \theta_1^{\mathrm{T}}\phi_1(x_1) + g_1(x_1)x_2 + \delta_1(x,t) \\ \dot{x}_2 = f_{20}(\bar{x}_2) + \theta_2^{\mathrm{T}}\phi_2(\bar{x}_2) + g_2(\bar{x}_2)x_3 + \delta_2(x,t) \\ \quad\vdots \\ \dot{x}_n = f_{n0}(x) + \theta_n^{\mathrm{T}}\phi_n(x) + \big(g_{n0}(x) + \vartheta^{\mathrm{T}}\varphi(x)\big)\, u + \delta_n(x,t) \\ y = x_1 \end{cases} \tag{5.5}$$

其中, $x_i \in \mathbf{R}$ $(i = 1, 2, \cdots, n)$ 为状态变量, $\bar{x}_i = [x_1, x_2, \cdots, x_i]^{\mathrm{T}}$, $x = \bar{x}_n$; $u \in \mathbf{R}$ 为控制输入; $y \in \mathbf{R}$ 为系统输出; $\phi_i \in \mathcal{C}^1(\mathbf{R}^i, \mathbf{R}^{m_i})$、$f_{i0}, g_i \in \mathcal{C}^1(\mathbf{R}^i, \mathbf{R})$ 为已知函数且 g_i 满足 $|g_i(\bar{x}_i)| > 0$ $(\forall \bar{x}_i \in \mathbf{R}^i)$ $(i = 1, 2, \cdots, n-1)$; $\phi_n \in \mathcal{C}^0(\mathbf{R}^n, \mathbf{R}^{m_n})$、$f_{n0}, g_{n0} \in \mathcal{C}^0(\mathbf{R}^n, \mathbf{R})$ 和 $\varphi(x) \in \mathcal{C}^0(\mathbf{R}^n, \mathbf{R}^l)$ 为已知函数; $\theta_i \in \mathbf{R}^{m_i}$ $(i = 1, 2, \cdots, n)$ 和 $\vartheta \in \mathbf{R}^l$ 为定常的不确定参数向量. 对于不确定参数向量 ϑ, 一般可以给出其范围的粗略估计:

$$\vartheta \in \mathcal{D}_\vartheta \overset{\mathrm{def}}{=\!=\!=} \{\vartheta : \vartheta_{\mathrm{m}} \preceq \vartheta \preceq \vartheta_{\mathrm{M}}\}$$

其中, "$\preceq$" 表示按元素比较的小于或等于; $\vartheta_{\mathrm{m}} = [\vartheta_{1\mathrm{m}}, \vartheta_{2\mathrm{m}}, \cdots, \vartheta_{l\mathrm{m}}]^{\mathrm{T}}$ 和 $\vartheta_{\mathrm{M}} = [\vartheta_{1\mathrm{M}}, \vartheta_{2\mathrm{M}}, \cdots, \vartheta_{l\mathrm{M}}]^{\mathrm{T}}$ 为已知常值向量, $\vartheta_{i\mathrm{m}}$ 和 $\vartheta_{i\mathrm{M}}$ 分别表示对未知参数 ϑ_i 上、下界的保守估计值, $i = 1, 2 \cdots, l$, 并假设

$$\left|g_{n0}(x) + \vartheta^{\mathrm{T}}\varphi(x)\right| > 0, \quad \forall \vartheta \in \mathcal{D}_\vartheta,\ \forall x \in \mathbf{R}^n \tag{5.6}$$

$\delta_i \in \mathcal{C}^0(\mathbf{R}^{n+1}, \mathbf{R})$ 表示系统的非线性参数化不确定性及外部干扰, 并且假设存在已知函数 $\rho_i(\bar{x}_i) \in \mathcal{C}^1(\mathbf{R}^i, \mathbf{R}_{\geqslant 0})$ $(i = 1, 2, \cdots, n-1)$ 及 $\rho_n(x) \in \mathcal{C}^0(\mathbf{R}^n, \mathbf{R}_{\geqslant 0})$ 使得 $|\delta_i(x,t)| \leqslant \rho_i(\bar{x}_i)$ $(i = 1, 2, \cdots, n)$.

这里考虑系统输出 y 对参考信号 y_{d} 的跟踪问题, 其中参考信号满足如下假设.

假设 5.1.1　*存在常数* $r > 0$ *使得* $[y_{\mathrm{d}}, \dot{y}_{\mathrm{d}}, \ddot{y}_{\mathrm{d}}]^{\mathrm{T}} \in \mathcal{B}^3(r) = \{\xi : \|\xi\| \leqslant r\}$.

首先, 定义动态面变量

$$z_1 = x_1 - x_{1\mathrm{r}} = x_1 - y_{\mathrm{d}} = y - y_{\mathrm{d}}, \quad z_i = x_i - x_{i\mathrm{r}}, \quad i = 2, 3, \cdots, n \tag{5.7}$$

其中, $x_{1\mathrm{r}} = y_{\mathrm{d}}$, $x_{i\mathrm{r}}$ $(i = 2, 3, \cdots, n)$ 为待定的虚拟控制信号 $x_{i\mathrm{d}}$ 通过如下一阶低通滤波器后产生的输出信号:

$$\tau_i \dot{x}_{i\mathrm{r}} + x_{i\mathrm{r}} = x_{i\mathrm{d}}, \quad x_{i\mathrm{r}}(0) = x_{i\mathrm{d}}(0), \quad i = 2, 3, \cdots, n \tag{5.8}$$

其中, $\tau_i > 0$ 为滤波器的时间常数. 由式 (5.8) 可得

$$\dot{x}_{i\mathrm{r}} = \frac{1}{\tau_i}(x_{i\mathrm{d}} - x_{i\mathrm{r}}), \quad i = 2, 3, \cdots, n \tag{5.9}$$

进一步, 定义滤波误差 $e_i = x_{i\mathrm{r}} - x_{i\mathrm{d}}$ $(i = 2, 3, \cdots, n)$, 则有

$$\dot{e}_i = \dot{x}_{i\mathrm{r}} - \dot{x}_{i\mathrm{d}} = -\frac{1}{\tau_i}(x_{i\mathrm{r}} - x_{i\mathrm{d}}) - \dot{x}_{i\mathrm{d}} = -\frac{1}{\tau_i}e_i - \dot{x}_{i\mathrm{d}}, \quad i = 2, 3, \cdots, n \tag{5.10}$$

以及 $x_i = z_i + x_{i\mathrm{r}} = z_i + e_i + x_{i\mathrm{d}}$ $(i = 2, 3, \cdots, n)$. 由此可得

$$\begin{cases} \dot{z}_1 = f_{10}(x_1) + \theta_1^{\mathrm{T}}\phi_1(x_1) + g_1(x_1)x_{2\mathrm{d}} + g_1(x_1)e_2 + g_1(x_1)z_2 + \delta_1(x,t) - \dot{x}_{1\mathrm{r}} \\ \dot{z}_2 = f_{20}(\bar{x}_2) + \theta_2^{\mathrm{T}}\phi_2(\bar{x}_2) + g_2(\bar{x}_2)x_{3\mathrm{d}} + g_2(\bar{x}_2)e_3 + g_2(\bar{x}_2)z_3 + \delta_2(x,t) - \dot{x}_{2\mathrm{r}} \\ \quad \vdots \\ \dot{z}_n = f_{n0}(x) + \theta_n^{\mathrm{T}}\phi_n(x) + \left(g_{n0}(x) + \vartheta^{\mathrm{T}}\varphi(x)\right)u + \delta_n(x,t) - \dot{x}_{n\mathrm{r}} \end{cases}$$

第 1 步　考虑

$$\dot{z}_1 = f_{10}(x_1) + \theta_1^{\mathrm{T}}\phi_1(x_1) + g_1(x_1)x_{2\mathrm{d}} + g_1(x_1)e_2 + g_1(x_1)z_2 + \delta_1(x,t) - \dot{x}_{1\mathrm{r}}$$

构造虚拟控制律

$$x_{2\mathrm{d}} = \frac{1}{g_1(x_1)}\left(-f_{10}(x_1) - \hat{\theta}_1^{\mathrm{T}}\phi_1(x_1) - k_1 z_1 - \frac{2}{\pi}\rho_1(x_1)\arctan\left(\frac{\rho_1(x_1)z_1}{\varepsilon_1}\right)\right)$$

$$+\frac{1}{g_1(x_1)}\dot{x}_{1\mathrm{r}} \tag{5.11}$$

其中, $k_1>0$ 和 $\varepsilon_1>0$ 为设计参数, k_1 为动态面增益; $\hat{\theta}_1$ 是对 θ_1 的估计值, 其自适应律 $\dot{\hat{\theta}}_1$ 待定. 定义估计误差 $\tilde{\theta}_1=\theta_1-\hat{\theta}_1$, 则有

$$\dot{\tilde{\theta}}_1=-\dot{\hat{\theta}}_1 \tag{5.12}$$

以及

$$\begin{aligned}\dot{z}_1=&\tilde{\theta}_1^{\mathrm{T}}\phi_1(x_1)-k_1z_1+g_1(x_1)e_2+g_1(x_1)z_2\\&-\frac{2}{\pi}\rho_1(x_1)\arctan\left(\frac{\rho_1(x_1)z_1}{\varepsilon_1}\right)+\delta_1(x,t)\end{aligned} \tag{5.13}$$

定义

$$V_1=\frac{1}{2}z_1^2+\frac{1}{2}\tilde{\theta}_1^{\mathrm{T}}\Gamma_1^{-1}\tilde{\theta}_1$$

其中, $\Gamma_1=\mathrm{diag}(\Gamma_{11},\Gamma_{12},\cdots,\Gamma_{1m_1})$ 为正定的设计参数矩阵, 则 V_1 沿系统 (5.12) 和 (5.13) 的时间导数为

$$\begin{aligned}\dot{V}_1=&\tilde{\theta}_1^{\mathrm{T}}\phi_1(x_1)z_1-k_1z_1^2+g_1(x_1)z_1e_2+g_1(x_1)z_1z_2\\&-\frac{2}{\pi}\rho_1(x_1)z_1\arctan\left(\frac{\rho_1(x_1)z_1}{\varepsilon_1}\right)+z_1\delta_1(x,t)+\tilde{\theta}_1^{\mathrm{T}}\Gamma_1^{-1}\dot{\tilde{\theta}}_1\\\leqslant&-k_1z_1^2+g_1(x_1)z_1e_2+g_1(x_1)z_1z_2-\frac{2}{\pi}\rho_1(x_1)z_1\arctan\left(\frac{\rho_1(x_1)z_1}{\varepsilon_1}\right)\\&+|\rho_1(x_1)z_1|+\tilde{\theta}_1^{\mathrm{T}}\left(\phi_1(x_1)z_1-\Gamma_1^{-1}\dot{\hat{\theta}}_1\right)\\\leqslant&-k_1z_1^2+g_1(x_1)z_1e_2+g_1(x_1)z_1z_2+\frac{2}{\pi}\varepsilon_1+\tilde{\theta}_1^{\mathrm{T}}\left(\phi_1(x_1)z_1-\Gamma_1^{-1}\dot{\hat{\theta}}_1\right)\end{aligned}$$

取

$$\dot{\hat{\theta}}_1=\Gamma_1(-\Lambda_1(\hat{\theta}_1-\theta_{10})+\phi_1(x_1)z_1) \tag{5.14}$$

其中, Γ_1 为自适应增益矩阵; $\Lambda_1=\mathrm{diag}(\Lambda_{11},\Lambda_{12},\cdots,\Lambda_{1m_1})$ 为正定的设计参数矩阵; θ_{10} 为对 θ_1 的初始预估值, 取为 θ_1 的标称值, 则有

$$\begin{aligned}\tilde{\theta}_1^{\mathrm{T}}(\phi_1(x_1)z_1-\Gamma_1^{-1}\dot{\hat{\theta}}_1)&=\tilde{\theta}_1^{\mathrm{T}}\Lambda_1(\hat{\theta}_1-\theta_{10})+\tilde{\theta}_1^{\mathrm{T}}(-\Lambda_1(\hat{\theta}_1-\theta_{10})+\phi_1(x_1)z_1-\Gamma_1^{-1}\dot{\hat{\theta}}_1)\\&=\tilde{\theta}_1^{\mathrm{T}}\Lambda_1(\hat{\theta}_1-\theta_{10})\end{aligned} \tag{5.15}$$

令 $\Lambda_1^{1/2}$ 表示满足 $\Lambda_1^{1/2}\Lambda_1^{1/2}=\Lambda_1$ 的正定对角矩阵, 则有

$$\begin{aligned}\tilde{\theta}_1^{\mathrm{T}}\Lambda_1(\hat{\theta}_1-\theta_{10}) &= \tilde{\theta}_1^{\mathrm{T}}\Lambda_1(\hat{\theta}_1-\theta_1+\theta_1-\theta_{10})\\ &= -\tilde{\theta}_1^{\mathrm{T}}\Lambda_1(\theta_1-\hat{\theta}_1)+\tilde{\theta}_1^{\mathrm{T}}\Lambda_1(\theta_1-\theta_{10})\\ &= -\tilde{\theta}_1^{\mathrm{T}}\Lambda_1\tilde{\theta}_1+\tilde{\theta}_1^{\mathrm{T}}\Lambda_1(\theta_1-\theta_{10})\\ &\leqslant -\tilde{\theta}_1^{\mathrm{T}}\Lambda_1\tilde{\theta}_1+\left\|\Lambda_1^{\frac{1}{2}}\tilde{\theta}_1\right\|\left\|\Lambda_1^{\frac{1}{2}}(\theta_1-\theta_{10})\right\|\\ &\leqslant -\tilde{\theta}_1^{\mathrm{T}}\Lambda_1\tilde{\theta}_1+\frac{1}{2}\left(\left\|\Lambda_1^{\frac{1}{2}}\tilde{\theta}_1\right\|^2+\left\|\Lambda_1^{\frac{1}{2}}(\theta_1-\theta_{10})\right\|^2\right)\\ &= -\frac{1}{2}\tilde{\theta}_1^{\mathrm{T}}\Lambda_1\tilde{\theta}_1+\frac{1}{2}(\theta_1-\theta_{10})^{\mathrm{T}}\Lambda_1(\theta_1-\theta_{10})\end{aligned} \tag{5.16}$$

(注意: 式 (5.16) 中的不等式在后面将被反复用到). 因此有

$$\dot{V}_1 \leqslant -k_1z_1^2-\frac{1}{2}\tilde{\theta}_1^{\mathrm{T}}\Lambda_1\tilde{\theta}_1+g_1(x_1)z_1e_2+g_1(x_1)z_1z_2+\epsilon_1$$

其中,

$$\epsilon_1=\frac{2}{\pi}\varepsilon_1+\frac{1}{2}(\theta_1-\theta_{10})^{\mathrm{T}}\Lambda_1(\theta_1-\theta_{10})$$

第 i 步 $(i=2,3,\cdots,n-1)$　考虑

$$\dot{z}_i=f_{i0}(\bar{x}_i)+\theta_i^{\mathrm{T}}\phi_i(\bar{x}_i)+g_i(\bar{x}_i)x_{i+1,\mathrm{d}}+g_i(\bar{x}_i)e_{i+1}+g_i(\bar{x}_i)z_{i+1}+\delta_i(x,t)-\dot{x}_{i\mathrm{r}}$$

构造虚拟控制律

$$\begin{aligned}x_{i+1,\mathrm{d}}=\frac{1}{g_i(\bar{x}_i)}\Bigg(&-f_{i0}(\bar{x}_i)-\hat{\theta}_i^{\mathrm{T}}\phi_i(\bar{x}_i)-k_iz_i-g_{i-1}(\bar{x}_{i-1})z_{i-1}\\ &-\frac{2}{\pi}\rho_i(\bar{x}_i)\arctan\left(\frac{\rho_i(\bar{x}_i)z_i}{\varepsilon_i}\right)+\dot{x}_{i\mathrm{r}}\Bigg)\end{aligned} \tag{5.17}$$

其中, $k_i>0$ 和 $\varepsilon_i>0$ 为设计参数, k_i 为动态面增益; $\hat{\theta}_i$ 是对 θ_i 的估计值, 其自适应律 $\dot{\hat{\theta}}_i$ 待定. 定义估计误差 $\tilde{\theta}_i=\theta_i-\hat{\theta}_i$, 则有

$$\dot{\tilde{\theta}}_i=-\dot{\hat{\theta}}_i \tag{5.18}$$

以及

$$\dot{z}_i=\tilde{\theta}_i^{\mathrm{T}}\phi_i(\bar{x}_i)-k_iz_i-g_{i-1}(\bar{x}_{i-1})z_{i-1}+g_i(\bar{x}_i)e_{i+1}+g_i(\bar{x}_i)z_{i+1}$$

$$-\frac{2}{\pi}\rho_i(\bar{x}_i)\arctan\left(\frac{\rho_i(\bar{x}_i)z_i}{\varepsilon_i}\right)+\delta_i(x,t) \tag{5.19}$$

定义

$$V_i=V_{i-1}+\frac{1}{2}z_i^2+\frac{1}{2}\tilde{\theta}_i^{\mathrm{T}}\Gamma_i^{-1}\tilde{\theta}_i$$

其中, $\Gamma_i=\mathrm{diag}\,(\Gamma_{i1},\Gamma_{i2},\cdots,\Gamma_{im_i})$ 为正定的设计参数矩阵, 则 V_i 沿系统 (5.12)、(5.13)、(5.18) 和 (5.19) 的时间导数为

$$\begin{aligned}
\dot{V}_i&=\dot{V}_{i-1}+z_i\dot{z}_i+\tilde{\theta}_i^{\mathrm{T}}\Gamma_i^{-1}\dot{\tilde{\theta}}_i\\
&\leqslant-\sum_{j=1}^{i-1}k_jz_j^2-\frac{1}{2}\sum_{j=1}^{i-1}\tilde{\theta}_j^{\mathrm{T}}\Lambda_j\tilde{\theta}_j+\sum_{j=1}^{i-1}g_j(\bar{x}_j)z_je_{j+1}+g_{i-1}(\bar{x}_{i-1})z_{i-1}z_i+\sum_{j=1}^{i-1}\epsilon_j\\
&\quad+\tilde{\theta}_i^{\mathrm{T}}\phi_i(\bar{x}_i)z_i-k_iz_i^2-g_{i-1}(\bar{x}_{i-1})z_{i-1}z_i+g_i(\bar{x}_i)z_ie_{i+1}+g_i(\bar{x}_i)z_iz_{i+1}\\
&\quad-\frac{2}{\pi}\rho_i(\bar{x}_i)z_i\arctan\left(\frac{\rho_i(\bar{x}_i)z_i}{\varepsilon_i}\right)+z_i\delta_i(x,t)-\tilde{\theta}_i^{\mathrm{T}}\Gamma_i^{-1}\dot{\hat{\theta}}_i\\
&\leqslant-\sum_{j=1}^{i}k_jz_j^2-\frac{1}{2}\sum_{j=1}^{i-1}\tilde{\theta}_j^{\mathrm{T}}\Lambda_j\tilde{\theta}_j+\sum_{j=1}^{i}g_j(\bar{x}_j)z_je_{j+1}+g_i(\bar{x}_i)z_iz_{i+1}+\sum_{j=1}^{i-1}\epsilon_j\\
&\quad-\frac{2}{\pi}\rho_i(\bar{x}_i)z_i\arctan\left(\frac{\rho_i(\bar{x}_i)z_i}{\varepsilon_i}\right)+|\rho_i(\bar{x}_i)z_i|+\tilde{\theta}_i^{\mathrm{T}}(\phi_i(\bar{x}_i)z_i-\Gamma_i^{-1}\dot{\hat{\theta}}_i)\\
&\leqslant-\sum_{j=1}^{i}k_jz_j^2-\frac{1}{2}\sum_{j=1}^{i-1}\tilde{\theta}_j^{\mathrm{T}}\Lambda_j\tilde{\theta}_j+\sum_{j=1}^{i}g_j(\bar{x}_j)z_je_{j+1}+g_i(\bar{x}_i)z_iz_{i+1}+\sum_{j=1}^{i-1}\epsilon_j\\
&\quad+\frac{2}{\pi}\varepsilon_i+\tilde{\theta}_i^{\mathrm{T}}(\phi_i(\bar{x}_i)z_i-\Gamma_i^{-1}\dot{\hat{\theta}}_i)
\end{aligned}$$

取

$$\dot{\hat{\theta}}_i=\Gamma_i(-\Lambda_i(\hat{\theta}_i-\theta_{i0})+\phi_i(\bar{x}_i)z_i) \tag{5.20}$$

其中, Γ_i 为自适应增益矩阵; $\Lambda_i=\mathrm{diag}\,(\Lambda_{i1},\Lambda_{i2},\cdots,\Lambda_{im_i})$ 为正定的设计参数矩阵; θ_{i0} 为对 θ_i 的初始预估值, 取为 θ_i 的标称值. 类似于式 (5.15) 和式 (5.16) 的推导, 有

$$\tilde{\theta}_i^{\mathrm{T}}(\phi_i(\bar{x}_i)z_i-\Gamma_i^{-1}\dot{\hat{\theta}}_i)=\tilde{\theta}_i^{\mathrm{T}}\Lambda_i(\hat{\theta}_i-\theta_{i0})\leqslant-\frac{1}{2}\tilde{\theta}_i^{\mathrm{T}}\Lambda_i\tilde{\theta}_i+\frac{1}{2}(\theta_i-\theta_{i0})^{\mathrm{T}}\Lambda_i(\theta_i-\theta_{i0})$$

于是有

$$\dot{V}_i\leqslant-\sum_{j=1}^{i}k_jz_j^2-\frac{1}{2}\sum_{j=1}^{i}\tilde{\theta}_j^{\mathrm{T}}\Lambda_j\tilde{\theta}_j+\sum_{j=1}^{i}g_j(\bar{x}_j)z_je_{j+1}+g_i(\bar{x}_i)z_iz_{i+1}+\sum_{j=1}^{i}\epsilon_j$$

其中,

$$\epsilon_i=\frac{2}{\pi}\varepsilon_i+\frac{1}{2}(\theta_i-\theta_{i0})^{\mathrm{T}}\varLambda_i(\theta_i-\theta_{i0})$$

第 n 步　考虑

$$\dot{z}_n=f_{n0}(x)+\theta_n^{\mathrm{T}}\phi_n(x)+(g_{n0}(x)+\vartheta^{\mathrm{T}}\varphi(x))u+\delta_n(x,t)-\dot{x}_{n\mathrm{r}}$$

构造最终的控制律为

$$u=\frac{1}{g_{n0}(x)+\hat{\vartheta}^{\mathrm{T}}\varphi(x)}\Bigg(-f_{n0}(x)-\hat{\theta}_n^{\mathrm{T}}\phi_n(x)-k_nz_n-g_{n-1}(x_{n-1})z_{n-1}$$
$$-\frac{2}{\pi}\rho_n(x)\arctan\left(\frac{\rho_n(x)z_n}{\varepsilon_n}\right)+\dot{x}_{n\mathrm{r}}\Bigg)\tag{5.21}$$

其中, $k_n>0$ 和 $\varepsilon_n>0$ 为设计参数, k_n 为动态面增益; $\hat{\theta}_n$ 和 $\hat{\vartheta}$ 分别为对 θ_n 和 ϑ 的估计值, 它们的自适应律 $\dot{\hat{\theta}}_n$ 和 $\dot{\hat{\vartheta}}$ 待定. 定义估计误差 $\tilde{\theta}_n=\theta_n-\hat{\theta}_n$ 和 $\tilde{\vartheta}=\vartheta-\hat{\vartheta}$, 则有

$$\dot{\tilde{\theta}}_n=-\dot{\hat{\theta}}_n\tag{5.22}$$

$$\dot{\tilde{\vartheta}}=-\dot{\hat{\vartheta}}\tag{5.23}$$

以及

$$\begin{aligned}\dot{z}_n=&f_{n0}(x)+\hat{\theta}_n^{\mathrm{T}}\phi_n(x)+\tilde{\theta}_n^{\mathrm{T}}\phi_n(x)+(g_{n0}(x)+\hat{\vartheta}^{\mathrm{T}}\varphi(x))u+\tilde{\vartheta}^{\mathrm{T}}\varphi(x)u\\&+\delta_n(x,t)-\dot{x}_{n\mathrm{r}}\\=&\tilde{\theta}_n^{\mathrm{T}}\phi_n(x)-k_nz_n-g_{n-1}(x_{n-1})z_{n-1}+\tilde{\vartheta}^{\mathrm{T}}\varphi(x)u\\&-\frac{2}{\pi}\rho_n(x)\arctan\left(\frac{\rho_n(x)z_n}{\varepsilon_n}\right)+\delta_n(x,t)\end{aligned}\tag{5.24}$$

定义

$$V_n=V_{n-1}+\frac{1}{2}z_n^2+\frac{1}{2}\tilde{\theta}_n^{\mathrm{T}}\varGamma_n^{-1}\tilde{\theta}_n+\frac{1}{2}\tilde{\vartheta}^{\mathrm{T}}\varGamma_g^{-1}\tilde{\vartheta}$$

其中, $\varGamma_g=\mathrm{diag}\,(\varGamma_{g1},\varGamma_{g2},\cdots,\varGamma_{gl})$ 和 $\varGamma_n=\mathrm{diag}\,(\varGamma_{n1},\varGamma_{n2},\cdots,\varGamma_{nm_n})$ 为正定的设计参数矩阵, 则 V_n 沿系统 (5.12)、(5.13)、(5.18)、(5.19)、(5.22)、(5.23) 和 (5.24) 的时间导数为

$$\dot{V}_n=\dot{V}_{n-1}+z_n\dot{z}_n+\tilde{\theta}_n^{\mathrm{T}}\varGamma_n^{-1}\dot{\tilde{\theta}}_n+\tilde{\vartheta}^{\mathrm{T}}\varGamma_g^{-1}\dot{\tilde{\vartheta}}$$

$$\begin{aligned}
&\leqslant -\sum_{j=1}^{n-1}k_jz_j^2-\frac{1}{2}\sum_{j=1}^{n-1}\tilde{\theta}_j^{\mathrm{T}}\varLambda_j\tilde{\theta}_j+\sum_{j=1}^{n-1}g_j(\bar{x}_j)z_je_{j+1}+g_{n-1}(\bar{x}_{n-1})z_{n-1}z_n+\sum_{j=1}^{n-1}\epsilon_j\\
&\quad+\tilde{\theta}_n^{\mathrm{T}}\phi_n(x)z_n-k_nz_n^2-g_{n-1}(\bar{x}_{n-1})z_{n-1}z_n+\tilde{\vartheta}^{\mathrm{T}}\varphi(x)uz_n\\
&\quad-\frac{2}{\pi}\rho_n(x)z_n\arctan\left(\frac{\rho_n(x)z_n}{\varepsilon_n}\right)+z_n\delta_n(x,t)-\tilde{\theta}_n^{\mathrm{T}}\varGamma_n^{-1}\dot{\hat{\theta}}_n-\tilde{\vartheta}^{\mathrm{T}}\varGamma_g^{-1}\dot{\hat{\vartheta}}\\
&\leqslant -\sum_{j=1}^{n}k_jz_j^2-\frac{1}{2}\sum_{j=1}^{n-1}\tilde{\theta}_j^{\mathrm{T}}\varLambda_j\tilde{\theta}_j+\sum_{j=1}^{n-1}g_j(\bar{x}_j)z_je_{j+1}+\sum_{j=1}^{n-1}\epsilon_j\\
&\quad-\frac{2}{\pi}\rho_n(x)z_n\arctan\left(\frac{\rho_n(x)z_n}{\varepsilon_n}\right)+|\rho_n(x)z_n|\\
&\quad+\tilde{\theta}_n^{\mathrm{T}}(\phi_n(x)z_n-\varGamma_n^{-1}\dot{\hat{\theta}}_n)+\tilde{\vartheta}^{\mathrm{T}}(\varphi(x)uz_n-\varGamma_g^{-1}\dot{\hat{\vartheta}})\\
&\leqslant -\sum_{j=1}^{n}k_jz_j^2-\frac{1}{2}\sum_{j=1}^{n-1}\tilde{\theta}_j^{\mathrm{T}}\varLambda_j\tilde{\theta}_j+\sum_{j=1}^{n-1}g_j(\bar{x}_j)z_je_{j+1}+\sum_{j=1}^{n-1}\epsilon_j+\frac{2}{\pi}\varepsilon_n\\
&\quad+\tilde{\theta}_n^{\mathrm{T}}(\phi_n(x)z_n-\varGamma_n^{-1}\dot{\hat{\theta}}_n)+\tilde{\vartheta}^{\mathrm{T}}(\varphi(x)uz_n-\varGamma_g^{-1}\dot{\hat{\vartheta}})
\end{aligned}$$

取

$$\dot{\hat{\theta}}_n=\varGamma_n(-\varLambda_n(\hat{\theta}_n-\theta_{n0})+\phi_n(x)z_n) \tag{5.25}$$

其中, $\varGamma_n$ 为自适应增益矩阵; $\varLambda_n=\mathrm{diag}\,(\varLambda_{n1},\varLambda_{n2},\cdots,\varLambda_{nm_n})$ 为正定的设计参数矩阵; θ_{n0} 为对 θ_n 的初始预估值, 取为 θ_n 的标称值, 并取

$$\dot{\hat{\vartheta}}=\mathrm{Pr}_{\hat{\vartheta}}(\varGamma_g(-\varLambda_g(\hat{\vartheta}-\vartheta_0)+\varphi(x)uz_n)),\quad \hat{\vartheta}(0)\in\mathcal{D}_\vartheta \tag{5.26}$$

即对于 $i=1,2,\cdots,l$, 有

$$\begin{aligned}
\dot{\hat{\vartheta}}_i&=\mathrm{Pr}_{\hat{\vartheta}_i}(\varGamma_{gi}(-\varLambda_{gi}(\hat{\vartheta}_i-\vartheta_{i0})+\varphi_i(x)uz_n))\\
&=\begin{cases}0, & \hat{\vartheta}_i=\vartheta_{i\mathrm{M}},\ \varGamma_{gi}(-\varLambda_{gi}(\hat{\vartheta}_i-\vartheta_{i0})+\varphi_i(x)uz_n)>0\\ 0, & \hat{\vartheta}_i=\vartheta_{i\mathrm{m}},\ \varGamma_{gi}(-\varLambda_{gi}(\hat{\vartheta}_i-\vartheta_{i0})+\varphi_i(x)uz_n)<0\\ \varGamma_{gi}(-\varLambda_{gi}(\hat{\vartheta}_i-\vartheta_{i0})+\varphi_i(x)uz_n), & \text{其他}\end{cases}
\end{aligned} \tag{5.27}$$

其中, $\varGamma_g$ 为自适应增益矩阵; $\varLambda_g=\mathrm{diag}(\varLambda_{g1},\varLambda_{g2},\cdots,\varLambda_{gl})$ 为正定的设计参数矩阵; $\vartheta_0=[\vartheta_{10},\vartheta_{20},\cdots,\vartheta_{l0}]^{\mathrm{T}}$, ϑ_{i0} 为对 ϑ_i 的初始预估值, 取为 ϑ_i 的标称值. 根据第 2 章介绍的投影算子的性质, 有

$$\tilde{\vartheta}^{\mathrm{T}}(-\varLambda_g(\hat{\vartheta}-\vartheta_0)+\varphi(x)uz_n-\varGamma_g^{-1}\dot{\hat{\vartheta}})\leqslant 0$$

且 $\hat{\vartheta}(t) \in \mathcal{D}_{\vartheta}$ $(\forall t \geqslant 0)$. 类似于式 (5.15) 和式 (5.16) 的推导, 有

$$\begin{aligned}\tilde{\theta}_n^{\mathrm{T}}(\phi_n(x)z_n - \Gamma_n^{-1}\dot{\hat{\theta}}_n) &= \tilde{\theta}_n^{\mathrm{T}}\Lambda_n(\hat{\theta}_n - \theta_{n0}) \\ &\leqslant -\frac{1}{2}\tilde{\theta}_n^{\mathrm{T}}\Lambda_n\tilde{\theta}_n + \frac{1}{2}(\theta_n - \theta_{n0})^{\mathrm{T}}\Lambda_n(\theta_n - \theta_{n0})\end{aligned}$$

以及

$$\begin{aligned}\tilde{\vartheta}^{\mathrm{T}}(\varphi(x)uz_n - \Gamma_g^{-1}\dot{\hat{\vartheta}}) &= \tilde{\vartheta}^{\mathrm{T}}\Lambda_g(\hat{\vartheta} - \vartheta_0) + \tilde{\vartheta}^{\mathrm{T}}(-\Lambda_g(\hat{\vartheta} - \vartheta_0) + \varphi(x)uz_n - \Gamma_g^{-1}\dot{\hat{\vartheta}}) \\ &\leqslant \tilde{\vartheta}^{\mathrm{T}}\Lambda_g(\hat{\vartheta} - \vartheta_0) \leqslant -\frac{1}{2}\tilde{\vartheta}^{\mathrm{T}}\Lambda_g\tilde{\vartheta} + \frac{1}{2}(\vartheta - \vartheta_0)^{\mathrm{T}}\Lambda_g(\vartheta - \vartheta_0)\end{aligned}$$

于是有

$$\begin{aligned}\dot{V}_n \leqslant & -\sum_{j=1}^{n}k_jz_j^2 - \frac{1}{2}\sum_{j=1}^{n-1}\tilde{\theta}_j^{\mathrm{T}}\Lambda_j\tilde{\theta}_j + \sum_{j=1}^{n-1}g_j(\bar{x}_j)z_je_{j+1} + \sum_{j=1}^{n-1}\epsilon_j + \frac{2}{\pi}\varepsilon_n - \frac{1}{2}\tilde{\theta}_n^{\mathrm{T}}\Lambda_n\tilde{\theta}_n \\ & + \frac{1}{2}(\theta_n - \theta_{n0})^{\mathrm{T}}\Lambda_n(\theta_n - \theta_{n0}) - \frac{1}{2}\tilde{\vartheta}^{\mathrm{T}}\Lambda_g\tilde{\vartheta} + \frac{1}{2}(\vartheta - \vartheta_0)^{\mathrm{T}}\Lambda_g(\vartheta - \vartheta_0) \\ = & -\sum_{j=1}^{n}k_jz_j^2 - \frac{1}{2}\sum_{j=1}^{n}\tilde{\theta}_j^{\mathrm{T}}\Lambda_j\tilde{\theta}_j - \frac{1}{2}\tilde{\vartheta}^{\mathrm{T}}\Lambda_g\tilde{\vartheta} + \sum_{j=1}^{n-1}g_j(\bar{x}_j)z_je_{j+1} + \sum_{j=1}^{n}\epsilon_j\end{aligned}$$

其中,

$$\epsilon_n = \frac{2}{\pi}\varepsilon_n + \frac{1}{2}(\theta_n - \theta_{n0})^{\mathrm{T}}\Lambda_n(\theta_n - \theta_{n0}) + \frac{1}{2}(\vartheta - \vartheta_0)^{\mathrm{T}}\Lambda_g(\vartheta - \vartheta_0)$$

由于闭环系统动态还包括滤波误差 e_i $(i = 2, 3, \cdots, n)$ 的动态 (5.10), 定义闭环系统的候选 Lyapunov 函数为

$$V = V_n + \frac{1}{2}\sum_{j=1}^{n-1}e_{j+1}^2$$

则 V 沿闭环系统的时间导数为

$$\begin{aligned}\dot{V} &= \dot{V}_n + \sum_{j=1}^{n-1}e_{j+1}\dot{e}_{j+1} \\ &\leqslant -\sum_{j=1}^{n}k_jz_j^2 - \frac{1}{2}\sum_{j=1}^{n}\tilde{\theta}_j^{\mathrm{T}}\Lambda_j\tilde{\theta}_j - \frac{1}{2}\tilde{\vartheta}^{\mathrm{T}}\Lambda_g\tilde{\vartheta} + \sum_{j=1}^{n-1}g_j(\bar{x}_j)z_je_{j+1} + \sum_{j=1}^{n}\epsilon_j\end{aligned}$$

$$
\begin{aligned}
&+\sum_{j=1}^{n-1} e_{j+1}\left(-\frac{1}{\tau_{j+1}} e_{j+1}-\dot{x}_{j+1,\mathrm{d}}\right) \\
\leqslant &-\sum_{j=1}^{n} k_j z_j^2-\frac{1}{2} \sum_{j=1}^{n} \tilde{\theta}_j^{\mathrm{T}} \Lambda_j \tilde{\theta}_j-\frac{1}{2} \tilde{\vartheta}^{\mathrm{T}} \Lambda_g \tilde{\vartheta}-\sum_{j=1}^{n-1} \frac{1}{\tau_{j+1}} e_{j+1}^2+\sum_{j=1}^{n} \epsilon_j \\
&+\sum_{j=1}^{n-1}\left|e_{j+1}\right|\left|g_j(\bar{x}_j) z_j-\dot{x}_{j+1,\mathrm{d}}\right|
\end{aligned}
$$

经过直接计算可知, 存在非负连续函数 η_{j+1} $(j=1,2,\cdots,n-1)$, 它是变量 $\bar{z}_{j+1}$、$\bar{e}_{j+1}$、$\tilde{\theta}_1$、$\tilde{\theta}_2$、$\cdots$、$\tilde{\theta}_j$、y_{d}、$\dot{y}_{\mathrm{d}}$、$\ddot{y}_{\mathrm{d}}$ 的函数, 并依赖于设计参数 $\bar{k}_j$、$\bar{\varepsilon}_j$、$\bar{\tau}_j$、Γ_1、Γ_2、$\cdots$、Γ_j、Λ_1、Λ_2、$\cdots$、Λ_j, 使得

$$
\left|g_j(\bar{x}_j) z_j-\dot{x}_{j+1,\mathrm{d}}\right| \leqslant \eta_{j+1}
$$

记 $\zeta=[\bar{z}_n^{\mathrm{T}}, \bar{e}_n^{\mathrm{T}}, \tilde{\theta}_1^{\mathrm{T}}, \tilde{\theta}_2^{\mathrm{T}}, \cdots, \tilde{\theta}_n^{\mathrm{T}}, \tilde{\vartheta}^{\mathrm{T}}]^{\mathrm{T}}$. 任意给定 $p>0$, 集合 $\mathcal{B}_p=\{\zeta: V(\zeta) \leqslant p\}$ 为一紧集. 由此可知 $\mathcal{B}_p \times \mathcal{B}^3(r)$ 也是一个紧集, 故 η_{j+1} 在 $\mathcal{B}_p \times \mathcal{B}^3(r)$ 上有最大值, 记为 M_{j+1} (注意: 对于设计参数, 其只依赖于 $\bar{k}_j$、$\bar{\varepsilon}_j$、$\bar{\tau}_j$、Γ_1、Γ_2、$\cdots$、Γ_j、Λ_1、Λ_2、$\cdots$、Λ_j). 在集合 $\mathcal{B}_p \times \mathcal{B}^3(r)$ 上有

$$
\left|e_{j+1}\right|\left|g_j(\bar{x}_j) z_j-\dot{x}_{j+1,\mathrm{d}}\right| \leqslant\left|e_{j+1}\right| \eta_{j+1} \leqslant\left|e_{j+1}\right| M_{j+1} \leqslant \frac{M_{j+1}^2 e_{j+1}^2}{4 \iota_{j+1}}+\iota_{j+1}
$$

其中, $\iota_{j+1}>0$ 为任意常数 (为便于分析, 可以取 $\iota_{j+1}=1$). 于是有

$$
\begin{aligned}
\dot{V} \leqslant &-\sum_{j=1}^{n} k_j z_j^2-\frac{1}{2} \sum_{j=1}^{n} \tilde{\theta}_j^{\mathrm{T}} \Lambda_j \tilde{\theta}_j-\frac{1}{2} \tilde{\vartheta}^{\mathrm{T}} \Lambda_g \tilde{\vartheta}-\sum_{j=1}^{n-1} \frac{1}{\tau_{j+1}} e_{j+1}^2+\sum_{j=1}^{n} \epsilon_j \\
&+\sum_{j=1}^{n-1}\left(\frac{M_{j+1}^2 e_{j+1}^2}{4 \iota_{j+1}}+\iota_{j+1}\right) \\
= &-\sum_{j=1}^{n} k_j z_j^2-\frac{1}{2} \sum_{j=1}^{n} \tilde{\theta}_j^{\mathrm{T}} \Lambda_j \tilde{\theta}_j-\frac{1}{2} \tilde{\vartheta}^{\mathrm{T}} \Lambda_g \tilde{\vartheta}-\sum_{j=1}^{n-1}\left(\frac{1}{\tau_{j+1}}-\frac{M_{j+1}^2}{4 \iota_{j+1}}\right) e_{j+1}^2+\epsilon
\end{aligned}
$$

其中, $\epsilon=\sum_{j=1}^{n} \epsilon_j+\sum_{j=1}^{n-1} \iota_{j+1}$. 由

$$
0 \leqslant \tilde{\theta}_j^{\mathrm{T}} \Gamma_j^{-1} \tilde{\theta}_j \leqslant \lambda_{\max}(\Gamma_j^{-1}) \tilde{\theta}_j^{\mathrm{T}} \tilde{\theta}_j=\frac{1}{\Gamma_{j\mathrm{m}}} \tilde{\theta}_j^{\mathrm{T}} \tilde{\theta}_j
$$

有 $\tilde{\theta}_j^{\mathrm{T}}\tilde{\theta}_j \geqslant \Gamma_{j\mathrm{m}}\tilde{\theta}_j^{\mathrm{T}}\Gamma_j^{-1}\tilde{\theta}_j$, 或者 $-\tilde{\theta}_j^{\mathrm{T}}\tilde{\theta}_j \leqslant -\Gamma_{j\mathrm{m}}\tilde{\theta}_j^{\mathrm{T}}\Gamma_j^{-1}\tilde{\theta}_j$, 其中，$\Gamma_{j\mathrm{m}}$ 表示正定对角矩阵 Γ_j 的最小对角元素. 故有

$$-\frac{1}{2}\sum_{j=1}^{n}\tilde{\theta}_j^{\mathrm{T}}\Lambda_j\tilde{\theta}_j \leqslant -\sum_{j=1}^{n}\frac{\Lambda_{j\mathrm{m}}}{2}\tilde{\theta}_j^{\mathrm{T}}\tilde{\theta}_j \leqslant -\sum_{j=1}^{n}\frac{\Lambda_{j\mathrm{m}}\Gamma_{j\mathrm{m}}}{2}\tilde{\theta}_j^{\mathrm{T}}\Gamma_j^{-1}\tilde{\theta}_j$$

其中, $\Lambda_{j\mathrm{m}}$ 表示正定对角矩阵 Λ_j 的最小对角元素. 类似地, 有

$$-\frac{1}{2}\tilde{\vartheta}^{\mathrm{T}}\Lambda_g\tilde{\vartheta} \leqslant -\frac{\Lambda_{g\mathrm{m}}}{2}\tilde{\vartheta}^{\mathrm{T}}\tilde{\vartheta} \leqslant -\frac{\Lambda_{g\mathrm{m}}\Gamma_{g\mathrm{m}}}{2}\tilde{\vartheta}^{\mathrm{T}}\Gamma_g^{-1}\tilde{\vartheta}$$

其中, $\Lambda_{g\mathrm{m}}$ 表示正定对角矩阵 Λ_g 的最小对角元素; $\Gamma_{g\mathrm{m}}$ 表示正定对角矩阵 Γ_g 的最小对角元素. 因此有

$$\begin{aligned}\dot{V} \leqslant & -\sum_{j=1}^{n}k_j z_j^2 - \sum_{j=1}^{n}\frac{\Lambda_{j\mathrm{m}}\Gamma_{j\mathrm{m}}}{2}\tilde{\theta}_j^{\mathrm{T}}\Gamma_j^{-1}\tilde{\theta}_j - \frac{\Lambda_{g\mathrm{m}}\Gamma_{g\mathrm{m}}}{2}\tilde{\vartheta}^{\mathrm{T}}\Gamma_g^{-1}\tilde{\vartheta}\\ & -\sum_{j=1}^{n-1}\left(\frac{1}{\tau_{j+1}} - \frac{M_{j+1}^2}{4\iota_{j+1}}\right)e_{j+1}^2 + \epsilon\end{aligned}$$

对任意常数 $\kappa > 0$, 总可以选择设计参数使得

$$k_j \geqslant \frac{\kappa}{2}, \quad j = 1, 2, \cdots, n$$

$$\Lambda_{j\mathrm{m}}\Gamma_{j\mathrm{m}} \geqslant \kappa, \quad j = 1, 2, \cdots, n$$

$$\frac{1}{\tau_{j+1}} - \frac{M_{j+1}^2}{4\iota_{j+1}} \geqslant \frac{\kappa}{2}, \quad j = 1, 2, \cdots, n-1$$

$$\Lambda_{g\mathrm{m}}\Gamma_{g\mathrm{m}} \geqslant \kappa$$

(注意: 在确定 τ_{j+1} $(j = 1, 2, \cdots, n-1)$ 时, 需要先确定设计参数 $\bar{k}_j$、$\bar{\varepsilon}_j$、$\bar{\tau}_j$、Γ_1、Γ_2、$\cdots$、Γ_j、Λ_1、Λ_2、$\cdots$、Λ_j) 于是有

$$\dot{V} \leqslant -\kappa V + \epsilon$$

注意到设计参数 ε_j $(j = 1, 2, \cdots, n)$ 的选取不依赖于别的设计参数且一般取为较小的常数并且 θ_{j0} $(j = 1, 2, \cdots, n)$ 和 ϑ_0 取对应的不确定参数的标称值, 故当确定 Λ_j $(j = 1, 2, \cdots, n)$ 和 Λ_g 之后 ϵ 便是一个定值. 进而, 只要将设计参数 k_j 以及设计参数矩阵 Γ_j $(j = 1, 2, \cdots, n)$ 和 Γ_g 的各元素选取充分大且将 τ_j $(j = 2, 3, \cdots, n)$ 选得充分小, 就可以保证 κ 充分大而满足 $\kappa > \epsilon/p$, 于是在

$\mathcal{B}_p$ 的边界上 (即当 $V=p$ 时) 有 $\dot{V}<0$. 这意味着若 $V(0)\leqslant p$ (注意: 对于任意的闭环系统状态 ζ 的初值集合, 总可以通过调整 p 的值来保证此条件成立), 则有 $V(t)\leqslant p$ ($\forall t\geqslant 0$), 故 $\mathcal{B}_p$ 是一个正不变集, 即闭环系统状态 ζ 始终位于闭集 $\mathcal{B}_p$ 内, 保持有界. 于是, 结合 $y_{\rm d}$、$\dot{y}_{\rm d}$、$\ddot{y}_{\rm d}$ 的有界性可知 x_i ($i=1,2,\cdots,n$)、$x_{i{\rm d}}$、$x_{i{\rm r}}$ ($i=2,3,\cdots,n$) 及 u 均有界. 进而, 根据比较引理 (引理 1.1.1) 可知

$$0\leqslant V(t)\leqslant\frac{\epsilon}{\kappa}+\left(V(0)-\frac{\epsilon}{\kappa}\right){\rm e}^{-\kappa t}$$

于是有

$$|z_1(t)|\leqslant\begin{cases}\sqrt{2V(0)-\dfrac{2\epsilon}{\kappa}}{\rm e}^{-\frac{\kappa}{2}t}+\sqrt{\dfrac{2\epsilon}{\kappa}}, & V(0)>\dfrac{\epsilon}{\kappa}\\ \sqrt{\dfrac{2\epsilon}{\kappa}}, & V(0)\leqslant\dfrac{\epsilon}{\kappa}\end{cases}$$

由此可知, 跟踪误差 z_1 要么始终保持在集合 $\{\xi\in\mathbf{R}:|\xi|\leqslant\sqrt{2\epsilon/\kappa}\}$ 内, 要么指数收敛到该集合. 如前所述, 由于选定参数 ε_j、$\varLambda_j$ ($j=1,2,\cdots,n$) 和 $\varLambda_g$ 之后 ϵ 便是一个定值, 所以只要将设计参数 k_j 以及设计参数矩阵 $\varGamma_j$ ($j=1,2,\cdots,n$) 和 $\varGamma_g$ 的元素选得足够大且 τ_j ($j=2,3,\cdots,n$) 选得足够小, 就可以保证 κ 足够大, 从而使得 ϵ/κ 足够小. 这意味着通过选择合适的参数可以使得跟踪误差 z_1 最终变得任意小.

综上所述, 有下述结果.

定理 5.1.1 *考虑由被控系统 (5.5) 以及由式 (5.7) ~ 式 (5.9)、式 (5.11)、式 (5.14)、式 (5.17)、式 (5.20)、式 (5.21)、式 (5.25) ~ 式 (5.27) 所组成的控制律一起构成的闭环系统, 其中被控系统的不确定性满足式 (5.6), 则对于任意的闭环系统状态 ζ 的初值集合, 存在合适的控制参数使得由此集合出发的闭环系统信号有界, 系统输出 y 对参考信号 $y_{\rm d}$ 的跟踪误差最终任意小, 其中参考信号满足假设 5.1.1, 并且控制律不会产生奇异性问题.*

由前述推导过程可以看出, 相比于传统的反步方法, 动态面控制方法除了可以避免"项数膨胀"问题, 还大幅降低了对高阶次系统中的已知非线性函数和参考信号的光滑性要求. 例如, 对于 f_{10}, 只要求 $f_{10}\in\mathcal{C}^1(\mathbf{R},\mathbf{R})$ 而不必要求 $f_{10}\in\mathcal{C}^{n-1}(\mathbf{R},\mathbf{R})$; 对于 $y_{\rm d}$, 只要求 $y_{\rm d}$、$\dot{y}_{\rm d}$、$\ddot{y}_{\rm d}$ 有界而不必要求 $y_{\rm d}$、$\dot{y}_{\rm d}$、$\cdots$、$y_{\rm d}^{(n)}$ 有界. 但是作为代价, 动态面控制方法只能得到半全局的结果 (通过调整设计参数可以使得不变集任意大, 但是不能使其覆盖整个状态空间, 一旦设计参数固定, 不变集也就随之固定), 而传统的反步方法可以得到全局的结果. 此外, 由于滤波器的引入, 对于设计参数的选取, 这里只能给出参数的存在性而无法给出它们具体的范围. 从理论上讲, 为了满足跟踪精度要求, 需要选择足够大的动态面增益和自适

应增益以及足够小的滤波器时间常数. 然而, 一方面, 由于物理条件的限制, 在实际应用中, 滤波器的时间常数不能取得太小. 另一方面, 过大或过小的设计参数可能会导致不能令人满意的瞬态性能. 因此, 在选择设计参数时, 需要对物理限制、瞬态性能和稳态精度等各种因素进行折中考虑.

5.1.3 飞行器俯仰通道的自适应/鲁棒动态面控制设计

忽略俯仰舵偏角产生的升力, 则飞行器俯仰通道的控制系统模型如下:

$$\begin{cases} \dot{\alpha} = \omega_z - \dfrac{1}{mV}(P\sin(\alpha) + qSc_y^{\alpha}\alpha - mg\cos(\theta)) \\ \dot{\omega}_z = \dfrac{qSLm_z^{\alpha}}{J_z}\alpha + \dfrac{qSLm_z^{\delta_z}}{J_z}\delta_z \end{cases}$$

假设期望的攻角 α_{d} 由制导回路产生且满足 α_{d}、$\dot{\alpha}_{\mathrm{d}}$、$\ddot{\alpha}_{\mathrm{d}}$ 有界. 下面利用 5.1.2 节所述的自适应/鲁棒动态面控制方法设计飞行器俯仰通道的控制律, 使得闭环系统信号有界且实际攻角 α 跟踪期望的攻角 α_{d}. 在此处的控制律设计中, 对于飞行器的结构参数和气动参数, 只讨论与控制系统直接相关的气动参数 c_y^{α}、m_z^{α} 和 $m_z^{\delta_z}$ 为未知的情况, 而其他参数取标称值. 假设对不确定参数 $m_z^{\delta_z}$ 范围的保守估计为 $\mathcal{D}_{\mu} = [\mu_{\mathrm{m}}, \mu_{\mathrm{M}}] = \left[1.3m_{z0}^{\delta_z}, 0.7m_{z0}^{\delta_z}\right]$. 同时, 假定飞行器速度和大气密度 (飞行器高度) 是慢变的, 即将它们的变化率忽略不计. 于是, 飞行器俯仰通道的控制系统模型可化为如下标准形式:

$$\begin{cases} \dot{\alpha} = f_{10} + \rho_1\phi_1 + \omega_z + \delta_1 \\ \dot{\omega}_z = \rho_2\phi_2 + \mu\varphi\delta_z \end{cases}$$

其中,

$$\rho_1 = c_y^{\alpha}, \quad \phi_1 = -\frac{qS\alpha}{mV}, \quad \rho_2 = m_z^{\alpha}, \quad \phi_2 = \frac{qSL\alpha}{J_z}$$

$$f_{10} = -\frac{1}{mV}P\sin(\alpha), \quad \mu = m_z^{\delta_z}, \quad \varphi = \frac{qSL}{J_z}, \quad \delta_1 = \frac{g\cos(\theta)}{V}$$

且有 $|\delta_1| \leqslant d_1 = g/V$.

根据 5.1.2 节的推导, 飞行器俯仰通道的自适应/鲁棒动态面控制律设计如下:

$$z_1 = \alpha - \alpha_{\mathrm{d}}$$

$$\omega_{z\mathrm{d}} = -f_{10} - k_1 z_1 - \hat{\rho}_1\phi_1 - \frac{2}{\pi}d_1 \arctan\left(\frac{d_1 z_1}{\varepsilon_1}\right) + \dot{\alpha}_{\mathrm{d}}$$

$$\dot{\hat{\rho}}_1 = \gamma_1(-c_1(\hat{\rho}_1 - \rho_{10}) + \phi_1 z_1), \quad \hat{\rho}_1(0) = \rho_{10} = c_{y0}^{\alpha}$$

$$\tau_2\dot{\omega}_{zr}+\omega_{zr}=\omega_{zd},\omega_{zr}(0)=\omega_{zd}(0)$$

$$z_2=\omega_z-\omega_{zr}$$

$$\delta_z=\frac{1}{\hat{\mu}\varphi}(-k_2z_2-z_1-\hat{\rho}_2\phi_2+\dot{\omega}_{zr})$$

$$\dot{\hat{\rho}}_2=\gamma_2(-c_2(\hat{\rho}_2-\rho_{20})+\phi_2z_2),\quad \hat{\rho}_2(0)=\rho_{20}=m_{z0}^{\alpha}$$

$$\begin{aligned}\dot{\hat{\mu}}&=\mathrm{Pr}_{\hat{\mu}}(\gamma_g(-c_g(\hat{\mu}-\mu_0)+\varphi\delta_zz_2))\\&=\begin{cases}0, & \hat{\mu}=\mu_{\mathrm{M}},\ \gamma_g(-c_g(\hat{\mu}-\mu_0)+\varphi\delta_zz_2)>0\\0, & \hat{\mu}=\mu_{\mathrm{m}},\ \gamma_g(-c_g(\hat{\mu}-\mu_0)+\varphi\delta_zz_2)<0,\ \hat{\mu}(0)=\mu_0=m_{z0}^{\delta_z}\\\gamma_g(-c_g(\hat{\mu}-\mu_0)+\varphi\delta_zz_2), & \text{其他}\end{cases}\end{aligned}$$

其中, $k_i>0$、$\gamma_i>0$、$c_i>0\ (i=1,2)$、$\varepsilon_1>0$、$\tau_2>0$、$\gamma_g>0$ 和 $c_g>0$ 为设计参数.

在数值仿真中, 控制参数取为: $k_1=20$, $k_2=20$, $\varepsilon_1=0.02$, $\gamma_1=20$, $\gamma_2=20$, $c_1=1$, $c_2=1$, $\gamma_g=20$, $c_g=1$, $\tau_2=0.015$. 仿真情形以及其余控制参数的设置与 4.2.2 节数值仿真中的相同.

将上述控制律代入飞行器在纵向平面内的非线性运动方程组, 得到的仿真结果如图 5.1 所示. 图中分别给出了飞行器的期望高度变化曲线和实际高度变化曲线, 期望攻角变化曲线和实际攻角变化曲线, 以及俯仰角速度变化曲线和俯仰舵偏角变化曲线. 由仿真结果可以看出, 飞行器可以完成期望的高度机动任务并且实际攻角可以以很小的误差实现对期望攻角的跟踪. 需要注意的是, 在进行俯仰

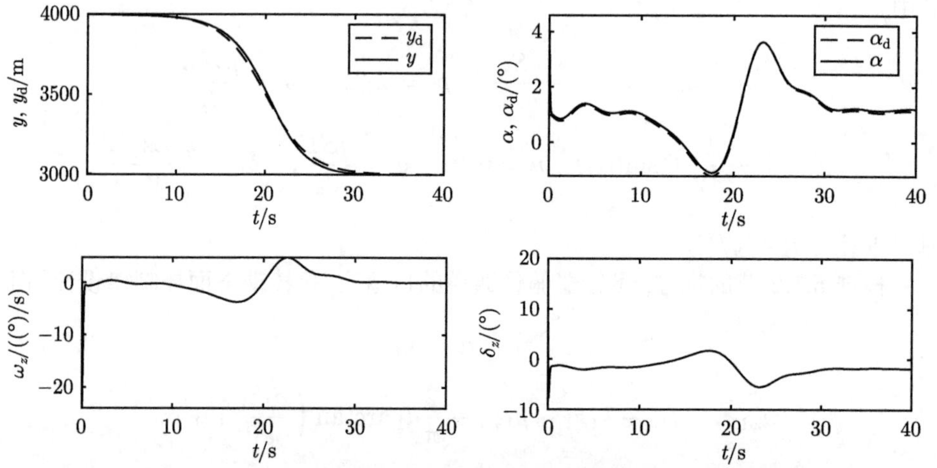

图 5.1　飞行器俯仰通道的自适应/鲁棒动态面控制设计仿真结果

通道的控制律设计时，忽略了飞行器舵俯仰偏角产生的升力以及飞行器速度和高度的变化，但是在数值仿真中，所设计的控制律被应用于飞行器在纵向平面内的原始非线性方程组，此时飞行器俯仰舵偏角产生的升力没有被忽略，同时飞行器的速度和高度也不是固定不变的. 仿真结果验证了所设计的飞行器俯仰通道控制律的有效性.

5.2　MIMO 系统的动态面控制设计

第 4 章介绍的 SISO 系统的反步设计方法和 5.1 节介绍的 SISO 系统的动态面控制方法可以进一步推广到如下形式上更加复杂的 MIMO 块严反馈系统:

$$\begin{cases} \dot{x}_1 = f_1(x_1) + G_1(x_1)x_2 \\ \dot{x}_2 = f_2(\bar{x}_2) + G_2(\bar{x}_2)x_3 \\ \quad\vdots \\ \dot{x}_{n-1} = f_{n-1}(\bar{x}_{n-1}) + G_{n-1}(\bar{x}_{n-1})x_n \\ \dot{x}_n = f_n(x) + G_n(x)u \\ y = x_1 \end{cases} \tag{5.28}$$

其中，$x_i \in \mathbf{R}^q$ $(i = 1,2,\cdots,n)$，$\bar{x}_i = [x_1^{\mathrm{T}}, x_2^{\mathrm{T}}, \cdots, x_i^{\mathrm{T}}]^{\mathrm{T}}$，$x = \bar{x}_n$ 为状态向量；$u \in \mathbf{R}^q$ 为控制输入向量；$y \in \mathbf{R}^q$ 为系统输出向量；函数 $f_i(\bar{x}_i) \in \mathcal{C}^{n-i}(\mathbf{R}^{qi}, \mathbf{R}^q)$，$G_i(\bar{x}_i) \in \mathcal{C}^{n-i}(\mathbf{R}^{qi}, \mathbf{R}^{q\times q})$ 且对任意 $\bar{x}_i \in \mathbf{R}^{qi}$，矩阵 $G_i(\bar{x}_i)$ 可逆. 工程中有许多控制系统可以建模成或者化为式 (5.28) 所示的块严反馈形式，如飞行器的多通道耦合控制系统模型、航天器的姿轨耦合控制系统模型等.

本节以 BTT (bank to turn，倾斜转弯) 飞行器的三通道耦合控制为例，介绍 MIMO 块严反馈系统的动态面控制设计方法. 众所周知，这是一种先进的飞行器控制技术，BTT 技术与 STT 技术相比，在提高飞行器机动性、稳定性、升阻比以及与先进的冲压发动机进气道设计的兼容性等方面更具优势. 但是，一方面，BTT 飞行器通过在一定角度范围内快速滚动来增加其机动性，因此由滚动引起的耦合效应显著增加；另一方面，随着 BTT 飞行器飞行速度的提高和飞行范围的增大，其气动参数与风洞实验以及理论计算获得的数值相比，存在严重的不确定性. 因此，BTT 飞行器的控制系统是典型的 MIMO 不确定非线性对象. 因其各个通道之间存在着强烈的耦合，故像传统方法那样将其分为滚转、偏航和俯仰三个通道分别单独进行控制算法设计并不是一个明智的选择. 由于在合理的假设下，BTT 飞行器的控制系统呈现出块严反馈结构，所以可以采用动态面控制方法对其进行控制律设计. 针对块下三角系统的动态面控制常称为块动态面控制.

5.2.1 BTT 飞行器三通道耦合控制问题描述

合理简化后的 BTT 飞行器三通道耦合控制系统模型如下所示:

$$\begin{cases}\dot{\gamma}=\omega_x\\ \dot{\beta}=\omega_y+\dfrac{1}{57.3}\alpha\omega_x+a_8\beta+b_4\delta_y\\ \dot{\alpha}=a_4\alpha+\omega_z-\dfrac{1}{57.3}\beta\omega_x+b_2\delta_z\\ \dot{\omega}_x=c_1\omega_x+c_3\delta_x\\ \dot{\omega}_y=a_5\alpha\omega_x+a_6\omega_y+\dfrac{J_z-J_x}{J_y}\omega_x\omega_z+a_7\beta+b_3\delta_y\\ \dot{\omega}_z=a_1\omega_z+a_2\alpha+\dfrac{J_x-J_y}{J_z}\omega_x\omega_y+a_3\omega_x\beta+b_1\delta_z\end{cases}\tag{5.29}$$

其中, γ、β 和 α 分别为飞行器的滚转角、侧滑角和攻角 (°); ω_x、ω_y 和 ω_z 分别为飞行器的滚转、偏航和俯仰角速度 ((°)/s); δ_x、δ_y 和 δ_z 分别为飞行器的滚转、偏航和俯仰舵偏角 (°); a_1、a_2、$\cdots$、a_8、b_1、b_2、b_3、b_4 以及 c_1、c_3 为系统参数. 需要注意的是, 在实际中只能通过地面风洞试验或者理论计算得到这些系统参数的标称值 a_{i0}、b_{i0} 和 c_{i0}. 系统参数真实值 a_i、b_i 和 c_i 与标称值 a_{i0}、b_{i0} 和 c_{i0} 之间存在不确定性, 满足如下关系:

$$a_i=a_{i0}(1+\Delta_{ai}),\quad b_i=b_{i0}(1+\Delta_{bi}),\quad c_i=c_{i0}(1+\Delta_{ci})$$

其中, Δ_{ai}、Δ_{bi} 和 Δ_{ci} 分别表示系统参数 a_i、b_i 和 c_i 的摄动百分比, 此处假设 $\Delta_{ai},\Delta_{bi},\Delta_{ci}\in[-0.2,0.2]$. BTT 飞行器在不同特征点上的系统参数可以参见文献 [2], 此处考虑其中的第 5 个特征点, 该点上系统参数的标称值如下所示:

$$a_{10}=-0.9650,\quad a_{20}=-129.1278,\quad a_{30}=0.0012,\quad a_{40}=-1.0610$$

$$a_{50}=-0.0012,\quad a_{60}=-0.9650,\quad a_{70}=68.2139,\quad a_{80}=-0.7090$$

$$b_{10}=-138.6024,\quad b_{20}=-0.1650,\quad b_{30}=-154.5968,\quad b_{40}=-0.1620$$

$$c_{10}=-1.607,\quad c_{30}=-3045.292$$

考虑到舵偏角引起的升力和侧向力远小于飞行器本体引起的升力和侧向力, 在控制算法的初步设计中, 可以暂时忽略 $b_4\delta_y$ 和 $b_2\delta_z$ 项的影响.

定义

$$y=x_1=\begin{bmatrix}\gamma\\ \beta\\ \alpha\end{bmatrix},\quad x_2=\begin{bmatrix}\omega_x\\ \omega_y\\ \omega_z\end{bmatrix},\quad u=\begin{bmatrix}\delta_x\\ \delta_y\\ \delta_z\end{bmatrix}$$

则系统 (5.29) 可以写成如下紧凑形式:

$$\begin{cases} \dot{x}_1 = f_1(x_1) + G_1(x_1)x_2 + \delta_{f1} \\ \dot{x}_2 = f_2(x_1, x_2) + (I + \Delta_{G2})G_2 u + \delta_{f2} \\ y = x_1 \end{cases} \tag{5.30}$$

其中,

$$f_1 = \begin{bmatrix} 0 \\ a_{80}\beta \\ a_{40}\alpha \end{bmatrix}, \quad G_1 = \begin{bmatrix} 1 & 0 & 0 \\ \dfrac{1}{57.3}\alpha & 1 & 0 \\ -\dfrac{1}{57.3}\beta & 0 & 1 \end{bmatrix}, \quad \delta_{f1} = \begin{bmatrix} 0 \\ \Delta_{a8}a_{80}\beta \\ \Delta_{a4}a_{40}\alpha \end{bmatrix}$$

$$f_2 = \begin{bmatrix} c_{10}\omega_x \\ a_{50}\alpha\omega_x + a_{60}\omega_y + \dfrac{J_z - J_x}{J_y}\omega_x\omega_z + a_{70}\beta \\ a_{10}\omega_z + a_{20}\alpha + \dfrac{J_x - J_y}{J_z}\omega_x\omega_y + a_{30}\omega_x\beta \end{bmatrix}, \quad G_2 = \begin{bmatrix} c_{30} & 0 & 0 \\ 0 & b_{30} & 0 \\ 0 & 0 & b_{10} \end{bmatrix}$$

$$\delta_{f2} = \begin{bmatrix} \Delta_{c1}c_{10}\omega_x \\ \Delta_{a5}a_{50}\alpha\omega_x + \Delta_{a6}a_{60}\omega_y + \Delta_{a7}a_{70}\beta \\ \Delta_{a1}a_{10}\omega_z + \Delta_{a2}a_{20}\alpha + \Delta_{a3}a_{30}\omega_x\beta \end{bmatrix}, \quad \Delta_{G2} = \begin{bmatrix} \Delta_{c3} & 0 & 0 \\ 0 & \Delta_{b3} & 0 \\ 0 & 0 & \Delta_{b1} \end{bmatrix}$$

BTT 飞行器控制系统的任务是生成舵偏角指令, 控制飞行器稳定飞行, 使滚转角 γ 和攻角 α 跟踪制导系统生成的指令信号 $\gamma_{\rm d}$ 和 $\alpha_{\rm d}$, 并使侧滑角 β 尽可能保持为零. 因此, BTT 飞行器的控制设计问题可以描述为: 针对系统 (5.30) 设计控制律, 使得闭环系统信号有界且输出 $y = x_1$ 跟踪参考信号 $y_{\rm d} = [\gamma_{\rm d}, \beta_{\rm d}, \alpha_{\rm d}]^{\rm T}$, 其中 $\beta_{\rm d} = 0$.

对于参考信号 $y_{\rm d}$, 设其满足如下假设.

假设 5.2.1 $y_{\rm d}$ 二阶连续可微且满足 $[y_{\rm d}^{\rm T}, \dot{y}_{\rm d}^{\rm T}, \ddot{y}_{\rm d}^{\rm T}]^{\rm T} \in \mathcal{B}^9(r) = \{\xi \in \mathbf{R}^9 : \|\xi\| \leqslant r\}$, 其中 $r > 0$ 为一常数.

若制导系统生成的指令信号只是连续且有界的, 则可以采用第 2 章中介绍的方法, 把它们通过一组低通滤波器后产生的输出作为控制系统的参考信号, 即可使参考信号满足假设 5.2.1.

5.2.2 块动态面控制律设计

首先定义动态面向量为

$$s_1 = x_1 - x_{1\rm r} = x_1 - y_{\rm d} = y - y_{\rm d}, \quad s_2 = x_2 - x_{2\rm r}$$

其中, $x_{2\mathrm{r}}$ 是待定的虚拟控制信号 $x_{2\mathrm{d}}$ 通过如下所示的一组一阶低通滤波器之后产生的输出信号:

$$T_2\dot{x}_{2\mathrm{r}}+x_{2\mathrm{r}}=x_{2\mathrm{d}},\quad x_{2\mathrm{r}}(0)=x_{2\mathrm{d}}(0)$$

其中, $T_2=\mathrm{diag}(T_{21},T_{22},T_{23})>0$ 是低通滤波器组的滤波时间常数矩阵. 由上式可得

$$\dot{x}_{2\mathrm{r}}=T_2^{-1}(x_{2\mathrm{d}}-x_{2\mathrm{r}})$$

进而定义滤波误差 $e_2=x_{2\mathrm{r}}-x_{2\mathrm{d}}$, 则有

$$\dot{e}_2=\dot{x}_{2\mathrm{r}}-\dot{x}_{2\mathrm{d}}=T_2^{-1}(x_{2\mathrm{d}}-x_{2\mathrm{r}})-\dot{x}_{2\mathrm{d}}=-T_2^{-1}e_2-\dot{x}_{2\mathrm{d}}\tag{5.31}$$

以及 $x_2=s_2+e_2+x_{2\mathrm{d}}$. 因此有

$$\begin{cases}\dot{s}_1=f_1(x_1)+G_1(x_1)s_2+G_1(x_1)e_2+G_1(x_1)x_{2\mathrm{d}}+\delta_{f1}-\dot{y}_\mathrm{d}\\ \dot{s}_2=f_2(x_1,x_2)+(I+\varDelta_{G2})G_2u+\delta_{f2}-\dot{x}_{2\mathrm{r}}\end{cases}$$

第 1 步 考虑

$$\dot{s}_1=f_1(x_1)+G_1(x_1)s_2+G_1(x_1)e_2+G_1(x_1)x_{2\mathrm{d}}+\delta_{f1}-\dot{y}_\mathrm{d}$$

构造虚拟控制律

$$x_{2\mathrm{d}}=G_1^{-1}(x_1)(-f_1(x_1)-K_1s_1+\dot{y}_\mathrm{d}+v_1)$$

其中, $K_1=\mathrm{diag}(k_{11},k_{12},k_{13})>0$ 为设计参数矩阵; v_1 为待定项, 则有

$$\dot{s}_1=-K_1s_1+G_1(x_1)s_2+G_1(x_1)e_2+v_1+\delta_{f1}\tag{5.32}$$

定义 $V_1=s_1^\mathrm{T}s_1/2$, 则 V_1 沿系统 (5.32) 的时间导数为

$$\dot{V}_1=s_1^\mathrm{T}\dot{s}_1=-s_1^\mathrm{T}K_1s_1+s_1^\mathrm{T}G_1(x_1)s_2+s_1^\mathrm{T}G_1(x_1)e_2+s_1^\mathrm{T}v_1+s_1^\mathrm{T}\delta_{f1}$$

由于

$$\begin{aligned}s_1^\mathrm{T}\delta_{f1}&=s_{12}\varDelta_{a8}a_{80}\beta+s_{13}\varDelta_{a4}a_{40}\alpha\\&\leqslant|s_{12}|\left(\frac{0.04a_{80}^2\beta^2}{4\epsilon_{12}}+\epsilon_{12}\right)+|s_{13}|\left(\frac{0.04a_{40}^2\alpha^2}{4\epsilon_{13}}+\epsilon_{13}\right)\end{aligned}$$

其中, $\epsilon_{12}>0$ 和 $\epsilon_{13}>0$ 为设计参数, 若取

$$v_1=-\begin{bmatrix}0\\ \dfrac{2}{\pi}\rho_{12}\arctan\left(\dfrac{\rho_{12}s_{12}}{\varepsilon_{12}}\right)\\ \dfrac{2}{\pi}\rho_{13}\arctan\left(\dfrac{\rho_{13}s_{13}}{\varepsilon_{13}}\right)\end{bmatrix}$$

其中, $\varepsilon_{12}>0$ 和 $\varepsilon_{13}>0$ 为设计参数, 且

$$\rho_{12}=\frac{0.04a_{80}^2\beta^2}{4\epsilon_{12}}+\epsilon_{12},\quad \rho_{13}=\frac{0.04a_{40}^2\alpha^2}{4\epsilon_{13}}+\epsilon_{13}$$

则有 $s_1^{\mathrm{T}}v_1+s_1^{\mathrm{T}}\delta_{f1}\leqslant 2(\varepsilon_{12}+\varepsilon_{13})/\pi$. 于是有

$$\dot{V}_1\leqslant -s_1^{\mathrm{T}}K_1s_1+s_1^{\mathrm{T}}G_1(x_1)s_2+s_1^{\mathrm{T}}G_1(x_1)e_2+\frac{2}{\pi}(\varepsilon_{12}+\varepsilon_{13})$$

第 2 步　考虑

$$\dot{s}_2=f_2(x_1,x_2)+(I+\varDelta_{G2})G_2u+\delta_{f2}-\dot{x}_{2\mathrm{r}}$$

构造最终的控制律为

$$u=G_2^{-1}(-G_1^{\mathrm{T}}(x_1)s_1-f_2(x_1,x_2)-K_2s_2+\dot{x}_{2\mathrm{r}}+v_2)$$

其中, $K_2=\mathrm{diag}(k_{21},k_{22},k_{23})>0$ 为设计参数矩阵; v_2 为待定项, 则有

$$\begin{aligned}\dot{s}_2&=f_2(x_1,x_2)+(I+\varDelta_{G2})(-G_1^{\mathrm{T}}(x_1)s_1-f_2(x_1,x_2)-K_2s_2+\dot{x}_{2\mathrm{r}}+v_2)\\&\quad+\delta_{f2}-\dot{x}_{2\mathrm{r}}\\&=f_2(x_1,x_2)+(I+\varDelta_{G2})v_2+\delta_{f2}-\dot{x}_{2\mathrm{r}}\\&\quad+(I+\varDelta_{G2})(-G_1^{\mathrm{T}}(x_1)s_1-f_2(x_1,x_2)-K_2s_2+\dot{x}_{2\mathrm{r}})\\&=-G_1^{\mathrm{T}}(x_1)s_1-K_2s_2+(I+\varDelta_{G2})v_2+\delta_{f2}\\&\quad+\varDelta_{G2}(-G_1^{\mathrm{T}}(x_1)s_1-f_2(x_1,x_2)-K_2s_2+\dot{x}_{2\mathrm{r}})\end{aligned}\tag{5.33}$$

定义 $V_2=V_1+s_2^{\mathrm{T}}s_2/2$, 则 V_2 沿系统 (5.32)、(5.33) 的时间导数满足

$$\begin{aligned}\dot{V}_2&=\dot{V}_1+s_2^{\mathrm{T}}\dot{s}_2\\&\leqslant -s_1^{\mathrm{T}}K_1s_1+s_2^{\mathrm{T}}G_1^{\mathrm{T}}(x_1)s_1+s_1^{\mathrm{T}}G_1(x_1)e_2+\frac{2}{\pi}(\varepsilon_{12}+\varepsilon_{13})-s_2^{\mathrm{T}}G_1^{\mathrm{T}}(x_1)s_1\\&\quad-s_2^{\mathrm{T}}K_2s_2+s_2^{\mathrm{T}}\varDelta_{G2}(-G_1^{\mathrm{T}}(x_1)s_1-f_2(x_1,x_2)-K_2s_2+\dot{x}_{2\mathrm{r}})\\&\quad+s_2^{\mathrm{T}}(I+\varDelta_{G2})v_2+s_2^{\mathrm{T}}\delta_{f2}\\&=-s_1^{\mathrm{T}}K_1s_1+s_1^{\mathrm{T}}G_1(x_1)e_2+\frac{2}{\pi}(\varepsilon_{12}+\varepsilon_{13})-s_2^{\mathrm{T}}K_2s_2\\&\quad+s_2^{\mathrm{T}}\varDelta_{G2}(-G_1^{\mathrm{T}}(x_1)s_1-f_2(x_1,x_2)-K_2s_2+\dot{x}_{2\mathrm{r}})\\&\quad+s_2^{\mathrm{T}}(I+\varDelta_{G2})v_2+s_2^{\mathrm{T}}\delta_{f2}\end{aligned}$$

记 $\eta = -G_1^{\mathrm{T}}(x_1)s_1 - f_2(x_1, x_2) - K_2 s_2 + \dot{x}_{2\mathrm{r}}$. 由于

$$s_2^{\mathrm{T}} \varDelta_{G2} \eta = s_2^{\mathrm{T}} \mathrm{diag}(\varDelta_{c3}, \varDelta_{b3}, \varDelta_{b1}) \eta \leqslant 0.2\,|\eta_1|\,|s_{21}| + 0.2\,|\eta_2|\,|s_{22}| + 0.2\,|\eta_3|\,|s_{23}|$$

且

$$\begin{aligned} s_2^{\mathrm{T}} \delta_{f2} &= s_2^{\mathrm{T}} \begin{bmatrix} \varDelta_{c1} c_{10} \omega_x \\ \varDelta_{a5} a_{50} \alpha \omega_x + \varDelta_{a6} a_{60} \omega_y + \varDelta_{a7} a_{70} \beta \\ \varDelta_{a1} a_{10} \omega_z + \varDelta_{a2} a_{20} \alpha + \varDelta_{a3} a_{30} \omega_x \beta \end{bmatrix} \\ &\leqslant 0.2\,|c_{10}\omega_x|\,|s_{21}| + 0.2(|a_{50}\alpha\omega_x| + |a_{60}\omega_y| + |a_{70}\beta|)\,|s_{22}| \\ &\quad + 0.2(|a_{10}\omega_z| + |a_{20}\alpha| + |a_{30}\omega_x\beta|)\,|s_{23}| \end{aligned}$$

故有

$$\begin{aligned} & s_2^{\mathrm{T}} \varDelta_{G2}(-G_1^{\mathrm{T}}(x_1)s_1 - f_2(x_1, x_2) - K_2 s_2 + \dot{x}_{2\mathrm{r}}) + s_2^{\mathrm{T}} \delta_{f2} \\ \leqslant\ & 0.2(|\eta_1| + |c_{10}\omega_x|)\,|s_{21}| + 0.2(|\eta_2| + |a_{50}\alpha\omega_x| + |a_{60}\omega_y| + |a_{70}\beta|)\,|s_{22}| \\ & + 0.2(|\eta_3| + |a_{10}\omega_z| + |a_{20}\alpha| + |a_{30}\omega_x\beta|)\,|s_{23}| \end{aligned}$$

由于

$$\begin{aligned} s_2^{\mathrm{T}}(I + \varDelta_{G2})v_2 &= s_2^{\mathrm{T}} \mathrm{diag}(1 + \varDelta_{c3}, 1 + \varDelta_{b3}, 1 + \varDelta_{b1}) v_2 \\ &= (1 + \varDelta_{c3}) s_{21} v_{21} + (1 + \varDelta_{b3}) s_{22} v_{22} + (1 + \varDelta_{b1}) s_{23} v_{23} \end{aligned}$$

若选取

$$v_2 = -\begin{bmatrix} \dfrac{2}{0.8\pi} \rho_{21} \arctan\left(\dfrac{\rho_{21} s_{21}}{\varepsilon_{21}}\right) \\ \dfrac{2}{0.8\pi} \rho_{22} \arctan\left(\dfrac{\rho_{21} s_{22}}{\varepsilon_{22}}\right) \\ \dfrac{2}{0.8\pi} \rho_{23} \arctan\left(\dfrac{\rho_{21} s_{23}}{\varepsilon_{23}}\right) \end{bmatrix}$$

其中, $\varepsilon_{2j} > 0\ (j = 1, 2, 3)$ 为设计参数, 则有

$$\begin{aligned} s_2^{\mathrm{T}}(I + \varDelta_{G2})v_2 \leqslant & -0.8 \frac{2}{0.8\pi} \rho_{21} s_{21} \arctan\left(\frac{\rho_{21} s_{21}}{\varepsilon_{21}}\right) \\ & - 0.8 \frac{2}{0.8\pi} \rho_{22} s_{22} \arctan\left(\frac{\rho_{21} s_{22}}{\varepsilon_{22}}\right) \\ & - 0.8 \frac{2}{0.8\pi} \rho_{23} \arctan\left(\frac{\rho_{21} s_{23}}{\varepsilon_{23}}\right) \end{aligned}$$

$$
\begin{aligned}
&= -\frac{2}{\pi}\rho_{21}s_{21}\arctan\left(\frac{\rho_{21}s_{21}}{\varepsilon_{21}}\right)\\
&\quad -\frac{2}{\pi}\rho_{22}s_{22}\arctan\left(\frac{\rho_{21}s_{22}}{\varepsilon_{22}}\right)\\
&\quad -\frac{2}{\pi}\rho_{23}\arctan\left(\frac{\rho_{21}s_{23}}{\varepsilon_{23}}\right)
\end{aligned}
$$

因此, 若取

$$
\begin{aligned}
\rho_{21} &= 0.2(|\eta_1|+|c_{10}\omega_x|)\\
\rho_{22} &= 0.2(|\eta_2|+|a_{50}\alpha\omega_x|+|a_{60}\omega_y|+|a_{70}\beta|)\\
\rho_{23} &= 0.2(|\eta_3|+|a_{10}\omega_z|+|a_{20}\alpha|+|a_{30}\omega_x\beta|)
\end{aligned}
$$

则有 $s_2^{\mathrm{T}}\Delta_{G2}(-G_1^{\mathrm{T}}(x_1)s_1-f_2(x_1,x_2)-K_2s_2+\dot{x}_{2\mathrm{r}})+s_2^{\mathrm{T}}(I+\Delta_{G2})v_2+s_2^{\mathrm{T}}\delta_{f2}\leqslant 2(\varepsilon_{21}+\varepsilon_{22}+\varepsilon_{23})/\pi$. 于是有

$$
\dot{V}_2\leqslant -s_1^{\mathrm{T}}K_1s_1+s_1^{\mathrm{T}}G_1(x_1)e_2+\varepsilon-s_2^{\mathrm{T}}K_2s_2
$$

其中, $\varepsilon=2(\varepsilon_{12}+\varepsilon_{13}+\varepsilon_{21}+\varepsilon_{22}+\varepsilon_{23})/\pi$.

考虑到闭环系统的动态方程还应包括式 (5.31), 定义闭环系统的候选 Lyapunov 函数为

$$
V=V_2+\frac{1}{2}e_2^{\mathrm{T}}e_2
$$

则 V 沿闭环系统的时间导数为

$$
\begin{aligned}
\dot{V}&=\dot{V}_2+e_2^{\mathrm{T}}\dot{e}_2\\
&\leqslant -s_1^{\mathrm{T}}K_1s_1+s_1^{\mathrm{T}}G_1(x_1)e_2+\varepsilon-s_2^{\mathrm{T}}K_2s_2-e_2^{\mathrm{T}}T_2^{-1}e_2-e_2^{\mathrm{T}}\dot{x}_{2\mathrm{d}}\\
&= -s_1^{\mathrm{T}}K_1s_1+e_2^{\mathrm{T}}G_1^{\mathrm{T}}(x_1)s_1+\varepsilon-s_2^{\mathrm{T}}K_2s_2-e_2^{\mathrm{T}}T_2^{-1}e_2-e_2^{\mathrm{T}}\dot{x}_{2\mathrm{d}}\\
&\leqslant -s_1^{\mathrm{T}}K_1s_1+\|e_2\|\left\|G_1^{\mathrm{T}}(x_1)s_1-\dot{x}_{2\mathrm{d}}\right\|+\varepsilon-s_2^{\mathrm{T}}K_2s_2-e_2^{\mathrm{T}}T_2^{-1}e_2
\end{aligned}
$$

经过直接计算可知, 存在非负函数 ϕ_2, 它是变量 s_1、s_2、e_2、y_{d}、$\dot{y}_{\mathrm{d}}$、$\ddot{y}_{\mathrm{d}}$ 的函数并且依赖于设计参数 K_1、ε_{12}、ε_{13}、ϵ_{12}、ϵ_{13}, 使得 $\left\|G_1^{\mathrm{T}}(x_1)s_1-\dot{x}_{2\mathrm{d}}\right\|\leqslant\phi_2$. 记 $\zeta=[s_1^{\mathrm{T}},s_2^{\mathrm{T}},e_2^{\mathrm{T}}]^{\mathrm{T}}$, 闭环系统状态 ζ 的初值集合为 $\mathcal{B}_0$. 显然, 存在 $p>0$ 使得

$$
\mathcal{B}_p=\left\{\zeta\in\mathbf{R}^9:V(\zeta)\leqslant p\right\}\supset\mathcal{B}_0
$$

由于 $\mathcal{B}_p$ 为一个紧集, $\mathcal{B}_p \times \mathcal{B}^3(r)$ 也是一个紧集. 连续函数 ϕ_2 在 $\mathcal{B}_p \times \mathcal{B}^3(r)$ 上有最大值, 记为 M_2 (对于设计参数, 其仅依赖于 K_1、ε_{12}、ε_{13}、ϵ_{12}、ϵ_{13}). 因此有

$$\begin{aligned}\dot{V} \leqslant & -s_1^{\mathrm{T}} K_1 s_1 + \|e_2\| M_2 + \varepsilon - s_2^{\mathrm{T}} K_2 s_2 - e_2^{\mathrm{T}} T_2^{-1} e_2 \\ \leqslant & -s_1^{\mathrm{T}} K_1 s_1 - s_2^{\mathrm{T}} K_2 s_2 + M_2^2 e_2^{\mathrm{T}} e_2 + \frac{1}{4} + \varepsilon - e_2^{\mathrm{T}} T_2^{-1} e_2 \\ = & -s_1^{\mathrm{T}} K_1 s_1 - s_2^{\mathrm{T}} K_2 s_2 - e_2^{\mathrm{T}} (T_2^{-1} - M_2^2 I_3) e_2 + \epsilon\end{aligned}$$

其中, $\epsilon = \varepsilon + 1/4$. 对于任意 $\kappa > 0$, 总可以选择设计参数矩阵 K_1、K_2、T_2 使得

$$K_1 \geqslant \frac{\kappa}{2} I_3, \quad K_2 \geqslant \frac{\kappa}{2} I_3, \quad T_2^{-1} \geqslant \left(M_2^2 + \frac{\kappa}{2}\right) I_3$$

(注意: 在确定 T_{2j} $(j=1,2,3)$ 时, 需要先确定设计参数 K_1、ε_{12}、ε_{13}、ϵ_{12}、ϵ_{13}) 于是有

$$\dot{V} \leqslant -\kappa V + \epsilon$$

注意到设计参数 ε_{12}、ε_{13}、ε_{2j} $(j = 1,2,3)$ 的选取不依赖于别的设计参数且一般取为较小的常数而且当它们确定之后 ϵ 便是一个定值, 只要将设计参数 k_{1j}、k_{2j} $(j=1,2,3)$ 选得充分大并且将 T_{2j} $(j=1,2,3)$ 选得充分小, 就可以保证 κ 充分大而满足 $\kappa > \epsilon/p$, 于是在 $\mathcal{B}_p$ 的边界上 (即当 $V = p$ 时) 有 $\dot{V} < 0$. 这意味着若 $V(0) \leqslant p$, 则有 $V(t) \leqslant p$ $(\forall t \geqslant 0)$, 即集合 $\mathcal{B}_p$ 是一个正不变集. 因 $\mathcal{B}_0 \subset \mathcal{B}_p$, 故 $V(0) \leqslant p$, 因此, $\zeta = [s_1^{\mathrm{T}}, s_2^{\mathrm{T}}, e_2^{\mathrm{T}}]^{\mathrm{T}}$ 始终在集合 $\mathcal{B}_p$ 内变化, 从而保持有界. 于是, 结合 y_{d}、$\dot{y}_{\mathrm{d}}$、$\ddot{y}_{\mathrm{d}}$ 的有界性可知 x_1、x_2、$x_{2\mathrm{r}}$、$x_{2\mathrm{d}}$ 有界. 进而, 根据比较引理 (引理 1.1.1) 可知

$$0 \leqslant V(t) \leqslant \frac{\epsilon}{\kappa} + \left(V(0) - \frac{\epsilon}{\kappa}\right) \mathrm{e}^{-\kappa t}$$

于是有

$$\|s_1(t)\| \leqslant \|\zeta(t)\| \leqslant \begin{cases} \sqrt{2V(0) - \dfrac{2\epsilon}{\kappa}}\mathrm{e}^{-\frac{\kappa}{2}t} + \sqrt{\dfrac{2\epsilon}{\kappa}}, & V(0) > \dfrac{\epsilon}{\kappa} \\ \sqrt{\dfrac{2\epsilon}{\kappa}}, & V(0) \leqslant \dfrac{\epsilon}{\kappa} \end{cases}$$

由此可以看出, 跟踪误差 s_1 要么始终位于集合 $\{\xi \in \mathbf{R}^3 : \|\xi\| \leqslant \sqrt{2\epsilon/\kappa}\}$ 内, 要么按指数收敛到该集合. 如前所述, 选定 ε_{12}、ε_{13}、ε_{2j} $(j=1,2,3)$ 之后 ϵ 便是一个定值, 因此只要将设计参数 k_{1j}、k_{2j} $(j=1,2,3)$ 选得足够大并且将 T_{2j} $(j=1,2,3)$ 选得足够小, 就可以保证 κ 足够大, 从而使得 ϵ/κ 足够小, 这意味着可以使跟踪误差 s_1 最终任意小.

5.2.3　数值仿真

为了验证所设计的 BTT 飞行器的块动态面控制律的有效性, 这里基于 BTT 飞行器在某特征点上的气动数据进行数值仿真. 所考虑的特征点上的气动参数标称值如前所述. 需要跟踪的参考信号设置为: $y_{\mathrm{d}} = [\gamma_{\mathrm{d}}, \beta_{\mathrm{d}}, \alpha_{\mathrm{d}}]^{\mathrm{T}} = [45^\circ, 0^\circ, 5^\circ]^{\mathrm{T}}$.

根据前面的推导, BTT 飞行器的块动态面控制律可总结如下:

$$s_1 = y - y_{\mathrm{d}}$$

$$v_1 = -\begin{bmatrix} 0 \\ \dfrac{2}{\pi}\rho_{12}\arctan\left(\dfrac{\rho_{12}s_{12}}{\varepsilon_{12}}\right) \\ \dfrac{2}{\pi}\rho_{13}\arctan\left(\dfrac{\rho_{13}s_{13}}{\varepsilon_{13}}\right) \end{bmatrix}$$

$$\rho_{12} = \frac{0.04a_{80}^2\beta^2}{4\epsilon_{12}} + \epsilon_{12}, \quad \rho_{13} = \frac{0.04a_{40}^2\alpha^2}{4\epsilon_{13}} + \epsilon_{13}$$

$$x_{2\mathrm{d}} = G_1^{-1}(x_1)(-f_1(x_1) - K_1 s_1 + \dot{y}_{\mathrm{d}} + v_1)$$

$$T_2\dot{x}_{2\mathrm{r}} + x_{2\mathrm{r}} = x_{2\mathrm{d}}, \quad x_{2\mathrm{r}}(0) = x_{2\mathrm{d}}(0)$$

$$s_2 = x_2 - x_{2\mathrm{r}}$$

$$v_2 = -\begin{bmatrix} \dfrac{2}{0.8\pi}\rho_{21}\arctan\left(\dfrac{\rho_{21}s_{21}}{\varepsilon_{21}}\right) \\ \dfrac{2}{0.8\pi}\rho_{22}\arctan\left(\dfrac{\rho_{21}s_{22}}{\varepsilon_{22}}\right) \\ \dfrac{2}{0.8\pi}\rho_{23}\arctan\left(\dfrac{\rho_{21}s_{23}}{\varepsilon_{23}}\right) \end{bmatrix}$$

$$\eta = -G_1^{\mathrm{T}}(x_1)s_1 - f_2(x_1, x_2) - K_2 s_2 + \dot{x}_{2\mathrm{r}}$$

$$\rho_{21} = 0.2(|\eta_1| + |c_{10}\omega_x|), \quad \rho_{22} = 0.2(|\eta_2| + |a_{50}\alpha\omega_x| + |a_{60}\omega_y| + |a_{70}\beta|)$$

$$\rho_{23} = 0.2(|\eta_3| + |a_{10}\omega_z| + |a_{20}\alpha| + |a_{30}\omega_x\beta|)$$

$$u = G_2^{-1}(-G_1^{\mathrm{T}}(x_1)s_1 - f_2(x_1, x_2) - K_2 s_2 + \dot{x}_{2\mathrm{r}} + v_2)$$

其中, $\epsilon_{12} > 0$、$\epsilon_{13} > 0$、$\varepsilon_{12} > 0$、$\varepsilon_{13} > 0$、$\varepsilon_{2j} > 0\ (j = 1, 2, 3)$、$K_1 = \mathrm{diag}(k_{11}, k_{12}, k_{13}) > 0$、$K_2 = \mathrm{diag}(k_{21}, k_{22}, k_{23}) > 0$、$T_2 = \mathrm{diag}(T_{21}, T_{22}, T_{23}) > 0$ 为设计参数 (矩阵).

在仿真中, 状态的初始值设置为零; 设计参数 (矩阵) 设置为: $\epsilon_{12} = \epsilon_{13} = 1, \varepsilon_{12} = \varepsilon_{13} = 1, \varepsilon_{2j} = 1\ (j = 1, 2, 3), K_1 = \mathrm{diag}\ (10, 3, 8.5), K_2 = \mathrm{diag}(10, 3, 7.5)$,

$T_2 = \text{diag}(0.02, 0.08, 0.03)$. 为了测试所设计控制系统的鲁棒性, 在仿真中考虑了三种情形.

情形 1: 系统参数实际值与参数标称值相同.

情形 2: 系统参数实际值均相对于标称参数值增大 20%.

情形 3: 系统参数实际值均相对于标称参数值减小 20%.

三种情形下的仿真结果如图 5.2 所示. 对于每种情况, 图中均给出了滚转角、侧滑角和攻角以及对应的滚转、偏航和俯仰舵偏角变化曲线.

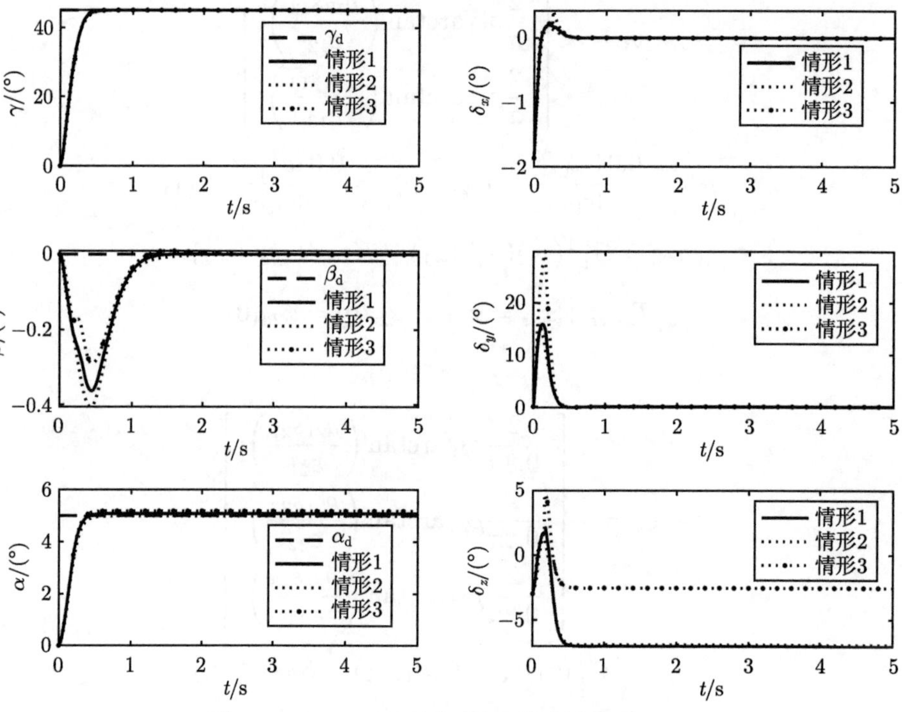

图 5.2　BTT 飞行器块动态面控制仿真结果

从仿真结果可以看出, 对于标称情形, 在所设计的块动态面控制律的作用下, 闭环系统具有良好的动态和跟踪性能. 在考虑系统参数不确定性的情况下, 闭环系统仍具有良好的动态和跟踪性能, 这表明闭环系统具有良好的鲁棒性. 需要注意的是, 尽管在控制律的设计中没有考虑舵偏角对升力的影响, 但是在仿真中, 其影响没有被忽略. 仿真结果证明了所设计 BTT 飞行器的块动态面控制律的有效性.

5.3 本章小结与文献说明

本章介绍了反步方法改进形式: 动态面控制方法. 该方法保留了反步方法的基于 Lyapunov 理论的、递推的构造性设计基本框架, 其核心改进之处是在每一步的虚拟控制律设计之后增加一个一阶低通滤波器, 并将虚拟控制信号通过滤波器后产生的输出作为下一步设计的参考输入, 这样就可以避免对虚拟控制信号进行求导, 从而克服了反步方法的 "项数膨胀" 问题. 同时, 动态面控制方法还可以降低对系统非线性函数和参考信号的光滑性要求. 本章的自适应/鲁棒动态面控制设计参考了文献 [3].

传统的动态面控制方法存在如下问题: 保证稳态跟踪精度的设计参数取值范围无法解析确定. 对于此问题, 文献 [4] 尝试给出了一种解决方案. 反步和动态面控制方法可以推广到块下三角系统. 本章以 BTT 飞行器的控制系统设计为例, 讨论了针对 MIMO 块下三角系统的块动态面控制方法. 为了初步验证设计结果的有效性, 进行了特征点上控制系统的数值仿真. 为了进一步验证控制算法的有效性, 一般还需要进行制导控制系统的六自由度非线性数值仿真, 有兴趣的读者可以自行尝试. 文献 [5] 讨论了更加复杂的三通道耦合的制导与控制一体化系统的块动态面控制设计方法与六自由度非线性数值仿真问题. 更多关于动态面控制的研究结果, 可以参见文献 [6] 和 [7] 以及它们的参考文献. 特别地, 文献 [6] 和 [7] 讨论了如何设计自适应律实现未知参数估计误差收敛的问题. 动态面控制方法是基于一阶低通滤波的反步设计方法, 基于二阶甚至高阶低通滤波的反步设计方法可以参见文献 [8] 等.

参 考 文 献

[1] Swaroop D, Hedrick J K, Yip P P, et al. Dynamic surface control for a class of nonlinear systems. IEEE Transactions on Automatic Control, 2000, 45(10): 1893-1899.

[2] 谭峰. 导弹控制系统设计的参数化方法. 哈尔滨: 哈尔滨工业大学, 2008.

[3] Hou M Z, Duan G R. Robust adaptive dynamic surface control of uncertain nonlinear systems. International Journal of Control Automation and Systems, 2011, 9(1): 161-168.

[4] Zhang Z K, Duan G R, Hou M Z. An improved adaptive dynamic surface control approach for uncertain nonlinear systems. International Journal of Adaptive Control and Signal Processing, 2018, 32(5): 713-728.

[5] Hou M Z, Liang X L, Duan G R. Adaptive block dynamic surface control for integrated missile guidance and autopilot. Chinese Journal of Aeronautics, 2013, 26(3): 741-750.

[6] Shi W R, Hou M Z, Duan G R, et al. Adaptive dynamic surface asymptotic tracking control of uncertain strict-feedback systems with guaranteed transient performance and accurate parameter estimation. International Journal of Robust and Nonlinear Control, 2022, 32(12): 6829-6848.

[7] Hou M Z, Shi W R, Fang L Y, et al. Adaptive dynamic surface control of high-order strict feedback nonlinear systems with parameter estimations. Science China: Information Sciences, 2023, 22: 159203.

[8] Farrell J A, Polycarpou M, Sharma M, et al. Command filtered backstepping. IEEE Transactions on Automatic Control. 2009, 54(6): 1391-1395.

第 6 章　基于饱和函数的前推设计

本章讨论形如

$$\begin{cases} \dot{x}_1 = f_1(x_2, x_3, \cdots, x_n, u) \\ \dot{x}_2 = f_2(x_3, x_4, \cdots, x_n, u) \\ \quad \vdots \\ \dot{x}_{n-1} = f_{n-1}(x_n, u) \\ \dot{x}_n = f_n(u) \end{cases} \tag{6.1}$$

的前馈 (feedforward) 型非线性系统的全局镇定问题, 这里 x_i $(i = 1, 2, \cdots, n)$ 和 u 都是标量, 分别表示系统的状态和输入. 上述系统也称为上三角 (upper-triangular) 非线性系统. 众所周知, 反馈 (feedback) 型非线性系统一般都是可以反馈线性化的. 与此不同, 前馈型非线性系统除了一些极少数情形[1-3], 一般都是不可反馈线性化的[4]. 因此, 一般认为前馈型非线性系统的控制问题更具有挑战性. 容易看出, 该系统的线性化系统就是一个积分链 (未必能控).

6.1　模型描述和变换

6.1.1　对系统的假设

为了方便叙述, 定义如下向量:

$$x = \begin{bmatrix} x_1 & x_2 & \cdots & x_n \end{bmatrix}^{\mathrm{T}}, \quad \underline{x}_i = \begin{bmatrix} x_{i+1} & x_{i+2} & \cdots & x_n \end{bmatrix}^{\mathrm{T}}$$

$$X = \begin{bmatrix} x_1 & x_2 & \cdots & x_n & u \end{bmatrix}^{\mathrm{T}}, \quad X_i = \begin{bmatrix} x_{i+1} & x_{i+2} & \cdots & x_n & u \end{bmatrix}^{\mathrm{T}}$$

此外, 记 $x_{n+1} = u$, 则系统 (6.1) 可以写成

$$\dot{x} = \begin{bmatrix} f_1(\underline{x}_1, u) \\ f_2(\underline{x}_2, u) \\ \vdots \\ f_n(\underline{x}_n, u) \end{bmatrix} = \begin{bmatrix} f_1(X_1) \\ f_2(X_2) \\ \vdots \\ f_n(X_n) \end{bmatrix} = f(x, u) = f(X) \tag{6.2}$$

设系统 (6.1) 满足下面的假设.

假设 6.1.1　函数 $f(X)$ 满足 $f(0)=0$.

假设 6.1.2　非线性系统 (6.1) 在原点处的线性化系统是能稳的.

假设 6.1.3　函数 $f_k(X_k)$ $(k=1,2,\cdots,n)$ 在原点处关于 X_k 具有二阶连续偏导数.

假设 6.1.1 保证原点是系统 (6.1) 的平衡点, 假设 6.1.2 保证系统 (6.1) 是局部指数能稳的, 假设 6.1.3 保证向量场 $f(X)$ 的光滑性.

说明 6.1.1　设系统 (6.1) 的初值为 $x(0)=[x_1(0),x_2(0),\cdots,x_n(0)]^{\mathrm{T}}$, 那么对任意 $t\geqslant 0$, 系统的解可表示为

$$\begin{cases} x_1(t)=x_1(0)+\displaystyle\int_0^t f_1(x_2(s),x_3(s),\cdots,x_n(s),u(s))\mathrm{d}s \\ x_2(t)=x_2(0)+\displaystyle\int_0^t f_2(x_3(s),x_4(s),\cdots,x_n(s),u(s))\mathrm{d}s \\ \quad\vdots \\ x_{n-1}(t)=x_{n-1}(0)+\displaystyle\int_0^t f_{n-1}(x_n(s),u(s))\mathrm{d}s \\ x_n(t)=x_n(0)+\displaystyle\int_0^t f_n(u(s))\mathrm{d}s \end{cases}$$

因此该系统不存在有限时间逃逸问题. 这主要是因为第 i 个子系统不包含 x_j $(j=1,2,\cdots,i)$, 特别是不包含 x_i. 这说明了一个简单的事实: 没有“内耗”的系统是不会崩溃的.

设 $J(X)\in\mathbf{R}^{n\times(n+1)}$ 和 $H_k(X_k)\in\mathbf{R}^{(n+1)\times(n+1)}$ 分别是 $f(X)$ 和 $f_k(X_k)$ 的关于 X 的 Jacobian 矩阵和 Hessian 矩阵, 即

$$J(X)=\frac{\partial f(X)}{\partial X},\quad H_k(X_k)=\frac{\partial^2 f_k(X_k)}{\partial X^2}$$

根据 $f_k(X_k)$ 的结构可知 $J(0)=[A,b]$, 其中,

$$A=\begin{bmatrix} 0 & a_{12} & a_{13} & \cdots & a_{1n} \\ 0 & 0 & a_{23} & \cdots & a_{2n} \\ \vdots & \vdots & \ddots & \ddots & \vdots \\ 0 & 0 & \cdots & 0 & a_{n-1,n} \\ 0 & 0 & \cdots & 0 & 0 \end{bmatrix},\quad b=\begin{bmatrix} b_1 \\ b_2 \\ \vdots \\ b_{n-1} \\ b_n \end{bmatrix}$$

同理, 根据 $f_k(X_k)$ 的结构可知

$$H_k(X_k)=\begin{bmatrix} 0_{k\times k} & 0 \\ 0 & H_{kk}(X_k) \end{bmatrix},\quad H_{kk}(X_k)=\frac{\partial^2 f_k(X_k)}{\partial X_k^2} \tag{6.3}$$

根据假设 6.1.3, 对任意 $k=1,2,\cdots,n$, 函数 $f_k(X_k)$ 可以在原点处进行 Taylor 展开, 即

$$\begin{aligned} f_k(X_k) &= f_k(0) + \frac{\partial f_k(0)}{\partial X}X + \frac{1}{2}X^{\mathrm{T}}\frac{\partial^2 f_k(Z_k)}{\partial X^2}X \\ &= \frac{\partial f_k(0)}{\partial X}X + \frac{1}{2}X^{\mathrm{T}}H_k(Z_k)X \end{aligned}$$

其中,

$$Z_k = \begin{bmatrix} \theta_{k+1}^{[k]}x_{k+1} & \theta_{k+2}^{[k]}x_{k+2} & \cdots & \theta_{n+1}^{[k]}x_{n+1} \end{bmatrix}^{\mathrm{T}} \in \mathbf{R}^{n+1-k}$$

其中, $\theta_i^{[k]} \in [0,1]$ $(i=k+1,k+2,\cdots,n+1)$ 依赖于 X_k. 根据 $H_k(X_k)$ 的定义和性质 (6.3) 可知

$$\begin{aligned} X^{\mathrm{T}}H_k(Z_k)X &= \begin{bmatrix} * \\ X_k \end{bmatrix}^{\mathrm{T}} \begin{bmatrix} 0_{k\times k} & 0 \\ 0 & H_{kk}(Z_k) \end{bmatrix} \begin{bmatrix} * \\ X_k \end{bmatrix} \\ &= X_k^{\mathrm{T}}H_{kk}(Z_k)X_k \overset{\text{def}}{=\!=} 2h_k(Z_k,X_k) \end{aligned} \tag{6.4}$$

因此, 系统 (6.2) 可以写成

$$\dot{x} = J(0)X + h(Z,X) = Ax + bu + h(Z,X) \tag{6.5}$$

其中,

$$h(Z,X) = \begin{bmatrix} h_1(Z_1,X_1) & h_2(Z_2,X_2) & \cdots & h_n(Z_n,X_n) \end{bmatrix}^{\mathrm{T}}$$

上式表明系统 (6.5) 的非线性项 $h(Z,X)$ 也具有前馈型的结构.

引理 6.1.1 非线性系统 (6.1) 的线性化系统 $\dot{x}=Ax+bu$ 能稳当且仅当 $a_{i,i+1}\neq 0$ $(i=1,2,\cdots,n)$, 这里 $a_{n,n+1}=b_n$. 即假设 6.1.2 等价于

$$\frac{\partial f_k(0)}{\partial x_{k+1}} = a_{k,k+1} \neq 0, \quad k=1,2,\cdots,n \tag{6.6}$$

证明 显然 A 的所有特征值都是 0. 因此, (A,b) 能稳当且仅当 (A,b) 能控. 直接计算 (A,b) 的能控性矩阵 $Q_{\mathrm{c}}(A,b)$ 可知

$$Q_c(A,b)=\begin{bmatrix} b_1 & b_{12} & \cdots & b_{1,n-1} & \prod_{i=1}^{n-1} a_{i,i+1}b_n \\ b_2 & b_{22} & \cdots & \prod_{i=2}^{n-1} a_{i,i+1}b_n & \\ \vdots & \vdots & & & \\ b_{n-1} & \prod_{i=n-1}^{n-1} a_{i,i+1}b_n & & & \\ b_n & & & & \end{bmatrix} \tag{6.7}$$

其中, b_{ij} 为不关心的标量. 由上式知结论显然. 证毕. □

引理 6.1.2 如果假设 6.1.3 成立, 则对任意 $k=1,2,\cdots,n$, 存在正常数 ϕ_k 使得当

$$|x_j|\leqslant 1,\quad j\in\{k+1,k+2,\cdots,n+1\} \tag{6.8}$$

成立时有

$$|h_k(Z_k,X_k)|\leqslant \phi_k\|X_k\|^2=\phi_k\sum_{j=k+1}^{n+1}|x_j|^2 \tag{6.9}$$

证明 由于函数 $f_k(X_k)$ $(k=1,2,\cdots,n)$ 在原点处关于变量 X_k 具有二阶连续偏导数, 并考虑到 f_k 的结构, 对于任意的 $k=1,2,\cdots,n$, 存在正常数 ϕ_k 使得当式 (6.8) 成立时有

$$\|H_{kk}(X_k)\|=\left\|\frac{\partial^2 f_k(X_k)}{\partial X_k^2}\right\|\leqslant\frac{1}{2}\phi_k$$

在同样的条件下, 由 Z_k 的定义可知也有 $\|H_{kk}(Z_k)\|\leqslant\phi_k/2$. 从而由式 (6.4) 可知 $|h_k(Z_k,X_k)|\leqslant 2\|H_{kk}(Z_k)\|\|X_k\|^2\leqslant\phi_k\|X_k\|^2$. 证毕. □

假设 6.1.2 和假设 6.1.3 对向量场 $f(X)$ 的光滑性做了要求. 事实上, 根据后面将要介绍的方法的需求, 这个假设并不是必需的, 真正必需的是条件 (6.6) 以及不等式 (6.8) 和 (6.9). 因此, 可以考虑下面更一般的系统:

$$\begin{cases} \dot{x}_1=\sum_{j=2}^{n}a_{1j}x_j+b_1u+h_1(x_2,x_3,\cdots,x_n,u) \\ \dot{x}_2=\sum_{j=3}^{n}a_{2j}x_j+b_2u+h_2(x_3,x_4,\cdots,x_n,u) \\ \vdots \\ \dot{x}_{n-1}=a_{n-1,n}x_n+b_{n-1}u+h_{n-1}(x_n,u) \\ \dot{x}_n=b_nu+h_n(u) \end{cases} \tag{6.10}$$

其中, a_{ij} 和 b_i 是常数; $a_{i,i+1} \neq 0$; $b_n \neq 0$; h_i 是非线性函数, 且满足不等式 (6.8) 和 (6.9). 该系统的一个特例是

$$\begin{cases} \dot{x}_1 = x_2 + h_1(x_2, x_3, \cdots, x_n, u) \\ \dot{x}_2 = x_3 + h_2(x_3, x_4, \cdots, x_n, u) \\ \quad\vdots \\ \dot{x}_{n-1} = x_n + h_{n-1}(x_n, u) \\ \dot{x}_n = u + h_n(u) \end{cases} \tag{6.11}$$

许多文献直接基于上述系统进行讨论.

6.1.2 Teel 变换与 Teel 规范型

Teel (蒂尔) 变换与 Teel 规范型在前馈型非线性系统的设计中非常重要. 本节对此进行简要介绍. 本节及以后称形如

$$\begin{bmatrix} * & \cdots & * \\ & \ddots & \vdots \\ & & * \end{bmatrix}, \quad \begin{bmatrix} * & & \\ \vdots & \ddots & \\ * & \cdots & * \end{bmatrix}, \quad \begin{bmatrix} * & \cdots & * \\ \vdots & \iddots & \\ * & & \end{bmatrix}, \quad \begin{bmatrix} & & * \\ & \iddots & \vdots \\ * & \cdots & * \end{bmatrix}$$

的矩阵分别为正线上三角、正线下三角、斜线上三角和斜线下三角矩阵.

定义 6.1.1 如果 T 是非奇异的正线上三角矩阵, 则称线性变换 (即代数等价变换) $y = Tx$ 为 Teel 变换.

由于正线上三角矩阵的逆矩阵依然是正线上三角矩阵, 所以 $y = Tx$ 是 Teel 变换当且仅当其逆变换 $x = T^{-1}y$ 是 Teel 变换. 下面的结论很容易验证.

定理 6.1.1 前馈型非线性系统 (6.1) 经过 Teel 变换 $y = Tx$ 之后的系统

$$\dot{y} = Tf(T^{-1}y, u) \xlongequal{\text{def}} F(y, u)$$

仍然是形如系统 (6.1) 的前馈型非线性系统.

这表明前馈型非线性系统在 Teel 变换下具有形式的不变性.

下面讨论这样的问题: 对于给定的线性系统 $\dot{x} = Ax + bu$, 如何通过代数等价变换 $y = Tx$ 将其转换成形如

$$\dot{y} = \begin{bmatrix} 0 & \lambda_2 & \lambda_3 & \cdots & \lambda_n \\ 0 & 0 & \lambda_3 & \ddots & \vdots \\ \vdots & \vdots & & \ddots & \lambda_n \\ 0 & 0 & \cdots & 0 & \lambda_n \\ 0 & 0 & \cdots & 0 & 0 \end{bmatrix} y + \begin{bmatrix} 1 \\ 1 \\ \vdots \\ 1 \\ 1 \end{bmatrix} u \xlongequal{\text{def}} A_{\mathrm{T}}y + b_{\mathrm{T}}u \tag{6.12}$$

的线性系统, 这里 $\lambda_i\ (i=2,3,\cdots,n)$ 是正常数. 本书将这种特殊的上三角线性系统称为 Teel 规范型[5]. 为了回答这个问题, 下面介绍构造单输入线性系统规范型的一般方法.

引理 6.1.3 设 (A_1,b_1) 和 (A_2,b_2) 为两个给定的单输入 n 维线性系统且 (A_1,b_1) 能控. 那么, 存在一个非奇异的矩阵 T 使得 $A_2=TA_1T^{-1}$、$b_2=Tb_1$ 成立当且仅当 (A_2,b_2) 也能控以及矩阵 A_1 和 A_2 具有相同的特征多项式. 此外, 如果这两个条件成立, 则唯一的状态变换矩阵 T 可表示为

$$T=Q_{\mathrm{c}}(A_2,b_2)Q_{\mathrm{c}}^{-1}(A_1,b_1)$$

其中, $Q_{\mathrm{c}}(A_i,b_i)=[b_i,A_ib_i,\cdots,A_i^{n-1}b_i]\ (i=1,2)$.

引理 6.1.3 的证明比较简单, 这里略去. 由于 Teel 规范型 $(A_{\mathrm{T}},b_{\mathrm{T}})$ 显然是能控的, 根据引理 6.1.3 可以得到下面的结论.

定理 6.1.2 设线性系统 (A,b) 能控且 $\lambda(A)=\{0\}$, 则存在唯一的变换矩阵 T 将其变换成 Teel 规范型 $(A_{\mathrm{T}},b_{\mathrm{T}})$, 且有

$$T=Q_{\mathrm{c}}(A_{\mathrm{T}},b_{\mathrm{T}})Q_{\mathrm{c}}^{-1}(A,b) \tag{6.13}$$

此外, 如果 $Q_{\mathrm{c}}(A,b)$ 是斜线上三角矩阵, 则该变换是 Teel 变换.

6.2 线性积分链系统的前推设计

本节用最简单的前馈型系统开始介绍前推设计方法. 考虑线性积分链系统

$$\dot{x}=\begin{bmatrix}0&1&0&\cdots&0\\0&0&1&\ddots&\vdots\\\vdots&\vdots&&\ddots&0\\0&0&\cdots&0&1\\0&0&\cdots&0&0\end{bmatrix}x+\begin{bmatrix}0\\0\\\vdots\\0\\1\end{bmatrix}u\overset{\mathrm{def}}{=\!=}Ax+bu,\quad t\geqslant 0 \tag{6.14}$$

此系统是系统 (6.1)、(6.10) 和 (6.11) 的特例, 也可看成是系统 (6.1) 的线性化系统 (a_{ij} 取特殊值). 显然该系统是正线上三角系统, 也是最简单的前馈型系统.

6.2.1 一类标量系统的稳定性

和反步方法一样, 前推方法也是递推设计方法. 在每一个递推步骤中, 将面临一个维数较低的系统, 通常是标量系统. 为此, 下面研究一类标量系统的稳定性问题.

引理 6.2.1　设 $\lambda>0$、$\varepsilon>0$、$\varepsilon_1\geqslant 0$ 和 $\varepsilon_2\geqslant 0$ 是四个给定的常数. 考虑如下标量非线性系统:

$$\dot{x}=u,\quad u=-\sigma_\varepsilon(\lambda x+e_1)-e_2,\quad \forall t\geqslant t_0 \tag{6.15}$$

其中, $e_i(t):[t_0,\infty)\to\mathbf{R}$ $(i=1,2)$ 满足 $|e_i|\leqslant\varepsilon_i$ $(i=1,2,\ \forall t\geqslant t_0)$. 如果

$$2\varepsilon_1+\varepsilon_2<\varepsilon \tag{6.16}$$

则存在有限值 $T=T(x(t_0))>0$ 使得 $|x(t)|\leqslant(\varepsilon-\varepsilon_1)/\lambda$ $(t\geqslant t_0+T)$. 此外, 函数 u 可简化为

$$u=-\lambda x-e_1-e_2,\quad \forall t\geqslant t_0+T$$

证明　选取候选 Lyapunov 函数 $V(x)=x^2/2$. 由式 (6.16) 可知存在一个常数 d 使得 $\varepsilon_1+\varepsilon_2<d\leqslant\varepsilon-\varepsilon_1$. 显然有 $\varepsilon_2<d-\varepsilon_1\leqslant\varepsilon$, 从而有 $\sigma_\varepsilon(d-\varepsilon_1)=d-\varepsilon_1$. 若 $\lambda x>d$, 则有

$$\sigma_\varepsilon(\lambda x+e_1)+e_2\geqslant\sigma_\varepsilon(d-\varepsilon_1)-\varepsilon_2=d-\varepsilon_1-\varepsilon_2>0$$

进一步可得

$$\dot{V}(x)=-x(\sigma_\varepsilon(\lambda x+e_1)-e_2)\leqslant-|x|(d-\varepsilon_1-\varepsilon_2) \tag{6.17}$$

类似地, 若 $\lambda x<-d$, 且 $2\varepsilon_1-\varepsilon\leqslant-d+\varepsilon_1<-\varepsilon_2$, 即 $\sigma_\varepsilon(-d+\varepsilon_1)=-d+\varepsilon_1$, 则有

$$\sigma_\varepsilon(\lambda x+e_1)+e_2\leqslant\sigma_\varepsilon(-d+\varepsilon_1)+\varepsilon_2=-d+\varepsilon_1+\varepsilon_2<0$$

从而可得

$$\dot{V}(x)=-x(\sigma_\varepsilon(\lambda x+e_1)-e_2)\leqslant-|x|(d-\varepsilon_1-\varepsilon_2) \tag{6.18}$$

结合式 (6.17) 和式 (6.18) 可得

$$\dot{V}(x)\leqslant-(d-\varepsilon_1-\varepsilon_2)\sqrt{2V(x)},\quad \forall x\in\left\{x:V(x)>\frac{d^2}{2\lambda^2}\right\}$$

设 $y=V^{1/2}(x)$, 那么有

$$\dot{y}=\frac{1}{2}V^{-\frac{1}{2}}(x)\dot{V}(x)\leqslant-\frac{\sqrt{2}}{2}(d-\varepsilon_1-\varepsilon_2),\quad \forall y\in\left\{y:y>\frac{d}{\sqrt{2}\lambda}\right\}$$

由此解得

$$y(t)\leqslant y(t_0)-\frac{\sqrt{2}}{2}(d-\varepsilon_1-\varepsilon_2)(t-t_0),\quad \forall t\geqslant t_0$$

这表明存在 $T = T(x(t_0))$ 使得 $y(t) \leqslant d/(\sqrt{2}\lambda)$ $(\forall t \geqslant t_0 + T)$, 即 $x(t) \in \{x : V(x) \leqslant d^2/(2\lambda^2)\}$ $(\forall t \geqslant t_0 + T)$ (上述结论也可直接从定理 1.2.9 得到), 从而有 $|\lambda x| \leqslant d \leqslant \varepsilon - \varepsilon_1$ 以及 $|\lambda x + e_1| \leqslant d + \varepsilon_1 \leqslant \varepsilon$ $(\forall t \geqslant T + t_0)$. 证毕. □

引理 6.2.1 的含义是, 对于一个具有有界外部输入的积分器, 饱和线性负反馈可保证状态在有限时间后进入并维持在某个不依赖于初值的有界集合中.

6.2.2 非线性控制律

对于系统 (6.14) 中的 (A, b), 容易看出 $Q_c(A, b)$ 是斜线上三角矩阵. 因此, 根据定理 6.1.2, 存在 Teel 变换 $y = Tx$ 将系统 (6.14) 变成 Teel 规范型 (6.12). 相应的 Teel 变换矩阵可以由式 (6.13) 求出.

定理 6.2.1 设 $\varepsilon > 0$ 为任意给定的正常数. 由系统 (6.14) 和非线性控制律

$$u = -\sigma_{\varepsilon_n}(\lambda_n y_n + \sigma_{\varepsilon_{n-1}}(\lambda_{n-1} y_{n-1} + \sigma_{\varepsilon_{n-2}}(\lambda_{n-2} y_{n-2} + \cdots))) \tag{6.19}$$

组成的闭环系统是全局渐近稳定和局部指数稳定的, 其中

$$\varepsilon_{i-1} < \frac{1}{2}\varepsilon_i, \quad \varepsilon_n \leqslant \varepsilon, \quad i = n, n-1, \cdots, 1 \tag{6.20}$$

此外, 控制律满足 $|u| \leqslant \varepsilon$.

证明 设 $u = -u_n$, 这里

$$\begin{cases} u_n = \sigma_{\varepsilon_n}(\lambda_n y_n + u_{n-1}) \\ u_{n-1} = \sigma_{\varepsilon_{n-1}}(\lambda_{n-1} y_{n-1} + u_{n-2}) \\ \quad \vdots \\ u_1 = \sigma_{\varepsilon_1}(\lambda_1 y_1) \end{cases} \tag{6.21}$$

因此有 $|u_i| \leqslant \varepsilon_i$ $(i = 1, 2, \cdots, n)$.

第 n 步 考虑系统 (6.12) 的最后一个子系统

$$\dot{y}_n = -u_n = -\sigma_{\varepsilon_n}(\lambda_n y_n + u_{n-1})$$

此系统显然形如系统 (6.15). 根据引理 6.2.1, 如果

$$2\varepsilon_{n-1} < \varepsilon_n \tag{6.22}$$

则存在 $T_n = T_n(y_n(0)) \geqslant 0$ 使得 $|y_n(t)| \leqslant (\varepsilon_n - \varepsilon_{n-1})/\lambda_n$ $(\forall t \geqslant T_n)$, 且函数 $u_n(t)$ 可以简化为

$$u_n = \sigma_{\varepsilon_n}(\lambda_n y_n + u_{n-1}) = \lambda_n y_n + u_{n-1}, \quad \forall t \geqslant T_n$$

从而系统 (6.12) 可以写成

$$\dot{y}=\begin{bmatrix}0 & \lambda_2 & \cdots & \lambda_{n-1} & 0\\ 0 & 0 & \ddots & \vdots & \vdots\\ \vdots & \vdots & & \lambda_{n-1} & 0\\ 0 & 0 & \cdots & 0 & 0\\ 0 & 0 & \cdots & 0 & -\lambda_n\end{bmatrix}y-\begin{bmatrix}1\\1\\ \vdots\\1\\1\end{bmatrix}u_{n-1} \tag{6.23}$$

注意到不等式 (6.22) 就是不等式 (6.20) 中 $i=n$ 的情形.

第 $n-1$ 步　考虑状态 y_{n-1}. 同理可知, 如果

$$2\varepsilon_{n-2}<\varepsilon_{n-1} \tag{6.24}$$

则存在 $T_{n-1}=T_{n-1}(y_{n-1}(T_n))\geqslant T_n$ 使得 $|y_{n-1}(t)|\leqslant(\varepsilon_{n-1}-\varepsilon_{n-2})/\lambda_{n-1}$ ($\forall t\geqslant T_{n-1}$), 且函数 $u_{n-1}(t)$ 可以简化为

$$u_{n-1}=\sigma_{\varepsilon_{n-1}}(\lambda_{n-1}y_{n-1}+u_{n-2})=\lambda_{n-1}y_{n-1}+u_{n-2},\quad \forall t\geqslant T_{n-1}$$

从而系统 (6.23) 可以写成

$$\dot{y}=\begin{bmatrix}0 & \lambda_2 & \cdots & 0 & 0\\ 0 & 0 & \ddots & \vdots & \vdots\\ \vdots & \vdots & & & 0\\ 0 & 0 & \cdots & -\lambda_{n-1} & 0\\ 0 & 0 & \cdots & -\lambda_{n-1} & -\lambda_n\end{bmatrix}y-\begin{bmatrix}1\\1\\ \vdots\\1\\1\end{bmatrix}u_{n-2} \tag{6.25}$$

注意到不等式 (6.24) 就是不等式 (6.20) 中 $i=n-1$ 的情形.

重复上述过程 n 次后得到闭环系统

$$\dot{y}=\begin{bmatrix}-\lambda_1 & 0 & 0 & \cdots & 0\\ -\lambda_1 & -\lambda_2 & 0 & \ddots & \vdots\\ \vdots & \vdots & \ddots & \ddots & 0\\ -\lambda_1 & -\lambda_2 & \cdots & -\lambda_{n-1} & 0\\ -\lambda_1 & -\lambda_2 & \cdots & -\lambda_{n-1} & -\lambda_n\end{bmatrix}y,\quad \forall t\geqslant T_1 \tag{6.26}$$

此系统显然是渐近稳定且局部指数稳定的. 证毕. □

从上面的证明可以看出，经过有限长的时间 $T=T_i$ $(i\geqslant 1)$ 后，状态 $y_j(t)$ $(t\geqslant T_j,\ j=n,n-1,\cdots,i)$ 满足 $y_j(t)\in S_j=\{x:|x|\leqslant(\varepsilon_j-\varepsilon_{j-1})/\lambda_j\}$，且当 $i=1$ 时，嵌套型控制律 (6.19) 成为线性控制律，闭环系统成为线性系统. 当考虑第 i 个状态时，其他状态是有界的，即不存在有限时间逃逸问题. 此外，除了 y_n 是单调减小 (假设初始时刻位于 S_n 之外) 外，其他状态一般是先增大后减小.

下面给出另一种连加型非线性控制律.

定理 6.2.2 设 $\varepsilon>0$ 为任意给定的正常数. 由系统 (6.14) 和非线性控制律

$$u=-\sigma_{\varepsilon_n}(\lambda_n y_n)-\sigma_{\varepsilon_{n-1}}(\lambda_{n-1}y_{n-1})-\cdots-\sigma_{\varepsilon_1}(\lambda_1 y_1) \tag{6.27}$$

组成的闭环系统是全局渐近稳定和局部指数稳定的，其中

$$\sum_{j=1}^{i}\varepsilon_j<\varepsilon_{i+1},\quad \sum_{j=1}^{n}\varepsilon_j\leqslant\varepsilon,\quad i=1,2,\cdots,n-1 \tag{6.28}$$

此外，控制律有界，即 $|u|\leqslant\varepsilon$.

证明 设 $u=-u_n$，这里

$$\begin{cases} u_n=\sigma_{\varepsilon_n}(\lambda_n y_n)+u_{n-1}\\ u_{n-1}=\sigma_{\varepsilon_{n-1}}(\lambda_{n-1}y_{n-1})+u_{n-2}\\ \quad\vdots\\ u_1=\sigma_{\varepsilon_1}(\lambda_1 y_1)\end{cases}$$

因此 $|u_i|\leqslant\displaystyle\sum_{j=1}^{i}\varepsilon_j$ $(i=1,2,\cdots,n)$. 首先考虑系统 (6.12) 的最后一个子系统

$$\dot{y}_n=-u_n=-\sigma_{\varepsilon_n}(\lambda_n y_n)-u_{n-1}$$

此系统显然形如系统 (6.15). 根据引理 6.2.1，如果

$$\sum_{j=1}^{n-1}\varepsilon_j<\varepsilon_n \tag{6.29}$$

则存在 $T_n=T_n(y_n(0))\geqslant 0$ 使得 $|y_n(t)|\leqslant\varepsilon_n/\lambda_n$ $(\forall t\geqslant T_n)$，且函数 $u_n(t)$ 可以简化为

$$u_n=\sigma_{\varepsilon_n}(\lambda_n y_n)+u_{n-1}=\lambda_n y_n+u_{n-1},\quad \forall t\geqslant T_n$$

从而闭环系统可以写成系统 (6.23). 显然不等式 (6.29) 可由不等式 (6.28) 保证.

和定理 6.2.1 的证明类似, 对于 y_{n-1} 子系统, 如果

$$\sum_{j=1}^{n-2} \varepsilon_j < \varepsilon_{n-1} \tag{6.30}$$

则存在 $T_{n-1} = T_{n-1}(y_{n-1}(T_n)) \geqslant T_n$ 使得 $|y_{n-1}(t)| \leqslant \varepsilon_{n-1}/\lambda_{n-1}$ $(\forall t \geqslant T_{n-1})$, 且函数 $u_{n-1}(t)$ 可以简化为

$$u_{n-1} = \sigma_{\varepsilon_{n-1}}(\lambda_{n-1} y_{n-1}) + u_{n-2} = \lambda_{n-1} y_{n-1} + u_{n-2}, \quad \forall t \geqslant T_{n-1}$$

从而闭环系统可以写成系统 (6.25). 同理, 不等式 (6.30) 可由不等式 (6.28) 得到保证. 重复上述过程, 当不等式 (6.28) 满足时, 闭环系统最终可以写成系统 (6.26). 证毕. □

和定理 6.2.1 类似, 从上面的证明可以看出, 经过有限长的时间 $T = T_i$ $(i \geqslant 1)$ 后, 状态 $y_j(t)$ $(t \geqslant T_j,\ j = n, n-1, \cdots, i)$ 满足 $y_j(t) \in S_j = \{z : |z| \leqslant \varepsilon_j/\lambda_j\}$, 且当 $i = 1$ 时, 连加型控制律 (6.27) 成为线性控制律, 闭环系统成为线性系统. 当考虑第 i 个状态时, 其他状态是有界的, 即不存在有限时间逃逸问题. 此外, 除了 y_n 是单调减小外, 其他状态一般是先增大后减小.

6.3 非线性系统的前推设计

现在考虑一般形式的前馈型非线性系统 (6.1). 根据前面的讨论, 该系统可以写成系统 (6.5), 其中, 非线性项 $h(x, u)$ 满足引理 6.1.2 的条件 (6.8) 和 (6.9).

6.3.1 非线性系统的 Teel 变换

为了将 6.2 节的前推设计方法推广到非线性系统 (6.1), 首先要通过 Teel 变换将系统 (6.1) 的线性部分 (A, b) 转化为 Teel 规范型. 为了简单起见, 设 (A, b) 的 Teel 规范型为

$$A_{\mathrm{T}} = \begin{bmatrix} 0 & \lambda & \lambda & \cdots & \lambda \\ 0 & 0 & \lambda & \ddots & \vdots \\ \vdots & \vdots & & \ddots & \lambda \\ 0 & 0 & \cdots & 0 & \lambda \\ 0 & 0 & \cdots & 0 & 0 \end{bmatrix}, \quad b_{\mathrm{T}} = \begin{bmatrix} 1 \\ 1 \\ \vdots \\ 1 \\ 1 \end{bmatrix}$$

其中, λ 为待定的正常数. 显然这是 Teel 规范型 (6.12) 的特例. 从式 (6.7) 可知, 线性化系统 (A, b) 的能控性矩阵具有斜线上三角的结构. 因此, 根据定理 6.1.2,

Teel 变换 $y = Tx$ 存在, 且变换矩阵 T 可表示为

$$T = T(\lambda) = Q_{\rm c}(A_{\rm T}, b_{\rm T})Q_{\rm c}^{-1}(A, b) = [t_{ij}(\lambda)]$$

在此 Teel 变换之下, 原非线性系统 (6.1) 变为

$$\begin{cases} \dot{y}_1 = \lambda y_2 + \lambda y_3 + \lambda y_4 + \cdots + \lambda y_n + u + F_1(\underline{y}_1, u) \\ \dot{y}_2 = \lambda y_3 + \lambda y_4 + \cdots + \lambda y_n + u + F_2(\underline{y}_2, u) \\ \vdots \\ \dot{y}_{n-1} = \lambda y_n + u + F_{n-1}(\underline{y}_{n-1}, u) \\ \dot{y}_n = u + F_n(u) \end{cases} \tag{6.31}$$

由 T 的结构可知

$$F_i(\underline{y}_i, u) = \sum_{j=i}^{n} t_{i,j}(\lambda) h_j(\underline{x}_j, u), \quad i = 1, 2, \cdots, n \tag{6.32}$$

另外, 根据 T 的上三角结构可知存在正常数 $d(\lambda)$ 使得

$$\max_{j=i+1,\cdots,n+1} \{|y_j|\} \leqslant d(\lambda) \Rightarrow \max_{j=i+1,\cdots,n+1} \{|x_j|\} \leqslant 1, \quad i = 1, 2, \cdots, n$$

其中, $y_{n+1} = x_{n+1} = u$. 因此由式 (6.8)、式 (6.9) 和式 (6.32) 可知, 对于任意 $i = 1, 2, \cdots, n$, 存在正常数 $\delta_i(\lambda)$ 使得

$$\begin{aligned} \left|F_i(\underline{y}_i, u)\right| &\leqslant \sum_{j=i}^{n} |t_{i,j}(\lambda)| \left|h_j(\underline{x}_j, u)\right| \\ &\leqslant \sum_{j=i}^{n} |t_{i,j}(\lambda)| \phi_j \sum_{k=j+1}^{n+1} |x_k|^2 \\ &\leqslant \delta_i(\lambda) \sum_{j=i+1}^{n+1} |y_j|^2, \quad \forall |y_j| \leqslant d(\lambda),\ j \in \{i+1, \cdots, n+1\} \end{aligned} \tag{6.33}$$

上面的分析表明, 非线性系统 (6.1) 经过 Teel 变换之后的系统 (6.31) 仍然具有上三角结构, 且非线性部分在原点至少是局部二次的.

6.3.2　非线性控制律

下面的定理是定理 6.2.1 在非线性系统 (6.1) 上的推广.

定理 6.3.1　设非线性系统 (6.1) 满足假设 6.1.1 ~ 6.1.3 (或者考虑非线性系统 (6.10), 其中非线性函数 $h_k(\cdot)$ 满足不等式 (6.8) 和 (6.9)). 对于任意给定的正常数 $\beta \in (0, 1/2)$, 存在 $\varepsilon^* = \varepsilon^*(\beta) \in (0, 1)$ 使得由非线性系统 (6.1) 和控制律

$$u = -\sigma_{\varepsilon_n}(\lambda y_n + \sigma_{\varepsilon_{n-1}}(\lambda y_{n-1} + \sigma_{\varepsilon_{n-2}}(\lambda y_{n-2} + \cdots))), \quad \forall \varepsilon \in (0, \varepsilon^*] \tag{6.34}$$

组成的闭环系统是全局渐近稳定和局部指数稳定的, 这里

$$\varepsilon_i = \beta^{n-i}\varepsilon, \quad i = 1, 2, \cdots, n \tag{6.35}$$

证明　注意到控制律 (6.34) 和控制律 (6.19) 有相同的形式. 因此, 也可按照 (6.21) 的形式定义 u_i $(i = 1, 2, \cdots, n)$.

第 n 步　考虑闭环系统的最后一个子系统

$$\dot{y}_n = -\sigma_{\varepsilon_n}(\lambda y_n + u_{n-1}) + F_n(u)$$

此系统显然具有系统 (6.15) 的形式. 根据式 (6.33), 如果 $\varepsilon_n \leqslant d(\lambda)$ 成立, 则有 $|F_n(u)| \leqslant \delta_n(\lambda)\varepsilon_n^2$. 由于 $|u_{n-1}| \leqslant \varepsilon_{n-1}$, 根据引理 6.2.1, 如果

$$2\varepsilon_{n-1} + \delta_n(\lambda)\varepsilon_n^2 < \varepsilon_n$$

则存在有限时间 $T_n = T_n(y_n(0)) \geqslant 0$ 使得状态 y_n 满足 $|y_n(t)| \leqslant (\varepsilon_n - \varepsilon_{n-1})/\lambda$ $(\forall t \geqslant T_n)$, 且 u_n 可以简化为 $u = -\lambda y_n - u_{n-1}$ $(t \geqslant T_n)$, 从而原闭环系统可以写成

$$\begin{cases} \dot{y}_1 = \lambda y_2 + \lambda y_3 + \lambda y_4 + \cdots + \lambda y_{n-1} - u_{n-1} + F_1(\underline{y}_1, u) \\ \dot{y}_2 = \lambda y_3 + \lambda y_4 + \cdots + \lambda y_{n-1} - u_{n-1} + F_2(\underline{y}_2, u) \\ \quad \vdots \\ \dot{y}_{n-1} = -u_{n-1} + F_{n-1}(\underline{y}_{n-1}, u) \\ \dot{y}_n = -\lambda y_n - u_{n-1} + F_n(u) \end{cases} \tag{6.36}$$

第 $n-1$ 步　考虑上述闭环系统的 y_{n-1} 子系统

$$\dot{y}_{n-1} = -u_{n-1} + F_{n-1}(\underline{y}_{n-1}, u) = -\sigma_{\varepsilon_{n-1}}(\lambda y_{n-1} + u_{n-2}) + F_{n-1}(\underline{y}_{n-1}, u)$$

其中, $t \geqslant T_n$. 与第 n 步类似, 由于 $|u_{n-2}| \leqslant \varepsilon_{n-1} < 1$, 如果

$$\frac{1}{\lambda}(\varepsilon_n - \varepsilon_{n-1}) \leqslant d(\lambda)$$

成立, 则非线性项 $F_{n-1}(\underline{y}_{n-1}, u)$ 满足

$$\left|F_{n-1}(\underline{y}_{n-1}, u)\right| \leqslant \delta_{n-1}(\lambda)(|y_n|^2 + |u_n|^2) \leqslant \delta_{n-1}(\lambda)\left(\left(\frac{\varepsilon_n - \varepsilon_{n-1}}{\lambda}\right)^2 + \varepsilon_n^2\right)$$

因此, 根据引理 6.2.1, 如果下述不等式成立:

$$2\varepsilon_{n-2} + \delta_{n-1}(\lambda)\left(\left(\frac{\varepsilon_n - \varepsilon_{n-1}}{\lambda}\right)^2 + \varepsilon_n^2\right) < \varepsilon_{n-1}$$

则存在有限时间 $T_{n-1} = T_{n-1}(y_{n-1}(T_n)) \geqslant T_n$ 使得状态 y_{n-1} 满足 $|y_{n-1}(t)| \leqslant (\varepsilon_{n-1} - \varepsilon_{n-2})/\lambda$ $(\forall t \geqslant T_{n-1})$, 且 u_{n-1} 可以简化为 $u_{n-1} = -\lambda y_{n-1} - u_{n-2}$ $(\forall t \geqslant T_{n-1})$, 从而闭环系统 (6.36) 可以写成

$$\begin{cases} \dot{y}_1 = \lambda y_2 + \lambda y_3 + \lambda y_4 + \cdots + \lambda y_{n-2} - u_{n-2} + F_1(\underline{y}_1, u) \\ \dot{y}_2 = \lambda y_3 + \lambda y_4 + \cdots + \lambda y_{n-2} - u_{n-2} + F_2(\underline{y}_2, u) \\ \quad \vdots \\ \dot{y}_{n-2} = -u_{n-2} + F_{n-2}(\underline{y}_{n-2}, u) \\ \dot{y}_{n-1} = -\lambda y_{n-1} - u_{n-2} + F_{n-1}(\underline{y}_{n-1}, u) \\ \dot{y}_n = -\lambda y_{n-1} - \lambda y_n - u_{n-2} + F_n(u) \end{cases}$$

第 i 步 $(i = n-2, n-3, \cdots, 1)$ 考虑闭环系统的 y_i 子系统并重复上述过程可知, 如果

$$\varepsilon_n \leqslant d(\lambda), \quad \frac{1}{\lambda}(\varepsilon_{i+1} - \varepsilon_i) \leqslant d(\lambda), \quad i = n-1, n-2, \cdots, 1 \tag{6.37}$$

和

$$2\varepsilon_{i-1} + \delta_i(\lambda)\left(\sum_{j=i+1, j\leqslant n}^{n}\left(\frac{\varepsilon_j - \varepsilon_{j-1}}{\lambda}\right)^2 + \varepsilon_n^2\right) < \varepsilon_i, \quad i = n, n-1, \cdots, 1 \tag{6.38}$$

同时成立, 则存在有限时间 $T_i \geqslant T_{i+1} \geqslant \cdots \geqslant T_n \geqslant 0$ 使得最终状态 y_i 满足

$$|y_i(t)| \leqslant \frac{1}{\lambda}(\varepsilon_i - \varepsilon_{i-1}), \quad \forall t \geqslant T_i,\ i = n, n-1, \cdots, 1 \tag{6.39}$$

且 $u_i = -\lambda y_i - u_{i-1}$ ($\forall t \geqslant T_i$). 为了简单起见, 假设 $\varepsilon_0 = \beta^n \varepsilon$, 从而闭环系统形如

$$\begin{cases} \dot{y}_1 = -\lambda y_1 + F_1(\underline{y}_1, u) \\ \dot{y}_2 = -\lambda y_1 - \lambda y_2 + F_2(\underline{y}_2, u) \\ \quad \vdots \\ \dot{y}_{n-1} = -\lambda y_1 - \lambda y_2 - \lambda y_3 - \cdots - \lambda y_{n-1} + F_{n-1}(\underline{y}_{n-1}, u) \\ \dot{y}_n = -\lambda y_1 - \lambda y_2 - \lambda y_3 - \lambda y_4 - \cdots - \lambda y_n + F_n(u) \end{cases} \tag{6.40}$$

下面验证不等式 (6.37) 和 (6.38) 的可解性. 由式 (6.35) 可知不等式 (6.37) 和 (6.38) 等价于

$$\varepsilon \leqslant d(\lambda), \quad \frac{1}{\lambda}(\beta^{n-i-1} - \beta^{n-i})\varepsilon = \frac{1}{\lambda}\beta^{n-1-i}(1-\beta)\,\varepsilon \leqslant d(\lambda) \tag{6.41}$$

其中, $i = n-1, n-2, \cdots, 1$, 以及

$$2\varepsilon_{i-1} + \delta_i(\lambda)\left(\sum_{j=i+1, j\leqslant n}^{n}\left(\frac{\varepsilon_j - \varepsilon_{j-1}}{\lambda}\right)^2 + \varepsilon_n^2\right) < \varepsilon_i, \quad i = n, n-1, \cdots, 1 \tag{6.42}$$

不等式 (6.42) 也可写成

$$\delta_i(\lambda)\left(\sum_{j=i+1, j\leqslant n}^{n}\beta^{2(n-j)}\left(\frac{1-\beta}{\lambda}\right)^2 + 1\right)\varepsilon < \beta^{n-i}(1-2\beta), \quad i = n, n-1, \cdots, 1 \tag{6.43}$$

由于 $\beta \in (0, 1/2)$, 不等式 (6.41) 成立当且仅当

$$\varepsilon \leqslant \min\left\{\frac{\lambda d(\lambda)}{1-\beta}, d(\lambda)\right\} \overset{\text{def}}{=\!=} \varepsilon_1(\beta) \tag{6.44}$$

而不等式 (6.43) 成立当且仅当

$$\begin{aligned} \varepsilon &< \frac{1}{\delta(\lambda)}\frac{\beta^{n-1}(1-2\beta)}{\left(\dfrac{1-\beta}{\lambda}\right)^2\displaystyle\sum_{j=2}^{n}\beta^{2(n-j)} + 1} \\ &= \frac{\lambda^2}{\delta(\lambda)}\frac{\beta^{n-1}(1-2\beta)(1+\beta)}{(1-\beta)\,(1-\beta^{2(n-1)}) + (1+\beta)\lambda^2} \\ &\overset{\text{def}}{=\!=} \varepsilon_2(\beta) \end{aligned} \tag{6.45}$$

其中, $\delta(\lambda) = \max\{\delta_1(\lambda), \delta_2(\lambda), \cdots, \delta_n(\lambda)\}$. 因此, 对任意 $\varepsilon \in (0, \min\{\varepsilon_1(\beta), \varepsilon_2(\beta)\})$, 不等式 (6.41) 和 (6.42) 都成立.

第 0 步 将闭环系统 (6.40) 综合写成向量的形式:

$$\dot{y} = Ay + F(y, u), \quad \forall t \geqslant T_1 \tag{6.46}$$

其中,

$$A = \begin{bmatrix} -\lambda & & & \\ -\lambda & -\lambda & & \\ \vdots & \vdots & & \\ -\lambda & -\lambda & \cdots & -\lambda \end{bmatrix}, \quad F(y, u) = \begin{bmatrix} F_1(\underline{y}_1, u) \\ \vdots \\ F_{n-1}(\underline{y}_{n-1}, u) \\ F_n(u) \end{bmatrix}$$

显然 A 是 Hurwitz 矩阵, 且不难验证

$$A^{\mathrm{T}}P + PA = -\lambda P - \lambda b_{\mathrm{T}} b_{\mathrm{T}}^{\mathrm{T}}$$

其中, $P = I_n$, 则候选 Lyapunov 函数 $V(y) = y^{\mathrm{T}}y$ 沿着系统 (6.46) 的时间导数满足

$$\begin{aligned} \dot{V}(y) &= -\lambda |y|^2 - \lambda \left|b_{\mathrm{T}}^{\mathrm{T}} y\right|^2 + 2y^{\mathrm{T}} F(y, u) \\ &\leqslant -\lambda |y|^2 + \frac{\lambda}{2} |y|^2 + \frac{2}{\lambda} |F(y, u)|^2 \\ &= -\frac{\lambda}{2} |y|^2 + \frac{2}{\lambda} |F(y, u)|^2, \quad \forall t \geqslant T_1 \end{aligned} \tag{6.47}$$

由于 $u = ky$, $k = -[\lambda, \lambda, \cdots, \lambda]$, 由式 (6.33) 可知, 存在常数 $c_i(\lambda)$ $(i = 0, 1, \cdots, n+1)$ 使得

$$\begin{aligned} |F(y, u)|^2 &= \sum_{i=1}^{n} |F_i(y_{i+1}, y_{i+2}, \cdots, y_n, u)|^2 \\ &\leqslant \sum_{i=1}^{n} (c_i(\lambda) |y_i|^4 + c_{n+1}(\lambda) |u|^4) \\ &\leqslant c_0(\lambda) |y|^4 \end{aligned} \tag{6.48}$$

从而式 (6.47) 可以进一步写成

$$\dot{V}(y) \leqslant -\frac{\lambda}{2} |y|^2 + \frac{2}{\lambda} c_0(\lambda) |y|^4 = -\frac{\lambda}{2} |y|^2 \left(1 - \frac{4c_0(\lambda)}{\lambda^2} |y|^2\right), \quad \forall t \geqslant T_1 \tag{6.49}$$

另外, 由式 (6.39) 可知

$$
\begin{aligned}
|y|^2 = \sum_{i=1}^{n} y_i^2 &\leqslant \sum_{i=1}^{n}\left(\frac{\varepsilon_i-\varepsilon_{i-1}}{\lambda}\right)^2 \\
&= \frac{1}{\lambda^2}\sum_{i=1}^{n}(\beta^{n-i}\varepsilon-\beta^{n-i+1}\varepsilon)^2 \\
&= \frac{1}{\lambda^2}\sum_{i=1}^{n}\beta^{2(n-i)}(1-\beta)^2\varepsilon^2 \\
&= \frac{1}{\lambda^2}\beta^{2n}(1-\beta)^2\frac{\beta^{-2}(1-\beta^{-2n})}{1-\beta^{-2}}\varepsilon^2 \\
&= \frac{1}{\lambda^2}\frac{1-\beta}{1+\beta}(1-\beta^{2n})\varepsilon^2
\end{aligned}
$$

由于 $\beta \in (0,1/2)$, 当 ε 满足

$$
0<\varepsilon\leqslant\frac{\lambda^2}{2}\sqrt{\frac{1+\beta}{2c_0(\lambda)(1-\beta)(1-\beta^{2n})}} \overset{\text{def}}{=\!=} \varepsilon_3(\beta) \tag{6.50}
$$

时有

$$
\begin{aligned}
1-\frac{4c_0(\lambda)}{\lambda^2}|y|^2 &\geqslant 1-\frac{4c_0(\lambda)}{\lambda^2}\frac{1}{\lambda^2}\frac{1-\beta}{1+\beta}(1-\beta^{2n})\varepsilon^2 \\
&= 1-\frac{4c_0(\lambda)}{\lambda^4}\frac{1-\beta}{1+\beta}(1-\beta^{2n})\varepsilon^2 \\
&\geqslant \frac{1}{2}, \quad \forall \varepsilon\in(0,\varepsilon_3(\beta)]
\end{aligned}
$$

从而式 (6.49) 可以写成

$$
\dot V(y)\leqslant -\frac{\lambda}{4}|y|^2 = -\frac{\lambda}{4}V(y), \quad \forall t\geqslant T_1
$$

全局稳定性和局部指数稳定性得证. 最终取 $\varepsilon^*(\beta)=\min\{\varepsilon_1(\beta),\varepsilon_2(\beta),\varepsilon_3(\beta)\}$, 即完成证明. 证毕. □

需要指出的是, 上述证明中给出的 $\varepsilon^*(\beta)$ 是相当保守的. 同理, 将定理 6.2.2 推广到非线性系统 (6.1), 可得到如下定理.

定理 6.3.2　设非线性系统 (6.1) 满足假设 6.1.1 ~ 6.1.3 (或者考虑非线性系统 (6.10), 其中非线性函数 $h_k(\cdot)$ 满足不等式 (6.8) 和 (6.9)). 设 $\beta\in(0,1)$ 是满足

$$
\beta^n+1>2\beta \tag{6.51}
$$

的常数, 则存在 $\varepsilon^*(\beta)\in(0,1)$ 使得由系统 (6.1) 和控制律

$$u=-\sigma_{\varepsilon_n}(\lambda y_n)-\sigma_{\varepsilon_{n-1}}(\lambda y_{n-1})-\cdots-\sigma_{\varepsilon_1}(\lambda y_1),\quad \forall\varepsilon\in(0,\varepsilon^*(\beta)]$$

组成的闭环系统是全局渐进稳定和局部指数稳定的, 这里 ε_i 满足式 (6.35).

证明　证明步骤和定理 6.3.1 的证明类似, 这里仅给出关键的步骤. 设

$$u_i=\sum_{j=1}^{i}\sigma_{\varepsilon_i}(\lambda y_i),\quad i=1,2,\cdots,n$$

显然, 在第 i $(i=n,n-1,\cdots,1)$ 步, 只需要考虑标量系统

$$\dot y_i(t)=-\sigma_{\varepsilon_i}(\lambda y_i)-u_{i-1}(t)+F_i(\underline{y}_i,u)$$

其中, ε_i $(i=1,2,\cdots,n)$ 满足不等式

$$\sum_{j=1}^{n}\varepsilon_j\leqslant d(\lambda),\quad \frac{\varepsilon_j}{\lambda}\leqslant d(\lambda),\quad j=i+1,i+2,\cdots,n$$

和不等式

$$\begin{aligned}\left|-u_{i-1}(t)+F_i(\underline{y}_i,u)\right|&\leqslant|u_{i-1}(t)|+\left|F_i(\underline{y}_i,u)\right|\\&\leqslant\sum_{j=1}^{i-1}\varepsilon_j+\delta_i(\lambda)\left(\sum_{j=i+1,j\leqslant n}^{n}|y_j|^2+|u|^2\right)\\&\leqslant\sum_{j=1}^{i-1}\varepsilon_j+\delta_i(\lambda)\left(\frac{1}{\lambda^2}\sum_{j=i+1,j\leqslant n}^{n}\varepsilon_j^2+\left(\sum_{j=1}^{n}\varepsilon_j\right)^2\right)\\&<\varepsilon_i\end{aligned}$$

则类似于定理 6.3.1 的证明, 利用引理 6.2.1, 存在有限值 $T_i\geqslant 0$ 使得 $|y_i(t)|\leqslant\varepsilon_i/\lambda$ $(\forall t\geqslant T_i)$. 经过 n 步分析后, 闭环系统在有限时间之后可以写成系统 (6.46). 上述两组不等式可写成

$$\sum_{j=1}^{n}\beta^{n-j}\varepsilon\leqslant d(\lambda),\quad \frac{\beta^{n-i}}{\lambda}\varepsilon\leqslant d(\lambda),\quad i=2,3,\cdots,n \tag{6.52}$$

和

$$\sum_{j=1}^{i-1}\beta^{n-j}+\delta_i(\lambda)\left(\frac{1}{\lambda^2}\sum_{j=i+1,j\leqslant n}^{n}\beta^{2(n-j)}+\left(\sum_{j=1}^{n}\beta^{(n-j)}\right)^2\right)\varepsilon<\beta^{n-i} \tag{6.53}$$

其中, $i = n, n-1, \cdots, 1$. 因此, 如果

$$\beta^{n-i} > \sum_{j=1}^{i-1} \beta^{n-j}, \quad i = n, n-1, \cdots, 2 \tag{6.54}$$

则存在 $\varepsilon_1(\beta) > 0$ 使得不等式 (6.52) 和 (6.53) 对任意 $\varepsilon \in (0, \varepsilon_1(\beta))$ 都成立. 容易验证不等式 (6.54) 等价于 $\beta + \beta^2 + \cdots + \beta^{n-1} < 1$, 这进一步等价于不等式 (6.51). 余下的证明和定理 6.3.1 的证明类似, 故从略. 证毕. □

6.4 应用举例: 惯性轮倒立摆

6.4.1 数学模型

图 6.1 是一个末端带有平衡轮盘 (半径为 r, 质量为 m_2) 的物理摆. 轮盘的加速转动对匀质摆杆 (长度为 l, 质量为 m_1) 产生控制作用. 其物理模型为[6,7]

$$I_1\ddot{q}_1 + I_2\ddot{q}_2 - mgl\sin(q_1) = 0, \quad I_2\ddot{q}_2 = \tau \tag{6.55}$$

其中, q_1 表示摆杆相对竖直位置的角度, q_2 表示轮盘上某参考点 Q 相对竖直位置的角度, 二者均以顺时针方向为正; $I_1 = m_1l^2/3 + m_2l^2$ 表示摆杆和轮盘整体绕 O 点旋转时的转动惯量, $I_2 = m_2r^2/2$ 表示轮盘的转动惯量; $m = m_1/2 + m_2$; τ 表示作用在轮盘上的力矩, 是该系统的控制量. 惯性轮倒立摆也是常用的验证先进控制方法的基准系统.

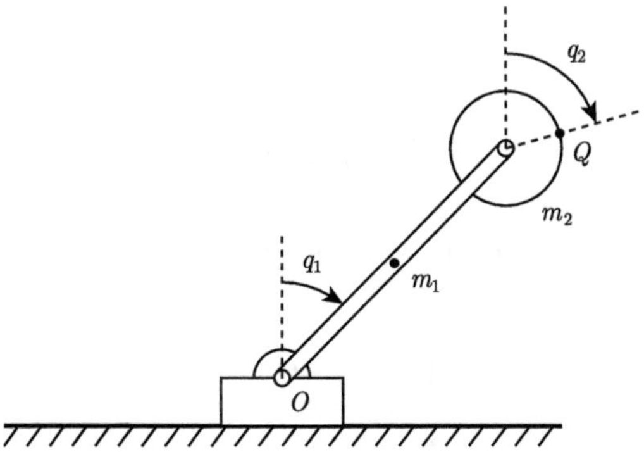

图 6.1　惯性轮倒立摆

此系统的平衡位置是 $(0, 0, 0, 0)$. 由于 τ 同时控制 q_1 和 q_2, 此系统属于欠驱系统. 如果选择 $x_1 = q_1$, $x_2 = \dot{q}_1$, $x_3 = q_2, x_4 = \dot{q}_2$, 则有

$$\dot{x}=\begin{bmatrix} x_2 \\ \frac{1}{I_1}mgl\sin(x_1) \\ x_4 \\ 0 \end{bmatrix}+\begin{bmatrix} 0 \\ -\frac{1}{I_1} \\ 0 \\ \frac{1}{I_2} \end{bmatrix}\tau \overset{\text{def}}{=\!=} f(x)+g(x)\tau$$

设输出为 $y=I_1q_1+I_2q_2=I_1x_1+I_2x_3 \overset{\text{def}}{=\!=} h(x)$, 则容易验证

$$\dot{y}=L_fh+L_gh\tau=L_fh=I_1x_2+I_2x_4$$

$$\ddot{y}=L_f^2h+L_gL_fh\tau=L_f^2h=mgl\sin(x_1)$$

$$\dddot{y}=L_f^3h+L_gL_f^2h\tau=mgl\cos(x_1)x_2$$

$$y^{(4)}=L_f^4h+L_gL_f^3h\tau=-mgl\sin(x_1)x_2^2+\frac{1}{I_1}mgl\cos(x_1)(mgl\sin(x_1)-\tau)$$

这表明该系统的相对阶为 4, 等于系统的维数, 从而在区域 $|q_1|<\pi/2$ 之内是可以反馈线性化的. 可以证明区域 $|q_1|<\pi/2$ 也是该系统能够反馈线性化的最大区域[7]. 这表明反馈线性化方法不能实现全局镇定.

6.4.2 基于饱和函数的前推设计

为了将系统 (6.55) 写成前馈型非线性系统的形式, 考虑可逆状态变换

$$x_1=\frac{I_1q_1+I_2q_2}{mgl},\quad x_2=\frac{I_1\dot{q}_1+I_2\dot{q}_2}{mgl},\quad x_3=q_1,\quad x_4=\dot{q}_1$$

和输入变换

$$u=\frac{1}{I_1}(mgl\sin(q_1)-\tau) \tag{6.56}$$

注意到如果 u 有界, 则 τ 也有界. 此时, 原系统变为

$$\begin{cases} \dot{x}_1=x_2 \\ \dot{x}_2=\sin(x_3) \\ \dot{x}_3=x_4 \\ \dot{x}_4=u \end{cases} \tag{6.57}$$

此系统既是反馈型非线性系统也是前馈型非线性系统. 因第二个方程右端存在奇异点, 反步设计方法用于此系统有一定的困难.

系统 (6.57) 也可重写成

$$\begin{cases} \dot{x}_1 = x_2 \\ \dot{x}_2 = x_3 + f_2(x_3) \\ \dot{x}_3 = x_4 \\ \dot{x}_4 = u \end{cases} \tag{6.58}$$

其中, $f_2(x_3) = \sin(x_3) - x_3$. 利用 Taylor 展开可知当 $|x| \leqslant 1$ 时有

$$|f_2(x)| = \left| -\frac{x^3}{3!} + \frac{x^5}{5!} - \cdots \right| \leqslant |x|^3 \left(\frac{1}{3!} + \frac{1}{5!} + \cdots \right) \leqslant \mathrm{e}x^2$$

因此, 该系统满足系统 (6.1) 的所有条件.

构造 Teel 变换 $y = Tx$, 其中

$$T = \begin{bmatrix} 1 & 3 & 3 & 1 \\ & 1 & 2 & 1 \\ & & 1 & 1 \\ & & & 1 \end{bmatrix}, \quad T^{-1} = \begin{bmatrix} 1 & -3 & 3 & -1 \\ & 1 & -2 & 1 \\ & & 1 & -1 \\ & & & 1 \end{bmatrix}$$

则系统 (6.58) 变成

$$\begin{cases} \dot{y}_1 = y_2 + y_3 + y_4 + u + F_1(\underline{y}_1, u) \\ \dot{y}_2 = y_3 + y_4 + u + F_2(\underline{y}_2, u) \\ \dot{y}_3 = y_4 + u \\ \dot{y}_4 = u \end{cases}$$

其中, $F_1(\underline{y}_1, u) = 3f_2(y_3 - y_4), F_2(\underline{y}_2, u) = f_2(y_3 - y_4)$. 此时有

$$|f_2(y_3 - y_4)| \leqslant \mathrm{e}\,|y_3 - y_4|^2, \quad \forall\, |y_3 - y_4| \leqslant 1$$

因此, 如果 $|y_3| \leqslant 1/2, |y_4| \leqslant 1/2$, 则 $|y_3 - y_4| \leqslant |y_3| + |y_4| \leqslant 1$, 且

$$|f_2(y_3 - y_4)| \leqslant \mathrm{e}(|y_3|^2 + 2\,|y_3|\,|y_4| + |y_4|^2) \leqslant 2\mathrm{e}(|y_3|^2 + |y_4|^2)$$

这表明条件 (6.33) 成立, 其中, $\lambda = 1, d(\lambda) = 1/2, \delta_1(\lambda) = 6\mathrm{e}, \delta_2(\lambda) = 2\mathrm{e}$, 从而可以根据定理 6.3.1 设计如下的非线性控制律:

$$u = -\sigma_\varepsilon(y_4 + \sigma_{\beta\varepsilon}(y_3 + \sigma_{\beta^2\varepsilon}(y_2 + \sigma_{\beta^3\varepsilon}(y_1)))) \tag{6.59}$$

其中, $\beta \in (0, 1/2)$ 是给定的正常数. 值得指出的是, 从式 (6.56) 和式 (6.59) 可以看出 $|\tau| \leqslant mgl + I_1\,|u| \leqslant mgl + I_1\varepsilon$, 即控制信号是有界的.

6.4.3 数值仿真

为了仿真需要, 根据文献 [7] 选择如下参数: $m_1 = 0.02\text{kg}$, $m_2 = 0.3\text{kg}$, $l = 0.125\text{m}$, $I_2 = 32\times10^{-6}\text{kg}\cdot\text{m}^2$. 选择初值 $[q_1(0),\ \dot{q}_1(0), q_2(0),\ \dot{q}_2(0)] = [\pi/6, 0.5, -\pi/6, 0.5]$. 根据 6.4.2 节的分析, 对于本系统有 $\delta(\lambda) = 6\text{e}$ 和

$$|F(y,u)|^2 = 10\,|f_2(y_3 - y_4)|^2 \leqslant 40\text{e}^2(|y_3|^2 + |y_4|^2)^2 \leqslant 40\text{e}^2\,|y|^4$$

这表明式 (6.48) 中的常数 $c_0(\lambda)$ 可取为 $c_0(\lambda) = 40\text{e}^2$. 因此, 如果根据定理 6.3.1 的证明确定 ε^*, 则可取 $\varepsilon^*(\beta) = \min\{\varepsilon_1(\beta), \varepsilon_2(\beta), \varepsilon_3(\beta)\}$, 其中 $\varepsilon_i(\beta)$ $(i = 1,2,3)$ 分别根据式 (6.44)、式 (6.45) 和式 (6.50) 计算. 设 $\beta = 0.49$, 经计算得 $\varepsilon_1(\beta) = 0.5, \varepsilon_2(\beta) = 1.0786 \times 10^{-4}, \varepsilon_3(\beta) = 0.0352$. 仿真发现, 若选择参数 ε 满足 $\varepsilon < \min\{\varepsilon_1(\beta), \varepsilon_2(\beta), \varepsilon_3(\beta)\}$, 则状态的收敛速度非常慢. 这是因为 ε 表征了控制信号的幅值, 间接代表了控制能量, 其值越小, 控制作用越小, 控制效果自然越差.

从定理 6.3.1 的证明可以看出, 根据式 (6.44)、式 (6.45) 和式 (6.50) 选择参数 ε 事实上是相当保守的. 在实际操作时, 可以适当增大 ε 的值直至性能适当且闭环系统不丧失稳定性. 对于本例, 选择 $\varepsilon = 10$ 时仿真结果如图 6.2 所示. 由图可见系统状态可以很好地收敛到零且控制器的幅值符合实际情况.

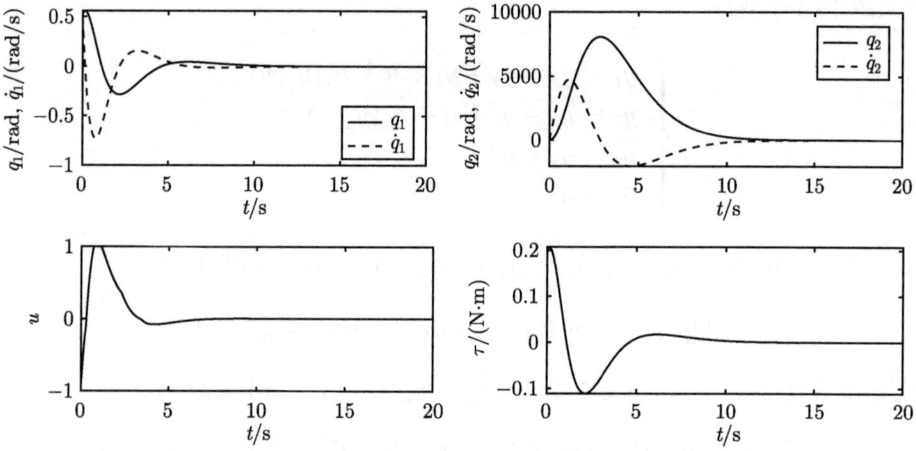

图 6.2 惯性轮倒立摆控制系统的仿真

6.5 本章小结与文献说明

本章介绍了严格前馈型非线性系统的基于饱和函数的全局镇定问题. 作为形式上和反馈型非线性系统完全对偶的非线性系统, 前馈型非线性系统的前推设计方法和反馈型非线性系统的反步设计方法有很大的不同. 粗略地说, 反步设计是

自上向下进行, 而前推设计则是自下向上进行. 在控制思想上二者也有显著区别, 与反步设计通常导致高增益、大信号反馈不同, 前推设计采取小信号进行反馈. 本章主要参考了 Teel 的工作[5] 和作者及其合作者的研究成果[8,9]. 惯性轮倒立摆的建模见文献 [6], 其控制方法分别参考了文献 [10] 和 [11]. 采用与 6.4 节完全相同的设计方法可以设计带有阻尼的惯性飞轮倒立摆的全局镇定控制律[10].

本章所介绍的方法还可用于其他实际系统的控制, 如垂直起降飞行器[11]、平面倒立摆[12,13]、四旋翼飞行器[14] 等. 本章介绍的前馈型系统的前推设计方法可以进行大量的推广. 例如, 系统 (6.1) 的最后一个子系统可以显含 x_n[15]; 具有输入时滞的前馈型非线性系统[16,17] (包括具有输入时滞的积分链系统[18]); 形如

$$\begin{cases} \dot{x}_1 = x_2 + f_1(x_2, x_3, \cdots, x_n, u) + g_1(x, u)u^2 \\ \quad \vdots \\ \dot{x}_{n-1} = x_n + f_{n-1}(x_n, u) + g_{n-1}(x, u)u^2 \\ \dot{x}_n = u + f_n(u) + g_n(x, u)u^2 \end{cases}$$

的非线性系统[19], 这里 f_i 对自变量不低于 2 阶, g_i 在 $|u| < 1$ 时有界; 对非线性项未做限定的前馈型非线性系统[20]

$$\begin{cases} \dot{x}_1 = x_2 + f_1(x_2, x_3, \cdots, x_n, u) \\ \quad \vdots \\ \dot{x}_{n-1} = x_n + f_{n-1}(x_n, u) \\ \dot{x}_n = u \end{cases}$$

这里 f_i 未知且在零点处为零 (该方法通过在线逻辑切换来保证全局渐近稳定).

作者和其合作者在前馈型非线性系统的前推设计方面做了大量的工作, 包括 (含有输入时滞的) 线性积分链系统的全局镇定[8,21]、具有输入和状态时滞的前馈型非线性系统的全局镇定[9,22]、有界输入渐近零能控线性系统 (即系统矩阵没有正实部特征值且能稳) 的全局镇定[23]、具有输入时滞的有界输入渐近零能控线性系统的全局镇定[24]. 作者也把前推设计推广到线性化部分含有多振荡器的情形[25].

最后特别指出, 对于那些不直接具有上三角结构的实际系统模型, 在一定的条件下可以通过坐标变换和预反馈使之具有上三角结构. 关于这方面的研究, 可以参阅文献 [26] 及引用它的相关文献.

参考文献

[1] Krstic M. Feedback linearizability and explicit integrator forwarding controllers for classes of feedforward systems. IEEE Transactions on Automatic Control, 2004, 49(10): 1668-1682.

[2] Respondek W, Tall I A. Feedback linearizability of strict feedforward systems. 47th IEEE Conference on Decision and Control, 2008: 2499-2504.

[3] Tall I A, Respondek W. On linearizability of strict feedforward systems. American Control Conference, 2008: 1929-1934.

[4] Teel A R. Feedback stabilization: Nonlinear solutions to inherently nonlinear problems. Berkeley: University of California, 1992.

[5] Teel A R. Global stabilization and restricted tracking for multiple integrators with bounded controls. Systems & Control Letters, 1992, 18(3): 165-171.

[6] Fantoni I, Lozano R, Lozano R. Nonlinear Control for Underactuated Mechanical Systems. Berlin: Springer Science & Business Media, 2002.

[7] Spong M W, Corke P, Lozano R. Nonlinear control of the reaction wheel pendulum. Automatica, 2001, 37(11): 1845-1851.

[8] Zhou B, Yang X. Global stabilization of the multiple integrators system by delayed and bounded controls. IEEE Transactions on Automatic Control, 2015, 61(12): 4222-4228.

[9] Zhou B, Yang X. Global stabilization of feedforward nonlinear time-delay systems by bounded controls. Automatica, 2018, 88: 21-30.

[10] Aguilar-Ibanez C F, Castanon M S S. Stabilization of the strongly damping inertia wheel pendulum by a nested saturation functions. American Control Conference, 2008: 3434-3439.

[11] Ye H, Wang H, Wang H. Stabilization of a PVTOL aircraft and an inertia wheel pendulum using saturation technique. IEEE Transactions on Control Systems Technology, 2007, 15(6): 1143-1150.

[12] Ibanez C A, Frias O G. Controlling the inverted pendulum by means of a nested saturation function. Nonlinear Dynamics, 2008, 53(4): 273-280.

[13] Lozano R, Dimogianopoulos D. Stabilization of a chain of integrators with nonlinear perturbations: Application to the inverted pendulum. 42nd IEEE International Conference on Decision and Control, 2003: 5191-5196.

[14] Yang X, Zhou B, Lam J. Stabilization of quadrotor aircraft with constrained controls. International Journal of Systems Science, 2022, 53(6): 1245-1259.

[15] Mazenc F, Praly L. Adding integrations, saturated controls, and stabilization for feedforward systems. IEEE Transactions on Automatic Control, 1996, 41(11): 1559-1578.

[16] Mazenc F, Mondie S, Francisco R. Global asymptotic stabilization of feedforward systems with delay in the input. IEEE Transactions on Automatic Control, 2004, 49(5): 844-850.

[17] Ye H. Saturated delayed controls for feedforward nonlinear systems. IEEE Transactions on Automatic Control, 2013, 59(6): 1646-1653.

[18] Mazenc F, Mondie S, Niculescu S I. Global asymptotic stabilization for chains of integrators with a delay in the input. IEEE Transactions on Automatic Control, 2003, 48(1): 57-63.

[19] Lin W, Li X. Synthesis of upper-triangular non-linear systems with marginally unstable free dynamics using state-dependent saturation. International Journal of Control, 1999, 72(12): 1078-1086.

[20] Ye X. Universal stabilization of feedforward nonlinear systems. Automatica, 2003, 39(1): 141-147.

[21] Zhou B, Yang X. Global stabilization of discrete-time multiple integrators with bounded and delayed feedback. Automatica, 2018, 97: 306-315.

[22] Yang X, Zhou B. Global stabilization of discrete-time feedforward time-delay systems by bounded controls. International Journal of Robust and Nonlinear Control, 2018, 28(15): 4438-4454.

[23] Zhou B, Duan G R. Global stabilization of linear systems via bounded controls. Systems & Control Letters, 2009, 58(1): 54-61.

[24] Yang X, Zhou B, Lam J. Global stabilization of multiple oscillator systems by delayed and bounded feedback. IEEE Transactions on Circuits and Systems II: Express Briefs, 2017, 64(6): 675-679.

[25] Yang X, Zhou B, Lam J. Bounded control of feedforward time-delay systems with linearized systems consisting of chain of oscillators. International Journal of Robust and Nonlinear Control, 2019, 29(1): 283-305.

[26] Tall I A, Respondek W. Transforming a single-input nonlinear system to a strict feedforward form via feedback//Isidori A, Lamnabhi-Lagarrigue F, Respondek W. Nonlinear Control in the Year 2000. London: Springer, 2001.

第 7 章 基于交叉项 Lyapunov 函数的前推设计

本章讨论形如

$$
\begin{cases}
\dot{x}_1 = f_1(x_1, x_2, x_3, \cdots, x_n, u) \\
\dot{x}_2 = f_2(x_2, x_3, x_4, \cdots, x_n, u) \\
\quad \vdots \\
\dot{x}_{n-1} = f_{n-1}(x_{n-1}, x_n, u) \\
\dot{x}_n = f_n(x_n, u)
\end{cases}
\tag{7.1}
$$

的前馈型 (即上三角) 非线性系统的全局镇定问题, 其中, f_i 是具有适当维数的向量值函数, 且满足 $f_i(0) = 0$ $(i = 1, 2, \cdots, n)$. 注意到前馈型非线性系统 (7.1) 比非线性系统 (6.1) 的形式更一般.

7.1 前推设计的关键问题和主要工具

7.1.1 前推设计步骤和关键问题

和第 6 章类似, 前馈型非线性系统 (7.1) 的前推设计方法从最后一个子系统 $\dot{x}_n = f_n(x_n, u)$ 开始. 为此, 给出如下假设.

假设 7.1.1 *对于子系统 $\dot{x}_n = f_n(x_n, u_{n+1})$, 存在控制律 $u_{n+1} = \alpha_n(x_n)$ 使得闭环系统是全局渐近稳定和局部指数稳定的.*

设 $u = u_{n+1} + u_n = \alpha_n(x_n) + u_n$, 则子系统 x_{n-1} 和 x_n 可以分别写成

$$
\begin{aligned}
\dot{x}_{n-1} &= f_{n-1}(x_{n-1}, x_n, \alpha_n(x_n) + u_n) \xlongequal{\text{def}} \breve{f}_{n-1}(x_{n-1}, x_n, u_n) \\
\dot{x}_n &= f_n(x_n, \alpha_n(x_n) + u_n) \xlongequal{\text{def}} \breve{f}_n(x_n, u_n)
\end{aligned}
\tag{7.2}
$$

定义新的状态变量 $\breve{x}_{n-1} = \left[x_{n-1}^{\mathrm{T}}, x_n^{\mathrm{T}}\right]^{\mathrm{T}}$, 则系统 (7.2) 可以记为

$$
\dot{\breve{x}}_{n-1} = \begin{bmatrix} \breve{f}_{n-1}(x_{n-1}, x_n, u_n) \\ \breve{f}_n(x_n, u_n) \end{bmatrix} \xlongequal{\text{def}} f_{n-1}^{\{n\}}(\breve{x}_{n-1}, u_n)
\tag{7.3}
$$

所以系统 (7.1) 可以写成

$$\begin{cases} \dot{x}_1 = f_1^{\{n\}}(x_1, x_2, \cdots, x_{n-2}, \breve{x}_{n-1}, u_n) \\ \dot{x}_2 = f_2^{\{n\}}(x_2, x_3, \cdots, x_{n-2}, \breve{x}_{n-1}, u_n) \\ \quad \vdots \\ \dot{x}_{n-2} = f_{n-2}^{\{n\}}(x_{n-2}, \breve{x}_{n-1}, u_n) \\ \dot{\breve{x}}_{n-1} = f_{n-1}^{\{n\}}(\breve{x}_{n-1}, u_n) \end{cases} \tag{7.4}$$

该系统仍然具有形如系统 (7.1) 的前馈型结构. 因此, 先处理最后一个子系统 $\dot{\breve{x}}_{n-1} = f_{n-1}^{\{n\}}(\breve{x}_{n-1}, u_n)$.

类似于假设 7.1.1, 对子系统 $\dot{\breve{x}}_{n-1} = f_{n-1}^{\{n\}}(\breve{x}_{n-1}, u_n)$ 做如下假设.

假设 7.1.2　*对于子系统* $\dot{\breve{x}}_{n-1} = f_{n-1}^{\{n\}}(\breve{x}_{n-1}, u_n)$, *存在控制律* $u_n = \alpha_{n-1}(\breve{x}_{n-1})$ *使得闭环系统是全局渐近稳定和局部指数稳定的.*

设 $u_n = \alpha_{n-1}(\breve{x}_{n-1}) + u_{n-1}$, 则子系统 x_{n-2} 和 $\breve{x}_{n-1}$ 可以分别写成

$$\begin{aligned} \dot{x}_{n-2} &= f_{n-2}^{\{n\}}(x_{n-2}, \breve{x}_{n-1}, \alpha_{n-1} + u_{n-1}) \stackrel{\text{def}}{=\!=} \breve{f}_{n-2}^{\{n\}}(x_{n-2}, \breve{x}_{n-1}, u_{n-1}) \\ \dot{\breve{x}}_{n-1} &= f_{n-1}^{\{n\}}(\breve{x}_{n-1}, \alpha_{n-1} + u_{n-1}) \stackrel{\text{def}}{=\!=} \breve{f}_{n-1}^{\{n\}}(\breve{x}_{n-1}, u_{n-1}) \end{aligned} \tag{7.5}$$

定义新的状态变量 $\breve{x}_{n-2} = \left[\breve{x}_{n-1}^{\mathrm{T}}, x_{n-2}^{\mathrm{T}}\right]^{\mathrm{T}}$, 则系统 (7.5) 可以记为

$$\dot{\breve{x}}_{n-2} = \begin{bmatrix} \breve{f}_{n-2}^{\{n\}}(x_{n-2}, \breve{x}_{n-1}, u_{n-1}) \\ \breve{f}_{n-1}^{\{n\}}(\breve{x}_{n-1}, u_{n-1}) \end{bmatrix} \stackrel{\text{def}}{=\!=} f_{n-2}^{\{n-1\}}(\breve{x}_{n-2}, u_{n-1}) \tag{7.6}$$

所以系统 (7.4) 可以写成

$$\begin{cases} \dot{x}_1 = f_1^{\{n-1\}}(x_1, x_2, \cdots, x_{n-3}, \breve{x}_{n-2}, u_{n-1}) \\ \dot{x}_2 = f_2^{\{n-1\}}(x_2, x_3, \cdots, x_{n-3}, \breve{x}_{n-2}, u_{n-1}) \\ \quad \vdots \\ \dot{x}_{n-3} = f_{n-3}^{\{n-1\}}(x_{n-3}, \breve{x}_{n-2}, u_{n-1}) \\ \dot{\breve{x}}_{n-2} = f_{n-2}^{\{n-1\}}(\breve{x}_{n-2}, u_{n-1}) \end{cases}$$

该系统仍然具有形如系统 (7.1) 的前馈型结构. 因此, 只需处理最后一个子系统 $\dot{\breve{x}}_{n-2} = f_{n-2}^{\{n-1\}}(\breve{x}_{n-2}, u_{n-1})$.

重复上面的过程, 最终可以将原系统转化为

$$\dot{\breve{x}}_1 = f_1^{\{2\}}(\breve{x}_1, u_2)$$

针对上述系统可以设计镇定控制律 u_2, 从而系统 (7.1) 的最终镇定控制律可表示为

$$u = u_2 + u_3 + \cdots + u_{n+1}$$

值得指出的是, 与反步设计不同, 前推设计每次处理的系统都包含之前已被镇定的子系统, 从而最后一个子系统的维数是不断增加的. 原因在于, 以设计 u_n 为例, 如果 u_n 只用 x_{n-1} 反馈, 可能不存在这样的控制律; u_n 仅仅镇定 x_{n-1} 是不够的, 还要保证不能将已被镇定的 x_n 激励成不稳定.

从上面的分析可知, 用上述前推设计方法解决系统 (7.1) 的镇定问题的核心是假设 7.1.1 和 7.1.2, 即如何设计形如式 (7.3) 和式 (7.6) 的耦合系统的镇定控制律, 也即下面的问题.

问题 7.1.1 设计控制器 u 镇定非线性系统

$$\begin{cases} \dot{z} = p(z, \xi, u) \\ \dot{\xi} = q(\xi, u) \end{cases} \tag{7.7}$$

其中, $\dot{\xi} = q(\xi, 0) \overset{\text{def}}{=\!=} \varphi(\xi)$ 是全局渐近稳定和局部指数稳定的.

7.1.2 耦合系统的镇定方法

要解决耦合系统 (7.7) 的镇定问题, 必须充分利用两个子系统的性质和连接方式的特殊性. 为此研究者们提出了多种方法. 本章所采用的方法依赖于开环系统的 Lyapunov 函数, 也就是下面的引理所假设的.

引理 7.1.1 考虑仿射非线性系统

$$\dot{x} = f(x) + g(x)u \tag{7.8}$$

其中, $f(x)$ 和 $g(x)$ 都是光滑的向量场. 假设存在正定和径向无界的 Lyapunov 函数 $V(x)$ 使得 $L_fV(x) \leqslant 0$, 且附加系统

$$\dot{x} = f(x), \quad y = \begin{bmatrix} y_1 \\ y_2 \end{bmatrix} = \begin{bmatrix} L_gV(x) \\ L_fV(x) \end{bmatrix} \tag{7.9}$$

是零状态能检测的 (见定义 1.2.10), 则有

$$u(x) = -\varepsilon L_gV(x) = -\varepsilon \frac{\partial V(x)}{\partial x} g(x) \tag{7.10}$$

可全局镇定系统 (7.8), 其中, ε 是任意正常数.

证明 在控制律 (7.10) 的作用下, 系统 (7.8) 可以写为

$$\dot{x} = f(x) - \varepsilon g(x)\frac{\partial V(x)}{\partial x}g(x)$$

因此, $V(x)$ 沿着闭环系统的时间导数满足

$$\begin{aligned}\dot{V}(x) &= \frac{\partial V(x)}{\partial x}\left(f(x) - \varepsilon g(x)\frac{\partial V(x)}{\partial x}g(x)\right)\\ &= L_f V(x) - \varepsilon(L_g V(x))^2\\ &\leqslant 0\end{aligned} \tag{7.11}$$

这表明 $\dot{V}(x) \leqslant 0$, 且仅当 $L_g V(x) = 0$ 和 $L_f V(x) = 0$ 时有 $\dot{V}(x) = 0$. 此时, 系统退化为 $\dot{x} = f(x)$. 由于系统 (7.9) 是零状态能检测的, 由 $L_g V(x) = 0$ 和 $L_f V(x) = 0$ 可以推出 $x \xrightarrow{t\to\infty} 0$. 证毕. □

为了应用引理 7.1.1 设计耦合系统 (7.7) 的全局镇定控制律, 首先应该将其写成仿射非线性系统. 因此, 做如下假设.

假设 7.1.3 系统 (7.7) 可以分解成如下形式:

$$\begin{cases}\dot{z} = p(z,\xi,u) = a(z) + \psi(z,\xi) + b(z,\xi)u\\ \dot{\xi} = q(\xi,u) = \varphi(\xi) + d(\xi)u\end{cases} \tag{7.12}$$

设 $x = [z^{\mathrm{T}}, \xi^{\mathrm{T}}]^{\mathrm{T}}$, 那么系统 (7.7) 就可以写成系统 (7.8), 其中,

$$f(x) = \begin{bmatrix} a(z) + \psi(z,\xi)\\ \varphi(\xi)\end{bmatrix}, \quad g(x) = \begin{bmatrix} b(z,\xi)\\ d(\xi)\end{bmatrix} \tag{7.13}$$

为了应用引理 7.1.1, 还要解决如下几个问题:

(1) 如何保证耦合系统 (7.12) 是 Lyapunov 稳定的?

(2) 如何构造耦合系统 (7.12) 的 Lyapunov 函数?

(3) 构造出 Lyapunov 函数后, 如何保证系统 (7.9) 是零状态能检测的?

显然, 如果能解决第二个问题, 那么第一个问题也就解决了. 为了解决这些问题, 对系统 (7.7) 或 (7.12) 再做如下假设.

假设 7.1.4 $a(z) = Az$, 且 $\dot{z} = Az$ 是 Lyapunov 稳定的, 即存在正定矩阵 P 使得

$$A^{\mathrm{T}}P + PA \leqslant 0$$

假设 7.1.5 *存在在原点处可微的 $\gamma \in \mathcal{K}$ 使得非线性函数 $\psi(z,\xi)$ 满足*

$$\|\psi(z,\xi)\| \leqslant \gamma(\|\xi\|)(1+\|z\|)$$

粗略地说, 假设 7.1.4 和 7.1.5 保证了开环系统是 Lyapunov 稳定的. 假设 7.1.5 也称为线性 (关于 z) 增长条件. 注意到此假设蕴含 $\psi(z,\xi)$ 是 ξ 的齐次函数, 有

$$\psi(z,0)=0, \quad \left.\frac{\partial \psi(z,\xi)}{\partial z}\right|_{\xi=0}=0, \quad \forall z \tag{7.14}$$

此外, 如果假设 7.1.5 不满足, 则 z 系统可能会出现问题, 见系统 (3.34).

根据假设 7.1.4 和 7.1.5, 有下面的初步结论.

引理 7.1.2 *令假设 7.1.4 和 7.1.5 成立, $f(x)$ 如式 (7.13) 所定义, 那么系统 $\dot{x}=f(x)$ 的任意解有界, 即 (z,ξ) 有界.*

证明 状态 ξ 显然是有界的, 只需证明 z 有界. Lyapunov 函数 $V_z(z)=z^{\mathrm{T}}Pz$ 沿着系统 (7.12) 的时间导数满足

$$\begin{aligned}\dot{V}_z(z) &= z^{\mathrm{T}}(A^{\mathrm{T}}P+PA)z+2z^{\mathrm{T}}P\psi(z,\xi)\\ &\leqslant 2\|z\|\,\|P\|\,\|\psi(z,\xi)\|\\ &\leqslant 2\|z\|\,\|P\|\,\gamma(\|\xi\|)(1+\|z\|)\end{aligned}$$

由于 $\dot{\xi}=\varphi(\xi)$ 是全局渐近稳定和局部指数稳定的, 根据定理 1.2.6, 存在正常数 b 和 $\theta \in \mathcal{K}$ 满足 $\gamma(\|\xi\|) \leqslant \theta(\|\xi_0\|)\mathrm{e}^{-bt}$, 进而有

$$\dot{V}_z(z) \leqslant 2\|z\|\,\|P\|\,\theta(\|\xi_0\|)\mathrm{e}^{-bt}(1+\|z\|)$$

不失一般性, 假设 $\|z\| \geqslant 1$ (否则, $\|z\|$ 即有界), 有

$$\dot{V}_z(z) \leqslant 4\lambda_{\max}(P)\,\|z\|^2\,\theta(\|\xi_0\|)\mathrm{e}^{-bt}$$

又因为 $\lambda_{\min}(P)\,\|z\|^2 \leqslant V_z(z) \leqslant \lambda_{\max}(P)\,\|z\|^2$, 所以有

$$\dot{V}_z(z) \leqslant 4\frac{\lambda_{\max}(P)}{\lambda_{\min}(P)}\lambda_{\min}(P)\,\|z\|^2\,\theta(\|\xi_0\|)\mathrm{e}^{-bt} \leqslant 4\frac{\lambda_{\max}(P)}{\lambda_{\min}(P)}V_z(z)\theta(\|\xi_0\|)\mathrm{e}^{-bt}$$

故存在正常数 c 使得 $\dot{V}_z/V_z \leqslant c\mathrm{e}^{-bt}$ 成立, 从而有

$$\int_0^t \mathrm{d}\ln V_z(z(s)) \leqslant \int_0^t c\mathrm{e}^{-bs}\mathrm{d}s$$

也即

$$V_z(z(t)) \leqslant V_z(z_0)\exp\left(\int_0^t c\mathrm{e}^{-bs}\mathrm{d}s\right) \leqslant V_z(z_0)\exp\left(\frac{c}{b}\right)$$

故函数 V_z 有界, 从而 z 有界. 证毕. □

7.2 耦合系统的 Lyapunov 函数

本节解决 7.1 节提出的第二个问题, 即如何构造耦合系统 (7.12) 的 Lyapunov 函数. 首先, 由于系统 $\dot{\xi} = \varphi(\xi)$ 是全局渐近稳定和局部指数稳定的, 可以做如下假设.

假设 7.2.1 *存在正定、径向无界和局部二次的 Lyapunov 函数 $V_\xi(\xi)$ 使得 $V_\xi(\xi)$ 沿着系统 $\dot{\xi} = \varphi(\xi)$ 的时间导数半负定, 即存在正定矩阵 Q 使得*

$$Q = \left.\frac{\partial^2 V_\xi(\xi)}{2\partial\xi^2}\right|_{\xi=0}, \quad L_\varphi V_\xi(\xi) \leqslant 0 \tag{7.15}$$

当 $\psi(z,\xi) = 0$ 时, 对系统 (7.12) 选取候选 Lyapunov 函数

$$V(z,\xi) = V_z(z) + V_\xi(\xi) = z^{\mathrm{T}}Pz + V_\xi(\xi) \tag{7.16}$$

根据假设 7.1.4, 其导数为

$$\dot{V}(z,\xi) = z^{\mathrm{T}}(A^{\mathrm{T}}P + PA)z + L_\varphi V_\xi(\xi) \leqslant 0$$

这表明该 $V(x,\xi)$ 满足引理 7.1.1 中 Lyapunov 函数的假设. 当 $\psi(z,\xi) \neq 0$ 时, 若选取同样的 Lyapunov 函数, 则 $V(x,\xi)$ 沿着系统 (7.12) 的时间导数为

$$\dot{V}(z,\xi) = z^{\mathrm{T}}(A^{\mathrm{T}}P + PA)z + L_\psi V_z(z) + L_\varphi V_\xi(\xi)$$

由于交叉项 $L_\psi V_z(z)$ 的符号不确定, 上述候选 Lyapunov 函数 $V(x,\xi)$ 可能不满足引理 7.1.1 对 Lyapunov 函数的假设.

解决上述问题的办法是在式 (7.16) 的候选 Lyapunov 函数 $V(x,\xi)$ 中引入交叉项 $\Psi(z,\xi)$, 其作用是使 $\dot{\Psi}(z,\xi)$ 完全抵消不定项 $L_\psi V_z(z)$, 即

$$\dot{\Psi}(z,\xi) = -L_\psi V_z(z) = -\frac{\partial V_z(z)}{\partial z}\psi(z,\xi) = -2z^{\mathrm{T}}P\psi(z,\xi) \tag{7.17}$$

注意交叉项 $\Psi(z,\xi)$ 与子系统 ξ 的 Lyapunov 函数 $V_\xi(\xi)$ 无关, 那么系统 (7.12) 的 Lyapunov 函数可以取成

$$V(x) = V(z,\xi) = V_z(z) + \Psi(z,\xi) + V_\xi(\xi) \tag{7.18}$$

引理 7.2.1 设交叉项 $\Psi(z,\xi)$ 满足微分方程 (7.17), 则 $L_\varphi V_\xi(\xi)\leqslant 0$ 蕴含 $L_f V(z,\xi)\leqslant 0$.

证明 直接计算可得

$$\begin{aligned}L_f V(z,\xi) &= \dot V(z,\xi)|_{\dot x=f(x)}\\ &= L_f V_z(z)+\dot\Psi(z,\xi)+L_f V_\xi(\xi)\\ &= z^{\mathrm T}(A^{\mathrm T}P+PA)z+\underbrace{L_\psi V_z+\dot\Psi(z,\xi)}_{=0}+L_\varphi V_\xi(\xi)\\ &= z^{\mathrm T}(A^{\mathrm T}P+PA)z+L_\varphi V_\xi(\xi)\end{aligned} \tag{7.19}$$

因此, 由 $L_\varphi V_\xi(\xi)\leqslant 0$ 可推出 $L_f V(z,\xi)\leqslant 0$. 证毕. □

这表明上述函数 $V(z,\xi)$ 对系统 (7.12) 而言满足引理 7.1.1 对函数 V 的假设, 从而可根据该引理设计镇定控制器. 但现在的问题是, 满足微分方程 (7.17) 的交叉项 $\Psi(z,\xi)$ 是否存在? 如何计算? 函数 $V(z,\xi)$ 是否正定? 是否径向无界? 下面将逐一回答这些问题.

7.2.1 交叉项 Lyapunov 函数的存在性和计算

本节回答交叉项 Lyapunov 函数的存在性问题, 同时提供可能的计算方法.

引理 7.2.2 设 $u=0$, 系统 (7.12) 在初始时刻 $s=0$ 经过 $x=[z^{\mathrm T},\xi^{\mathrm T}]^{\mathrm T}$ 的解为

$$\tilde x=\tilde x(x,s)=\begin{bmatrix}\tilde z(s)\\ \tilde\xi(s)\end{bmatrix}=\begin{bmatrix}\tilde z(z,\xi,s)\\ \tilde\xi(\xi,s)\end{bmatrix}$$

则如下定义的 $\Psi(z,\xi)$ 有界且满足微分方程 (7.17):

$$\Psi(z,\xi)=\int_0^\infty \frac{\partial V_z(\tilde z(s))}{\partial z}\psi(\tilde z(s),\tilde\xi(s))\mathrm ds \tag{7.20}$$

证明 设

$$F(s)=F(z,\xi,s)=\frac{\partial V_z(\tilde z(s))}{\partial z}\psi(\tilde z(s),\tilde\xi(s))$$

那么由假设 7.1.5 可知

$$\|F(s)\|\leqslant 2\|\tilde z(s)\|\,\|P\|\,\|\psi(\tilde z(s),\tilde\xi(s))\|\leqslant 2\|\tilde z(s)\|\,\|P\|\,(1+\|\tilde z(s)\|)\gamma(\|\tilde\xi(s)\|)$$

根据引理 7.1.2 的证明, 对于每个 (z,ξ), 存在 $\delta=\delta(\|z\|,\|\xi\|)>0$ 使得 $\|\tilde{z}(s)\|\leqslant\delta(\|z\|,\|\xi\|)$ $(\forall s\geqslant 0)$. 又由于 $\dot{\xi}=\varphi(\xi)$ 是全局渐近稳定和局部指数稳定的, 根据定理 1.2.6, 存在正常数 b 和 $\theta\in\mathcal{K}$ 满足

$$\gamma(\|\tilde{\xi}(s)\|)\leqslant\theta(\|\xi\|)\mathrm{e}^{-bs} \tag{7.21}$$

因此有

$$\|F(s)\|\leqslant 2\delta(\|z\|,\|\xi\|)\,\|P\|\,(1+\delta(\|z\|,\|\xi\|))\theta(\|\xi\|)\mathrm{e}^{-bs}$$

这表明 $F(s)\overset{s\to\infty}{\longrightarrow}0$ 和

$$\begin{aligned}\Psi(z,\xi)&=\int_0^{\infty}F(s)\mathrm{d}s\\&\leqslant 2\delta(\|z\|,\|\xi\|)\,\|P\|\,(1+\delta(\|z\|,\|\xi\|))\theta(\|\xi\|)\int_0^{\infty}\mathrm{e}^{-bs}\mathrm{d}s\\&=\frac{2}{b}\delta(\|z\|,\|\xi\|)\,\|P\|\,(1+\delta(\|z\|,\|\xi\|))\theta(\|\xi\|)\\&<\infty\end{aligned}$$

证明了 $\Psi(z,\xi)$ 是有界的. 设 $z=z(t)$ 和 $\xi=\xi(t)$ 对应的初值为 $z(0)$ 和 $\xi(0)$, 那么有

$$\begin{aligned}\Psi(z(t),\xi(t))&=\int_0^{\infty}F(z(t),\xi(t),s)\mathrm{d}s=\int_0^{\infty}F(z(0),\xi(0),t+s)\mathrm{d}s\\&=\int_t^{\infty}F(z(0),\xi(0),s)\mathrm{d}s\end{aligned}$$

对 t 求导可得

$$\dot{\Psi}(z(t),\xi(t))=-F(z(0),\xi(0),t)=-F(z(t),\xi(t),0)=-\frac{\partial V_z(z(t))}{\partial z}\psi(z(t),\xi(t))$$

这表明 $\Psi(z(t),\xi(t))$ 满足微分方程 (7.17). 证毕. □

虽然引理 7.2.2 表明交叉项 $\Psi(z,\xi)$ 存在, 但若根据基于线积分的公式 (7.20) 进行计算, 则需要非线性系统 (7.12) 的显式解. 这在一般情况下难以实现. 注意到方程 (7.17) 也可以写成

$$\frac{\partial\Psi(z,\xi)}{\partial z}(Az+\psi(z,\xi))+\frac{\partial\Psi(z,\xi)}{\partial\xi}\varphi(\xi)=-\frac{\partial V_z(z)}{\partial z}\psi(z,\xi) \tag{7.22}$$

这是关于变量 z 和 ξ 的偏微分方程. 根据假设 7.1.5, $\xi=0$ 蕴含 $\tilde{\xi}(s)=0$ $(\forall s\geqslant 0)$, 进而蕴含 $\Psi(z,0)=0$. 此即偏微分方程 (7.22) 的边界条件. 一般来说, 上述偏微分方程也是不容易求解的, 但可以采取数值方法近似计算.

对于 $\psi(z,\xi)=\psi_1(\xi)z+\psi_2(\xi)$ 和 $\varphi(\xi)=F\xi$ 这一特殊情形, 即

$$\begin{cases}\dot{z}=(A+\psi_1(\xi))z+\psi_2(\xi)\\ \dot{\xi}=F\xi\end{cases}\tag{7.23}$$

理论上可以用式 (7.20) 得到 $\Psi(z,\xi)$ 的显式表达式. 事实上, 从系统 (7.23) 的第二个方程可知 $\tilde{\xi}(s)=\mathrm{e}^{Fs}\xi$, 将其代入系统 (7.23) 的第一个方程可得

$$\dot{\tilde{z}}=(A+\psi_1(\mathrm{e}^{Fs}\xi))\tilde{z}+\psi_2(\mathrm{e}^{Fs}\xi)$$

这是一个线性时变系统, 其解为

$$\tilde{z}(s)=\Phi(s,0)z+\int_0^s\Phi(s,\tau)\psi_2(\mathrm{e}^{F\tau}\xi)\mathrm{d}\tau$$

其中, $\Phi(s,\tau)$ 是线性时变系统 $\dot{z}=(A+\psi_1(\mathrm{e}^{Ft}\xi))z$ 的状态转移矩阵. 再将 $\tilde{\xi}(s)$ 和 $\tilde{z}(s)$ 代入式 (7.20) 即可求出 $\Psi(z,\xi)$. 然而, $\Phi(s,\tau)$ 的求解依然是相当困难的.

如果进一步假设 $\psi_1(\xi)=0$, 那么 $\Phi(s,0)=\mathrm{e}^{As}$, 从而有

$$\begin{aligned}\Psi(z,\xi)&=\int_0^\infty 2\tilde{z}^{\mathrm{T}}(s)P\psi_2(\tilde{\xi}(s))\mathrm{d}s\\&=2z^{\mathrm{T}}\int_0^\infty \mathrm{e}^{A^{\mathrm{T}}s}P\psi_2(\mathrm{e}^{Fs}\xi)\mathrm{d}s\\&\quad+2\int_0^\infty\left(\int_0^s\mathrm{e}^{A(s-\tau)}\psi_2(\mathrm{e}^{F\tau}\xi)\mathrm{d}\tau\right)^{\mathrm{T}}P\psi_2(\mathrm{e}^{Fs}\xi)\mathrm{d}s\\&=2z^{\mathrm{T}}\Psi_1(\xi)+2\Psi_2(\xi)\end{aligned}\tag{7.24}$$

这里 $\Psi_1(\xi)$ 和 $\Psi_2(\xi)$ 都是待定的函数. 将式 (7.24) 代入式 (7.22) 得到

$$z^{\mathrm{T}}\left(A^{\mathrm{T}}\Psi_1(\xi)+\frac{\partial\Psi_1(\xi)}{\partial\xi}F\xi\right)+\psi_2^{\mathrm{T}}(\xi)\Psi_1(\xi)+\frac{\partial\Psi_2(\xi)}{\partial\xi}F\xi=-z^{\mathrm{T}}P\psi_2(\xi)$$

由 z 的任意性, 上述方程等价于

$$\begin{cases}A^{\mathrm{T}}\Psi_1(\xi)+\dfrac{\partial\Psi_1(\xi)}{\partial\xi}F\xi=-P\psi_2(\xi)\\ \psi_2^{\mathrm{T}}(\xi)\Psi_1(\xi)+\dfrac{\partial\Psi_2(\xi)}{\partial\xi}F\xi=0\end{cases}\tag{7.25}$$

从第一式可以解出 $\Psi_1(\xi)$, 代入第二式可以解出 $\Psi_2(\xi)$. 如果 $\psi_2(\xi)$ 是 ξ 的多项式函数, 那么 $\Psi_1(\xi)$ 和 $\Psi_2(\xi)$ 都是 ξ 的多项式函数, 在系数较简单的情况下, 方程 (7.25) 可以用待定系数法求解.

7.2.2 耦合线性系统的交叉项 Lyapunov 函数

考虑系统 (7.12) 在平衡点 $(z,\xi,u)=(0,0,0)$ 处的线性化系统

$$\begin{cases} \dot{z}_L = Az_L + H\xi_L + Bu_L \\ \dot{\xi}_L = F\xi_L + Du_L \end{cases} \tag{7.26}$$

其中, H、B、F 和 D 是具有适当维数的常数矩阵, 其定义为

$$H = \left.\frac{\partial\psi(z,\xi)}{\partial\xi}\right|_{(z,\xi)=0}, \quad B = b(0,0), \quad F = \left.\frac{\partial\varphi(\xi)}{\partial\xi}\right|_{\xi=0}, \quad D = d(0) \tag{7.27}$$

这里用到了式 (7.14). 由于 ξ 系统是局部指数稳定的, 所以 F 是 Hurwitz 矩阵. 设 $x_L = [z_L^{\mathrm{T}}, \xi_L^{\mathrm{T}}]^{\mathrm{T}}$, 则系统 (7.26) 可以写成整体形式:

$$\dot{x}_L = \begin{bmatrix} A & H \\ 0 & F \end{bmatrix} x_L + \begin{bmatrix} B \\ D \end{bmatrix} u_L \overset{\text{def}}{=\!=} A_L x_L + B_L u_L \tag{7.28}$$

此系统自然也满足假设 7.1.4 和 7.1.5, 因此可用上面的方法构造其带有交叉项的 Lyapunov 函数.

引理 7.2.3 考虑线性系统 (7.26). 设 $V_{\xi_L}(\xi_L) = \xi_L^{\mathrm{T}} Q \xi_L$, 其中, $Q>0$ 满足 $F^{\mathrm{T}}Q + QF \leqslant 0$, 则按式 (7.20) 和式 (7.18) 构造的交叉项 $\Psi_L(z_L,\xi_L)$ 和 Lyapunov 函数 $V_L(z_L,\xi_L)$ 分别为

$$\begin{aligned} \Psi_L(z_L,\xi_L) &= z_L^{\mathrm{T}} X \xi_L + \xi_L^{\mathrm{T}} X^{\mathrm{T}} z_L + \xi_L^{\mathrm{T}}(Y+Y^{\mathrm{T}})\xi_L \\ V_L(z_L,\xi_L) &= x_L^{\mathrm{T}} P_L x_L \end{aligned} \tag{7.29}$$

其中, X、Y 和 P_L 为按下式定义的常数矩阵:

$$X = \int_0^\infty \mathrm{e}^{A^{\mathrm{T}}s} P H \mathrm{e}^{Fs} \mathrm{d}s \tag{7.30}$$

$$Y = \int_0^\infty \left(\int_0^s \mathrm{e}^{A(s-\tau)} H \mathrm{e}^{F\tau} \mathrm{d}\tau \right)^{\mathrm{T}} P H \mathrm{e}^{Fs} \mathrm{d}s \tag{7.31}$$

$$P_L = \begin{bmatrix} P & X \\ X^{\mathrm{T}} & Q+Y+Y^{\mathrm{T}} \end{bmatrix} \tag{7.32}$$

此外, $P_L>0$ 且满足 Lyapunov 方程

$$A_L^{\mathrm{T}} P_L + P_L A_L = \mathrm{diag}(A^{\mathrm{T}}P + PA, F^{\mathrm{T}}Q + QF) \leqslant 0 \tag{7.33}$$

矩阵对 (X,Y) 是下述耦合 Sylvester 方程组的唯一解:

$$A^{\mathrm{T}}X+XF=-PH,\quad F^{\mathrm{T}}Y+YF=-H^{\mathrm{T}}X \tag{7.34}$$

证明 当 $u_L=0$ 时, 线性系统 (7.26) 的解为

$$\tilde{\xi}_L(s)=\mathrm{e}^{Fs}\xi_L,\quad \tilde{z}_L(s)=\mathrm{e}^{As}z_L+\left(\int_0^s \mathrm{e}^{A(s-\tau)}H\mathrm{e}^{F\tau}\mathrm{d}\tau\right)\xi_L$$

根据式 (7.20), 相应的交叉项是

$$\begin{aligned}
\varPsi_L(z_L,\xi_L)&=2\int_0^{\infty}\tilde{z}_L^{\mathrm{T}}(s)PH\tilde{\xi}_L(s)\mathrm{d}s\\
&=2z_L^{\mathrm{T}}\left(\int_0^{\infty}\mathrm{e}^{A^{\mathrm{T}}s}PH\mathrm{e}^{Fs}\mathrm{d}s\right)\xi_L\\
&\quad+2\xi_L^{\mathrm{T}}\left(\int_0^{\infty}\left(\int_0^s \mathrm{e}^{A(s-\tau)}H\mathrm{e}^{F\tau}\mathrm{d}\tau\right)^{\mathrm{T}}PH\mathrm{e}^{Fs}\mathrm{d}s\right)\xi_L\\
&=z_L^{\mathrm{T}}X\xi_L+\xi_L^{\mathrm{T}}X^{\mathrm{T}}z_L+\xi_L^{\mathrm{T}}(Y+Y^{\mathrm{T}})\xi_L
\end{aligned}$$

根据式 (7.18), 系统 (7.26) 的 Lyapunov 函数 $V_L(z_L,\xi_L)$ 恰好可以写成式 (7.29) 的形式. 由式 (7.19) 可知

$$\dot{V}_L(z_L,\xi_L)=\begin{bmatrix} z_L\\ \xi_L\end{bmatrix}^{\mathrm{T}}\begin{bmatrix} A^{\mathrm{T}}P+PA & 0\\ 0 & F^{\mathrm{T}}Q+QF\end{bmatrix}\begin{bmatrix} z_L\\ \xi_L\end{bmatrix}\leqslant 0$$

另外, 直接计算有 $\dot{V}_L(z_L,\xi_L)=x_L^{\mathrm{T}}(A_L^{\mathrm{T}}P_L+P_LA_L)x_L$. 比较即得方程 (7.33).

式 (7.34) 的第一个方程的解恰好是方程 (7.30), 而从式 (7.31) 和式 (7.34) 的第一个方程可得

$$\begin{aligned}
Y&=-\int_0^{\infty}\left(\int_0^s \mathrm{e}^{-A\tau}H\mathrm{e}^{F\tau}\mathrm{d}\tau\right)^{\mathrm{T}}\mathrm{e}^{A^{\mathrm{T}}s}(A^{\mathrm{T}}X+XF)\mathrm{e}^{Fs}\mathrm{d}s\\
&=-\int_0^{\infty}\left(\int_0^s \mathrm{e}^{-A\tau}H\mathrm{e}^{F\tau}\mathrm{d}\tau\right)^{\mathrm{T}}\mathrm{d}(\mathrm{e}^{A^{\mathrm{T}}s}X\mathrm{e}^{Fs})\\
&=-\int_0^{\infty}\mathrm{d}\left(\left(\int_0^s \mathrm{e}^{-A\tau}H\mathrm{e}^{F\tau}\mathrm{d}\tau\right)^{\mathrm{T}}(\mathrm{e}^{A^{\mathrm{T}}s}X\mathrm{e}^{Fs})\right)\\
&\quad+\int_0^{\infty}\mathrm{d}\left(\int_0^s \mathrm{e}^{-A\tau}H\mathrm{e}^{F\tau}\mathrm{d}\tau\right)^{\mathrm{T}}\mathrm{e}^{A^{\mathrm{T}}s}X\mathrm{e}^{Fs}\\
&=\int_0^{\infty}\mathrm{e}^{F^{\mathrm{T}}s}H^{\mathrm{T}}X\mathrm{e}^{Fs}\mathrm{d}s
\end{aligned}$$

这恰好是式 (7.34) 的第二个方程的唯一解. 最后证明 $P_L > 0$. 由于 $P > 0$, 从式 (7.34) 的第一个方程可得 $H = -(P^{-1}A^{\mathrm{T}}X + P^{-1}XF)$. 代入式 (7.34) 的第二个方程可得

$$F^{\mathrm{T}}(Y+Y^{\mathrm{T}})+(Y+Y^{\mathrm{T}})F = X^{\mathrm{T}}AP^{-1}X+F^{\mathrm{T}}X^{\mathrm{T}}P^{-1}X+X^{\mathrm{T}}P^{-1}A^{\mathrm{T}}X+X^{\mathrm{T}}P^{-1}XF$$

移项整理可得

$$F^{\mathrm{T}}(Y+Y^{\mathrm{T}}-X^{\mathrm{T}}P^{-1}X)+(Y+Y^{\mathrm{T}}-X^{\mathrm{T}}P^{-1}X)F = X^{\mathrm{T}}P^{-1}(A^{\mathrm{T}}P+PA)P^{-1}X$$

由于 F 是 Hurwitz 矩阵, $A^{\mathrm{T}}P + PA \leqslant 0$, 上述 Lyapunov 方程表明 $Y + Y^{\mathrm{T}} - X^{\mathrm{T}}P^{-1}X \geqslant 0$, 所以 P_L 的 Schur (舒尔) 补 $Q + Y + Y^{\mathrm{T}} - X^{\mathrm{T}}P^{-1}X > 0$. 由此得证 $P_L > 0$. 证毕. □

7.2.3　耦合 Lyapunov 函数的性质

Lyapunov 函数的正定性是最基础的要求, 而径向无界性是为了保证闭环系统稳定性是全局的. 本节讨论耦合 Lyapunov 函数的正定性和径向无界性.

引理 7.2.4　令假设 7.1.4 和 7.1.5 成立. 设 $\varPsi(z,\xi)$ 如式 (7.20) 所定义, $V(z,\xi)$ 如式 (7.18) 所定义, 则有

$$\varPsi(z,\xi) = \lim_{s\to\infty} V_z(\tilde{z}(s)) - V_z(z) - \int_0^{\infty} \tilde{z}^{\mathrm{T}}(s)(A^{\mathrm{T}}P+PA)\tilde{z}(s)\mathrm{d}s \tag{7.35}$$

且 $V_\xi(\xi)$ 正定和径向无界分别蕴含 $V(z,\xi)$ 正定和径向无界.

证明　为了记号简单, 设

$$\begin{aligned} K(s) = K(z,\xi,s) &= \frac{\partial V_z(\tilde{z}(s))}{\partial z}A\tilde{z}(s) \\ &= \tilde{z}^{\mathrm{T}}(s)(A^{\mathrm{T}}P+PA)\tilde{z}(s) \leqslant 0 \end{aligned} \tag{7.36}$$

注意到

$$\begin{aligned} V_z(\tilde{z}(\tau)) &= V_z(z) + \int_0^{\tau} \dot{V}_z(\tilde{z}(s))\mathrm{d}s \\ &= V_z(z) + \int_0^{\tau} \frac{\partial V_z(\tilde{z}(s))}{\partial z}(A\tilde{z}(s)+\psi(\tilde{z}(s),\tilde{\xi}(s)))\mathrm{d}s \end{aligned}$$

此即

$$V_z(z) + \int_0^{\tau} K(s)\mathrm{d}s = V_z(\tilde{z}(\tau)) - \int_0^{\tau} F(s)\mathrm{d}s$$

引理 7.2.2 已经证明上式右端第二项当 $\tau\to\infty$ 时的极限是 $\Psi(z,\xi)$, 而 $V_z(z)$ 正定, 故而右端有下界. 而左端是 τ 的不增函数, 根据有下界的单调不增函数必有极限可知 $\tau\to\infty$ 时极限存在, 即

$$V_z(z)+\int_0^{\infty}K(s)\mathrm{d}s=\lim_{s\to\infty}V_z(\tilde{z}(s))-\Psi(z,\xi)$$

这就是式 (7.35). 由于 $A^{\mathrm{T}}P+PA\leqslant 0$, 上式表明

$$\begin{aligned}V(z,\xi)&=V_z(z)+\Psi(z,\xi)+V_\xi(\xi)\\&=\lim_{s\to\infty}V_z(\tilde{z}(s))-\int_0^{\infty}K(s)\mathrm{d}s+V_\xi(\xi)\geqslant 0\end{aligned}\tag{7.37}$$

即 $V(z,\xi)$ 是半正定的, 且 $V(z,\xi)=0$ 仅当 $V_\xi(\xi)=0$. 因此, 如果 $V_\xi(\xi)$ 正定, 则有 $\xi=0$. 由于 $\psi(z,0)=0$, 所以 $\Psi(z,0)=0$, 从而 $V(z,0)=V_z(z)$. 因此, $V(z,0)=0$ 当且仅当 $z=0$, 也就是 $V(z,\xi)=0$ 当且仅当 $z=0,\xi=0$. 这就证明了 $V(z,\xi)$ 是正定的.

下面证明 $V_\xi(\xi)$ 径向无界蕴含 $V(z,\xi)$ 径向无界. 设

$$V_z^{\infty}(z,\xi)=\lim_{s\to\infty}V_z(\tilde{z}(s))$$

由于当 $\|\xi\|\to\infty$ 时有 $V_\xi(\xi)\to\infty$, 只需证明对于任意 ξ 有如下公式成立:

$$\lim_{\|z\|\to\infty}\left(V_z^{\infty}(z,\xi)-\int_0^{\infty}K(s)\mathrm{d}s\right)=\infty$$

由 $\dot{V}_z(\tilde{z}(\tau))=K(\tau)+F(\tau)$ 和式 (7.21) 可知

$$\begin{aligned}K(\tau)-\dot{V}_z(\tilde{z}(\tau))&=-F(\tau)\\&\leqslant\left\|\frac{\partial}{\partial z}V_z(\tilde{z}(\tau))\right\|\left\|\psi(\tilde{z}(\tau),\tilde{\xi}(\tau))\right\|\\&\leqslant 2\left\|\tilde{z}(\tau)\right\|\left\|P\right\|(1+\left\|\tilde{z}(\tau)\right\|)\theta(\|\xi\|)\mathrm{e}^{-b\tau}\\&\leqslant\begin{cases}4\left\|P\right\|\left\|\tilde{z}(\tau)\right\|^2\theta(\|\xi\|)\mathrm{e}^{-b\tau}, & \left\|\tilde{z}(\tau)\right\|\geqslant 1\\4\left\|P\right\|\theta(\|\xi\|)\mathrm{e}^{-b\tau}, & \left\|\tilde{z}(\tau)\right\|<1\end{cases}\\&\leqslant\begin{cases}\dfrac{4\left\|P\right\|}{\lambda_{\min}(P)}\theta(\|\xi\|)V_z(\tilde{z}(\tau))\mathrm{e}^{-b\tau}, & \left\|\tilde{z}(\tau)\right\|\geqslant 1\\4\left\|P\right\|\theta(\|\xi\|)\mathrm{e}^{-b\tau}, & \left\|\tilde{z}(\tau)\right\|<1\end{cases}\\&\leqslant\begin{cases}c\mathrm{e}^{-b\tau}V_z(\tilde{z}(\tau)), & \left\|\tilde{z}(\tau)\right\|\geqslant 1\\c\mathrm{e}^{-b\tau}, & \left\|\tilde{z}(\tau)\right\|<1\end{cases}\end{aligned}$$

其中, $c=c(\|\xi\|)=\max\{4\|P\|\theta(\|\xi\|)/\lambda_{\min}(P),4\|P\|\theta(\|\xi\|)\}$. 记 $\phi(t,s)$ 是线性系统 $\dot{y}(t)=-c\mathrm{e}^{-bt}y(t)$ 的状态转移矩阵, 即

$$\phi(t,s)=\exp\left(\int_s^t -c\mathrm{e}^{-b\tau}\mathrm{d}\tau\right)=\exp\left(\frac{c}{b}(\mathrm{e}^{-bt}-\mathrm{e}^{-bs})\right)\in\left[\mathrm{e}^{-\frac{c}{b}},1\right]$$

设 $\|\tilde{z}(\tau)\|-1$ 在区间 $\tau\in[\tau_1,\tau_2]$ 上定号. 如果 $\|\tilde{z}(\tau)\|\geqslant 1$ $(\forall\tau\in[\tau_1,\tau_2])$, 则有

$$\dot{V}_z(\tilde{z}(\tau))\geqslant -c\mathrm{e}^{-bz}V_z(\tilde{z}(\tau))+K(\tau)$$

对上述不等式两边同时在 $[\tau_1,\tau_2]$ 上积分 (或根据比较原理) 可得

$$V_z(\tilde{z}(\tau_2))\geqslant\phi(\tau_2,\tau_1)V_z(\tilde{z}(\tau_1))+\int_{\tau_1}^{\tau_2}\phi(\tau_2,\tau)K(\tau)\mathrm{d}\tau \tag{7.38}$$

如果 $\|\tilde{z}(\tau)\|<1$ $(\forall\tau\in[\tau_1,\tau_2])$, 则有

$$\dot{V}_z(\tilde{z}(\tau))\geqslant -c\mathrm{e}^{-b\tau}+K(\tau)$$

对上述不等式两边同时在 $[\tau_1,\tau_2]$ 上积分可得

$$V_z(\tilde{z}(\tau_2))\geqslant V_z(\tilde{z}(\tau_1))+\int_{\tau_1}^{\tau_2}K(\tau)\mathrm{d}\tau-\int_{\tau_1}^{\tau_2}c\mathrm{e}^{-b\tau}\mathrm{d}\tau \tag{7.39}$$

综合式 (7.38) 和式 (7.39) 并注意到 $K(\tau)\leqslant 0$ 可知, 在区间 $[\tau_1,\tau_2]$ 上都有

$$V_z(\tilde{z}(\tau_2))\geqslant\phi(\tau_2,\tau_1)V_z(\tilde{z}(\tau_1))+\int_{\tau_1}^{\tau_2}K(\tau)\mathrm{d}\tau-\int_{\tau_1}^{\tau_2}c\mathrm{e}^{-b\tau}\mathrm{d}\tau$$

同理, 设 $\|\tilde{z}(\tau)\|-1$ 在区间 $[\tau_2,\tau_3]$ 上定号, 那么有

$$\begin{aligned}V_z(\tilde{z}(\tau_3))\geqslant&\ \phi(\tau_3,\tau_2)V_z(\tilde{z}(\tau_2))+\int_{\tau_2}^{\tau_3}K(\tau)\mathrm{d}\tau-\int_{\tau_2}^{\tau_3}c\mathrm{e}^{-b\tau}\mathrm{d}\tau\\ \geqslant&\ \phi(\tau_3,\tau_2)\left(\phi(\tau_2,\tau_1)V_z(\tilde{z}(\tau_1))+\int_{\tau_1}^{\tau_2}K(\tau)\mathrm{d}\tau-\int_{\tau_1}^{\tau_2}c\mathrm{e}^{-b\tau}\mathrm{d}\tau\right)\\ &+\int_{\tau_2}^{\tau_3}K(\tau)\mathrm{d}\tau-\int_{\tau_2}^{\tau_3}c\mathrm{e}^{-b\tau}\mathrm{d}\tau\\ \geqslant&\ \phi(\tau_3,\tau_1)V_z(\tilde{z}(\tau_1))+\int_{\tau_1}^{\tau_2}K(\tau)\mathrm{d}\tau+\int_{\tau_2}^{\tau_3}K(\tau)\mathrm{d}s\end{aligned}$$

$$
\begin{aligned}
&-\int_{\tau_1}^{\tau_2} c\mathrm{e}^{-b\tau}\mathrm{d}\tau-\int_{\tau_2}^{\tau_3} c\mathrm{e}^{-b\tau}\mathrm{d}\tau\\
&=\phi(\tau_3,\tau_1)V_z(\tilde{z}(\tau_1))+\int_{\tau_1}^{\tau_3}K(\tau)\mathrm{d}\tau-\int_{\tau_1}^{\tau_3}c\mathrm{e}^{-b\tau}\mathrm{d}\tau
\end{aligned}
$$

令 $[\tau_1,\tau_2]\cup[\tau_2,\tau_3]\cup\cdots=[0,\infty)$, 则 $\tau_k\overset{k\to\infty}{\longrightarrow}\infty$. 重复上述过程可得

$$
\begin{aligned}
\lim_{\tau_k\to\infty}V_z(\tilde{z}(\tau_k))&\geqslant\lim_{\tau_k\to\infty}\phi(\tau_k,0)V_z(\tilde{z}(0))+\int_0^\infty K(\tau)\mathrm{d}\tau-\int_0^\infty c\mathrm{e}^{-b\tau}\mathrm{d}\tau\\
&=\mathrm{e}^{-\frac{c}{b}}V_z(z)+\int_0^\infty K(\tau)\mathrm{d}\tau-\frac{c}{b}
\end{aligned}
$$

也就是

$$
\lim_{\|z\|\to\infty}\left(V_z^\infty(z,\xi)-\int_0^\infty K(\tau)\mathrm{d}s\right)\geqslant\lim_{\|z\|\to\infty}\mathrm{e}^{-\frac{c}{b}}V_z(z)-\frac{c}{b}=\infty
$$

这就证明了 $V(z,\xi)$ 是径向无界的. 证毕. □

说明 7.2.1 从上面的证明可知当 $s\to\infty$ 时 $V_z(\tilde{z}(s))$ 存在, 但这并不意味着当 $s\to\infty$ 时 $\tilde{z}(s)$ 存在. 例如取 $A^{\mathrm{T}}+A=0, A\neq 0,\psi(z,\xi)=H\xi,\varphi(\xi)=F\xi$, 则有

$$
\tilde{z}(s)=\mathrm{e}^{As}z+\left(\int_0^s\mathrm{e}^{A(s-\tau)}H\mathrm{e}^{F\tau}\mathrm{d}\tau\right)\xi
$$

显然当 $s\to\infty$ 时 $\tilde{z}(s)$ 存在当且仅当 $A=0$.

7.2.4 交叉项 Lyapunov 函数的局部二次正定性

Lyapunov 函数的局部二次正定性是为了保证闭环系统的局部指数稳定性 (见定理 1.2.13). 下面给出 $V(z,\xi)$ 是局部二次正定函数的条件.

引理 7.2.5 令假设 7.1.4 和 7.1.5 成立, $V(z,\xi)$ 如式 (7.18) 所定义, P_L 如式 (7.30) ~ (7.32) 所定义, 那么 $V_\xi(\xi)$ 是局部二次正定函数蕴含 $V(z,\xi)$ 也是局部二次正定函数, 即

$$
\frac{\partial^2V(z,\xi)}{\partial(z,\xi)\partial(z,\xi)}\overset{\text{def}}{=\!=}\begin{bmatrix}\dfrac{\partial^2V(z,\xi)}{\partial z\partial z}&\dfrac{\partial^2V(z,\xi)}{\partial z\partial\xi}\\\dfrac{\partial^2V(z,\xi)}{\partial\xi\partial z}&\dfrac{\partial^2V(z,\xi)}{\partial\xi\partial\xi}\end{bmatrix}_{(z,\xi)=0}=2P_L
$$

证明　注意到 $\tilde{z}(s)$ 和 $\tilde{\xi}(s)$ 满足微分方程

$$\begin{cases} \dfrac{\mathrm{d}}{\mathrm{d}s}\tilde{z}(s) = A\tilde{z}(s) + \psi(s) \\ \dfrac{\mathrm{d}}{\mathrm{d}s}\tilde{\xi}(s) = \varphi(\tilde{\xi}(s)) \end{cases} \tag{7.40}$$

其中, $\psi(s) = \psi(\tilde{z}(s), \tilde{\xi}(s))$; 初值 $\tilde{z}(0) = z$, $\tilde{\xi}(0) = \xi$. 将系统 (7.40) 的第二个方程两边同时对 ξ 求偏导并记 $\xi_\xi(s) = \partial\tilde{\xi}(s)/\partial\xi|_{(z,\xi)=0}$, 可得

$$\frac{\mathrm{d}\xi_\xi(s)}{\mathrm{d}s} = \left.\frac{\partial\varphi(\tilde{\xi}(s))}{\partial\tilde{\xi}}\right|_{(z,\xi)=0} \xi_\xi(s) = F\xi_\xi(s)$$

由于 $\xi_\xi(0) = I$, 故有 $\xi_\xi(s) = \mathrm{e}^{Fs}$. 同样记 $z_\xi(s) = \partial\tilde{z}(s)/\partial\xi|_{(z,\xi)=0}$ 并将系统 (7.40) 的第一个方程两边同时对 ξ 求偏导可得

$$\begin{aligned} \frac{\mathrm{d}z_\xi(s)}{\mathrm{d}s} &= Az_\xi(s) + \left.\frac{\partial\psi(s)}{\partial\tilde{z}}\right|_{(z,\xi)=0} z_\xi(s) + \left.\frac{\partial\psi(s)}{\partial\tilde{\xi}}\right|_{(z,\xi)=0} \xi_\xi(s) \\ &= Az_\xi(s) + H\mathrm{e}^{Fs} \end{aligned} \tag{7.41}$$

这里已经注意到式 (7.27) 和式 (7.14), 且 $\xi = 0$ 蕴含 $\tilde{\xi}(s) = 0\ (\forall s \geqslant 0)$. 由于 $z_\xi(0) = 0$, 解上述方程得到

$$z_\xi(s) = \int_0^s \mathrm{e}^{A(s-\tau)} H\mathrm{e}^{F\tau}\mathrm{d}\tau$$

记 $z_z(s) = \partial\tilde{z}(s)/\partial z|_{(z,\xi)=0}$ 并再一次将系统 (7.40) 的第一个方程两边同时对 z 求偏导得到

$$\frac{\mathrm{d}z_z(s)}{\mathrm{d}s} = Az_z(s) + \left.\frac{\partial\psi(s)}{\partial\tilde{z}}\right|_{(z,\xi)=0} z_z(s) + \left.\frac{\partial\psi(s)}{\partial\tilde{\xi}}\right|_{(z,\xi)=0} \xi_z(s) = Az_z(s)$$

这里注意到 $\xi_z(s) = 0$ 和式 (7.14) 以及 $\xi = 0$ 蕴含 $\tilde{\xi}(s) = 0\ (\forall s \geqslant 0)$. 因此有 $z_z(s) = \mathrm{e}^{As}$.

由于 $V_z(z)$ 是形式上的二次函数, 容易求得

$$\frac{\partial V_z(\tilde{z}(s))}{\partial z} = 2\tilde{z}^{\mathrm{T}}(s)P\frac{\partial\tilde{z}(s)}{\partial z}, \quad \frac{\partial V_z(\tilde{z}(s))}{\partial\xi} = 2\tilde{z}^{\mathrm{T}}(s)P\frac{\partial\tilde{z}(s)}{\partial\xi}$$

利用 $\tilde{z}(0, 0, s) = 0$, 从上式可得

$$V_{zz}(s) \xlongequal{\text{def}} \left.\frac{\partial^2 V_z(\tilde{z}(s))}{2\partial z\partial z}\right|_{(z,\xi)=0} = \left.\frac{\partial \tilde{z}^{\mathrm{T}}(s)}{\partial z}P\frac{\partial \tilde{z}(s)}{\partial z}\right|_{(z,\xi)=0}$$

$$V_{\xi z}(s) \xlongequal{\text{def}} \left.\frac{\partial^2 V_z(\tilde{z}(s))}{2\partial \xi\partial z}\right|_{(z,\xi)=0} = \left.\frac{\partial \tilde{z}^{\mathrm{T}}(s)}{\partial \xi}P\frac{\partial \tilde{z}(s)}{\partial z}\right|_{(z,\xi)=0}$$

$$V_{z\xi}(s) \xlongequal{\text{def}} \left.\frac{\partial^2 V_z(\tilde{z}(s))}{2\partial z\partial \xi}\right|_{(z,\xi)=0} = \left.\frac{\partial \tilde{z}^{\mathrm{T}}(s)}{\partial z}P\frac{\partial \tilde{z}(s)}{\partial \xi}\right|_{(z,\xi)=0}$$

$$V_{\xi\xi}(s) \xlongequal{\text{def}} \left.\frac{\partial^2 V_z(\tilde{z}(s))}{2\partial \xi\partial \xi}\right|_{(z,\xi)=0} = \left.\frac{\partial \tilde{z}^{\mathrm{T}}(s)}{\partial \xi}P\frac{\partial \tilde{z}(s)}{\partial \xi}\right|_{(z,\xi)=0}$$

同理, 由于式 (7.36) 中的 $K(s) = K(z,\xi,s)$ 也是形式上的二次函数, 容易求得

$$\frac{\partial K(s)}{\partial z} = 2\tilde{z}^{\mathrm{T}}(s)(A^{\mathrm{T}}P + PA)\frac{\partial \tilde{z}(s)}{\partial z}, \quad \frac{\partial K(s)}{\partial \xi} = 2\tilde{z}^{\mathrm{T}}(s)(A^{\mathrm{T}}P + PA)\frac{\partial \tilde{z}(s)}{\partial \xi}$$

再一次利用 $\tilde{z}(0,0,s) = 0$ 可以得到

$$K_{zz}(s) \xlongequal{\text{def}} \left.\frac{\partial^2 K(s)}{2\partial z\partial z}\right|_{(z,\xi)=0} = \left.\frac{\partial \tilde{z}^{\mathrm{T}}(s)}{\partial z}(A^{\mathrm{T}}P + PA)\frac{\partial \tilde{z}(s)}{\partial z}\right|_{(z,\xi)=0}$$

$$K_{\xi z}(s) \xlongequal{\text{def}} \left.\frac{\partial^2 K(s)}{2\partial \xi\partial z}\right|_{(z,\xi)=0} = \left.\frac{\partial \tilde{z}^{\mathrm{T}}(s)}{\partial \xi}(A^{\mathrm{T}}P + PA)\frac{\partial \tilde{z}(s)}{\partial z}\right|_{(z,\xi)=0}$$

$$K_{z\xi}(s) \xlongequal{\text{def}} \left.\frac{\partial^2 K(s)}{2\partial z\partial \xi}\right|_{(z,\xi)=0} = \left.\frac{\partial \tilde{z}^{\mathrm{T}}(s)}{\partial z}(A^{\mathrm{T}}P + PA)\frac{\partial \tilde{z}(s)}{\partial \xi}\right|_{(z,\xi)=0}$$

$$K_{\xi\xi}(s) \xlongequal{\text{def}} \left.\frac{\partial^2 K(s)}{2\partial \xi\partial \xi}\right|_{(z,\xi)=0} = \left.\frac{\partial \tilde{z}^{\mathrm{T}}(s)}{\partial \xi}(A^{\mathrm{T}}P + PA)\frac{\partial \tilde{z}(s)}{\partial \xi}\right|_{(z,\xi)=0}$$

利用 $z_z(s)$ 的表达式可以计算

$$\begin{aligned}
V_{zz}(s) - \int_0^s K_{zz}(\tau)\mathrm{d}\tau &= z_z^{\mathrm{T}}(s)Pz_z(s) - \int_0^s z_z^{\mathrm{T}}(\tau)(A^{\mathrm{T}}P + PA)z_z(\tau)\mathrm{d}\tau \\
&= \mathrm{e}^{A^{\mathrm{T}}s}P\mathrm{e}^{As} - \int_0^s \mathrm{e}^{A^{\mathrm{T}}\tau}(A^{\mathrm{T}}P + PA)\mathrm{e}^{A\tau}\mathrm{d}\tau \\
&= \mathrm{e}^{A^{\mathrm{T}}s}P\mathrm{e}^{As} - \int_0^s \mathrm{d}(\mathrm{e}^{A^{\mathrm{T}}\tau}P\mathrm{e}^{A\tau}) \\
&= P
\end{aligned}$$

设 $U(\tau)=\int_0^\tau \mathrm{e}^{-A\sigma}H\mathrm{e}^{F\sigma}\mathrm{d}\sigma$, 则有 $z_\xi(s)=\mathrm{e}^{As}U(s)$. 那么可得

$$
\begin{aligned}
&V_{\xi z}(s)-\int_0^s K_{\xi z}(\tau)\mathrm{d}\tau\\
&=z_\xi^{\mathrm{T}}(s)Pz_z(s)-\int_0^s z_\xi^{\mathrm{T}}(\tau)(A^{\mathrm{T}}P+PA)z_z(\tau)\mathrm{d}\tau\\
&=U^{\mathrm{T}}(s)\mathrm{e}^{A^{\mathrm{T}}s}P\mathrm{e}^{As}-\int_0^s U^{\mathrm{T}}(\tau)\mathrm{e}^{A^{\mathrm{T}}\tau}(A^{\mathrm{T}}P+PA)\mathrm{e}^{A\tau}\mathrm{d}\tau\\
&=U^{\mathrm{T}}(s)\mathrm{e}^{A^{\mathrm{T}}s}P\mathrm{e}^{As}-\int_0^s U^{\mathrm{T}}(\tau)\mathrm{d}(\mathrm{e}^{A^{\mathrm{T}}\tau}P\mathrm{e}^{A\tau})\\
&=U^{\mathrm{T}}(s)\mathrm{e}^{A^{\mathrm{T}}s}P\mathrm{e}^{As}-\int_0^s \mathrm{d}(U^{\mathrm{T}}(\tau)\mathrm{e}^{A^{\mathrm{T}}\tau}P\mathrm{e}^{A\tau})+\int_0^s \mathrm{d}(U^{\mathrm{T}}(\tau))\mathrm{e}^{A^{\mathrm{T}}\tau}P\mathrm{e}^{A\tau}\\
&=\int_0^s \mathrm{d}(U^{\mathrm{T}}(\tau))\mathrm{e}^{A^{\mathrm{T}}\tau}P\mathrm{e}^{A\tau}\\
&=\int_0^s \mathrm{e}^{F^{\mathrm{T}}\tau}H^{\mathrm{T}}\mathrm{e}^{-A^{\mathrm{T}}\tau}\mathrm{e}^{A^{\mathrm{T}}\tau}P\mathrm{e}^{A\tau}\mathrm{d}\tau\\
&=\int_0^s \mathrm{e}^{F^{\mathrm{T}}\tau}H^{\mathrm{T}}P\mathrm{e}^{A\tau}\mathrm{d}\tau\\
&\overset{s\to\infty}{\longrightarrow} X^{\mathrm{T}}
\end{aligned}
$$

这里 X 如式 (7.30) 所定义. 从式 (7.41) 可知

$$
\frac{\mathrm{d}}{\mathrm{d}\tau}(z_\xi^{\mathrm{T}}(\tau)Pz_\xi(\tau))=z_\xi^{\mathrm{T}}(\tau)(A^{\mathrm{T}}P+PA)z_\xi(\tau)+(H\mathrm{e}^{F\tau})^{\mathrm{T}}Pz_\xi(\tau)+z_\xi^{\mathrm{T}}(\tau)PH\mathrm{e}^{F\tau}
$$

因此有

$$
\begin{aligned}
&V_{\xi\xi}(s)-\int_0^s K_{\xi\xi}(\tau)\mathrm{d}\tau\\
&=z_\xi^{\mathrm{T}}(s)Pz_\xi(s)-\int_0^s z_\xi^{\mathrm{T}}(\tau)(A^{\mathrm{T}}P+PA)z_\xi^{\mathrm{T}}(\tau)\mathrm{d}\tau\\
&=z_\xi^{\mathrm{T}}(s)Pz_\xi(s)-\int_0^s \mathrm{d}\left(z_\xi^{\mathrm{T}}(\tau)Pz_\xi(\tau)\right)-\int_0^s\left((H\mathrm{e}^{F\tau})^{\mathrm{T}}Pz_\xi(\tau)+z_\xi^{\mathrm{T}}(\tau)PH\mathrm{e}^{F\tau}\right)\mathrm{d}\tau\\
&=\int_0^s\left((H\mathrm{e}^{F\tau})^{\mathrm{T}}Pz_\xi(\tau)+z_\xi^{\mathrm{T}}(\tau)PH\mathrm{e}^{F\tau}\right)\mathrm{d}\tau\\
&=\int_0^s \mathrm{e}^{F^{\mathrm{T}}\tau}H^{\mathrm{T}}P\int_0^\tau \mathrm{e}^{A(\tau-\sigma)}H\mathrm{e}^{F\sigma}\mathrm{d}\sigma\mathrm{d}\tau+\int_0^s\left(\int_0^\tau \mathrm{e}^{A(\tau-\sigma)}H\mathrm{e}^{F\sigma}\mathrm{d}\sigma\right)^{\mathrm{T}}PH\mathrm{e}^{F\tau}\mathrm{d}\tau\\
&\overset{s\to\infty}{\longrightarrow} Y+Y^{\mathrm{T}}
\end{aligned}
$$

这里 Y 如式 (7.31) 所定义. 将上面诸式代入式 (7.37) 并利用式 (7.15) 即得所证结论. 证毕. □

上述结论表明 $V(z,\xi)$ 和 $V_L(z_L,\xi_L)$ 在原点有完全相同的 Hessian 矩阵.

7.2.5 附加系统的零状态能检测性

本节解决 7.1 节提出的第三个问题: 与耦合系统 (7.12) 对应的附加系统 (7.9) 即

$$\begin{cases}\dot{x}=\begin{bmatrix}\dot{z}\\ \dot{\xi}\end{bmatrix}=\begin{bmatrix}Az+\psi(z,\xi)\\ \varphi(\xi)\end{bmatrix}=f(x)\\ \begin{bmatrix}y_1\\ y_2\end{bmatrix}=\begin{bmatrix}L_gV(z,\xi)\\ L_fV(z,\xi)\end{bmatrix}=\begin{bmatrix}\dfrac{\partial V(z,\xi)}{\partial z}b(z,\xi)+\dfrac{\partial V(z,\xi)}{\partial \xi}d(\xi)\\ \dfrac{\partial V(z,\xi)}{\partial z}(Az+\psi(z,\xi))+\dfrac{\partial V(z,\xi)}{\partial \xi}\varphi(\xi)\end{bmatrix}\end{cases}\tag{7.42}$$

的零状态能检测性, 这里 $V(z,\xi)$ 如式 (7.18) 所定义. 首先下面用反例指出, 仅依靠假设 7.1.4 和 7.1.5 不能保证系统 (7.42) 的零状态能检测性.

例 7.2.1 考虑形如系统 (7.12) 的耦合系统

$$\dot{z}=\xi^3,\quad \dot{\xi}=-\xi+u$$

显然该系统满足假设 7.1.4 和 7.1.5. 根据 7.2.4 节的方法, 构造出的带有交叉项的 Lyapunov 函数为

$$V(z,\xi)=\left(z+\frac{\xi^3}{3}\right)^2+\xi^2$$

对应的附加系统是

$$\begin{bmatrix}\dot{z}\\ \dot{\xi}\end{bmatrix}=\begin{bmatrix}\xi^3\\ -\xi,\end{bmatrix},\quad \begin{bmatrix}y_1\\ y_2\end{bmatrix}=\begin{bmatrix}2\left(z+\dfrac{\xi^3}{3}\right)\xi^2+\xi\\ -\xi^2\end{bmatrix}$$

显然, 由 $y=0$ 可以推出 $\xi=0$, 但不可进一步得出 $z\overset{t\to\infty}{\longrightarrow}0$, 即该附加系统不是零状态能检测的.

因此要对系统 (7.12) 施加更多的条件来保证附加系统 (7.42) 的零状态能检测性. 为了探索新条件, 介绍如下引理.

引理 7.2.6　附加系统 (7.42) 是零状态能检测的当且仅当系统

$$\begin{cases} \dot{z} = Az \\ \bar{y}_1 = \dfrac{\partial V(z,0)}{\partial z} b(z,0) + \dfrac{\partial V(z,0)}{\partial \xi} d(0) \end{cases} \tag{7.43}$$

是零状态能检测的, 其中, $\partial V(z,0)/\partial z$ 表示 $(\partial V(z,\xi)/\partial z)|_{\xi=0}$.

证明　设系统 (7.43) 是零状态能检测的. 令 $(y_1, y_2) = (0,0)$. 由于 $\dot{\xi} = \varphi(\xi)$ 渐近稳定, 所以必有 $\xi \stackrel{t\to\infty}{\longrightarrow} 0$. 由于 $\psi(z,0) = 0$, 系统 (7.42) 退化成系统 (7.43), 而后者是零状态能检测的, 且 $\bar{y}_1 = y_1$, 即从 $\bar{y}_1 = 0$ 可以推出 $z \stackrel{t\to\infty}{\longrightarrow} 0$. 综合可知从 $(y_1, y_2) = (0,0)$ 可以推出 $(z,\xi) \stackrel{t\to\infty}{\longrightarrow} 0$, 故系统 (7.42) 是零状态能检测的.

设系统 (7.42) 是零状态能检测的. 考虑系统

$$\dot{x} = f(x) - g(x) L_g V(x) \tag{7.44}$$

其中, x、$f(x)$、$g(x)$ 和 $V(x)$ 如式 (7.13) 和式 (7.18) 所定义. 根据引理 7.1.1, 系统 (7.44) 是渐近稳定的. 现考虑系统

$$\dot{x} = f(x), \quad w_1 = L_g V(x) \tag{7.45}$$

的任何满足 $L_g V(x) = 0$ 的轨线 $x(t)$. 显然, $x(t)$ 也满足系统 (7.44). 由系统 (7.44) 的渐近稳定性可知 $x(t) \stackrel{t\to\infty}{\longrightarrow} 0$, 也就是说从 $w_1 = 0$ 可以推出 $x \stackrel{t\to\infty}{\longrightarrow} 0$, 因此系统 (7.45) 是零状态能检测的.

考虑系统 (7.45) 的一个特殊轨线 $x(t) = [z^{\mathrm{T}}(t), 0]^{\mathrm{T}}$. 注意到 $\psi(z,0) = 0$, 此时系统 (7.45) 恰好退化成系统 (7.43), 且 $\bar{y}_1 = w_1$. 由于系统 (7.45) 是零状态能检测的, 从 $w_1 = 0$ 可以推出 $x(t) \stackrel{t\to\infty}{\longrightarrow} 0$, 也就是从 $\bar{y}_1 = 0$ 可以推出 $z \stackrel{t\to\infty}{\longrightarrow} 0$, 这恰好说明系统 (7.43) 是零状态能检测的. 证毕. □

为了计算 $\partial V(z,0)/\partial z$ 和 $\partial V(z,0)/\partial \xi$, 给出如下引理.

引理 7.2.7　设 $V(z,\xi)$ 如式 (7.18) 所定义, $\partial V_\xi(\xi)/\partial \xi|_{\xi=0} = 0$, $\psi = \psi(\tilde{z}(s), \tilde{\xi}(s))$, 则有

$$\frac{\partial V(z,0)}{\partial z} = 2z^{\mathrm{T}} P, \quad \frac{\partial V(z,0)}{\partial \xi} = 2z^{\mathrm{T}} \int_0^\infty \mathrm{e}^{A^{\mathrm{T}} s} P \frac{\partial \psi}{\partial \tilde{\xi}} \mathrm{e}^{Fs} \mathrm{d}s \bigg|_{\xi=0}$$

证明　从 $\xi = 0$ 可以推出 $\tilde{\xi}(s) = 0$, 所以根据式 (7.14) 有

$$\psi|_{\xi=0} = 0, \quad \left.\frac{\partial \psi}{\partial \tilde{z}}\right|_{\xi=0} = 0$$

根据 $\Psi(z,\xi)$ 的计算式 (7.20) 有

$$\begin{aligned}\left.\frac{\partial\Psi(z,\xi)}{2\partial z}\right|_{\xi=0} &= \left.\int_0^\infty \frac{\partial\tilde{z}^{\mathrm{T}}}{\partial z}P\psi\mathrm{d}s\right|_{\xi=0} + \left.\int_0^\infty \tilde{z}^{\mathrm{T}}P\frac{\partial\psi}{\partial\tilde{z}}\frac{\partial\tilde{z}}{\partial z}\mathrm{d}s\right|_{\xi=0} \\ &\quad + \left.\int_0^\infty \tilde{z}^{\mathrm{T}}P\frac{\partial\psi}{\partial\tilde{\xi}}\frac{\partial\tilde{\xi}}{\partial z}\mathrm{d}s\right|_{\xi=0} \\ &= 0\end{aligned}$$

注意到 $\partial\tilde{\xi}(s)/\partial z=0$, 因此有

$$\left.\frac{\partial V(z,\xi)}{\partial z}\right|_{\xi=0} = 2z^{\mathrm{T}}P + \left.\frac{\partial\Psi(z,\xi)}{\partial z}\right|_{\xi=0} = 2z^{\mathrm{T}}P$$

这就证明了第一式. 同理

$$\begin{aligned}\left.\frac{\partial\Psi(z,\xi)}{2\partial\xi}\right|_{\xi=0} &= \left.\int_0^\infty \frac{\partial\tilde{z}^{\mathrm{T}}}{\partial\xi}P\psi\mathrm{d}s\right|_{\xi=0} \\ &\quad + \left.\int_0^\infty \tilde{z}^{\mathrm{T}}P\frac{\partial\psi}{\partial\tilde{z}}\frac{\partial\tilde{z}}{\partial\xi}\mathrm{d}s\right|_{\xi=0} + \left.\int_0^\infty \tilde{z}^{\mathrm{T}}P\frac{\partial\psi}{\partial\tilde{\xi}}\frac{\partial\tilde{\xi}}{\partial\xi}\mathrm{d}s\right|_{\xi=0} \\ &= \left.\int_0^\infty \tilde{z}^{\mathrm{T}}P\frac{\partial\psi}{\partial\tilde{\xi}}\frac{\partial\tilde{\xi}}{\partial\xi}\mathrm{d}s\right|_{\xi=0} = \left.\int_0^\infty z^{\mathrm{T}}\mathrm{e}^{A^{\mathrm{T}}s}P\frac{\partial\psi}{\partial\tilde{\xi}}\mathrm{e}^{Fs}\mathrm{d}s\right|_{\xi=0}\end{aligned}$$

其中用到了 $\tilde{z}(z,0,s)=\mathrm{e}^{As}z$ 和 $\partial\tilde{\xi}/\partial\xi=\mathrm{e}^{Fs}$ (见引理 7.2.5 的证明). 因此由

$$\left.\frac{\partial V(z,\xi)}{\partial\xi}\right|_{\xi=0} = \left.\frac{\partial\Psi(z,\xi)}{\partial\xi}\right|_{\xi=0} + \left.\frac{\partial V_\xi(\xi)}{\partial\xi}\right|_{\xi=0}$$

即得第二式. 证毕. □

从引理 7.2.6 和 7.2.7 可知, 如果 $b(z,0)$ 和 $\partial\psi(\tilde{z}(s),\tilde{\xi}(s))/\partial\tilde{\xi}|_{\xi=0}$ 都是常数, 则系统 (7.43) 成为线性时不变系统, 其零状态能检测性很容易判断. 基于此, 给出如下假设.

假设 7.2.2 *存在常数矩阵 H 和 B 使得函数 $\psi(z,\xi)$ 和 $b(z,\xi)$ 满足*

$$\left.\frac{\partial\psi(z,\xi)}{\partial\xi}\right|_{\xi=0} = H,\quad b(z,0)=B$$

显然, 如果 $\psi(z,\xi)=\psi(\xi), b(z,\xi)=b(\xi)$, 上述假设总能满足. 另外, 上述假设蕴含式 (7.27).

例 7.2.2　设耦合系统 (7.12) 中的 z 系统形如 $\dot{z}=z\xi+\xi=\psi(z,\xi)$. 函数 $\psi(z,\xi)$ 满足线性增长条件, 但 $\partial\psi(z,\xi)/\partial\xi|_{\xi=0}=z+1$, 故不满足假设 7.2.2. 由于 $(z,\xi)=(-1,0)$ 是系统的一个平衡点, 此耦合系统不可能被全局镇定. 这说明假设 7.2.2 应有必要.

有了上面的准备, 可以证明如下定理.

定理 7.2.1　如果假设 7.1.4、7.1.5 和 7.2.2 成立, 那么附加系统 (7.42) 是零状态能检测的当且仅当线性系统 (7.26) 是能稳的, 即对任意满足 $\mathrm{Re}(s)\geqslant 0$ 的 s, 有

$$\mathrm{rank}\begin{bmatrix} A-sI & H & B \\ 0 & F-sI & D \end{bmatrix}=\dim(z)+\dim(\xi)$$

证明　证明共分四步.

第 1 步　由于 $P_L>0$ 满足不等式 (7.33), 根据引理 3.1.5, (A_L,B_L) 能稳当且仅当 $(B_L^{\mathrm{T}}P_L,\ A_L)$ 能检测.

第 2 步　设 $P_L=[P_z,P_\xi]$, 其中, $P_z^{\mathrm{T}}=[P,X]$. 对于任意满足 $\mathrm{Re}\{s\}\geqslant 0$ 的 s 有

$$\begin{aligned}\mathrm{rank}\begin{bmatrix} A_L-sI \\ B_L^{\mathrm{T}}P_L \end{bmatrix}&=\mathrm{rank}\begin{bmatrix} A-sI & H \\ 0 & F-sI \\ B_L^{\mathrm{T}}P_z & B_L^{\mathrm{T}}P_\xi \end{bmatrix}\\ &=\mathrm{rank}\begin{bmatrix} A-sI \\ B^{\mathrm{T}}P+D^{\mathrm{T}}X^{\mathrm{T}} \end{bmatrix}+\mathrm{rank}(F)\end{aligned}$$

这里 F 是 Hurwitz 矩阵. 因此, $(B_L^{\mathrm{T}}P_L,A_L)$ 能检测当且仅当 $(B^{\mathrm{T}}P+D^{\mathrm{T}}X^{\mathrm{T}},A)$ 能检测.

第 3 步　从引理 7.2.7 可知

$$\bar{y}_1=2z^{\mathrm{T}}PB+2z^{\mathrm{T}}\left(\int_0^\infty \mathrm{e}^{A^{\mathrm{T}}s}PH\mathrm{e}^{Fs}\mathrm{d}s\right)D=2z^{\mathrm{T}}(PB+XD)$$

设 $w=\bar{y}_1^{\mathrm{T}}/2$, 则系统 (7.43) 转化成系统 $\dot{z}=Az, w=(B^{\mathrm{T}}P+D^{\mathrm{T}}X^{\mathrm{T}})z$. 因此, $(B^{\mathrm{T}}P+D^{\mathrm{T}}X^{\mathrm{T}},A)$ 能检测当且仅当系统 (7.43) 是零状态能检测的.

第 4 步　根据引理 7.2.6, 系统 (7.43) 是零状态能检测的当且仅当附加系统 (7.42) 是零状态能检测的. 证毕. □

上述结论是很自然和深刻的. 因为如果线性化系统 (7.26) 不能稳, 至少在线性情形下不存在镇定控制律. 然而, 此结论表明线性化系统 (7.26) 的能稳性还是充分的. 根据上面的分析, 给出如下假设.

假设 7.2.3　线性系统 (7.26) 是能稳的.

7.3 耦合系统的镇定与前推设计的完成

7.3.1 耦合系统的镇定

根据前面构造的 Lyapunov 函数 $V(z,\xi)$ 及其一系列的性质, 可以得到如下结论.

定理 7.3.1 设假设 7.1.3、7.1.4、7.1.5、7.2.1、7.2.2 和 7.2.3 成立. 令 $V(z,\xi)$ 如式 (7.18) 和式 (7.20) 所定义. 那么对于任意 $\varepsilon > 0$, 由系统 (7.12) 和控制律

$$
\begin{aligned}
u(z,\xi) &= -\varepsilon L_g V(z,\xi) \\
&= -\varepsilon\left(\left(\frac{\partial V_z(z)}{\partial z}+\frac{\partial \varPsi(z,\xi)}{\partial z}\right)b(z,\xi)+\left(\frac{\partial \varPsi(z,\xi)}{\partial \xi}+\frac{\partial V_\xi(\xi)}{\partial \xi}\right)d(\xi)\right)
\end{aligned}
$$

构成的闭环系统是全局渐近稳定和局部指数稳定的.

证明 由于 $V(z,\xi)$ 和相应的附加系统 (7.42) 满足引理 7.1.1 的所有条件, 闭环系统的全局渐近稳定性是显然的, 只需证明局部指数稳定性. 根据引理 7.2.5 和引理 7.2.7, 控制律 $u(x)=u(z,\xi)=-\varepsilon(\partial V(x)/\partial x)g(x)$ 在 $(0,0)$ 处的偏导数为

$$
\left.\frac{\partial u(x)}{\partial x}\right|_{x=0} = -\varepsilon g^{\mathrm{T}}(0)\left.\frac{\partial^2 V(x)}{\partial x\partial x}\right|_{x=0} - \varepsilon\left.\frac{\partial V(x)}{\partial x}\frac{\partial g(x)}{\partial x}\right|_{x=0} = -2\varepsilon B_L^{\mathrm{T}}P_L
$$

因此, 从式 (7.28) 可知闭环系统的线性化系统是

$$
\dot{x} = (A_L - 2\varepsilon B_L B_L^{\mathrm{T}} P_L)x
$$

由于 (A_L, B_L) 能稳, P_L 满足 Lyapunov 不等式 (7.33), 从引理 3.1.5 可知上述线性系统是渐近稳定的, 从而原非线性系统是局部指数稳定的. 证毕. □

下面通过一个例子对上述定理蕴含的设计过程进行验证.

例 7.3.1 考虑前馈型非线性系统

$$
\begin{cases}
\dot{x}_1 = x_2 + x_3^2 \\
\dot{x}_2 = x_3 \\
\dot{x}_3 = v
\end{cases}
\tag{7.46}
$$

设 $z=x_1, \xi=[x_2,x_3]^{\mathrm{T}}=[\xi_1,\xi_2]^{\mathrm{T}}, v=v_\xi(\xi)+u$, 其中, $v_\xi(\xi)=-x_2-2x_3$, 则有

$$
\begin{cases}
\dot{z} = \psi(\xi) = \xi_1 + \xi_2^2 \\
\dot{\xi} = \begin{bmatrix} 0 & 1 \\ -1 & -2 \end{bmatrix}\xi + \begin{bmatrix} 0 \\ 1 \end{bmatrix} u = F\xi + Du
\end{cases}
\tag{7.47}
$$

注意到 $g(x) = [0,0,1]^{\mathrm{T}}$, 容易看出此系统满足假设 7.1.3、7.1.4、7.1.5、7.2.2 和 7.2.3. 由于 $A=0$, 可取 $P=I/2$, 即 $V_z(z)=z^2/2$. 选取函数 $V_\xi(\xi)=\xi^{\mathrm{T}}\xi/2$, 则有

$$\dot{V}_\xi(\xi)\Big|_{u\equiv 0} = \frac{1}{2}\xi^{\mathrm{T}}(F+F^{\mathrm{T}})\xi = -2\xi_2^2 \leqslant 0$$

这表明 $V_\xi(\xi)$ 是 ξ 系统的 Lyapunov 函数 (非严格). 因此, $V_\xi(\xi)$ 满足假设 7.2.1. 下面计算交叉项 $\Psi(z,\xi)$. 考虑系统 (7.47) 在 $u\equiv 0$ 时以 (z,ξ) 为初值的解. 首先考虑 ξ 子系统, 即

$$\dot{\tilde{\xi}} = A\tilde{\xi} = \begin{bmatrix} 0 & 1 \\ -1 & -2 \end{bmatrix}\tilde{\xi}, \quad \tilde{\xi}(0)=\xi \tag{7.48}$$

这是一个线性时不变系统, 可直接解得

$$\tilde{\xi}(s) = \mathrm{e}^{As}\xi = \begin{bmatrix} \mathrm{e}^{-s}+s\mathrm{e}^{-s} & s\mathrm{e}^{-s} \\ -s\mathrm{e}^{-s} & -\mathrm{e}^{-s}(s-1) \end{bmatrix}\begin{bmatrix} \xi_1 \\ \xi_2 \end{bmatrix} \tag{7.49}$$

再考虑 z 子系统. 根据 $\dot{\tilde{z}} = \psi(\tilde{\xi})$ 可得

$$\tilde{z} = z + \int_0^s \psi(\tilde{\xi})\mathrm{d}\tau = z + \int_0^s (\tilde{\xi}_1 + \tilde{\xi}_2^2)\mathrm{d}\tau \tag{7.50}$$

根据系统方程 (7.48) 可知 $\mathrm{d}\tilde{\xi}_1 = \tilde{\xi}_2\mathrm{d}\tau$ 和 $\mathrm{d}\tilde{\xi}_2 = (-\tilde{\xi}_1 - 2\tilde{\xi}_2)\mathrm{d}\tau$, 从而有

$$\tilde{\xi}_2\mathrm{d}\tau = \mathrm{d}\tilde{\xi}_1, \quad \tilde{\xi}_1\mathrm{d}\tau = -\mathrm{d}\tilde{\xi}_2 - 2\mathrm{d}\tilde{\xi}_1 \tag{7.51}$$

也就是 $\mathrm{d}\tilde{\xi}_1^2 = 2\tilde{\xi}_1\mathrm{d}\tilde{\xi}_1 = 2\tilde{\xi}_1\tilde{\xi}_2\mathrm{d}\tau$ 和 $\mathrm{d}\tilde{\xi}_2^2 = 2\tilde{\xi}_2\mathrm{d}\tilde{\xi}_2 = 2\tilde{\xi}_2(-\tilde{\xi}_1 - 2\tilde{\xi}_2)\mathrm{d}\tau = -2\tilde{\xi}_2\tilde{\xi}_1\mathrm{d}\tau - 4\tilde{\xi}_2^2\mathrm{d}\tau$. 由此可以解出

$$\tilde{\xi}_2^2\mathrm{d}\tau = -\frac{1}{4}(\mathrm{d}\tilde{\xi}_1^2 + \mathrm{d}\tilde{\xi}_2^2) \tag{7.52}$$

将式 (7.51) 和式 (7.52) 代入式 (7.50) 可得

$$\begin{aligned}\tilde{z}(s) &= z + \int_0^s \left(-\mathrm{d}\tilde{\xi}_2 - 2\mathrm{d}\tilde{\xi}_1 - \frac{1}{4}(\mathrm{d}\tilde{\xi}_1^2 + \mathrm{d}\tilde{\xi}_2^2)\right) \\ &= z + \xi_2 + 2\xi_1 + \frac{1}{4}(\xi_1^2+\xi_2^2) - \left(\tilde{\xi}_2(s) + 2\tilde{\xi}_1(s) + \frac{1}{4}(\tilde{\xi}_1^2(s) + \tilde{\xi}_2^2(s))\right)\end{aligned}$$

据此公式和式 (7.49) 可知 $\tilde{z}(s) \xrightarrow{s\to\infty} z+\xi_2+2\xi_1+(\xi_1^2+\xi_2^2)/4$. 根据计算式 (7.35) 可知

$$\Psi(z,\xi) = \frac{1}{2}\left(z+\xi_2+2\xi_1+\frac{1}{4}(\xi_1^2+\xi_2^2)\right)^2 - \frac{1}{2}z^2$$

因此, 根据式 (7.18) 或者式 (7.37), 最终的 Lyapunov 函数 $V(z,\xi)$ 是

$$V(z,\xi)=\frac{1}{2}\left(z+\xi_2+2\xi_1+\frac{1}{4}(\xi_1^2+\xi_2^2)\right)^2+\frac{1}{2}\xi_1^2+\frac{1}{2}\xi_2^2$$

根据定理 7.3.1, 系统 (7.47) 的控制律可取为

$$u(x)=-\varepsilon\frac{\partial V(x)}{\partial x}g(x)=-\varepsilon\left(z+\xi_2+2\xi_1+\frac{1}{4}(\xi_1^2+\xi_2^2)\right)\left(1+\frac{1}{2}\xi_2\right)-\varepsilon\xi_2$$

其中, $x=[z^{\mathrm{T}},\xi_1^{\mathrm{T}},\xi_2^{\mathrm{T}}]^{\mathrm{T}}$; $\varepsilon>0$ 是正常数. 由此控制律和系统 (7.47) 构成的闭环系统是全局渐近稳定和局部指数稳定的. 对系统 (7.46) 设计的最终控制律为

$$\begin{aligned}v(x_1,x_2,x_3)&=u(x)+v_\xi(\xi)\\&=-x_2-2x_3-\varepsilon x_3-\varepsilon\left(x_1+x_3+2x_2+\frac{1}{4}(x_2^2+x_3^2)\right)\left(1+\frac{1}{2}x_3\right)\end{aligned}$$

7.3.2 前推设计的完成

现在回到最初的前馈型非线性系统 (7.1). 为了满足假设 7.1.3 和 7.1.4, 将其改写成

$$\begin{cases}\dot{x}_1=a_1(x_1)+\psi_1(x_1,x_2,x_3,\cdots,x_n,\xi)+b_1(x_1,x_2,x_3,\cdots,x_n,\xi)u\\\dot{x}_2=a_2(x_2)+\psi_2(x_2,x_3,\cdots,x_n,\xi)+b_2(x_2,x_3,\cdots,x_n,\xi)u\\\quad\vdots\\\dot{x}_{n-1}=a_{n-1}(x_{n-1})+\psi_{n-1}(x_{n-1},x_n,\xi)+b_{n-1}(x_{n-1},x_n,\xi)u\\\dot{x}_n=a_n(x_n)+\psi_n(x_n,\xi)+b_n(x_n,\xi)u\\\dot{\xi}=\varphi(\xi)+d(\xi)u\end{cases}\tag{7.53}$$

其中最后一个子系统满足假设 7.2.1 (注意, 这里将系统 (7.1) 的子系统个数增加到了 $n+1$). 其余的假设 7.1.4、7.1.5、7.2.2 和 7.2.3 重写或加强如下.

假设 7.3.1 对任意 $i\in\{1,2,\cdots,n\}$, $a_i(z)$ 是线性函数, 即 $a_i(z)=A_iz$, 且 $\dot{z}_i=A_iz_i$ 是 Lyapunov 稳定的, 即存在正定矩阵 P_i 使得

$$A_i^{\mathrm{T}}P_i+P_iA_i\leqslant 0$$

假设 7.3.2 对任意 $i\in\{1,2,\cdots,n\}$, 存在 $\gamma_i,\chi_i\in\mathcal{K}$ 使得非线性函数 $\psi_i(x_i,\cdots,x_n,\xi)$ 和 $b_i(x_i,\cdots,x_n,\xi)$ 满足

$$\|\psi_i(x_i,\cdots,x_n,\xi)\|\leqslant\gamma_i(\|(x_{i+1},\cdots,x_n,\xi)\|)(1+\|x_i\|)$$

$$\|b_i(x_i,\cdots,x_n,\xi)\|\leqslant\chi_i(\|(x_{i+1},\cdots,x_n,\xi)\|)(1+\|x_i\|)$$

假设 7.3.3　对任意 $i \in \{1, 2, \cdots, n\}$, 函数 $\psi_i(x_i, \cdots, x_n, \xi)$ 和 $b_i(x_i, \cdots, x_n, \xi)$ 满足

$$\left.\frac{\partial \psi_i(x_i, \cdots, x_n, \xi)}{\partial (x_{i+1}, \cdots, x_n, \xi)}\right|_{(x_{i+1}, \cdots, x_n, \xi)=0} = \text{const}, \quad b_i(x_i, 0, 0, \cdots, 0) = \text{const}$$

其中, const 表示常数.

注意到假设 7.3.2 与假设 7.1.5 的不同之处在于其对 $b_i(x_i, \cdots, x_n, \xi)$ 也施加了线性增长条件. 此外, 为了保证每一步处理的系统是零状态能检测的, 根据定理 7.2.1 和假设 7.2.3, 作如下假设.

假设 7.3.4　系统 (7.53) 的线性化系统是能稳的.

根据前推设计思想, 首先设计 x_n 子系统. 令 $x = [x_n^{\mathrm{T}}, \xi^{\mathrm{T}}]^{\mathrm{T}}$. 容易看出, 子系统

$$\begin{bmatrix} \dot{x}_n \\ \dot{\xi} \end{bmatrix} = \begin{bmatrix} a_n(x_n) + \psi_n(x_n, \xi) + b_n(x_n, \xi)u \\ \varphi(\xi) + d(\xi)u \end{bmatrix} \overset{\text{def}}{=\!=\!=} f_n(x) + g_n(x)u \tag{7.54}$$

满足假设 7.1.3、7.1.4、7.1.5、7.2.1、7.2.2 和 7.2.3 (其中 $z = x_n$). 因此, 可根据前面介绍的方法构造 Lyapunov 函数 $V_n(x_n, \xi) = x_n^{\mathrm{T}} P_n x_n + \Psi(x_n, \xi) + V_\xi(\xi)$. 该函数是正定、径向无界和局部二次正定的. 另外, 由于系统 (7.53) 具有上三角结构, 由假设 7.3.4 可知子系统 (7.54) 的线性化系统也是能稳的. 根据定理 7.3.1, 控制律

$$u = u_n(x_n, \xi) = -\varepsilon_n L_{g_n} V_n(x_n, \xi), \quad \varepsilon_n > 0$$

可使得闭环系统是全局渐近稳定和局部指数稳定的. 现将系统 (7.53) 中的 u 用 $u_n(x_n, \xi) + u$ 替代, 并设 $\xi^{\{n\}} = [x_n^{\mathrm{T}}, \xi^{\mathrm{T}}]^{\mathrm{T}}$, 可得

$$\begin{cases} \dot{x}_1 = a_1(x_1) + \psi_1^{\{n\}}(x_1, \cdots, x_{n-1}, \xi^{\{n\}}) + b_1^{\{n\}}(x_1, \cdots, x_{n-1}, \xi^{\{n\}})u \\ \dot{x}_2 = a_2(x_2) + \psi_2^{\{n\}}(x_2, \cdots, x_{n-1}, \xi^{\{n\}}) + b_2^{\{n\}}(x_2, \cdots, x_{n-1}, \xi^{\{n\}})u \\ \quad \vdots \\ \dot{x}_{n-1} = a_{n-1}(x_{n-1}) + \psi_{n-1}^{\{n\}}(x_{n-1}, \xi^{\{n\}}) + b_{n-1}^{\{n\}}(x_{n-1}, \xi^{\{n\}})u \\ \dot{\xi}^{\{n\}} = \varphi^{\{n\}}(\xi^{\{n\}}) + d^{\{n\}}(\xi^{\{n\}})u \end{cases} \tag{7.55}$$

其中,

$$\psi_i^{\{n\}}(x_i, \cdots, x_{n-1}, \xi^{\{n\}}) = \psi_i(x_i, \cdots, x_n, \xi) + b_i(x_i, \cdots, x_n, \xi)u_n(x_n, \xi)$$

$$b_i^{\{n\}}(x_i, \cdots, x_{n-1}, \xi^{\{n\}}) = b_i(x_i, \cdots, x_n, \xi)$$

$$\varphi^{\{n\}}(\xi^{\{n\}}) = \begin{bmatrix} a_n(x_n) + \psi_n(x_n, \xi) + b_n(x_n, \xi)u_n(x_n, \xi) \\ \varphi(\xi) + d(\xi)u_n(x_n, \xi) \end{bmatrix}$$

$$d^{\{n\}}(\xi^{\{n\}}) = \begin{bmatrix} b_n(x_n,\xi) \\ d(\xi) \end{bmatrix}$$

对任意 $i \in \{1,2,\cdots,n\}$, 由于

$$\begin{aligned}\left\|\psi_i^{\{n\}}(x_i,\cdots,x_{n-1},\xi^{\{n\}})\right\| &\leqslant \|\psi_i(x_i,\cdots,x_n,\xi)\| + \|b_i(x_i,\cdots,x_n,\xi)\|\,\|u_n(x_n,\xi)\| \\ &\leqslant \gamma_i(\|(x_{i+1},\cdots,x_n,\xi)\|)(1+\|x_i\|) \\ &\quad + \chi_i(\|(x_{i+1},\cdots,x_n,\xi)\|)\,\|u_n(x_n,\xi)\|\,(1+\|x_i\|) \\ &\leqslant \gamma_i^{\{n\}}(\left\|(x_{i+1},\cdots,x_{n-1},\xi^{\{n\}})\right\|)(1+\|x_i\|)\end{aligned}$$

其中, $u_n(0,0)=0$, 所以 $\gamma_i^{\{n\}} \in \mathcal{K}$ 存在. 这表明 $\psi_i^{\{n\}}$ 满足假设 7.3.2. 另外, 从假设 7.3.3 可知

$$\begin{aligned}&\left.\frac{\partial \psi_i^{\{n\}}(x_i,\cdots,x_{n-1},\xi^{\{n\}})}{\partial(x_{i+1},\cdots,x_{n-1},\xi^{\{n\}})}\right|_{(x_{i+1},\cdots,x_n,\xi)=0} \\ =\ &\left.\frac{\partial \psi_i(x_i,\cdots,x_n,\xi)}{\partial(x_{i+1},\cdots,x_{n-1},\xi^{\{n\}})}\right|_{(x_{i+1},\cdots,x_n,\xi)=0} \\ &+ \left.\frac{\partial b_i(x_i,\cdots,x_n,\xi)}{\partial(x_{i+1},\cdots,x_{n-1},\xi^{\{n\}})}u_n(x_n,\xi)\right|_{(x_{i+1},\cdots,x_n,\xi)=0} \\ &+ \left. b_i(x_i,\cdots,x_n,\xi)\frac{\partial u_n(x_n,\xi)}{\partial(x_n,\xi)}\right|_{(x_{i+1},\cdots,x_n,\xi)=0} \\ =\ &\mathrm{const}\end{aligned}$$

因此, $\psi_i^{\{n\}}$ 也满足假设 7.3.3. 此外, 由于函数 $b_i^{\{n\}}$ 实质上就是 b_i, 显然也满足假设 7.3.2 和 7.3.3. 最后, 由于反馈不改变系统的能稳性, 系统 (7.55) 也满足假设 7.3.4.

为了符号简单, 在系统 (7.55) 中去掉变量的上标 $\{n\}$, 重写如下:

$$\begin{cases} \dot{x}_1 = a_1(x_1) + \psi_1(x_1,\cdots,x_{n-1},\xi) + b_1(x_1,\cdots,x_{n-1},\xi)u \\ \dot{x}_2 = a_2(x_2) + \psi_2(x_2,\cdots,x_{n-1},\xi) + b_2(x_2,\cdots,x_{n-1},\xi)u \\ \quad\vdots \\ \dot{x}_{n-1} = a_{n-1}(x_{n-1}) + \psi_{n-1}(x_{n-1},\xi) + b_{n-1}(x_{n-1},\xi)u \\ \dot{\xi} = \varphi(\xi) + d(\xi)u \end{cases}$$

根据上面的分析可知, $\dot{\xi} = \varphi(\xi)$ 是全局渐近稳定和局部指数稳定的, 相应的 Lyapunov 函数 $V_\xi(\xi) = V_n(x_n, \xi)$ 满足假设 7.2.1, 非线性函数 ψ_i、b_i $(i \in \{1, 2, \cdots, n-1\})$ 满足假设 7.3.2 和 7.3.3, 相应的线性化系统是能稳的, 即满足假设 7.3.4. 此系统和系统 (7.53) 在形式上完全相同, 唯一的区别是倒数第二个系统的下标从 n 变成 $n-1$. 因此, 重复上面的过程, 可对 (x_{n-1}, ξ) 构成的耦合系统构造 Lyapunov 函数 $V_{n-1}(x_{n-1}, \xi^{\{n\}}) = V_{n-1}(x_{n-1}, x_n, \xi)$ 和控制律 $u = u_{n-1}(x_{n-1}, \xi^{\{n\}}) = u_{n-1}(x_{n-1}, x_n, \xi)$.

对 x_i $(i = n, n-1, \cdots, 1)$ 重复上述过程 n 次即完成了控制律的设计. 注意到 x_i 系统对应的 Lyapunov 函数 $V_i(x_i, \cdots, x_n, \xi)$ 与 x_{i+1} 系统对应的 Lyapunov 函数 $V_{i+1}(x_{i+1}, \cdots, x_n, \xi)$ 之间的关系为

$$V_i(x_i, \cdots, x_n, \xi) = x_i^{\mathrm{T}} P_i x_i + \Psi_i(x_i, \cdots, x_n, \xi) + V_{i+1}(x_{i+1}, \cdots, x_n, \xi)$$

$$V_{n+1}(\xi) = V_\xi(\xi)$$

$$\Psi_i(x_i, \cdots, x_n, \xi) = \int_0^\infty 2\tilde{x}_i^{\mathrm{T}}(s) P_i \psi_i(\tilde{x}_i, \cdots, \tilde{x}_n, \tilde{\xi}) \mathrm{d}s$$

其中, $i = n, n-1, \cdots, 1$ (注意: 上式中的 ψ_i 每步需要更新), 最终得到的 Lyapunov 函数为

$$V_1(x_1, \cdots, x_n, \xi) = \sum_{i=1}^n x_i^{\mathrm{T}} P_i x_i + \sum_{i=1}^n \Psi_i(x_i, \cdots, x_n, \xi) + V_\xi(\xi)$$

控制律为

$$u(x_1, \cdots, x_n, \xi) = \sum_{i=1}^n u_i(x_i, \cdots, x_n, \xi)$$

且闭环系统是全局渐近稳定和局部指数稳定的.

上面针对系统 (7.1) 的前推设计就像一个由稳定子系统 $\dot{\xi} = \varphi(\xi) + d(\xi)u$ 触发的链式反应. 值得指出的是, 如果去掉其 Lyapunov 函数 $V_\xi(\xi)$ 是局部二次正定的要求, 相应的 Lyapunov 函数 $V_i(x_i, \cdots, x_n, \xi)$ 不能保证是局部二次正定的, 但上述前推设计依然成立, 闭环系统是全局渐近稳定的, 但不能保证是局部指数稳定的.

下面通过一个例子来说明前推设计的步骤.

例 7.3.2　考虑三阶前馈型非线性系统

$$\begin{cases} \dot{x}_1 = x_2 + x_3^2 + x_2 u \\ \dot{x}_2 = x_3 - x_3^2 u \\ \dot{x}_3 = u \end{cases}$$

对比系统 (7.53) 可知 $a_i(x_i)=0\ (i=1,2,3)$, 因此假设 7.3.1 满足 ($P_i=1/2, A_i^{\mathrm{T}}P_i+P_iA_i=0$). 从 $\psi_1(x_1,x_2,x_3)=x_2+x_3^2$、$b_1(x_1,x_2,x_3)=x_2$、$\psi_2(x_2,x_3)=x_3$、$b_2(x_2,x_3)=-x_3^2$、$\psi_3(x_3)=0$ 和 $b_3(x_3)=1$ 可知 ψ_i、$b_i\ (i=1,2,3)$ 与 x_i 无关, 故假设 7.3.2 和 7.3.3 都满足. 最后, 由于其线性化系统

$$\dot{x}=\begin{bmatrix}0&1&0\\0&0&1\\0&0&0\end{bmatrix}x+\begin{bmatrix}0\\0\\1\end{bmatrix}u$$

是一个能控的三重积分链, 故假设 7.3.4 也满足. 对 x_3 子系统设计控制律 $u=u_3(x_3)=-x_3$, 并将 u 用 $u+u_3(x_3)$ 替代, 可得

$$\begin{cases}\dot{x}_1=x_2+\xi^2-x_2\xi+x_2u\\ \dot{x}_2=\xi+\xi^3-\xi^2u\\ \dot{\xi}=-\xi+u\end{cases}\tag{7.56}$$

其中, $\xi=x_3$. 令 $V_\xi(\xi)=\xi^2/2$, 那么 $L_\varphi V_\xi(\xi)=-\xi^2<0\ (\xi\neq 0)$.

第 1 步 设计 x_2 子系统的控制律. 令 $V_{x_2}(x_2)=x_2^2/2$, 则从 $\tilde{\xi}(s)=\mathrm{e}^{-s}\xi$ 可知

$$\tilde{x}_2(s)=x_2+\int_0^s(\tilde{\xi}(\tau)+\tilde{\xi}^3(\tau))\mathrm{d}\tau=x_2+\xi+\frac{\xi^3}{3}-\left(\mathrm{e}^{-s}\xi+\frac{\mathrm{e}^{-3s}}{3}\xi^3\right)$$

代入式 (7.35) 可得

$$\varPsi_2(x_2,\xi)=\left(x_2+\xi+\frac{\xi^3}{3}\right)^2-\frac{1}{2}x_2^2$$

根据式 (7.37) 可得耦合子系统的 Lyapunov 函数

$$V_2(x_2,\xi)=\left(x_2+\xi+\frac{\xi^3}{3}\right)^2+\frac{1}{2}\xi^2$$

因此, 根据定理 7.3.1, 相应的控制律可设计成

$$u_2(x_2,\xi)=-\varepsilon_2\frac{\partial V_2(x_2,\xi)}{\partial(x_2,\xi)}\begin{bmatrix}-\xi^2\\1\end{bmatrix}=-\left(2x_2+3\xi+\frac{2}{3}\xi^3\right)$$

其中, 取 $\varepsilon_2 = 1$. 将系统 (7.56) 中的 u 用 $u_2(x_2, \xi) + u$ 代替, 得到

$$\begin{cases} \dot{x}_1 = x_2 - 2x_2^2 + \xi^2 - 4x_2\xi - \dfrac{2}{3}x_2\xi^3 + x_2 u \\ \dot{x}_2 = \xi + 4\xi^3 + 2x_2\xi^2 + \dfrac{2}{3}\xi^5 - \xi^2 u \\ \dot{\xi} = -4\xi - \dfrac{2}{3}\xi^3 - 2x_2 + u \end{cases}$$

设 $\xi = [x_2, \xi]^{\mathrm{T}} = [\xi_1, \xi_2]^{\mathrm{T}}$, 则上述系统可以写成

$$\begin{cases} \dot{x}_1 = \xi_1 - 2\xi_1^2 + \xi_2^2 - 4\xi_1\xi_2 - \dfrac{2}{3}\xi_1\xi_2^3 + \xi_1 u \\ \dot{\xi}_1 = \xi_2 + 4\xi_2^3 + 2\xi_1\xi_2^2 + \dfrac{2}{3}\xi_2^5 - \xi_2^2 u \\ \dot{\xi}_2 = -4\xi_2 - \dfrac{2}{3}\xi_2^3 - 2\xi_1 + u \end{cases} \tag{7.57}$$

第 2 步　设计 x_1 子系统的控制律. 从系统 (7.57) 可以看出, ξ 子系统的显式解很难获得, 从而也难以获得交叉项 $\Psi_1(x_1, \xi)$ 和 $V_1(x_1, \xi)$ 的显式解. 因此, 这一步不能获得显式控制律. 根据定理 7.3.1, 原则上可以得到

$$u_3(x_1, \xi) = -\varepsilon_3 \left[\begin{array}{ccc} \dfrac{\partial V_1(x_1, \xi)}{\partial x_1} & \dfrac{\partial V_1(x_1, \xi)}{\partial \xi_1} & \dfrac{\partial V_1(x_1, \xi)}{\partial \xi_2} \end{array} \right] \left[\begin{array}{c} \xi_1 \\ -\xi_2^2 \\ 1 \end{array} \right]$$

其中, ε_3 是正常数. 最终的控制律为 $u = u_1(x_3) + u_2(x_2, x_3) + u_3(x_1, x_2, x_3)$.

从上例可以看出, 即使对于比较简单的非线性系统, 交叉项 Lyapunov 函数也很难获得显式表达式. 但是对于形如式 (7.12) 的耦合系统, 用这种方法设计其镇定控制器是十分有效的 (参见 7.4 节的球杆系统).

7.3.3　非仿射系统的推广

本节简单讨论如何将系统 (7.53) 推广到非仿射情形, 即系统

$$\begin{cases} \dot{x}_1 = a_1(x_1) + g_1(x_1, x_2, \cdots, x_n, \xi, u) \\ \dot{x}_2 = a_2(x_2) + g_2(x_2, x_3, \cdots, x_n, \xi, u) \\ \quad \vdots \\ \dot{x}_{n-1} = a_{n-1}(x_{n-1}) + g_{n-1}(x_{n-1}, x_n, \xi, u) \\ \dot{x}_n = a_n(x_n) + g_n(x_n, \xi, u) \\ \dot{\xi} = \omega(\xi, u) \end{cases}$$

其中, g_i 和 ω 都是光滑函数. 为此, 将 $g_i(x_i,\cdots,x_n,\xi,u)$ 关于 u 作 Taylor 展开得

$$g_i(x_i,\cdots,x_n,\xi,u)=\psi_i(x_i,\cdots,x_n,\xi)+b_i(x_i,\cdots,x_n,\xi)u+h_i(x_i,\cdots,x_n,\xi,u)u^2$$

其中,

$$\psi_i(x_i,\cdots,x_n,\xi)=g_i(x_i,\cdots,x_n,\xi,0)$$
$$b_i(x_i,\cdots,x_n,\xi)=\left.\frac{\partial g_i(x_i,\cdots,x_n,\xi,u)}{\partial u}\right|_{u=0}$$

同理, 将 $\varphi(\xi,u)$ 关于 u 作 Taylor 展开可得

$$\omega(\xi,u)=\varphi(\xi)+d(\xi)u+k(\xi,u)u^2$$

因此, 根据前推设计的递推过程, 每一步需要处理形如

$$\begin{cases}\dot{z}=Az+\psi(z,\xi)+b(z,\xi)u+q(z,\xi,u)u^2\\ \dot{\xi}=\varphi(\xi)+d(\xi)u+k(\xi,u)u^2\end{cases}\tag{7.58}$$

的耦合系统的 Lyapunov 函数构造和镇定问题.

比较系统 (7.12) 和 (7.58) 可知, 唯一的区别在于后者的控制部分多了二次项 $q(z,\xi,u)u^2$ 和 $k(\xi,u)u^2$. 系统 (7.58) 可以写成

$$\dot{x}=f(x)+g(x)u+h(x,u)u^2\tag{7.59}$$

其中, $x=[z^{\mathrm{T}},\xi^{\mathrm{T}}]^{\mathrm{T}}$; $(f(x),g(x))$ 如式 (7.13) 所定义;

$$h(x,u)=\begin{bmatrix}q(z,\xi,u)\\ k(\xi,u)\end{bmatrix}\tag{7.60}$$

因此, 解决系统 (7.58) 的镇定问题的关键是解决形如式 (7.59) 的系统的镇定问题. 对此有如下类似于引理 7.1.1 的结论.

引理 7.3.1　考虑非线性系统 (7.59), 其中, $f(x)$ 和 $g(x)$ 都是光滑的向量场, $h(x,u)$ 是光滑函数 (此处不假设 (f,g,h) 具有式 (7.13) 和式 (7.60) 的特殊形式). 假设存在正定和径向无界的 Lyapunov 函数 $V(x)$ 使得 $L_fV(x)\leqslant 0$, 且附加系统

$$\dot{x}=f(x),\quad y=\begin{bmatrix}y_1\\ y_2\end{bmatrix}=\begin{bmatrix}L_gV(x)\\ L_fV(x)\end{bmatrix}\tag{7.61}$$

是零状态能检测的. 设 $\varepsilon \in (0,1)$ 是给定的正常数. 令

$$w(s) = \frac{s}{\sqrt{1+s^2}}, \quad \max_{|u|\leqslant\varepsilon}\{\|h(x,u)\|\} \leqslant \rho(x), \ \forall x$$

那么下述控制律可全局镇定非线性系统 (7.59):

$$u(x) = -\frac{\varepsilon w(L_gV(x))}{1+\rho(x)\left\|\dfrac{\partial V(x)}{\partial x}\right\|} \tag{7.62}$$

证明　设 $\lambda(x) = \varepsilon/(1+\rho(x)\|\partial V(x)/\partial x\|) \in [0,\varepsilon]$, 则 $u(x) = -\lambda(x)w(L_gV(x)) \in [-\varepsilon,\varepsilon]$, 且 $\lambda(x)\rho(x)\|\partial V(x)/\partial x\| \in [0,\varepsilon]$. Lyapunov 函数 $V(x)$ 沿着闭环系统的时间导数满足

$$\begin{aligned}
\dot V(x) &= L_fV(x) + L_gV(x)u(x) + \frac{\partial V(x)}{\partial x}h(x,u(x))u^2(x)\\
&\leqslant L_fV(x) - \frac{\lambda(x)(L_gV(x))^2}{\sqrt{1+(L_gV(x))^2}} + \lambda^2(x)\rho(x)\left\|\frac{\partial V}{\partial x}\right\|\frac{(L_gV(x))^2}{1+L_gV(x)}\\
&= L_fV(x) + \frac{\lambda(x)(L_gV(x))^2}{\sqrt{1+(L_gV(x))^2}}\left(-1+\frac{1}{\sqrt{1+(L_gV(x))^2}}\lambda(x)\rho(x)\left\|\frac{\partial V(x)}{\partial x}\right\|\right)\\
&\leqslant L_fV(x) - \frac{\lambda(x)(L_gV(x))^2(1-\varepsilon)}{\sqrt{1+(L_gV(x))^2}}
\end{aligned}$$

这表明 $\dot V(x) \leqslant 0$, 且仅当 $L_gV(x) = 0$ 和 $L_fV(x) = 0$ 时有 $\dot V(x) = 0$. 此时, 系统退化为 $\dot x = f(x)$. 由于系统 (7.61) 是零状态能检测的, 由 $L_gV(x) = 0$ 和 $L_fV(x) = 0$ 可以推出 $x \overset{t\to\infty}{\longrightarrow} 0$. 证毕. □

因此, 只需要对耦合系统 (7.58) 构造合适的 Lyapunov 函数, 这与系统 (7.59) 完全相同. 相应的前推设计的主要区别在于控制律的形式从式 (7.10) 换成式 (7.62). 由此可见, 每一步设计的控制律和稳定子系统 $\dot\xi = \varphi(\xi)$ 更为复杂, 在递推的过程中, 下一个耦合系统的 Lyapunov 函数构造也变得更为困难.

7.4　应用举例: 球杆系统

考虑图 7.1 所示球杆系统, 其中小球可以在杆上直线移动, 匀质杆的中点和电机相连接, 电机给杆施加的力矩 τ 是系统的控制量. 设杆的转动惯量为 J, 球的质量和转动惯量分别是 M 和 J_{b}, 球的半径是 R, 重力加速度为 g. 设杆偏离水平位

置的角度为 θ (以逆时针为正), 球的位移 (以杆的中点为坐标原点) 为 r. 设球与杆之间的滚动摩擦系数为 $\beta > 0$. 那么可以建立动力学方程[1]

$$\begin{cases} 0 = \left(\dfrac{J_\mathrm{b}}{R^2} + M\right)\ddot{r} + \beta\dot{r} + Mg\sin(\theta) - Mr\dot{\theta}^2 \\ \tau = (Mr^2 + J + J_\mathrm{b})\ddot{\theta} + 2Mr\dot{r}\dot{\theta} + Mgr\cos(\theta) \end{cases} \tag{7.63}$$

该系统期望的平衡位置是 $(r, \dot{r}, \theta, \dot{\theta}) = (0, 0, 0, 0)$. 该系统是欠驱的, 且不可反馈线性化[1], 因此也是常用的检验非线性控制方法的基准系统.

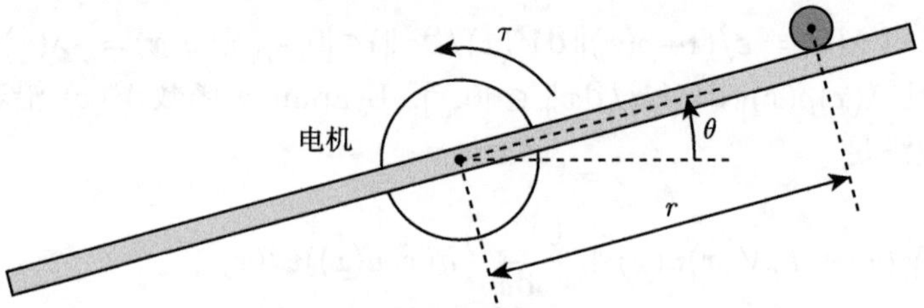

图 7.1　球杆系统

设计反馈变换

$$\tau = 2Mr\dot{r}\dot{\theta} + Mgr\cos(\theta) + (Mr^2 + J + J_\mathrm{b})(u - k_1\theta - k_2\dot{\theta})$$

其中, u 是新输入; k_1 和 k_2 是正常数, 则系统 (7.63) 可以写成

$$\begin{cases} \ddot{r} = -\kappa_1\dot{r} - \kappa_2\sin(\theta) + \kappa_3 r\dot{\theta}^2 \\ \ddot{\theta} = -k_1\theta - k_2\dot{\theta} + u \end{cases} \tag{7.64}$$

其中, $\kappa_1 = \beta/(J_\mathrm{b}/R^2 + M)$、$\kappa_2 = Mg/(J_\mathrm{b}/R^2 + M)$、$\kappa_3 = M/(J_\mathrm{b}/R^2 + M)$ 皆是已知正常数. 设 $z_1 = r, z_2 = \dot{r}, \xi_1 = \theta, \xi_2 = \dot{\theta}$, 系统 (7.64) 可以进一步写成

$$\begin{cases} \dot{z}_1 = z_2 \\ \dot{z}_2 = -\kappa_1 z_2 - \kappa_2\sin(\xi_1) + \kappa_3 z_1\xi_2^2 \\ \dot{\xi}_1 = \xi_2 \\ \dot{\xi}_2 = -k_1\xi_1 - k_2\xi_2 + u \end{cases}$$

因此有 $b(z,\xi) = 0, \psi(z,\xi) = [0, -\kappa_2\sin(\xi_1) + \kappa_3 z_1\xi_2^2]^\mathrm{T}, d(\xi) = [0,1]^\mathrm{T}, \varphi(\xi) = F\xi$,

$$A = \begin{bmatrix} 0 & 1 \\ 0 & -\kappa_1 \end{bmatrix}, \quad F = \begin{bmatrix} 0 & 1 \\ -k_1 & -k_2 \end{bmatrix}$$

显然矩阵 A 是 Lyapunov 稳定的, 且有

$$A^{\mathrm{T}}P+PA=\begin{bmatrix}0 & 0\\ 0 & -2\kappa_1\end{bmatrix}\leqslant 0,\quad P=\begin{bmatrix}\kappa_1^2 & \kappa_1\\ \kappa_1 & 2\end{bmatrix}$$

故假设 7.1.4 满足. $\psi(z,\xi)$ 关于 z 是线性的, 故假设 7.1.5 满足. $\partial\psi(z,\xi)/\partial\xi|_{\xi=0}=\mathrm{const}$, 故假设 7.2.2 满足. 容易验证线性化系统是能稳的, 故假设 7.2.3 满足.

设 $k_1=6, k_2=5$, 则满足 $F^{\mathrm{T}}Q+QF\leqslant 0$ 的一个解可取为 $Q=\mathrm{diag}(6,1)$. 故系统的 Lyapunov 函数为 $V(z,\xi)=V_z(z)+\varPsi(z,\xi)+V_\xi(\xi)$, 其中, $V_z(z)=z^{\mathrm{T}}Pz, V_\xi(\xi)=\xi^{\mathrm{T}}Q\xi$. 根据定理 7.3.1, 相应的控制律

$$\begin{aligned}u&=-\varepsilon\frac{\partial V(z,\xi)}{\partial\xi}d(\xi)=-\varepsilon\frac{\partial V(z,\xi)}{\partial\xi_2}\\&=-\varepsilon\frac{\partial\varPsi(z,\xi)}{\partial\xi_2}-\varepsilon\frac{\partial\xi^{\mathrm{T}}Q\xi}{\partial\xi_2}=-\varepsilon\frac{\partial\varPsi(z,\xi)}{\partial\xi_2}-2\varepsilon\xi_2\end{aligned}$$

可使得闭环系统是全局渐近稳定和局部指数稳定的, 其中, ε 是正常数, 简便起见取 $\varepsilon=1$. 为了实现上述控制律, 关键是计算 $\partial\varPsi(z,\xi)/\partial\xi_2$. 注意到, 虽然从 ξ 系统可以解出

$$\begin{aligned}\begin{bmatrix}\tilde{\xi}_1(s)\\ \tilde{\xi}_2(s)\end{bmatrix}&=\mathrm{e}^{Fs}\xi=\begin{bmatrix}3\mathrm{e}^{-2s}-2\mathrm{e}^{-3s} & \mathrm{e}^{-2s}-\mathrm{e}^{-3s}\\ 6\mathrm{e}^{-3s}-6\mathrm{e}^{-2s} & 3\mathrm{e}^{-3s}-2\mathrm{e}^{-2s}\end{bmatrix}\xi\\&\xlongequal{\mathrm{def}}\begin{bmatrix}\phi_{11}(s) & \phi_{12}(s)\\ \phi_{21}(s) & \phi_{22}(s)\end{bmatrix}\begin{bmatrix}\xi_1\\ \xi_2\end{bmatrix}\end{aligned}$$

但 $\tilde{z}_1(s)$ 和 $\tilde{z}_2(s)$ 满足的非线性方程

$$\begin{cases}\dfrac{\mathrm{d}}{\mathrm{d}s}\tilde{z}_1(s)=\tilde{z}_2(s)\\ \dfrac{\mathrm{d}}{\mathrm{d}s}\tilde{z}_2(s)=-\kappa_1\tilde{z}_2(s)-\kappa_2\sin(\tilde{\xi}_1(s))+\kappa_3\tilde{z}_1(s)\tilde{\xi}_2^2(s)\end{cases}\tag{7.65}$$

的显式解难以获得. 为此, 下面采取数值积分的方式.

设

$$\varPsi(z,\xi,s)=\int_0^s\frac{\partial V_z(\tilde{z}(\tau))}{\partial z}\psi(\tilde{z}(\tau),\tilde{\xi}(\tau))\mathrm{d}\tau\tag{7.66}$$

则根据式 (7.20) 有

$$\varPsi(z,\xi)=\lim_{s\to\infty}\varPsi(z,\xi,s)$$

将式 (7.66) 两端对 s 微分可得

$$\begin{aligned}\frac{\mathrm{d}\varPsi(z,\xi,s)}{\mathrm{d}s}&=\frac{\partial V_z(\tilde{z}(s))}{\partial z}\psi(\tilde{z}(s),\tilde{\xi}(s))\\&=2(\kappa_1\tilde{z}_1(s)+2\tilde{z}_2(s))(-\kappa_2\sin(\tilde{\xi}_1)+\kappa_3\tilde{z}_1\tilde{\xi}_2^2)\end{aligned}\tag{7.67}$$

设 $\tilde{\pi}_1(s)=\partial\tilde{z}_1(s)/\partial\xi_2,\tilde{\pi}_2(s)=\partial\tilde{z}_2(s)/\partial\xi_2,\varPi(s)=\partial\varPsi(z,\xi,s)/\partial\xi_2$. 将方程 (7.65) 和 (7.67) 的两边同时对 ξ_2 求偏导可得

$$\begin{cases}\dot{\tilde{\pi}}_1(s)=\tilde{\pi}_2(s)\\ \dot{\tilde{\pi}}_2(s)=-\kappa_1\tilde{\pi}_2(s)-\kappa_2\cos(\tilde{\xi}_1(s))\phi_{12}(s)+\kappa_3\tilde{\pi}_1(s)\tilde{\xi}_2^2(s)\\ \qquad\quad+2\kappa_3\tilde{z}_1(s)\tilde{\xi}_2(s)\phi_{22}(s)\\ \dot{\varPi}(s)=2(\kappa_1\tilde{\pi}_1(s)+2\tilde{\pi}_2(s))(-\kappa_2\sin(\tilde{\xi}_1)+\kappa_3\tilde{z}_1\tilde{\xi}_2^2)\\ \qquad\quad+2(\kappa_1\tilde{z}_1(s)+2\tilde{z}_2(s))(-\kappa_2\cos(\tilde{\xi}_1)\phi_{12}(s)\\ \qquad\quad+\kappa_3\tilde{\pi}_1\tilde{\xi}_2^2+2\kappa_3\tilde{z}_1\tilde{\xi}_2\phi_{22}(s))\end{cases}\tag{7.68}$$

这是一个以 s 为时间变量的微分方程, 其初值从式 (7.66) 和 $(\tilde{z},\tilde{\xi})$ 的定义可知: $\tilde{\pi}_1(0)=\tilde{\pi}_2(0)=0$, $\tilde{z}_1(0)=z_1,\tilde{z}_2(0)=z_2,\varPi(0)=0$. 对任意状态 (z,ξ), 联立求解微分方程 (7.65) 和 (7.68), 并令 $s\to\infty$, 即可得

$$\frac{\partial\varPsi(z,\xi)}{\partial\xi_2}=\lim_{s\to\infty}\frac{\partial\varPsi(z,\xi,s)}{\partial\xi_2}=\lim_{s\to\infty}\varPi(s)$$

在实际操作过程中, s 可取充分大的数使得 $\varPi(s)$ 的变化幅度在允许的范围之内.

为了仿真需要, 根据文献 [1] 取 $M=0.05\text{kg},R=0.01\text{m},J_{\text{b}}=2MR^2/5=2\times10^{-6}\text{kg·m}^2,J=0.02\text{kg·m}^2,\beta=0.1\text{N·s/m},g=9.81\text{m/s}^2$, 初值选为 $\theta(0)=0.1\text{rad},\dot{\theta}(0)=0,r(0)=-0.3\text{m},\dot{r}(0)=0$. 仿真结果如图 7.2 所示. 由图可见闭环系统是渐近稳定的.

需要指出的是, 对球杆系统而言, 如果角度 $|\theta|$ 超过 $\pi/2$, 球就会从杆上掉下来, 因此全局镇定在实际上并无必要和可能性. 事实上, 当角度较小时, 其他常规控制方法如基于 Jacobi 线性化的线性反馈也能取得很好的控制效果.

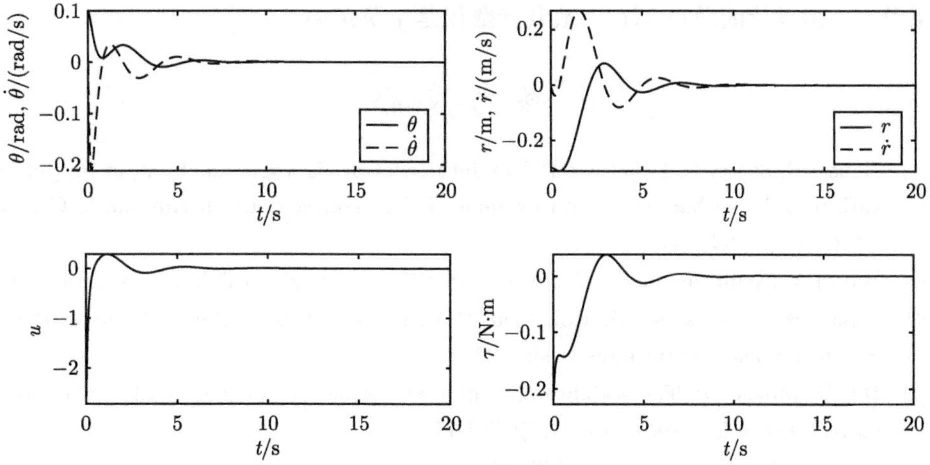

图 7.2 球杆系统仿真

7.5 本章小结与文献说明

针对一类前馈型非线性系统, 本章介绍了基于交叉项 Lyapunov 函数的前推设计方法. 前推设计方法是递推设计方法, 其每一步的核心是构造一类临界稳定耦合上三角系统的 Lyapunov 函数以及判断其零状态能检测性. 本章详细讨论了这两个问题, 在此基础上完成了前推设计, 并将之推广到更一般的前馈型非线性系统. 最后以球杆系统为例说明了基于交叉项 Lyapunov 函数的前推设计方法的设计步骤并仿真验证了方法的有效性.

本章主要基于文献 [2] 的第 14 章和文献 [3] 的第 5 和 6 章, 但在结论的表述和证明方面皆有不同. 引理 7.1.1 最早由文献 [4] 提出. 引理 7.2.3 讨论的上三角线性系统的 Lyapunov 函数构造, 现有文献中似无明确给出. 引理 7.2.4 关于 $V(z,\xi)$ 径向无界的证明, 纠正了文献 [3] 中证明可能存在的错误. 7.2.4 节关于 $V(z,\xi)$ 局部二次正定的内容的表述与文献 [3] 不同. 引理 7.2.6 的必要性部分在现有文献中似未见清晰的论述. 引理 7.2.7 亦不见诸现有文献. 定理 7.2.1 的必要性部分虽是显然的, 但以充要条件的形式给出结论, 似是首次. 定理 7.3.1 中局部指数稳定性的证明, 补充了文献 [2] 省略的部分. 例 7.3.1 取自文献 [3]. 7.3.2 节内容扩充自文献 [2]. 7.3.3 节内容取自文献 [2] (援引自文献 [5]) 并对 $u(x)$ 的形式稍加改动. 7.4 节内容取自文献 [3] 并稍加改动.

文献 [2] 和 [3] 均假设耦合系统稳定部分的 Lyapunov 函数 $V_\xi(\xi)$ 的导数负定, 即 $L_\varphi V_\xi(\xi) < 0$ $(\xi \neq 0)$. 这一假设首先并无必要, 因为 $L_\varphi V_\xi(\xi) \leqslant 0$ 即可保证 $L_f V(z,\xi) \leqslant 0$ (引理 7.2.1); 其次这一假设在递推过程中不能得到保证, 因为 $V(z,\xi)$ 沿着闭环耦合系统的时间导数仅是半负定的 (见 (7.11)), 而此函数 $V(z,\xi)$

充当下一步设计的函数 $V_\xi(\xi)$, 故其导数仅是半负定的.

参 考 文 献

[1] Hauser S, Sastry S, Kokotovic P. Nonlinear control via approximate input-output linearization: The ball and beam example. IEEE Transactions on Automatic Control, 1992, 37(3): 392-398.

[2] Isidori A. Nonlinear Control Systems. Berlin: Springer Science & Business Media, 2013.

[3] Sepulchre R, Jankovic M, Kokotovic P V. Constructive Nonlinear Control. Berlin: Springer Science & Business Media, 2012.

[4] Hill D, Moylan P. The stability of nonlinear dissipative systems. IEEE Transactions on Automatic Control, 1976, 21(5): 708-711.

[5] Lin W. Global asymptotic stabilization of general nonlinear systems with stable free dynamics via passivity and bounded feedback. Automatica, 1996, 32(6): 915-924.

第 8 章　几类特殊非线性系统的控制

前面几章系统讨论了下三角和上三角系统的控制问题. 本章进一步讨论几类具有特殊结构的非线性系统的控制问题, 具体包括满足线性增长条件的下三角系统和上三角系统、非完整系统和规范型系统. 这些系统的特殊结构允许采用构造性的方法进行控制器设计. 当然, 具有特殊结构的非线性系统非常之多, 限于篇幅, 本章只能讨论几种具有代表性的非线性系统.

8.1　满足线性增长条件的下三角系统

考虑如下非线性系统:

$$\begin{cases} \dot{x}_1 = x_2 + f_1(t, x, u) \\ \dot{x}_2 = x_3 + f_2(t, x, u) \\ \quad \vdots \\ \dot{x}_{n-1} = x_n + f_{n-1}(t, x, u) \\ \dot{x}_n = u + f_n(t, x, u) \\ y = x_1 \end{cases} \tag{8.1}$$

其中, $t \geqslant 0$, 非线性函数 $f_i(t, x, u)$ $(i = 1, 2, \cdots, n)$ 是连续的且满足如下假设.

假设 8.1.1　*存在非负常数* c_{ij} $(j = 1, 2, \cdots, i;\ i = 1, 2, \cdots, n)$ *使得对所有* $t \geqslant 0$ *都有*

$$|f_i(t, x, u)| \leqslant \sum_{j=1}^{i} c_{ij} |x_j|, \quad i = 1, 2, \cdots, n$$

不失一般性, 令假设 8.1.1 中的常数 c_{ij} 不全为零, 否则系统成为线性系统. 虽然非线性系统 (8.1) 本身不必具有下三角结构, 但 $f_i(\cdot)$ 的有效信息即其上界不含有 x_j $(j = i+1, i+2, \cdots, n)$, 因此该系统具有事实上的下三角或反馈型结构.

将非线性系统 (8.1) 写成向量的形式:

$$\begin{cases} \dot{x} = Ax + bu + f(t, x, u) \\ y = cx \end{cases} \tag{8.2}$$

其中, $x = [x_1, x_2, \cdots, x_n]^{\mathrm{T}}, f(t,x,u) = [f_1(t,x,u), f_2(t,x,u), \cdots, f_n(t,x,u)]^{\mathrm{T}}$ 以及

$$A = \left[\begin{array}{c|ccc} 0 & 1 & & \\ \vdots & & \ddots & \\ 0 & & & 1 \\ \hline 0 & 0 & \cdots & 0 \end{array}\right], \quad b = \begin{bmatrix} 0 \\ \vdots \\ 0 \\ 1 \end{bmatrix}, \quad c = \begin{bmatrix} 1 \\ 0 \\ \vdots \\ 0 \end{bmatrix}^{\mathrm{T}} \tag{8.3}$$

本节讨论该系统的全局镇定问题.

后面即将给出的非线性系统 (8.1) 的全局镇定控制律依赖参量 Lyapunov 方程

$$A^{\mathrm{T}}P + PA - Pbb^{\mathrm{T}}P = -\gamma P \tag{8.4}$$

$$AQ + QA^{\mathrm{T}} - Qc^{\mathrm{T}}cQ = -\gamma Q \tag{8.5}$$

的解. 关于该方程的解及其性质, 参见本章附录. 为了后续使用, 定义

$$L_n(\gamma) = \mathrm{diag}(\gamma^{n-1}, \gamma^{n-2}, \cdots, 1) \tag{8.6}$$

8.1.1 状态反馈全局镇定

本节讨论非线性系统 (8.1) 的状态反馈全局镇定问题, 为此先介绍下面的引理.

引理 8.1.1 设假设 8.1.1 成立, $L_n = L_n(\gamma)$ 如式 (8.6) 所定义, 则对任意 $x \in \mathbf{R}^n$、$u \in \mathbf{R}$ 和 $t \geqslant 0$ 都有

$$\varphi \overset{\text{def}}{=\!=\!=} (L_n f(t,x,u))^{\mathrm{T}}(L_n f(t,x,u)) \leqslant d^2 (L_n x)^{\mathrm{T}} L_n x$$

成立, 其中, $d = d(\gamma) \geqslant 0$ 按下式定义:

$$d^2 = \max\left\{\sum_{i=1}^{n} \frac{ic_{i1}^2}{\gamma^{2(i-1)}}, \sum_{i=2}^{n} \frac{ic_{i2}^2}{\gamma^{2(i-2)}}, \cdots, \sum_{i=n}^{n} \frac{ic_{in}^2}{\gamma^{2(i-n)}}\right\}$$

证明 据假设 8.1.1 可知

$$\begin{aligned} \varphi &= \sum_{i=1}^{n} \gamma^{2(n-i)} f_i^2(t,x,u) \\ &\leqslant \sum_{i=1}^{n} \gamma^{2(n-i)} \left(\sum_{j=1}^{i} c_{ij} |x_j|\right)^2 \end{aligned}$$

$$
\begin{aligned}
&\leqslant \sum_{i=1}^{n} \gamma^{2(n-i)} i \sum_{j=1}^{i} c_{ij}^2 \left|x_j\right|^2 \\
&= \left|\gamma^{n-1} x_1\right|^2 \sum_{i=1}^{n} \frac{i c_{i1}^2}{\gamma^{2(i-1)}} + \left|\gamma^{n-2} x_2\right|^2 \sum_{i=2}^{n} \frac{i c_{i2}^2}{\gamma^{2(i-2)}} + \cdots + \left|x_n\right|^2 \sum_{i=n}^{n} \frac{i c_{in}^2}{\gamma^{2(i-n)}} \\
&\leqslant d^2 \left(\left|\gamma^{n-1} x_1\right|^2 + \left|\gamma^{n-2} x_2\right|^2 + \cdots + \left|x_n\right|^2 \right)
\end{aligned}
$$

证毕. □

定理 8.1.1 设非线性系统 (8.1) 满足假设 8.1.1, $P(\gamma)$ 是参量 Lyapunov 方程 (8.4) 的唯一正定解, $\gamma_* > 0$ 是非线性方程 $\gamma = 2d(\gamma)\Lambda$ 的唯一正数解, 其中, Λ 见式 (8.74) 的定义. 那么, 线性反馈

$$
u = -b^{\mathrm{T}} P(\gamma) x, \quad \forall \gamma > \gamma_*
$$

使得闭环系统是全局指数稳定的. 此外, 控制信号满足

$$
|u(t)| \leqslant \sqrt{n\gamma x^{\mathrm{T}}(0) P(\gamma) x(0)}, \quad \forall t \geqslant 0 \tag{8.7}
$$

证明 根据本章附录中的推论 8.6.1 可知, 对任意 $\gamma > 0$, 参量 Lyapunov 方程 (8.4) 都有唯一正定解 $P = P(\gamma)$. 候选 Lyapunov 函数 $V(x) = x^{\mathrm{T}} P x$ 沿着闭环系统

$$
\dot{x} = (A - bb^{\mathrm{T}} P) x + f(t, x, u) \tag{8.8}
$$

的时间导数满足

$$
\begin{aligned}
\dot{V}(x) &= x^{\mathrm{T}} (A^{\mathrm{T}} P + PA - 2Pbb^{\mathrm{T}} P) x + 2x^{\mathrm{T}} P f(t, x, u) \\
&\leqslant -(\gamma - k) x^{\mathrm{T}} P x + \frac{1}{k} f^{\mathrm{T}}(t, x, u) P f(t, x, u)
\end{aligned}
$$

其中, $k > 0$ 是待定的正常数. 利用引理 8.1.1 和推论 8.6.1 可知

$$
\begin{aligned}
f^{\mathrm{T}}(t, x, u) P f(t, x, u) &= \gamma f^{\mathrm{T}}(t, x, u) L_n P_n L_n f(t, x, u) \\
&\leqslant \gamma \Lambda (L_n f(t, x, u))^{\mathrm{T}} (L_n f(t, x, u)) \\
&\leqslant \gamma d^2 \Lambda (L_n x)^{\mathrm{T}} (L_n x) \\
&= \gamma d^2 \Lambda^2 (L_n x)^{\mathrm{T}} \Lambda^{-1} (L_n x) \\
&\leqslant \gamma d^2 \Lambda^2 (L_n x)^{\mathrm{T}} P_n (L_n x) \\
&= d^2 \Lambda^2 x^{\mathrm{T}} P x
\end{aligned}
$$

因此, $\dot{V}(x)$ 可被进一步写成

$$\dot{V}(x) \leqslant -\left(\gamma - \left(k + \frac{1}{k}d^2\Lambda^2\right)\right)x^{\mathrm{T}}Px \leqslant -(\gamma - 2d(\gamma)\Lambda)x^{\mathrm{T}}Px \qquad (8.9)$$

其中, $k = d\Lambda$. 由于 $d(\gamma)$ 是 γ 的单调不增函数, 非线性方程 $\gamma = 2d(\gamma)\Lambda$ 存在唯一正数解 $\gamma_* > 0$, 且存在正常数 $\varepsilon = \varepsilon(\gamma)$ 使得 $\gamma - 2d(\gamma)\Lambda \geqslant \varepsilon$ $(\forall\gamma > \gamma_*)$. 因此, 有 $\dot{V}(x) \leqslant -\varepsilon x^{\mathrm{T}}Px$. 指数稳定性是显然的. 最后, 对任意 $t \geqslant 0$ 都有

$$\begin{aligned} |u(t)|^2 &= x^{\mathrm{T}}Pbb^{\mathrm{T}}Px \leqslant x^{\mathrm{T}}P^{\frac{1}{2}}\mathrm{tr}\left(P^{\frac{1}{2}}bb^{\mathrm{T}}P^{\frac{1}{2}}\right)P^{\frac{1}{2}}x \\ &= n\gamma V(x) \leqslant n\gamma V(x(0)) \end{aligned} \qquad (8.10)$$

这就证明了输入信号的上界. 证毕. □

从式 (8.9) 不难看出, γ 越大, $\gamma - 2d(\gamma)\Lambda$ 越大, $V(x)$ 收敛到 0 的速度越快, 从而状态 x 收敛到 0 的速度越快. 与此同时, 根据本章附录引理 8.6.2 中的 $\mathrm{d}P(\gamma)/\mathrm{d}\gamma > 0$ 可知反馈增益的范数 $\|b^{\mathrm{T}}P\|$ 也越大, 根据式 (8.7) 可知控制信号的上界也越大. 因此, 具有这种特性的控制律可称为高增益反馈. 高增益反馈的本质是, 在闭环系统 (8.8) 中, 线性部分 $(A - bb^{\mathrm{T}}P)x$ 相对于 $x^{\mathrm{T}}Px$ 关于 γ 是 1 阶的, 而非线性部分 $f(t, x, u)$ 相对于 $x^{\mathrm{T}}Px$ 关于 γ 是 0 阶的, 因此当 γ 充分大时线性部分 $(A - bb^{\mathrm{T}}P)x$ 是占优的, 从而其稳定性决定了整体系统的稳定性.

8.1.2 基于观测器的输出反馈

当状态不可直接测量时, 基于观测器的状态反馈是最佳选择, 为此需要设计状态观测器. 一般非线性系统的观测器设计是一个相当困难的问题, 观测器往往也是非线性系统, 从而需要对非线性项做一些假设如全局 Lipschitz 条件等来保证观测误差的收敛性. 根据非线性系统 (8.1) 的特殊性质, 可以设计线性的观测器. 这就是下面的定理.

定理 8.1.2 设非线性系统 (8.1) 满足假设 8.1.1, $P = P(\gamma)$ 和 $Q = Q(\gamma)$ 分别是参量 Lyapunov 方程 (8.4) 和 (8.5) 的唯一正定解, 则存在 $\gamma_* > 0$ 使得该系统在基于线性观测器的线性控制律

$$\begin{cases} \dot{z} = Az + bu + Qc^{\mathrm{T}}(y - cz) \\ u = -b^{\mathrm{T}}Pz, \quad \forall\gamma > \gamma_* \end{cases}$$

的控制下是全局指数稳定的, 且控制信号是有界的.

证明 根据本章附录中的推论 8.6.1 和 8.6.2 可知, 对任意 $\gamma > 0$, 参量 Lyapunov 方程 (8.4) 和 (8.5) 分别有唯一正定解 $P = P(\gamma)$ 和 $Q = Q(\gamma)$.

令 $e = x - z$, 则闭环系统可以写成

$$\begin{cases} \dot{z} = (A - bb^{\mathrm{T}}P)z + Qc^{\mathrm{T}}ce \\ \dot{e} = (A - Qc^{\mathrm{T}}c)e + f(t,x,u) \end{cases} \tag{8.11}$$

先考虑 e-子系统的候选 Lyapunov 函数 $V_e(e) = e^{\mathrm{T}}Q^{-1}e$. 其沿着 e-子系统的时间导数满足

$$\begin{aligned} \dot{V}_e(e) &= e^{\mathrm{T}}((A - Qc^{\mathrm{T}}c)^{\mathrm{T}}Q^{-1} + Q^{-1}(A - Qc^{\mathrm{T}}c))e + 2e^{\mathrm{T}}Q^{-1}f(t,x,u) \\ &\leqslant -\gamma e^{\mathrm{T}}Q^{-1}e + k_1 e^{\mathrm{T}}Q^{-1}e + \frac{1}{k_1}f^{\mathrm{T}}(t,x,u)Q^{-1}f(t,x,u) \\ &= -(\gamma - k_1)e^{\mathrm{T}}Q^{-1}e + \frac{1}{k_1}f(t,x,u)^{\mathrm{T}}Q^{-1}f(t,x,u) \end{aligned} \tag{8.12}$$

其中, $k_1 > 0$ 是待定的正常数. 根据引理 8.1.1 和推论 8.6.2 可知

$$\begin{aligned} f^{\mathrm{T}}(t,x,u)Q^{-1}f(t,x,u) &= f^{\mathrm{T}}(t,x,u)(\gamma^{2n-1}L_n^{-1}Q_nL_n^{-1})^{-1}f(t,x,u) \\ &\leqslant \frac{\Lambda}{\gamma^{2n-1}}(L_nf(t,x,u))^{\mathrm{T}}L_nf(t,x,u) \\ &\leqslant \frac{\Lambda d^2}{\gamma^{2n-1}}(L_nx)^{\mathrm{T}}L_nx \end{aligned} \tag{8.13}$$

由于 $x = e + z$, 根据推论 8.6.1 和 8.6.2 有

$$\begin{aligned} (L_nx)^{\mathrm{T}}L_nx &\leqslant 2((L_nz)^{\mathrm{T}}L_nz + (L_ne)^{\mathrm{T}}L_ne) \\ &\leqslant 2\left(\frac{z^{\mathrm{T}}L_nP_nL_nz}{\Lambda^{-1}} + \frac{e^{\mathrm{T}}(L_n^{-1}Q_nL_n^{-1})^{-1}e}{\Lambda^{-1}}\right) \\ &= 2\Lambda\left(\frac{1}{\gamma}z^{\mathrm{T}}Pz + \gamma^{2n-1}e^{\mathrm{T}}Q^{-1}e\right) \end{aligned} \tag{8.14}$$

因此, 式 (8.12) 可被进一步写成

$$\dot{V}_e(e) \leqslant -\left(\gamma - \left(k_1 + \frac{2d^2\Lambda^2}{k_1}\right)\right)e^{\mathrm{T}}Q^{-1}e + \frac{2d^2\Lambda^2}{k_1\gamma^{2n}}z^{\mathrm{T}}Pz \tag{8.15}$$

再考虑 z-子系统的候选 Lyapunov 函数 $V_z(z) = z^{\mathrm{T}}Pz$. 其沿着 z-子系统的时间导数满足

$$\dot{V}_z(z) = z^{\mathrm{T}}(A^{\mathrm{T}}P + PA - 2Pbb^{\mathrm{T}}P)z + 2z^{\mathrm{T}}PQc^{\mathrm{T}}ce$$

$$
\begin{aligned}
&\leqslant -\gamma z^{\mathrm{T}} P z+2 z^{\mathrm{T}} P Q c^{\mathrm{T}} c e \\
&\leqslant -(1-k_2) \gamma z^{\mathrm{T}} P z+\frac{1}{k_2 \gamma} e^{\mathrm{T}} c^{\mathrm{T}} c Q P Q c^{\mathrm{T}} c e
\end{aligned} \tag{8.16}
$$

其中, $k_2>0$ 是待定的常数. 利用推论 8.6.1 和 8.6.2 并结合 $L_n^{-1} c^{\mathrm{T}}=c^{\mathrm{T}} / \gamma^{n-1}$ 有

$$
\begin{aligned}
Q^{\frac{1}{2}} c^{\mathrm{T}} c Q P Q c^{\mathrm{T}} c Q^{\frac{1}{2}} &\leqslant \operatorname{tr}\left(Q^{\frac{1}{2}} c^{\mathrm{T}} c Q P Q c^{\mathrm{T}} c Q^{\frac{1}{2}}\right) I_n \\
&=\operatorname{tr}\left(c Q P Q c^{\mathrm{T}} c Q^{\frac{1}{2}} Q^{\frac{1}{2}} c^{\mathrm{T}}\right) I_n \\
&=\operatorname{tr}(c Q P Q c^{\mathrm{T}} c Q c^{\mathrm{T}}) I_n \\
&=c Q c^{\mathrm{T}} \operatorname{tr}(c Q P Q c^{\mathrm{T}}) I_n \\
&=n \gamma c Q P Q c^{\mathrm{T}} I_n \\
&=\gamma^{4 n} n(c L_n^{-1} Q_n P_n Q_n L_n^{-1} c^{\mathrm{T}}) I_n \\
&=\gamma^{2 n+2} n k_3 I_n
\end{aligned}
$$

其中, $k_3=c Q_n P_n Q_n c^{\mathrm{T}}>0$ 是与 γ 无关的常数. 因此, 有 $c^{\mathrm{T}} c Q P Q c^{\mathrm{T}} c \leqslant \gamma^{2 n+2} n k_3 Q^{-1}$, 从而式 (8.16) 可进一步写成

$$
\dot{V}_z(z) \leqslant-(1-k_2) \gamma z^{\mathrm{T}} P z+\frac{n k_3}{k_2} \gamma^{2 n+1} e^{\mathrm{T}} Q^{-1} e \tag{8.17}
$$

设整体闭环系统的候选 Lyapunov 函数为 $V(z, e)=V_z(z)+k_4 \gamma^{2 n} V_e(e)$, 这里 $k_4>0$ 是待定的正常数, 则根据式 (8.15) 和式 (8.17) 有

$$
\begin{aligned}
\dot{V}(z, e) \leqslant & -(1-k_2) \gamma z^{\mathrm{T}} P z+\frac{2 k_4 d^2 \Lambda^2}{k_1} z^{\mathrm{T}} P z \\
& -k_4 \gamma^{2 n}\left(\gamma-\left(k_1+\frac{2 d^2 \Lambda^2}{k_1}\right)\right) e^{\mathrm{T}} Q^{-1} e+\frac{n k_3}{k_2} \gamma^{2 n+1} e^{\mathrm{T}} Q^{-1} e \\
= & -\mu_z(\gamma) z^{\mathrm{T}} P z-\mu_e(\gamma) k_4 \gamma^{2 n} e^{\mathrm{T}} Q^{-1} e
\end{aligned}
$$

其中,

$$
\begin{aligned}
\mu_z(\gamma)&=(1-k_2) \gamma-\frac{2 k_4 d^2 \Lambda^2}{k_1}=(1-k_2) \gamma-\sqrt{2} k_4 d \Lambda \\
\mu_e(\gamma)&=\left(1-\frac{n k_3}{k_2 k_4}\right) \gamma-\left(k_1+\frac{2 d^2 \Lambda^2}{k_1}\right)=\left(1-\frac{n k_3}{k_2 k_4}\right) \gamma-2 \sqrt{2} d \Lambda
\end{aligned}
$$

这里已经取 $k_1 = \sqrt{2}d\Lambda > 0$. 取 $k_2 \in (0,1)$ 且与 γ 无关, $k_4 > 0$ 使得 $1 - nk_3/(k_2k_4) \in (0,1)$ 且与 γ 无关, 则存在 $\gamma_* > 0$ 和 $\varepsilon = \varepsilon(\gamma)$ 使得 $\mu_z(\gamma) \geqslant \varepsilon$、$\mu_e(\gamma) \geqslant \varepsilon$ $(\forall \gamma > \gamma_*)$ 成立, 从而有 $\dot{V}(z,e) \leqslant -\varepsilon V(z,e)$. 指数稳定性是显然的. 最后, 对任意 $t \geqslant 0$ 都有

$$|u(t)|^2 \leqslant n\gamma z^{\mathrm{T}} P z \leqslant n\gamma(V_z(z) + k_4\gamma^{2n}V_e(e)) \leqslant n\gamma(V_z(z(0)) + k_4\gamma^{2n}V_e(e(0)))$$

即控制信号是有界的. 证毕. □

8.1.3 应用举例: 单连杆机械臂系统

图 8.1 是一个单连杆机械臂系统[1] 的示意图. 图中, 直流电机转子的转动惯量为 J_2, 通过齿轮系 (简洁起见, 图中用一组齿轮代表整个齿轮系, 且齿轮系的传动比为 1) 与一个弹性常数为 k 的弹簧连接到一个质量为 M 的刚性连杆上, 连杆绕其端点转动, 转动惯量为 J_1; q_2 和 q_1 分别代表电机转子与刚性连杆的角位置; g 为重力加速度; L 为连杆的重心位置. 此外, 令 v 为电机在传动轴上产生的力矩.

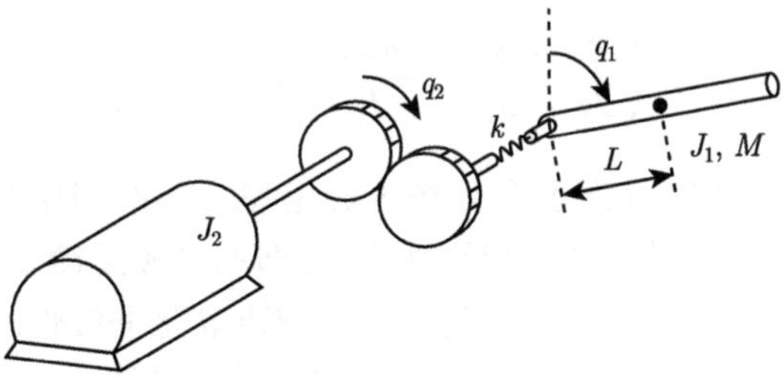

图 8.1 单连杆机械臂系统

设 $q = [q_1, q_2]^{\mathrm{T}}$ 为系统的广义坐标, 则系统的总动能为

$$K(q,\dot{q}) = \frac{1}{2}J_1\dot{q}_1^2 + \frac{1}{2}J_2\dot{q}_2^2$$

记连杆位于最低点时的重力势能为 0, 则系统的总势能为

$$P(q) = \frac{1}{2}k(q_1 - q_2)^2 + MgL(1 + \cos(q_1))$$

系统的广义力向量为 $\tau = [0, v]^{\mathrm{T}}$. 将此系统的 Lagrange 函数 $L(q,\dot{q}) = K(q,\dot{q}) - P(q)$ 代入 Euler-Lagrange 方程 (见式 (3.65)) 并化简可以得到此系统的动力学方程

$$\begin{cases} 0 = J_1\ddot{q}_1 - MgL\sin(q_1) + k(q_1 - q_2) \\ v = J_2\ddot{q}_2 - k(q_1 - q_2) \end{cases} \tag{8.18}$$

这显然是一个欠驱系统. 本系统的控制目标是将刚性连杆由初始位置旋转到最高点并维持住. 此即系统 (8.18) 的镇定问题.

选择状态变量为 $z = [z_1, z_2, z_3, z_4]^{\mathrm{T}} = [q_1, \dot{q}_1, q_2, \dot{q}_2]^{\mathrm{T}}$, 输出为 $y = q_1$, 则系统 (8.18) 可以写为如下状态空间形式:

$$\begin{cases} \dot{z}_1 = z_2 \\ \dot{z}_2 = \dfrac{MgL}{J_1}\sin(z_1) - \dfrac{k}{J_1}(z_1 - z_3) \\ \dot{z}_3 = z_4 \\ \dot{z}_4 = \dfrac{k}{J_2}(z_1 - z_3) + \dfrac{1}{J_2}v \\ y = z_1 \end{cases} \tag{8.19}$$

直接计算有 $y^{(4)} = h(z) + kv/(J_1J_2)$, 其中,

$$\begin{aligned} h(z) = &\left(\frac{MgL}{J_1}\cos(z_1) - z_2^2 - \frac{k}{J_1}\right)\frac{MgL}{J_1}\sin(z_1) \\ &+ \left(\frac{k}{J_1} + \frac{k}{J_2} - \frac{MgL}{J_1}\cos(z_1)\right)\frac{k}{J_1}(z_1 - z_3) \end{aligned}$$

这表明系统 (8.19) 的相对阶为 4, 与系统阶数相等. 因此, 当所有参数 J_1、J_2、k、M、L 都已知时, 该系统是可以全局反馈线性化的, 即通过预反馈 $v = J_1J_2(u - h(z))/k$ 之后系统是线性系统 $y^{(4)} = u$. 注意到上述控制律 v 是非线性的. 当然系统 (8.19) 也具有反馈型结构, 从而也可以用反步设计方法进行设计.

考虑状态变换 $x = [x_1, x_2, x_3, x_4]^{\mathrm{T}} = [z_1, z_2, kz_3/J_1, kz_4/J_1]^{\mathrm{T}}$ 与输入变换 $u = kv/(J_1J_2)$, 则系统 (8.19) 可以写成式 (8.1) 的形式, 其中, $f_1(t, x, u) = f_3(t, x, u) = 0$,

$$f_2(t, x, u) = \frac{MgL}{J_1}\sin(x_1) - \frac{k}{J_1}x_1, \quad f_4(t, x, u) = \frac{k^2}{J_1J_2}x_1 - \frac{k}{J_2}x_3$$

因此显然有

$$\begin{aligned} |f_2(t, x, u)| &\leqslant \left(\frac{MgL}{J_1} + \frac{k}{J_1}\right)|x_1| \overset{\text{def}}{=\!=} c_{21}|x_1| \\ |f_4(t, x, u)| &\leqslant \frac{k^2}{J_1J_2}|x_1| + \frac{k}{J_2}|x_3| \overset{\text{def}}{=\!=} c_{41}|x_1| + c_{43}|x_3| \end{aligned}$$

这表明该系统满足假设 8.1.1, 即该系统是满足线性增长条件的下三角系统. 特别指出的是, 如果参数 J_1、J_2、k、M、L 具有不确定性, 系数 c_{ij} 应该为这些参数

取遍范围内所有可能值时的最大值. 对本例而言, 考虑到状态 x_3、x_4、u 与参数 J_1、J_2、k 有关系, 这里仅假设参数 M 和 L 具有不确定性.

根据文献 [2], 在数值仿真时, 选择 $J_1 = 1.35\times10^{-4}\text{kg}\cdot\text{m}^2, k = 7.47\text{N}\cdot\text{m/rad}$, $J_2 = 2.16\times10^{-3}\text{kg}\cdot\text{m}^2$, 且假设 $M \in [M_0-\delta_M, M_0+\delta_M], M_0 = 0.2\text{kg}, \delta_M = 0.01\text{kg}$, $L \in [L_0-\delta_L, L_0+\delta_L], L_0 = 0.02\text{m}, \delta_L = 0.001\text{m}$. 由此可确定 $c_{21} = 5.5653\times10^4$, $c_{41} = 1.9136\times10^8, c_{43} = 3.4583\times10^3$.

求解参量 Lyapunov 方程 (8.4) 可得

$$P = \begin{bmatrix} \gamma^7 & 3\gamma^6 & 3\gamma^5 & \gamma^4 \\ 3\gamma^6 & 10\gamma^5 & 11\gamma^4 & 4\gamma^3 \\ 3\gamma^5 & 11\gamma^4 & 14\gamma^3 & 6\gamma^2 \\ \gamma^4 & 4\gamma^3 & 6\gamma^2 & 4\gamma \end{bmatrix}$$

根据定理 8.1.1 计算可得 $\gamma_* = 2034.8642$. 为避免控制信号过大, 并考虑到定理 8.1.1 仅给出保证稳定性的充分条件, 在仿真时选取 $\gamma = 120$. 初值选为 $z(0) = [1, 0, 0, 0]^{\mathrm{T}}$ 时的仿真结果如图 8.2 所示.

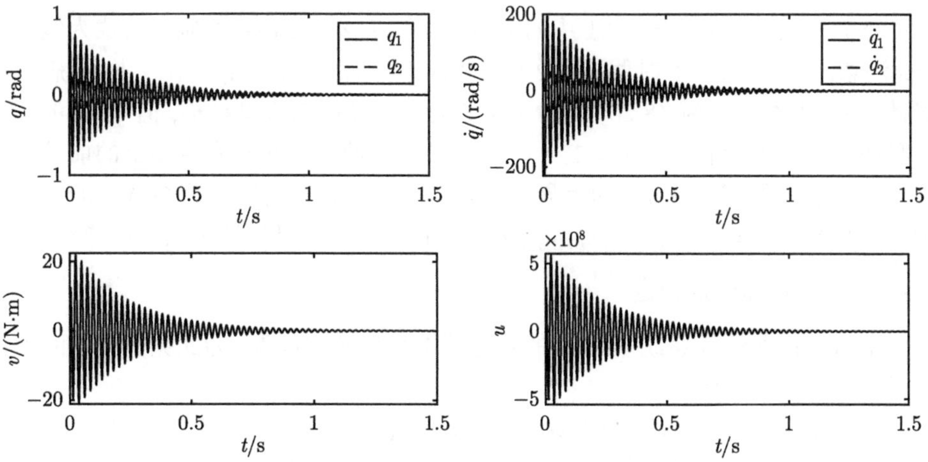

图 8.2　单连杆机械臂系统的状态反馈全局镇定

8.2　满足线性增长条件的上三角系统

下面继续考虑形如式 (8.1) 的非线性系统, 即非线性系统

$$\begin{cases} \dot{x}_1 = x_2 + f_1(t,x,u) \\ \dot{x}_2 = x_3 + f_2(t,x,u) \\ \vdots \\ \dot{x}_{n-1} = x_n + f_{n-1}(t,x,u) \\ \dot{x}_n = u \\ y = x_1 \end{cases} \tag{8.20}$$

其中, 函数 $f_i(t,x,u)$ $(i=1,2,\cdots,n-1)$ 连续. 系统 (8.20) 显然也可以写成 (8.2) 的形式, 其中,

$$f(t,x,u) = \begin{bmatrix} f_1(t,x,u) & f_2(t,x,u) & \cdots & f_{n-1}(t,x,u) & 0 \end{bmatrix}^{\mathrm{T}} \tag{8.21}$$

与系统 (8.1) 不同, 这里的非线性函数满足如下的线性增长条件.

假设 8.2.1 *存在非负常数 c_{ij} 和 d_i $(j=i+2,i+3,\cdots,n;\ i=1,2,\cdots,n-1)$ 使得*

$$|f_i(t,x,u)| \leqslant \sum_{j=i+2}^{n} c_{ij}|x_j| + d_i|u|, \quad i=1,2,\cdots,n-1$$

不失一般性, 令假设 8.2.1 中的常数 c_{ij} 和 d_i 不全为零, 否则系统成为线性系统. 注意, 当 $i=n-1$ 时假设 8.2.1 退化成 $|f_{n-1}(x,u)| \leqslant d_{n-1}|u|$. 与系统 (8.1) 对偶, 虽然非线性系统 (8.20) 本身不必具有上三角即前馈型结构, 但 $f_i(\cdot)$ 的有效信息即其上界不含有 x_j $(j=1,2,\cdots,i+1)$, 因此该系统具有事实上的前馈型结构. 另外注意到 $f_i(t,x,u)$ 的上界不可显含 x_{i+1}, 否则可能出现系统不能控的情形, 如 $f_i(t,x,u) = -x_{i+1} + |x_{i+2}|$, 则 $\dot{x}_i = |x_{i+2}| \geqslant 0$, 显然该子系统不能控.

8.2.1 状态反馈全局镇定

本节讨论非线性系统 (8.20) 的状态反馈全局镇定问题, 为此先介绍下面平行于引理 8.1.1 的结论.

引理 8.2.1 *设假设 8.2.1 成立, $L_n = L_n(\gamma)$ 如式 (8.6) 所定义, $f(t,x,u)$ 如式 (8.21) 所定义, 则对任意 $x \in \mathbf{R}^n$、$u \in \mathbf{R}$ 和 $t \geqslant 0$ 都有*

$$\varphi \xlongequal{\text{def}} (L_n f(t,x,u))^{\mathrm{T}}(L_n f(t,x,u)) \leqslant d^2\gamma^4(L_n x)^{\mathrm{T}} L_n x + \delta^2\gamma^2|u|^2$$

成立, 其中, $d = d(\gamma) \geqslant 0$ 和 $\delta = \delta(\gamma) \geqslant 0$ 按下式定义:

$$d^2 = \max\left\{\sum_{i=1}^{n-2}\gamma^{2(n-2-i)}(n-i)c_{in}^2, \sum_{i=1}^{n-3}\gamma^{2(n-3-i)}(n-i)c_{i,n-1}^2, \cdots, (n-1)c_{13}^2\right\}$$

$$\delta^2 = \sum_{i=1}^{n-1} \gamma^{2(n-1-i)}(n-i)d_i^2$$

证明　据假设 8.2.1 可知

$$\begin{aligned}
\varphi &= \sum_{i=1}^{n-1} \gamma^{2(n-i)} f_i^2(t,x,u) \\
&\leqslant \sum_{i=1}^{n-2} \gamma^{2(n-i)} \left(\sum_{j=i+2}^{n} c_{ij} |x_j| + d_i |u| \right)^2 + \gamma^2 d_{n-1}^2 |u|^2 \\
&\leqslant \sum_{i=1}^{n-2} \gamma^{2(n-i)}(n-i) \left(\sum_{j=i+2}^{n} c_{ij}^2 |x_j|^2 + d_i^2 |u|^2 \right) + \gamma^2 d_{n-1}^2 |u|^2 \\
&= \sum_{i=1}^{n-2} \gamma^{2(n-i)}(n-i) \left(\sum_{j=i+2}^{n} c_{ij}^2 |x_j|^2 \right) + \left(\sum_{i=1}^{n-1} \gamma^{2(n-i)}(n-i)d_i^2 \right) |u|^2 \\
&\leqslant d^2\gamma^4 \left(\left|\gamma^{n-3}x_3\right|^2 + \left|\gamma^{n-4}x_4\right|^2 + \cdots + |x_n|^2 \right) + \delta^2\gamma^2 |u|^2
\end{aligned}$$

证毕. □

定理 8.2.1　设非线性系统 (8.20) 满足假设 8.2.1, $P(\gamma)$ 是参量 Lyapunov 方程 (8.4) 的唯一正定解, $\gamma_* > 0$ 是非线性方程

$$1 = 2\gamma g(\gamma), \quad g(\gamma) = \sqrt{\Lambda^2 d^2(\gamma) + \Lambda\delta^2(\gamma)n} \tag{8.22}$$

的唯一正数解. 那么, 线性反馈

$$u = -b^{\mathrm{T}} P(\gamma)x, \quad \forall\gamma \in (0,\gamma_*)$$

使得闭环系统是全局指数稳定的. 此外, 控制信号满足

$$|u(t)| \leqslant \sqrt{n\gamma x^{\mathrm{T}}(0)P(\gamma)x(0)}, \quad \forall t \geqslant 0$$

证明　与定理 8.1.1 的证明类似, 候选 Lyapunov 函数 $V(x) = x^{\mathrm{T}}Px, P = P(\gamma)$ 沿着闭环系统的时间导数满足

$$\dot{V}(x) \leqslant -(\gamma - k)x^{\mathrm{T}}Px + \frac{1}{k} f^{\mathrm{T}}(t,x,u)Pf(t,x,u)$$

其中, $k > 0$ 是待定的正常数. 利用引理 8.2.1 和推论 8.6.1 可知

$$f^{\mathrm{T}}(t,x,u)Pf(t,x,u) = \gamma f^{\mathrm{T}}(t,x,u)L_nP_nL_nf(t,x,u)$$

$$\begin{aligned}
&\leqslant \gamma\Lambda(L_nf(t,x,u))^{\mathrm{T}}(L_nf(t,x,u))\\
&\leqslant \gamma\Lambda(d^2\gamma^4(L_nx)^{\mathrm{T}}L_nx+\delta^2\gamma^2\,|u|^2)\\
&=\gamma^5\Lambda^2d^2(L_nx)^{\mathrm{T}}\Lambda^{-1}(L_nx)+\delta^2\gamma^3\Lambda\,|u|^2\\
&\leqslant \gamma^5\Lambda^2d^2(L_nx)^{\mathrm{T}}P_n(L_nx)+\delta^2\gamma^3\Lambda n\gamma x^{\mathrm{T}}Px\\
&=\gamma^4(\Lambda^2d^2+\Lambda\delta^2n)x^{\mathrm{T}}Px
\end{aligned}$$

从式 (8.10) 注意到 $|u|^2\leqslant n\gamma x^{\mathrm{T}}Px$. 因此, $\dot V(x)$ 可被进一步写成

$$\dot V(x)\leqslant -\left(\gamma-\left(k+\frac{1}{k}\gamma^4g^2(\gamma)\right)\right)x^{\mathrm{T}}Px\leqslant -\gamma(1-2\gamma g(\gamma))V(x)\tag{8.23}$$

其中, $k=\gamma^2g(\gamma)$. 由于 $d(\gamma)$ 和 $\delta(\gamma)$ 都是 γ 的单调不减函数, 非线性方程 $1=2\gamma g(\gamma)$ 存在唯一正数解 $\gamma_*>0$, 且存在正常数 $\varepsilon=\varepsilon(\gamma)$ 使得 $1-2\gamma g(\gamma)\geqslant\varepsilon,\forall\gamma\in(0,\gamma_*)$. 因此, 有 $\dot V(x)\leqslant -\varepsilon\gamma x^{\mathrm{T}}Px$. 指数稳定性是显然的. 最后, 控制律的上界同理可证. 证毕. □

从式 (8.23) 不难看出, γ 越小, $\gamma(1-2\gamma g(\gamma))$ 越小, $V(x)$ 收敛到 0 的速度越慢, 从而状态 x 收敛到 0 的速度越慢. 与此同时, 反馈增益的范数 $\|b^{\mathrm{T}}P\|$ 也越小, 控制信号的上界也越小. 因此, 具有这种特性的控制律可称为低增益反馈. 与高增益反馈对偶, 低增益反馈的本质是, 在闭环系统中, 线性部分 $(A-bb^{\mathrm{T}}P)x$ 相对于 $x^{\mathrm{T}}Px$ 关于 γ 是 1 阶的, 而非线性部分 $f(t,x,u)$ 相对于 $x^{\mathrm{T}}Px$ 关于 γ 是 2 阶的, 因此当 γ 充分小时线性部分 $(A-bb^{\mathrm{T}}P)x$ 是占优的, 从而其稳定性决定了整体系统的稳定性.

8.2.2 基于观测器的输出反馈

下面给出基于观测器的输出反馈的结论. 该结论与定理 8.1.2 对偶.

定理 8.2.2 设非线性系统 (8.20) 满足假设 8.2.1, $P=P(\gamma)$ 和 $Q=Q(\gamma)$ 分别是参量 Lyapunov 方程 (8.4) 和 (8.5) 的唯一正定解, 则存在 $\gamma_*>0$ 使得该系统在基于线性观测器的线性控制律

$$\begin{cases}\dot z=Az+bu+Qc^{\mathrm{T}}(y-cz)\\ u=-b^{\mathrm{T}}Pz,\quad\forall\gamma\in(0,\gamma_*)\end{cases}$$

的控制下是全局指数稳定的, 且控制信号是有界的.

证明　令 $e=x-z$, 则闭环系统也可以写成式 (8.11), 其中, $f(t,x,u)$ 如式 (8.21) 所示. 根据式 (8.12), e-子系统的候选 Lyapunov 函数 $V_e(e)=e^{\mathrm{T}}Q^{-1}e$ 沿

着 e-子系统的时间导数满足

$$\dot{V}_e(e) \leqslant -(\gamma - k_1)e^{\mathrm{T}}Q^{-1}e + \frac{1}{k_1}f(t,x,u)^{\mathrm{T}}Q^{-1}f(t,x,u) \tag{8.24}$$

其中, $k_1 > 0$ 是待定的正常数. 根据引理 8.2.1、不等式 (8.13)、不等式 (8.14) 和 $|u|^2 \leqslant n\gamma z^{\mathrm{T}}Pz$ 可知

$$\begin{aligned}
& f^{\mathrm{T}}(t,x,u)Q^{-1}f(t,x,u) \\
\leqslant & \frac{\varLambda}{\gamma^{2n-1}}(L_n f(t,x,u))^{\mathrm{T}}L_n f(t,x,u) \\
\leqslant & \frac{\varLambda}{\gamma^{2n-1}}(d^2\gamma^4(L_n x)^{\mathrm{T}}L_n x + \delta^2\gamma^2|u|^2) \\
\leqslant & \frac{\varLambda}{\gamma^{2n-1}}\left(2\varLambda d^2\gamma^4\left(\frac{1}{\gamma}z^{\mathrm{T}}Pz + \gamma^{2n-1}e^{\mathrm{T}}Q^{-1}(\gamma)e\right) + \delta^2\gamma^2 n\gamma z^{\mathrm{T}}Pz\right) \\
= & \frac{\varLambda}{\gamma^{2n-4}}(2\varLambda d^2 + n\delta^2)z^{\mathrm{T}}Pz + 2\gamma^4 d^2\varLambda^2 e^{\mathrm{T}}Q^{-1}(\gamma)e
\end{aligned}$$

因此, 式 (8.24) 可被进一步写成

$$\dot{V}_e(e) \leqslant -\left(\gamma - \left(k_1 + \frac{2\gamma^4 d^2\varLambda^2}{k_1}\right)\right)e^{\mathrm{T}}Q^{-1}e + \frac{\varLambda(2\varLambda d^2 + n\delta^2)}{k_1\gamma^{2n-4}}z^{\mathrm{T}}Pz \tag{8.25}$$

与式 (8.17) 相同, z-子系统的候选 Lyapunov 函数 $V_z(z) = z^{\mathrm{T}}Pz$ 沿着 z-子系统的时间导数满足

$$\dot{V}_z(z) \leqslant -(1-k_2)\gamma z^{\mathrm{T}}Pz + \frac{nk_3}{k_2}\gamma^{2n+1}e^{\mathrm{T}}Q^{-1}e \tag{8.26}$$

其中, $k_2 > 0$ 是待定常数; $k_3 = cQ_nP_nQ_nc^{\mathrm{T}} > 0$ 是与 γ 无关的常数.

设整体闭环系统的候选 Lyapunov 函数为 $V(z,e) = V_z(z) + k_4\gamma^m V_e(e), m = 2n - 1/2$, 这里 $k_4 > 0$ 是与 γ 无关的正常数, 则根据式 (8.25) 和式 (8.26) 有

$$\begin{aligned}
\dot{V}(z,e) \leqslant & -(1-k_2)\gamma z^{\mathrm{T}}Pz + \frac{k_4}{k_1}\gamma^{m+4-2n}\varLambda(2\varLambda d^2 + n\delta^2)z^{\mathrm{T}}Pz \\
& - k_4\gamma^m\left(\gamma - \left(k_1 + \frac{2\gamma^4 d^2\varLambda^2}{k_1}\right)\right)e^{\mathrm{T}}Q^{-1}e + \frac{nk_3}{k_2}\gamma^{2n+1}e^{\mathrm{T}}Q^{-1}e \\
= & -\mu_z(\gamma)\gamma z^{\mathrm{T}}Pz - \mu_e(\gamma)k_4\gamma^{m+1}e^{\mathrm{T}}Q^{-1}e
\end{aligned}$$

其中,

$$\begin{cases} \mu_z(\gamma) = 1 - k_2 - \dfrac{k_4}{k_1}\gamma^{m+3-2n}\Lambda(2\Lambda d^2 + n\delta^2) \\ \mu_e(\gamma) = 1 - \dfrac{1}{\gamma}\left(k_1 + \dfrac{2\gamma^4 d^2 \Lambda^2}{k_1}\right) - \dfrac{nk_3}{k_2k_4}\gamma^{2n-m} \end{cases}$$

取 $k_1 = \gamma^2\Lambda > 0, k_2 \in (0,1)$ 且与 γ 无关, 则有

$$\mu_z(\gamma) = 1 - k_2 - k_4\gamma^{\frac{1}{2}}(2\Lambda d^2 + n\delta^2), \quad \mu_e(\gamma) = 1 - \gamma\Lambda(1 + 2d^2) - \frac{nk_3}{k_2k_4}\gamma^{\frac{1}{2}}$$

这表明存在 $\gamma_* > 0$ 和 $\varepsilon = \varepsilon(\gamma)$ 使得 $\mu_z(\gamma) \geqslant \varepsilon$、$\mu_e(\gamma) \geqslant \varepsilon$ $(\forall\gamma \in (0,\gamma_*))$ 成立, 从而有 $\dot{V}(z,e) \leqslant -\varepsilon\gamma V(z,e)$. 指数稳定性是显然的. 最后, 控制信号的有界性同理可证. 证毕. □

8.2.3 应用举例: 感应加热电路系统

感应加热 (induction heating) 就是将电能通过电磁感应的原理变换为热能对被加热导体进行加热. 相比于传统电阻的电流热效应加热及火焰加热, 感应加热技术具有高效、快速加热、安全、清洁和精确控制等优势, 从而成为当今许多工业、家庭和医疗应用的首选加热技术[3]. 图 8.3 展示了一种感应加热电路系统[4]. 图中, R_2 为负载等效电阻; L 为负载等效电感; U 为输入电压. 当 $U > 0$ 时, 开关位于 1; 当 $U \leqslant 0$ 时, 开关位于 2.

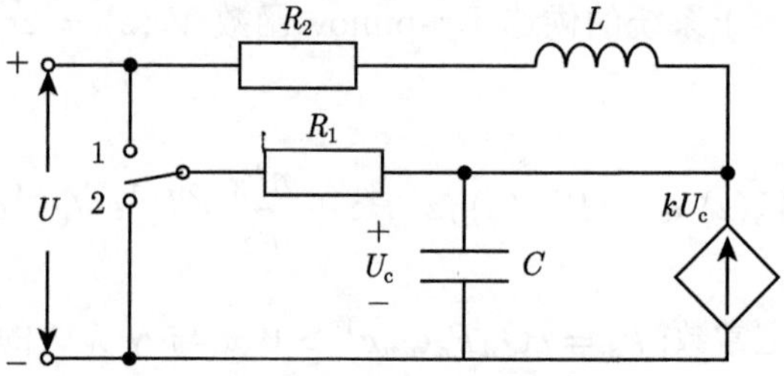

图 8.3　感应加热电路系统

选取状态变量为 $\xi_1 = U_\mathrm{c}$、$\xi_2 = i_\mathrm{l}$ (单位分别为 V 和 mA). 当 $U > 0$ 即开关位于 1 时, 由 Kirchhoff (基尔霍夫) 电压定理与电流定理, 此系统可以用下式描述:

$$\begin{cases} \dot{\xi}_1 = \dfrac{kR_1 - 1}{R_1C}\xi_1 - \dfrac{1}{C}\xi_2 + \dfrac{1}{R_1C}U \\ \dot{\xi}_2 = \dfrac{1}{L}\xi_1 - \dfrac{R_2}{L}\xi_2 - \dfrac{1}{L}U \end{cases} \tag{8.27}$$

当 $U \leqslant 0$ 即开关位于 2 时, 同样由 Kirchhoff 电压定理与电流定理, 此系统可以用下式描述:

$$\begin{cases} \dot{\xi}_1 = \dfrac{kR_1 - 1}{R_1 C}\xi_1 - \dfrac{1}{C}\xi_2 \\ \dot{\xi}_2 = \dfrac{1}{L}\xi_1 - \dfrac{R_2}{L}\xi_2 - \dfrac{1}{L}U \end{cases} \tag{8.28}$$

综合式 (8.27) 与式 (8.28) 可得如下状态空间模型:

$$\begin{cases} \dot{\xi}_1 = \dfrac{kR_1 - 1}{R_1 C}\xi_1 - \dfrac{1}{C}\xi_2 + \dfrac{\mathrm{sign}(U) + 1}{2R_1 C}U \\ \dot{\xi}_2 = \dfrac{1}{L}\xi_1 - \dfrac{R_2}{L}\xi_2 - \dfrac{1}{L}U \end{cases} \tag{8.29}$$

根据文献 [5], 选取 $L = 1\mathrm{mH}, C = 1\mathrm{mF}, k = 2\mathrm{mA/V}, R_1 = R_2 = 1\mathrm{k}\Omega$, 则系统 (8.29) 可写为

$$\begin{cases} \dot{\xi}_1 = \xi_1 - \xi_2 + \dfrac{1}{2}(1 + \mathrm{sign}(U))U \\ \dot{\xi}_2 = \xi_1 - \xi_2 - U \end{cases} \tag{8.30}$$

接下来计算此电路的一种稳态. 注意到

$$\dot{\xi}_1 - \dot{\xi}_2 = \frac{1}{2}(3 + \mathrm{sign}(U))U$$

令 $(3+\mathrm{sign}(U))U/2 = u_0 \sin(\omega t)$, $u_0 > 0$, 即 $U = 2u_0 \sin(\omega t)/(3 + \mathrm{sign}(\sin(\omega t)))$, 则可得到

$$\xi_1 - \xi_2 = -\frac{u_0}{\omega}\cos(\omega t) + C_1 \tag{8.31}$$

其中, C_1 为待确定常数. 当 $t \in [2k\pi/\omega, (2k+1)\pi/\omega)$ $(k = 0, 1, 2, \cdots)$ 时, $U = u_0 \sin(\omega t)/2$. 将式 (8.31) 代入系统 (8.30) 得到此时系统的状态为

$$\xi_1 = -\frac{u_0}{2\omega}\cos(\omega t) - \frac{u_0}{\omega^2}\sin(\omega t) + C_1(t+1) + C_2$$
$$\xi_2 = \frac{u_0}{2\omega}\cos(\omega t) - \frac{u_0}{\omega^2}\sin(\omega t) + C_1 t + C_2$$

其中, C_2 为待确定常数. 同样, 当 $t \in [(2k+1)\pi/\omega, (2k+2)\pi/\omega)$ $(k = 0, 1, 2, \cdots)$ 时, $U = u_0 \sin(\omega t)$. 将式 (8.31) 代入系统 (8.30) 得到此时系统的状态为

$$\xi_1 = -\frac{u_0}{\omega^2}\sin(\omega t) + C_1(t+1) + C_3$$
$$\xi_2 = \frac{u_0}{\omega}\cos(\omega t) - \frac{u_0}{\omega^2}\sin(\omega t) + C_1 t + C_3$$

其中, C_3 为待确定常数. 由于感应加热电路在工作时, 电容电压与电感电流均连续且周期振荡, 于是可以确定 $C_1=-u_0/(2\pi), C_2=0, C_3=u_0/(2\omega)$. 由以上分析, 选取期望电容电压 $U_{\rm cd}$ 与期望负载电流 $i_{\rm ld}$ 分别为

$$U_{\rm cd}=\begin{cases}-\dfrac{u_0}{2\omega}\cos(\omega t)-\dfrac{u_0}{\omega^2}\sin(\omega t)-\dfrac{u_0}{2\pi}(t+1), & t\in\left[\dfrac{2\pi}{\omega}k,\dfrac{\pi}{\omega}(2k+1)\right)\\ -\dfrac{u_0}{\omega^2}\sin(\omega t)-\dfrac{u_0}{2\pi}(t+1)+\dfrac{u_0}{2\omega}, & t\in\left[\dfrac{\pi}{\omega}(2k+1),\dfrac{\pi}{\omega}(2k+2)\right)\end{cases}$$

$$i_{\rm ld}=\begin{cases}\dfrac{u_0}{2\omega}\cos(\omega t)-\dfrac{u_0}{\omega^2}\sin(\omega t)-\dfrac{u_0}{2\pi}t, & t\in\left[\dfrac{2\pi}{\omega}k,\dfrac{\pi}{\omega}(2k+1)\right)\\ \dfrac{u_0}{\omega}\cos(\omega t)-\dfrac{u_0}{\omega^2}\sin(\omega t)-\dfrac{u_0}{2\pi}t+\dfrac{u_0}{2\omega}, & t\in\left[\dfrac{\pi}{\omega}(2k+1),\dfrac{\pi}{\omega}(2k+2)\right)\end{cases}$$

其中, $k=0,1,2,\cdots$.

通过状态变换

$$x=\begin{bmatrix}x_1\\x_2\end{bmatrix}=\begin{bmatrix}2&-1\\1&-1\end{bmatrix}\begin{bmatrix}\xi_1-U_{\rm cd}\\ \xi_2-i_{\rm ld}\end{bmatrix}$$

与输入变换 $U=2(u+u_0\sin(\omega t))/(3+\operatorname{sign}(u+u_0\sin(\omega t)))$, 系统 (8.29) 可以转化为上三角系统

$$\begin{cases}\dot{x}_1=x_2+f_1(t,x,u)\\ \dot{x}_2=u\end{cases}\tag{8.32}$$

其中,

$$\begin{aligned}f_1(t,x,u)=&\frac{2(2+\operatorname{sign}(u+u_0\sin(\omega t)))}{3+\operatorname{sign}(u+u_0\sin(\omega t))}(u+u_0\sin(\omega t))\\ &-\frac{2(2+\operatorname{sign}(\sin(\omega t)))}{3+\operatorname{sign}(\sin(\omega t))}u_0\sin(\omega t)\end{aligned}\tag{8.33}$$

因此, 将电容电压 ξ_1 和负载电流 ξ_2 驱动到期望电容电压 $U_{\rm cd}$ 和期望负载电流 $i_{\rm ld}$ 的控制问题被转化成系统 (8.32) 的镇定问题.

下面验证非线性函数 $f_1(t,x,u)$ 是否满足线性增长条件. 当 $u\geqslant -u_0\sin(\omega t)$ 时, 由式 (8.33) 得到

$$f_1(t,x,u)=\frac{3}{2}(u+u_0\sin(\omega t))-\frac{2(2+\operatorname{sign}(\sin(\omega t)))}{3+\operatorname{sign}(\sin(\omega t))}u_0\sin(\omega t)\tag{8.34}$$

进一步, 若 $\sin(\omega t)\geqslant 0$, 则有 $f_1(t,x,u)=3u/2$; 若 $\sin(\omega t)<0$, 则有 $|u|\geqslant |u_0\sin(\omega t)|$. 结合式 (8.34) 可以得到 $|f_1(t,x,u)|=|3u+5u_0\sin(\omega t)|/2\leqslant 4|u|$. 当

$u < -u_0 \sin(\omega t)$ 时, 由式 (8.33) 得到

$$f_1(t, x, u) = u + u_0 \sin(\omega t) - \frac{2(2 + \mathrm{sign}(\sin(\omega t)))}{3 + \mathrm{sign}\,(\sin(\omega t))} u_0 \sin(\omega t) \tag{8.35}$$

进一步, 若 $\sin(\omega t) \geqslant 0$, 则有 $|u| \geqslant |u_0 \sin(\omega t)|$. 结合式 (8.35) 可知 $|f_1(t, x, u)| = |u - u_0 \sin(\omega t)/2| \leqslant 3|u|/2$. 若 $\sin(\omega t) < 0$, 此时有 $f_1(t, x, u) = u$. 综合上述分析可以得到 $|f_1(t, x, u)| \leqslant 4|u| \overset{\mathrm{def}}{=\!=} d_1 |u|$, 即满足线性增长条件.

为了仿真需要, 选取 $u_0 = 10, \omega = 100\pi$. 根据文献 [5], 选取状态初值为 $\xi(0) = [\xi_1(0), \xi_2(0)]^{\mathrm{T}} = [1, 1]^{\mathrm{T}}$. 为了节省篇幅, 这里只考虑状态反馈. 针对系统 (8.32), 有 $\delta^2 = 16$. 求解参量 Lyapunov 方程 (8.4) 可得

$$P = \begin{bmatrix} \gamma^3 & \gamma^2 \\ \gamma^2 & 2\gamma \end{bmatrix}$$

从而有 $g(\gamma) = 9.1529$ (与 γ 无关). 求解方程 (8.22) 可得 $\gamma_* = 0.0546$. 选取控制器参数 $\gamma = 0.05$, 则在状态反馈 $u = -b^{\mathrm{T}} P(\gamma) x$ 作用下闭环系统的仿真结果如图 8.4 所示. 由图可见闭环系统的确是渐近稳定的.

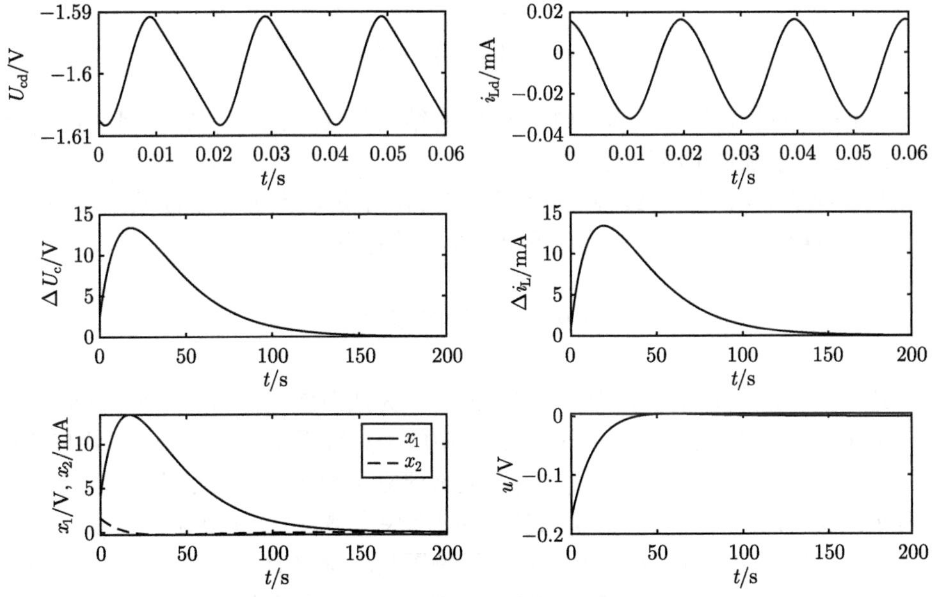

图 8.4　感应加热电路系统的状态反馈镇定

8.2.4 关于线性增长条件的说明

假设 8.1.1 和 8.2.1 中的线性增长条件对结构也做出了要求, 即非线性的上界具有下三角形或者上三角形的结构. 那么, 可否将这两个带有结构约束的线性增长条件替换成一般的线性增长条件

$$|f_i(t,x,u)| \leqslant \sum_{j=1}^{n} c_{ij}\,|x_j| + c_{i,n+1}\,|u|, \quad i=1,2,\cdots,n \tag{8.36}$$

答案是否定的. 简述如下: 考虑满足条件 (8.36) 的特殊非线性函数

$$\begin{bmatrix} f_1(t,x,u) \\ f_2(t,x,u) \\ \vdots \\ f_n(t,x,u) \end{bmatrix} = \begin{bmatrix} \sum_{j=1}^{n} c_{1j}x_j \\ \sum_{j=1}^{n} c_{2j}x_j \\ \vdots \\ \sum_{j=1}^{n} c_{nj}x_j \end{bmatrix} \overset{\text{def}}{=\!=} Cx$$

此即线性函数. 因此, 非线性系统 (8.1) 或 (8.20) 就是线性系统

$$\dot{x} = (A+C)x + bu$$

这里 (A,b) 如式 (8.3) 所定义. 由于 C 没有结构限制, 可取 C 使得 $(A+C,b)$ 不能稳, 从而该系统是不能稳的.

从上面的分析可见, 线性增长条件 (8.36) 不足以保证非线性系统 (8.1) 或 (8.20) 是能稳的, 更无法保证线性镇定控制律的存在性.

8.3 非完整系统

1788 年, 法国数学家和力学家 Lagrange 完成著作《分析力学》(Analytical Mechanics). 不同于 Newton (牛顿) 力学中的矢量分析法, Lagrange 采用广义坐标描述系统运动, 根据标量形式的功和能量建立了相应的动力学方程, 开创了力学分析的新方法. 不过, 在《分析力学》中仅考虑完整系统, 其得到的 Lagrange 第二类方程仅适用于完整系统. 100 多年后, 德国物理学家 Hertz (赫兹) 把动力学系统分为 "完整系统" 和 "非完整系统" 两大类, 从此开辟了非完整系统的新领域[6].

8.3.1　非完整约束和链式非完整系统

非完整系统是指含有非完整约束的系统. 非完整约束是指约束方程中含有确定系统位置的微分, 且不利用动力学方程不能直接积分为不含坐标微分的约束. 在生产生活中, 非完整系统随处可见, 如四轮小车和自行车. 下面以笛卡儿坐标系下的质点进行描述. 设质点系中质点的个数为 N. 若约束方程仅对系统位置 (质点坐标) 加以限制, 则称为完整约束或者几何约束 (位置约束), 其约束方程为

$$f_k(x_1, x_2, \cdots, x_{3N}, t) = 0, \quad k = 1, 2, \cdots, r$$

其中, r 表示约束方程的个数. 考虑如图 8.5(a) 所示的平面摆, 其约束方程为

$$x^2 + y^2 - l^2 = 0$$

这是一个完整约束.

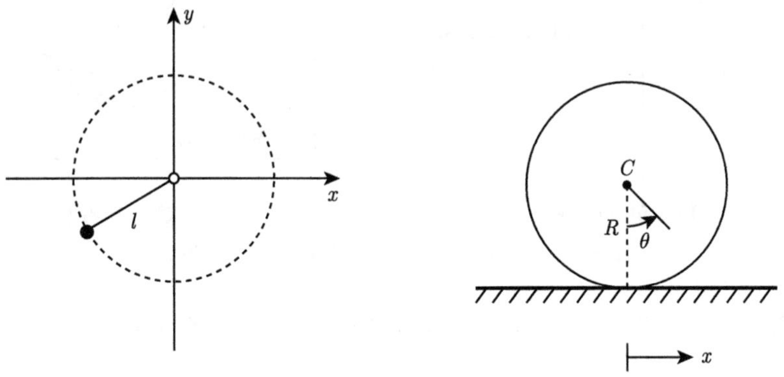

(a) 平面摆　(b) 纯滚动圆盘

图 8.5　平面摆和纯滚动圆盘

若约束方程包含速度的分量且不可积分为几何约束, 则称此约束为非完整约束. 其约束方程为

$$f_k(x_1, x_2, \cdots, x_{3N}, \dot{x}_1, \dot{x}_2, \cdots, \dot{x}_{3N}, t) = 0, \quad k = 1, 2, \cdots, r$$

非完整约束 (也可称为运动约束) 描述系统速度之间的关系, 并且不能转化为位置之间的关系. 考虑沿着直线做纯滚动的圆盘 (如图 8.5(b) 所示), 其约束方程为

$$\dot{x} - R\dot{\theta} = 0$$

通过两端积分, 上式可进一步写为 $x - R\theta = x(0) - R\theta(0)$. 此时速度约束转化成了几何约束, 从而不是非完整约束.

例 8.3.1 考虑如图 8.6(a) 所示的 Heisenberg (海森堡) 飞轮系统[7]. 图中, 质点 m 套在无质量的连杆上滑动, 连杆与一个惯量矩为 I 的飞轮固连且飞轮能绕原点在 x-y 平面内旋转. 假设初始角动量为零, 由角动量守恒可得

$$I\mathrm{d}\theta + m(x\mathrm{d}y - y\mathrm{d}x) = 0$$

此约束方程不可通过积分转化成位置 (x, y, θ) 之间的约束, 故是非完整约束. 该系统的控制输入包括杆施加给飞轮的扭矩 τ (顺时针为正) 和滑块 m 沿杆滑动的速度 v. 控制目标是通过改变 τ 和 v 使得质点 m 到达原点且飞轮与横轴夹角为零, 即 $x = 0$、$y = 0$ 且 $\theta = 0$.

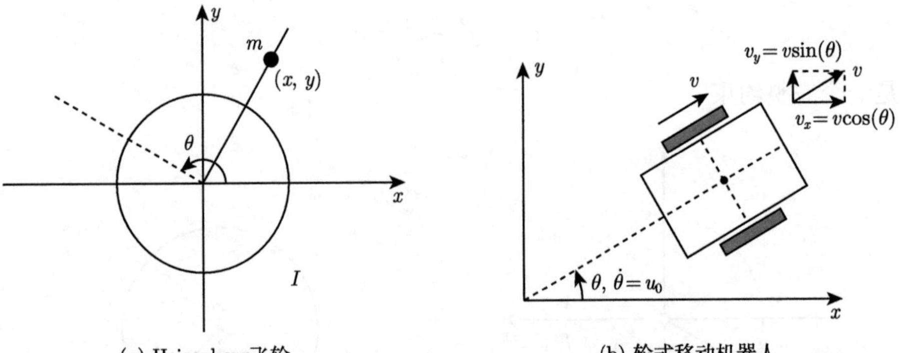

图 8.6 Heisenberg 飞轮图和轮式移动机器人

由图 8.6 可知质点 m 离原点的距离为 $S = \sqrt{x^2 + y^2}$, 其对时间的导数为

$$v = \dot{S} = \frac{x}{\sqrt{x^2 + y^2}}\dot{x} + \frac{y}{\sqrt{x^2 + y^2}}\dot{y}$$

以飞轮为研究对象, 则杆施加给飞轮的扭矩 τ 为

$$\tau = -I\dot{\theta} = m(x\dot{y} - y\dot{x})$$

因此可得

$$\begin{bmatrix} v \\ \tau \end{bmatrix} = \begin{bmatrix} \dfrac{x}{\sqrt{x^2 + y^2}} & \dfrac{y}{\sqrt{x^2 + y^2}} \\ -my & mx \end{bmatrix} \begin{bmatrix} \dot{x} \\ \dot{y} \end{bmatrix}$$

即

$$\begin{bmatrix} u_1 \\ u_2 \end{bmatrix} \overset{\text{def}}{=\!=} \begin{bmatrix} \dot{x} \\ \dot{y} \end{bmatrix} = \begin{bmatrix} \dfrac{x}{\sqrt{x^2 + y^2}} & -\dfrac{y}{m(x^2 + y^2)} \\ \dfrac{y}{\sqrt{x^2 + y^2}} & \dfrac{x}{m(x^2 + y^2)} \end{bmatrix} \begin{bmatrix} v \\ \tau \end{bmatrix} \overset{\text{def}}{=\!=} J(x, y) \begin{bmatrix} v \\ \tau \end{bmatrix}$$

此时 Heisenberg 飞轮系统的动力学方程可转化为如下形式:

$$\begin{cases} \dot{x} = u_1 \\ \dot{y} = u_2 \\ \dot{z} = yu_1 - xu_2 \end{cases}$$

其中, x、y、$z = -m\theta/I$ 是系统状态; u_1 和 u_2 是控制输入. 此方程即为美国工程院院士 Brockett (布罗克特) 在 1983 年所研究的系统, 故也称为 Brockett 链[8]. 通过状态变换 $x_0 = -2y, x_2 = x, x_1 = z - xy, u_0 = u_1, u = -2u_2$, Heisenberg 系统的动力学方程可转化为如下链式形式:

$$\begin{cases} \dot{x}_0 = u_0 \\ \dot{x}_1 = x_2 u_0 \\ \dot{x}_2 = u \end{cases}$$

例 8.3.2 考虑如图 8.6(b) 所示的轮式移动机器人. 由于此系统不能侧向滑动, 速度和转角之间的约束为

$$\dot{x}\sin(\theta) - \dot{y}\cos(\theta) = 0$$

其中, x 和 y 是轮式移动机器人质心处的横纵坐标; θ 是前进方向与 x 轴之间的夹角 (记逆时针为正). 显然, 这也是一个非完整约束. 由矢量分析法可得其运动学模型[6]

$$\begin{cases} \dot{x} = v\cos(\theta) \\ \dot{y} = v\sin(\theta) \\ \dot{\theta} = u_0 \end{cases}$$

其中, v 和 u_0 分别对应轮式移动机器人的线速度和绕水平轴的角速度, 可视其为控制输入. 本系统的控制目标是通过调节机器人左右轮的角速度使得机器人质心到达原点且机器人前进方向与横轴的夹角为零, 即 $x = 0$, $y = 0$, $\theta = 0$. 经过状态变换 $x_0 = \theta, x_1 = x\sin(\theta) - y\cos(\theta), x_2 = x\cos(\theta) + y\sin(\theta)$, 轮式移动机器人运动学模型可写成

$$\begin{cases} \dot{x}_0 = u_0 \\ \dot{x}_1 = x_2 u_0 \\ \dot{x}_2 = v - x_1 u_0 \overset{\text{def}}{=\!=} u \end{cases}$$

例 8.3.1 和例 8.3.2 中的系统都可以转化为双输入链式形式

$$\begin{cases} \dot{x}_0 = u_0 \\ \dot{x}_1 = u_0 x_2 \\ \quad\vdots \\ \dot{x}_{n-1} = u_0 x_n \\ \dot{x}_n = u \end{cases} \tag{8.37}$$

其中, u_0 和 u 是控制输入; $x_0\in\mathbf{R}$ 和 $x=[x_1,x_2,\cdots,x_n]^{\mathrm{T}}\in\mathbf{R}^n$ 是系统状态. 事实上, 许多实际的非完整系统通过状态变换可以写为双输入链式形式. 本章仅考虑双输入非完整系统的链式形式, 至于三输入以及多输入链式非完整系统可以参见文献 [9].

双输入非完整系统链式结构最早由文献 [10] 给出. 后续许多学者进一步将其推广到不确定系统[11]、多智能体系统[12] 和随机系统[13], 并给出了相应的控制策略[14-17]. 1983 年, Brockett 给出了非线性系统存在光滑时不变反馈的必要条件, 即 Brockett 必要条件[8]. 由于不满足 Brockett 必要条件, 非完整系统只能采用不光滑定常反馈或光滑时变反馈来控制. 下面将分别介绍不光滑定常反馈和光滑时变反馈.

本节的设计也依赖于参量 Lyapunov 方程 (8.4), 其中, $\gamma>0$ 是待设计的标量, $A\in\mathbf{R}^{n\times n}$ 和 $b\in\mathbf{R}^{n\times 1}$ 分别定义为

$$A=\begin{bmatrix} n-1 & -1 & & & \\ & n-2 & -1 & & \\ & & \ddots & \ddots & \\ & & & 1 & -1 \\ & & & & 0 \end{bmatrix},\quad b=\begin{bmatrix} 0\\ \vdots \\ 0 \\ 1\end{bmatrix} \tag{8.38}$$

8.3.2 不光滑定常反馈

本节考虑非完整系统 (8.37) 的不光滑定常反馈. 假设 $x_0(0)\neq 0$. 对于 $x_0(0)=0$ 的情形, 可预先采用控制器将 $x_0(t)$ 驱离原点再采用本节提出的控制器. 预控制器可以采用 $u_0=c$ 和 $u=0$, 这里 $c\neq 0$ 是常数.

定理 8.3.1 *假设 $x_0(0)\neq 0$. 令 $\gamma>0$ 和 $\mu_0>0$ 是给定常数. 考虑如下不光滑定常反馈:*

$$\begin{cases} u_0=-\mu_0 x_0 \\ u=-\mu_0 b^{\mathrm{T}}P(\gamma)L_n\left(\dfrac{1}{x_0}\right)x \end{cases} \tag{8.39}$$

其中, $P(\gamma)$ 是参量 Lyapunov 方程 (8.4) 的唯一正定解; $L_n(\gamma)$ 如式 (8.6) 所定义, 则存在正常数 k_1 和 k_2 使得由系统 (8.37) 和控制器 (8.39) 构成的闭环系统的状态和控制信号满足

$$|x_0(t)|=|x_0(0)|\,\mathrm{e}^{-\mu_0 t} \tag{8.40}$$

$$\|x(t)\|\leqslant k_1\frac{\max\{1,|x_0(0)|^{n-1}\}}{\min\{1,|x_0(0)|^{n-1}\}}\|x(0)\|\,\mathrm{e}^{-\frac{1}{2}\mu_0\gamma t} \tag{8.41}$$

$$|u_0(t)| = |\mu_0 x_0(0)|\, \mathrm{e}^{-\mu_0 t} \tag{8.42}$$

$$|u(t)| \leqslant \frac{k_2}{\min\{1, |x_0(0)|^{n-1}\}}\, \|x(0)\|\, \mathrm{e}^{-\frac{1}{2}\mu_0\gamma t} \tag{8.43}$$

这里 $t \geqslant 0$, 即状态和控制信号指数地收敛到零.

证明 由于 $x_0(0) \neq 0$, 求解 x_0 子系统的闭环系统即标量微分方程 $\dot{x}_0 = -\mu_0 x_0$ 可得

$$x_0(t) = \mathrm{e}^{-\mu_0 t} x_0(0), \quad \forall t \geqslant 0 \tag{8.44}$$

即式 (8.40) 成立. 这意味着 $|x_0(t)|$ 指数地收敛到零且对任意 $t \geqslant 0$ 有 $x_0(t) \neq 0$. 采用文献 [18] 中的 σ 变换

$$z_0 = x_0, \quad z_i = \frac{x_i}{x_0^{n-i}}, \quad i = 1, 2, \cdots, n \tag{8.45}$$

由系统 (8.37) 和控制器 (8.39) 组成的闭环系统可以写为

$$\begin{cases} \dot{z}_0 = -\mu_0 z_0 \\ \dot{z}_i = -\mu_0 z_{i+1} + \mu_0 (n-i) z_i, \quad i = 1, 2, \cdots, n-1 \\ \dot{z}_n = -\mu_0 b^{\mathrm{T}} P(\gamma) z \end{cases} \tag{8.46}$$

其可进一步写成如下紧凑形式:

$$\dot{z}_0 = -\mu_0 z_0, \quad \dot{z} = \mu_0 (A - bb^{\mathrm{T}} P) z$$

候选 Lyapunov 函数 $V(z) = \mu_0^2 z^{\mathrm{T}} P z$ 沿着系统 (8.46) 轨线的时间导数为

$$\begin{aligned} \dot{V}(z) &= \mu_0^3 z^{\mathrm{T}} (A^{\mathrm{T}} P + PA - 2Pbb^{\mathrm{T}} P) z \\ &\leqslant \mu_0^3 z^{\mathrm{T}} (A^{\mathrm{T}} P + PA - Pbb^{\mathrm{T}} P) z \\ &= -\mu_0^3 \gamma z^{\mathrm{T}} P z \\ &= -\mu_0 \gamma V(z) \end{aligned}$$

这意味着

$$V(z(t)) \leqslant \mathrm{e}^{-\mu_0 \gamma t} V(z(0)), \quad \forall t \geqslant 0 \tag{8.47}$$

因此, 对所有的 $t \geqslant 0$ 都有

$$\|z(t)\| \leqslant \sqrt{\frac{\lambda_{\max}(P)}{\lambda_{\min}(P)}}\, \|z(0)\|\, \mathrm{e}^{-\frac{1}{2}\mu_0 \gamma t}$$

从式 (8.44) 和式 (8.45) 可知, 对 $i=1,2,\cdots,n$ 和 $t\geqslant 0$ 都有

$$\begin{aligned}\|x(t)\| &= \|L_n(x_0(t))z(t)\| \\ &\leqslant \max\{1,|x_0(t)|^{n-1}\}\sqrt{\frac{\lambda_{\max}(P)}{\lambda_{\min}(P)}}\,\|z(0)\|\,\mathrm{e}^{-\frac{1}{2}\mu_0\gamma t} \\ &\leqslant \frac{\max\{1,|x_0(0)|^{n-1}\}}{\min\{1,|x_0(0)|^{n-1}\}}\sqrt{\frac{\lambda_{\max}(P)}{\lambda_{\min}(P)}}\,\|x(0)\|\,\mathrm{e}^{-\frac{1}{2}\mu_0\gamma t}\end{aligned}$$

即式 (8.41) 成立.

根据本章附录中的引理 8.6.2, 对任意 $\gamma>0$, 参量 Lyapunov 方程 (8.4) 的唯一正定解 $P(\gamma)$ 满足

$$b^{\mathrm{T}}P(\gamma)b = n\gamma + 2\mathrm{tr}(A) = n(n-1+\gamma)$$

根据上式、式 (8.44) 和式 (8.47) 可知, 对所有 $t\geqslant 0$ 都有 $|u_0(t)|^2=\left|\mu_0\mathrm{e}^{-\mu_0 t}z_0(0)\right|^2$, 且

$$\begin{aligned}|u(t)|^2 &= \frac{1}{4}\mu_0^2\left|b^{\mathrm{T}}Pz\right|^2 \\ &= \frac{1}{4}\mu_0^2 z^{\mathrm{T}}Pbb^{\mathrm{T}}Pz \\ &\leqslant \frac{1}{4}\mu_0^2 z^{\mathrm{T}}P^{\frac{1}{2}}\mathrm{tr}\left(P^{\frac{1}{2}}bb^{\mathrm{T}}P^{\frac{1}{2}}\right)P^{\frac{1}{2}}z \\ &= \frac{1}{4}\mu_0^2 b^{\mathrm{T}}Pbz^{\mathrm{T}}Pz \\ &= \frac{1}{4}n(n-1+\gamma)\mu_0^2 z^{\mathrm{T}}Pz \\ &\leqslant \frac{1}{4}n(n-1+\gamma)V(z(0))\mathrm{e}^{-\mu_0\gamma t} \\ &\leqslant \frac{1}{4}n(n-1+\gamma)\mu_0^2\lambda_{\max}(P(\gamma))\,\|z(0)\|^2\,\mathrm{e}^{-\mu_0\gamma t} \\ &\leqslant \frac{1}{4}n(n-1+\gamma)\mu_0^2\lambda_{\max}(P(\gamma))\frac{\|x(0)\|^2}{\min\{1,|x_0(0)|^{2(n-1)}\}}\mathrm{e}^{-\mu_0\gamma t}\end{aligned}$$

即式 (8.42) 和 (8.43) 成立. 这意味着控制 $u_0(t)$ 和 $u(t)$ 对所有 $t\geqslant 0$ 都是有界的. 证毕. □

注意式 (8.46) 中的 z_i $(i=1,2,\cdots,n)$ 子系统具有下三角结构, 可以采用第 4 章的反步方法设计控制器 $u(t)$. 此外, 闭环系统 (的状态) 仅是指数收敛的, 而不是指数稳定的.

8.3.3　光滑时变反馈

本节考虑非完整系统 (8.37) 的光滑时变反馈[19].

定理 8.3.2　考虑如下光滑时变反馈:

$$\begin{cases} u_0(t) = -k_0 x_0(t) + \beta \mathrm{e}^{-\alpha t} \\ u(t) = -\alpha b^{\mathrm{T}} P(\gamma) L_n(\mathrm{e}^{\alpha t}) x \end{cases} \tag{8.48}$$

其中, $k_0 > \alpha > 0$、$\beta = k_0 - \alpha$、$\gamma > 0$ 都是常数; $P(\gamma)$ 是参量 Lyapunov 方程 (8.4) 的唯一正定解; $L_n(\gamma)$ 如式 (8.6) 所定义, 则存在正常数 k_1 和 k_2 使得由系统 (8.37) 和控制器 (8.48) 构成的闭环系统的状态和控制信号满足

$$|x_0(t)| \leqslant (1 + |x_0(0) - 1|)\mathrm{e}^{-\alpha t} \tag{8.49}$$

$$\|x(t)\| \leqslant nk_1 \|x(0)\| \mathrm{e}^{k_2 |1 - x_0(0)|} \mathrm{e}^{-\alpha\gamma t} \tag{8.50}$$

$$|u_0(t)| \leqslant (\alpha + k_0 |x_0(0) - 1|)\mathrm{e}^{-\alpha t} \tag{8.51}$$

$$|u(t)| \leqslant \alpha n k_1 \left\|b^{\mathrm{T}} P\right\| \|x(0)\| \mathrm{e}^{k_2 |1 - x_0(0)|} \mathrm{e}^{-\alpha\gamma t} \tag{8.52}$$

这里 $t \geqslant 0$, 即状态和控制信号指数地收敛到零.

证明　由系统 (8.37) 和控制器 (8.48) 组成的 x_0 子系统的闭环形式为

$$\dot{x}_0(t) = -k_0 x_0(t) + \beta \mathrm{e}^{-\alpha t}$$

根据常数变异公式, 其解可表示为

$$x_0(t) = \mathrm{e}^{-k_0 t} x_0(0) + \int_0^t \mathrm{e}^{-k_0(t-s)} \beta \mathrm{e}^{-\alpha s} \mathrm{d}s = \mathrm{e}^{-\alpha t} + (x_0(0) - 1)\mathrm{e}^{-k_0 t} \tag{8.53}$$

即式 (8.49) 成立. 由此解可将控制器写为开环形式:

$$\begin{aligned} u_0(t) &= -k_0(\mathrm{e}^{-\alpha t} + (x_0(0) - 1)\mathrm{e}^{-k_0 t}) + \beta \mathrm{e}^{-\alpha t} \\ &= \mathrm{e}^{-\alpha t}(-\alpha + k_0(1 - x_0(0))\mathrm{e}^{-(k_0 - \alpha)t}) \\ &\xlongequal{\text{def}} \mathrm{e}^{-\alpha t}(\theta_0 + \theta_1(t)) \end{aligned} \tag{8.54}$$

即式 (8.51) 成立.

考虑系统 (8.37) 中的 x 子系统和时变状态变换

$$z(t) = L_n(\mathrm{e}^{\alpha t}) x(t) \tag{8.55}$$

根据系统 (8.37) 和式 (8.54) 可得

$$\begin{cases} \dot{z}_i = (n-i)\alpha z_i + (\theta_0 + \theta_1(t))z_{i+1}, \quad i = 1, 2, \cdots, n-1 \\ \dot{z}_n = u \end{cases}$$

其可进一步写成如下向量形式:

$$\dot{z} = \alpha(A - bb^{\mathrm{T}}P)z + A_1(t)z \overset{\text{def}}{=\!=\!=} A_{\mathrm{c}}z + A_1(t)z \tag{8.56}$$

其中, (A, b) 如式 (8.38) 所定义, 且

$$A_1(t) = \theta_1(t)\left[\begin{array}{c|ccc} 0 & 1 & & \\ \vdots & & \ddots & \\ 0 & & & 1 \\ \hline 0 & 0 & \cdots & 0 \end{array}\right]$$

重组方程 (8.4) 可得 $A_{\mathrm{c}} = \alpha(A - bb^{\mathrm{T}}P) = -P^{-1}(\alpha A^{\mathrm{T}} + \alpha\gamma I_n)P$. 因此有

$$\begin{aligned} \mathrm{e}^{A_{\mathrm{c}}t} &= P^{-1}(\gamma)\mathrm{e}^{-(\alpha A + \alpha\gamma I_n)^{\mathrm{T}}t}P(\gamma) \\ &= P^{-1}(\gamma)\mathrm{e}^{-\alpha A^{\mathrm{T}}t}\mathrm{e}^{-\alpha\gamma I_n t}P(\gamma) \\ &= P^{-1}(\gamma)\mathrm{e}^{-\alpha A^{\mathrm{T}}t}\mathrm{e}^{-\alpha\gamma t}P(\gamma) \end{aligned}$$

根据矩阵 A 的结构可知存在可逆矩阵 $U \in \mathbf{C}^{n\times n}$ 使得 $A = UJU^{-1}$, 这里 $J = \mathrm{diag}\{0, 1, \cdots, n-1\}$. 因此有

$$\left\|\mathrm{e}^{-\alpha A^{\mathrm{T}}t}\right\| \leqslant \|U\|\left\|U^{-1}\right\|\left\|\mathrm{diag}\{1, \mathrm{e}^{-\alpha t}, \cdots, \mathrm{e}^{-\alpha(n-1)t}\}\right\| \leqslant \|U\|\left\|U^{-1}\right\|$$

故状态转移矩阵 $\mathrm{e}^{A_{\mathrm{c}}t}$ 满足

$$\left\|\mathrm{e}^{A_{\mathrm{c}}t}\right\| \leqslant \left\|P^{-1}(\gamma)\right\|\|P(\gamma)\|\left\|\mathrm{e}^{-\alpha A^{\mathrm{T}}t}\right\|\mathrm{e}^{-\alpha\gamma t} \leqslant k_1\mathrm{e}^{-\alpha\gamma t}$$

其中, $k_1 = \left\|P^{-1}(\gamma)\right\|\|P(\gamma)\|\|U\|\left\|U^{-1}\right\|$ 是与 t 无关的常数. 所以式 (8.56) 的解满足

$$\begin{aligned} \|z_\rho(t)\| &= \left\|\mathrm{e}^{A_{\mathrm{c}}t}z_\rho(0) + \int_0^t \mathrm{e}^{A_{\mathrm{c}}(t-s)}A_1(s)z_\rho(s)\mathrm{d}s\right\| \\ &\leqslant \left\|\mathrm{e}^{A_{\mathrm{c}}t}\right\|\|z_\rho(0)\| + \int_0^t \left\|\mathrm{e}^{A_{\mathrm{c}}(t-s)}\right\|\|A_1(s)\|\|z_\rho(s)\|\,\mathrm{d}s \end{aligned}$$

$$\leqslant k_1 e^{-\alpha\gamma t}\|z_\rho(0)\| + k_1\int_0^t e^{-\alpha\gamma(t-s)}\|A_1(s)\|\|z_\rho(s)\|\,ds$$

定义时变状态变换 $y_\rho(t) = z_\rho(t)e^{\alpha\gamma t}$, 则上式可变换为

$$\|y_\rho(t)\| \leqslant k_1\|y_\rho(0)\| + k_1\int_0^t \|A_1(s)\|\|y_\rho(s)\|\,ds$$

注意到

$$\int_0^t e^{-(k_0-\alpha)s}ds = \frac{1-e^{-(k_0-\alpha)t}}{k_0-\alpha} \leqslant \frac{1}{k_0-\alpha}, \quad \forall t \geqslant 0$$

根据 Gronwall-Bellman 不等式 (引理 1.1.2) 可得

$$\begin{aligned}
z_\rho(t) &= e^{-\alpha\gamma t}y_\rho(t)\\
&\leqslant k_1\|z_\rho(0)\|e^{-\alpha\gamma t}\exp\left(\int_0^t k_1\|A_1(s)\|\,ds\right)\\
&= k_1\|z_\rho(0)\|e^{-\alpha\gamma t}\exp\left(k_0k_1|1-x_0(0)|\int_0^t e^{-(k_0-\alpha)s}ds\right)\\
&\leqslant k_1\|z_\rho(0)\|e^{-\alpha\gamma t}\exp\left(k_0k_1\frac{|1-x_0(0)|}{k_0-\alpha}\right)
\end{aligned} \tag{8.57}$$

由 $z(t) = L_n(e^{\alpha t})x(t)$ 可知状态 $x(t)$ 满足

$$\|x(t)\| \leqslant \|z(t)\| \leqslant nk_1\|z(0)\|\exp\left(k_0k_1\frac{|1-x_0(0)|}{k_0-\alpha}\right)e^{-\alpha\gamma t}$$

即式 (8.50) 成立.

最后证明控制信号是有界的. 一方面, 根据式 (8.54) 可知 $u_0(t)$ 是有界的. 另一方面, 根据式 (8.57) 可得

$$\begin{aligned}
|u(t)| &= \alpha\left\|b^{\mathrm{T}}Pz(t)\right\| \leqslant \alpha\left\|b^{\mathrm{T}}P\right\|\|z(t)\|\\
&\leqslant \alpha nk_1\left\|b^{\mathrm{T}}P\right\|\|x(0)\|e^{-\alpha\gamma t}\exp\left(k_0k_1\frac{|1-x_0(0)|}{k_0-\alpha}\right)
\end{aligned}$$

此即式 (8.52) 成立. 证毕. □

由上述定理的结论 (8.49) ~ (8.52) 可以发现, 无论 $x_0(0)$ 取何值, 闭环系统的状态以及控制信号总是以指数速率收敛到零, 摆脱了 8.3.2 节不光滑定常反馈对状态初始条件 $x_0(0) \neq 0$ 的约束. 和不光滑定常反馈一样, 闭环系统仅是指数收敛的, 不是渐近稳定的, 甚至不是吸引的 (因为 $x_0(t) = 0$ 不是 x_0 子系统的平衡点).

本节给出方法的核心是时变状态变换 (8.55). 下面对此变换做一个解释. 从式 (8.53) 可以看出 $x_0(t)$ 的主要部分是 $\mathrm{e}^{-\alpha t}$. 将 σ 变换 (8.45) 中的 $x_0(t)$ 用其主要部分 $\mathrm{e}^{-\alpha t}$ 进行替换, 即得到时变状态变换 (8.55).

8.3.4 应用举例: 轮式移动机器人控制

本节以例 8.3.2 中的轮式移动机器人为例来验证 8.3.2 节和 8.3.3 节所给出方法的有效性. 选择参数 $\mu_0 = 1$, $\gamma = 1$, $k_0 = 5$, $\alpha = 1$. 同文献 [20], 选择初值 $[x, y, \theta] = [1, 1, 0]$. 下面将分别考虑两种情形.

情形 1: 不光滑定常反馈. 当 $t \leqslant 2$ 时, 采用预控制律 $u_0 = 1/2, v = 0$; 当 $t > 2$ 时, 取

$$\begin{cases} u_0 = -2\theta \\ v = 12\dfrac{x\sin(\theta) - y\cos(\theta)}{\theta} - 8(x\cos(\theta) + y\sin(\theta)) - 2\theta(x\sin(\theta) - y\cos(\theta)) \end{cases}$$

情形 2: 光滑时变反馈

$$\begin{cases} u_0(t) = -2\theta + \mathrm{e}^{-t} \\ v(t) = 6\mathrm{e}^{t}(x\sin(\theta) - y\cos(\theta)) - 4(x\cos(\theta) + y\sin(\theta)) - 2\theta(x\sin(\theta) - y\cos(\theta)) \end{cases}$$

仿真结果如图 8.7 所示. 图 (a) 和 (c) 是情形 1 下的状态和控制信号曲线, 而图 (b) 和 (d) 是情形 2 下的状态和控制信号曲线. 由图可以看出闭环系统的状态和控制可以收敛到零.

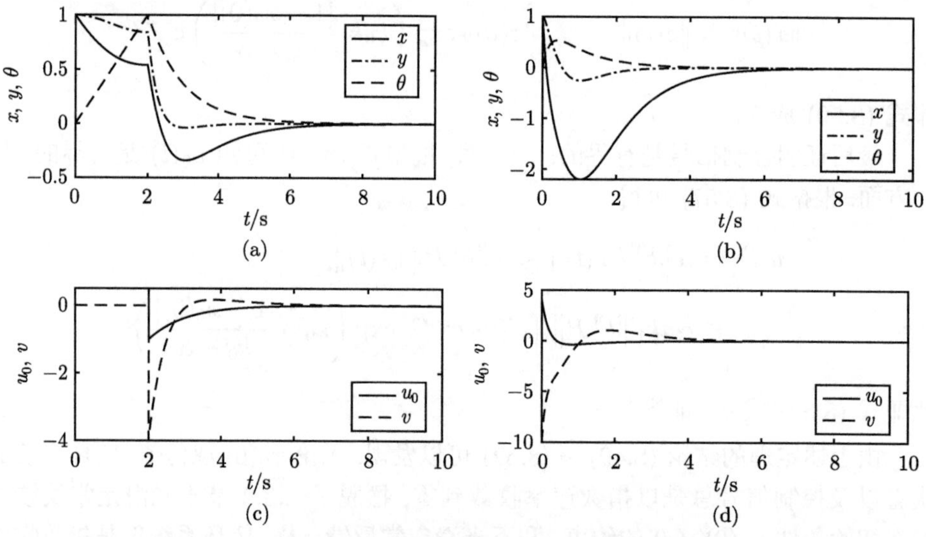

图 8.7 轮式移动机器人系统的状态和控制信号曲线

8.4 规范型系统

规范型系统是具有特殊结构的系统. 根据 1.4 节介绍的反馈线性化理论, 大量系统都可以转化成规范型系统. 因此, 规范型系统具有重要的意义. 1.4 节和 4.1.4 节简要讨论了规范型系统的镇定问题, 本节进一步讨论该类系统的跟踪控制问题.

第 2 章讨论了特殊的无内动态规范型系统的输出跟踪问题. 对于这类系统, 由于不存在内动态, 不必担心内动态导致的闭环系统的稳定性问题, 控制设计相对容易. 但是对于许多实际系统, 由于任务的需要, 输出变量是事先指定的, 利用其对系统进行输入-输出线性化时, 内动态的存在难以避免. 因此, 有必要进一步讨论一般规范型系统的输出跟踪问题.

该问题可以描述如下: 针对系统

$$\begin{cases} \dot{\eta} = \psi(\eta,\xi) \\ \dot{\xi} = \begin{bmatrix} 0_{(r-1)\times 1} & I_{r-1} \\ 0 & 0_{1\times(r-1)} \end{bmatrix}\xi + \begin{bmatrix} 0_{(r-1)\times 1} \\ 1 \end{bmatrix}(\gamma(\eta,\xi)u + \alpha(\eta,\xi)) \\ \quad \overset{\text{def}}{=\!=} A\xi + B(\gamma(\eta,\xi)u + \alpha(\eta,\xi)) \\ y = \xi_1 \end{cases} \tag{8.58}$$

其中, $\eta \in \mathbf{R}^{n-r}$, $\xi \in \mathbf{R}^r$, $\psi(\eta,\xi) \in \mathcal{C}(\mathbf{R}^n,\mathbf{R}^{n-r})$, $\gamma(\eta,\xi) \in \mathcal{C}(\mathbf{R}^n,\mathbf{R})$, $\alpha(\eta,\xi) \in \mathcal{C}(\mathbf{R}^n,\mathbf{R})$, $\psi(0,0)=0$ 且 $\gamma(z)\neq 0$ $(\forall z \in \mathbf{R}^n)$, 设计合适的控制律使得闭环系统信号有界且输出 y 渐近跟踪期望输出信号 y_{d}, 这里 y_{d} 满足如下假设.

假设 8.4.1 $y_{\mathrm{d}} \in \mathcal{C}^r(\mathbf{R}_{\geqslant 0},\mathbf{R})$ 且 y_{d}、$\dot{y}_{\mathrm{d}}$、$\cdots$、$y_{\mathrm{d}}^{(r)}$ 有界.

8.4.1 最小相位系统的输出跟踪

首先简要讨论系统 (8.58) 为最小相位时的输出跟踪问题. 此时, 系统零动态 $\dot{\eta} = \psi(\eta,0)$ 的零平衡点渐近稳定.

令

$$\xi_{\mathrm{d}} = \left[y_{\mathrm{d}}, \dot{y}_{\mathrm{d}}, \cdots, y_{\mathrm{d}}^{(r-1)}\right]^{\mathrm{T}}, \quad e = \left[\xi_1 - y_{\mathrm{d}}, \xi_2 - \dot{y}_{\mathrm{d}}, \cdots, \xi_r - y_{\mathrm{d}}^{(r-1)}\right]^{\mathrm{T}} = \xi - \xi_{\mathrm{d}}$$

则有

$$\begin{cases} \dot{\eta} = \psi(\eta, e+\xi_{\mathrm{d}}) \\ \dot{e} = Ae + B\left(\gamma(\eta,\xi)u + \alpha(\eta,\xi) - y_{\mathrm{d}}^{(r)}\right) \end{cases}$$

构造控制律为

$$u = \frac{1}{\gamma(\eta,\xi)}\left(Ke - \alpha(\eta,\xi) + y_{\mathrm{d}}^{(r)}\right) \tag{8.59}$$

其中, K 使得 $A+BK$ 为 Hurwitz 矩阵, 则可得闭环系统

$$\begin{cases} \dot{\eta} = \psi(\eta, e+\xi_{\rm d}) \\ \dot{e} = (A+BK)e \end{cases} \tag{8.60}$$

因系统零动态 $\dot{\eta} = \psi(\eta, 0)$ 的零平衡点渐近稳定, 根据 Lyapunov 逆定理 (见定理 1.2.10), 存在 $\rho > 0$ 以及定义在集合 $\mathcal{B}^n(\rho)$ 上的连续可微函数 $V(\eta)$ 满足

$$\alpha_1(\|\eta\|) \leqslant V(\eta) \leqslant \alpha_2(\|\eta\|)$$

$$\frac{\partial V}{\partial \eta}\psi(\eta, 0) \leqslant -\alpha_3(\|\eta\|)$$

$$\left\|\frac{\partial V}{\partial \eta}\right\| \leqslant \alpha_4(\|\eta\|)$$

其中, α_i $(i=1,2,3,4)$ 为定义在 $[0, r]$ 上的 $\mathcal{K}$ 类函数. 由于子系统 $\dot{e} = (A+BK)e$ 渐近稳定, 当初值 $e(0)$ 足够小时, 有 $e(t)$ $(t \geqslant 0)$ 足够小; 当期望输出信号及其各阶导数均足够小时, 有 $\xi_{\rm d}$ 足够小, 于是 $e+\xi_{\rm d}$ 也足够小. 不妨设 $\|e+\xi_{\rm d}\| \leqslant \epsilon$, 这里 ϵ 是一个足够小的常数, 于是有

$$\begin{aligned} \dot{V} &\xlongequal{\rm def} \frac{\partial V}{\partial \eta}\psi(\eta, e+\xi_{\rm d}) \\ &= \frac{\partial V}{\partial \eta}\psi(\eta, 0) + \frac{\partial V}{\partial \eta}(\psi(\eta, e+\xi_{\rm d}) - \psi(\eta, 0)) \\ &\leqslant -\alpha_3(\|\eta\|) + \alpha_4(\|\eta\|)L\epsilon \\ &\leqslant -\alpha_3(\alpha_2^{-1}(V(\eta))) + \alpha_4(\alpha_1^{-1}(V(\eta)))L\epsilon \end{aligned}$$

其中, $L > 0$ 为一常数, 其值随着 ϵ 的减小而非增. 取 $p \in (0, \alpha_1(\rho))$, 则当 $V(\eta) \leqslant p$ 时, 有 $\alpha_1(\|\eta\|) \leqslant V(\eta) \leqslant p < \alpha_1(\rho)$, 即有 $\|\eta\| < \rho$. 因此, 集合 $\mathcal{D} = \{\eta : V(\eta) \leqslant p\}$ 位于集合 $\mathcal{B}^n(\rho)$ 内部. 在集合 $\mathcal{D}$ 的边界上即当 $V(\eta) = p$ 时, 有

$$\dot{V} \leqslant -\alpha_3(\alpha_2^{-1}(p)) + \alpha_4(\alpha_1^{-1}(p))L\epsilon$$

当 ϵ 足够小 (只需 $e(0)$、期望输出信号及其各阶导数 $y_{\rm d}$、$\dot{y}_{\rm d}$、$\cdots$、$y_{\rm d}^{(r-1)}$ 均足够小即可) 时, 有 $\dot{V} < 0$. 若 $\eta(0) \in \mathcal{D}$, 则 $\eta(t) \in \mathcal{D}$ $(\forall t \geqslant 0)$, 因而保持有界.

综上所述, 可以得到下述结论.

定理 8.4.1 若系统 (8.58) 的零动态渐近稳定, 则当初值 $\eta(0)$ 和 $e(0)$、期望输出信号及其各阶导数 $y_{\rm d}$、$\dot{y}_{\rm d}$、$\cdots$、$y_{\rm d}^{(r-1)}$ 均足够小并且 $y_{\rm d}^{(r)}$ 有界时, 控制律 (8.59) 形成的闭环系统 (8.60) 的信号有界且跟踪误差收敛到零.

期望输出信号及其各阶导数均足够小是一个比较苛刻的条件, 并且初始状态 $\eta(0)$ 和 $e(0)$ 足够小有时也难以实现. 为了实现对于满足假设 8.4.1 的任意期望信号的全局渐近跟踪并保证闭环系统信号的有界性, 必须对内动态提出更高的要求. 不难看出, 下述结论成立.

定理 8.4.2 *若系统 (8.58) 的内动态 $\dot{\eta}=\psi(\eta,\xi)$ 以 ξ 为输入时是输入-状态稳定的, 则对任意初始状态 $\eta(0)$ 和 $e(0)$ 以及满足假设 8.4.1 的任意期望输出信号, 控制律 (8.59) 形成的闭环系统 (8.60) 的信号有界且跟踪误差收敛到零.*

一种非常有意思的情形是 $\xi(0)=\xi_{\mathrm{d}}(0)$, 即 $e(0)=0$, 由此可得 $e(t)=0\ (\forall t\geqslant 0)$. 此时, 内动态变为

$$\dot{\eta}=\psi\left(\eta,\xi_{\mathrm{d}}\right) \tag{8.61}$$

而控制律变为

$$u=\frac{1}{\gamma\left(\eta,\xi_{\mathrm{d}}\right)}\left(-\alpha\left(\eta,\xi_{\mathrm{d}}\right)+y_{\mathrm{d}}^{(r)}\right) \tag{8.62}$$

若在 ξ_{d} 的作用下 η 有界, 则控制律 (8.62) 可以实现输出对于期望输出信号的完美跟踪. 显然, 实现完美跟踪的控制信号的生成依赖于 ξ_{d} (即期望输出信号和其 1 至 $r-1$ 阶导数 y_{d}、$\dot{y}_{\mathrm{d}}$、$\cdots$、$y_{\mathrm{d}}^{(r-1)}$)、$y_{\mathrm{d}}^{(r)}$ 以及由 ξ_{d} 驱动的系统 (8.61).

通常, "动态" 一词对应于根据给定的输入信号计算相应的输出信号, 而在系统 (8.61) 和 (8.62) 中却是根据期望输出信号计算实现完美跟踪的输入信号, 因此经常把系统 (8.61) 和 (8.62) 称为系统 (8.58) 的 "逆动态" 或 "逆系统". 在逆动态 (8.61) 和 (8.62) 中, η 为状态向量, y_{d}、$\dot{y}_{\mathrm{d}}$、$\cdots$、$y_{\mathrm{d}}^{(r)}$ 为输入变量, 而 u 为输出变量. 如果将系统 (8.58) 看作是由 u 到 y 的一个算子, 记为 Σ, 而将系统 (8.61) 和 (8.62) 看作是由 y_{d} 到 u 的一个算子, 记为 $\bar{\Sigma}$, 显然在初值匹配条件下有 $\Sigma\circ\bar{\Sigma}(y_{\mathrm{d}})=y_{\mathrm{d}}$ (其中, $\circ$ 表示算子的复合), 即 $\Sigma\circ\bar{\Sigma}$ 是一个恒等算子. 这就是逆动态中 "逆" 字的由来.

显而易见, 系统的逆动态中的状态方程即为系统输出恒等于期望输出信号时的内动态, 而系统的零动态则对应于期望输出信号取为零时逆动态的状态方程. 需要指出的是, 虽然在这里引入了 "逆动态" 一词, 但是这个概念对于非最小相位系统也是常用的.

8.4.2 基于轨迹线性化的非最小相位系统输出跟踪

实现非最小相位系统输出渐近跟踪, 一种方法是采用 "前馈+反馈" 的二自由度控制架构[21]. 为此需要引入一个重要的概念: 理想内动态. 所谓理想内动态就是逆动态状态方程或者说系统输出恒等于期望输出信号时内动态的有界解. 此处需要注意的是, 尽管当系统 (8.58) 为非最小相位时, 其零动态 $\dot{\eta}=\psi(\eta,0)$ 的零平衡点不是渐近稳定的, 但这并不意味着在 ξ_{d} 的作用下逆动态状态方程 (8.61) 一

定不存在有界解. 由于方程 (8.61) 一般是非线性的, 故非线性系统的理想内动态通常难以求取. 对于线性系统, 即使零动态是不稳定的, 其理想内动态仍然有非常巧妙的求取办法. 详细的讨论参见文献 [22] 的第 8 章.

假设系统 (8.58) 具有理想内动态 η_{d}, 即有

$$\dot{\eta}_{\mathrm{d}} = \psi\left(\eta_{\mathrm{d}}, \xi_{\mathrm{d}}\right)$$

此时, 可以基于沿轨迹线性化的方法, 实现局部输出渐近跟踪. 将内动态 $\dot{\eta} = \psi(\eta, \xi)$ 沿着 η_{d}、ξ_{d} 进行近似线性化, 并令 $\tilde{\eta} = \eta - \eta_{\mathrm{d}}$, $z = [\tilde{\eta}^{\mathrm{T}}, e^{\mathrm{T}}]^{\mathrm{T}}$, 则有

$$\begin{aligned}
\dot{\tilde{\eta}} &= \dot{\eta} - \dot{\eta}_{\mathrm{d}} = \psi(\eta, \xi) - \psi\left(\eta_{\mathrm{d}}, \xi_{\mathrm{d}}\right) \\
&= \frac{\partial \psi(\eta_{\mathrm{d}}, \xi_{\mathrm{d}})}{\partial \eta}(\eta - \eta_{\mathrm{d}}) + \frac{\partial \psi(\eta_{\mathrm{d}}, \xi_{\mathrm{d}})}{\partial \xi}(\xi - \xi_{\mathrm{d}}) + o \\
&= A_{00}(t)\tilde{\eta} + A_{01}(t)e + o \\
\dot{e} &= Ae + B\left(\gamma(\eta, \xi)u + \alpha(\eta, \xi) - y_{\mathrm{d}}^{(r)}\right)
\end{aligned}$$

其中, $A_{00}(t) = \partial\psi(\eta_{\mathrm{d}}, \xi_{\mathrm{d}})/\partial\eta$, $A_{01}(t) = \partial\psi(\eta_{\mathrm{d}}, \xi_{\mathrm{d}})/\partial\xi$; o 满足当 $\|z\| \to 0$ 时, 有 $\|o\|/\|z\| \to 0$. 上面两式可简写为

$$\dot{z} = \bar{A}(t)z + \bar{B}\left(\gamma(\eta, \xi)u + \alpha(\eta, \xi) - y_{\mathrm{d}}^{(r)}\right) + \bar{o}$$

其中,

$$\bar{A}(t) = \begin{bmatrix} A_{00}(t) & A_{01}(t) \\ 0_{r\times(n-r)} & A \end{bmatrix}, \quad \bar{B} = \begin{bmatrix} 0_{(n-r)\times 1} \\ B \end{bmatrix}, \quad \bar{o} = \begin{bmatrix} o \\ 0_{r\times 1} \end{bmatrix}$$

构造控制律

$$u = \frac{1}{\gamma(\eta, \xi)}\left(v - \alpha(\eta, \xi) + y_{\mathrm{d}}^{(r)}\right)$$

其中, v 为辅助控制变量, 则有

$$\dot{z} = \bar{A}(t)z + \bar{B}v + \bar{o}$$

构造辅助控制律 $v = K(t)z$, 其中, $K(t)$ 为 $1 \times n$ 维反馈增益, 则闭环系统为

$$\dot{z} = (\bar{A}(t) + \bar{B}K(t))z + \bar{o}$$

若辅助控制律 $v = K(t)z$ 可以使得线性时变系统 $\dot{z} = (\bar{A}(t) + \bar{B}K(t))z$ 指数稳定, 则根据 Lyapunov 逆定理 (见定理 1.2.11), 存在定义在集合 $\mathbf{R}_{\geqslant 0} \times \mathbf{R}^n$ 上的连续可微函数 $V(t, z)$ 满足

$$k_1\|z\|^2 \leqslant V(t,z) \leqslant k_2\|z\|^2$$

$$\frac{\partial V}{\partial t} + \frac{\partial V}{\partial z}(\bar{A}(t) + \bar{B}K(t))z \leqslant -k_3\|z\|^2$$

$$\left\|\frac{\partial V}{\partial z}\right\| \leqslant k_4\|z\|$$

其中, $k_i > 0\ (i = 1, 2, 3, 4)$ 为常数. 取此 $V(t, z)$ 为候选 Lyapunov 函数, 则其沿闭环系统的时间导数为

$$\begin{aligned}\dot{V} &= \frac{\partial V}{\partial t} + \frac{\partial V}{\partial z}(\bar{A}(t) + \bar{B}K(t))z + \frac{\partial V}{\partial z}\bar{o} \\ &\leqslant -k_3\|z\|^2 + \left\|\frac{\partial V}{\partial z}\right\| \|\bar{o}\| \\ &\leqslant -k_3\|z\|^2 + k_4\|z\|\|o\| \\ &\leqslant -(1-k_0)k_3\|z\|^2 - k_0k_3\|z\|^2 + k_4\|z\|\|o\|\end{aligned}$$

其中, $k_0 \in (0, 1)$ 为常数. 因为当 $\|z\| \to 0$ 时有 $\|o\|/\|z\| \to 0$, 所以存在 $\delta > 0$, 当 $\|z\| \leqslant \delta$ 时有 $\|o\|/\|z\| \leqslant k_0k_3/k_4$. 显然, 若 $V(t, z) \leqslant k_1\delta^2$, 则有 $k_1\|z\|^2 \leqslant k_1\delta^2$, 即有 $\|z\| \leqslant \delta$, 于是有 $\|o\|/\|z\| \leqslant k_0k_3/k_4$, 进而有

$$\begin{aligned}\dot{V} &\leqslant -(1-k_0)k_3\|z\|^2 - k_0k_3\|z\|^2 + k_4\|z\|\frac{k_0k_3}{k_4}\|z\| \\ &= -(1-k_0)k_3\|z\|^2 \leqslant -\frac{(1-k_0)k_3}{k_2}V \leqslant 0\end{aligned}$$

因此, 若 $z(0) \in \{z : V(t_0, z) \leqslant k_1\delta^2\} \subseteq \{z : \|z\| \leqslant \delta\}$, 则有 $z(t) \in \{z : V(t, z) \leqslant k_1\delta^2\} \subseteq \{z : \|z\| \leqslant \delta\}$, 并且易知 z 指数收敛到零.

设 $K = [K_1, K_2]$, 其中, $K_1^{\mathrm{T}} \in \mathbf{R}^{n-r}$, $K_2^{\mathrm{T}} \in \mathbf{R}^r$, 则控制律可以写成如下形式:

$$\begin{aligned}u &= \frac{1}{\gamma(\eta,\xi)}\left(K_1(t)(\eta - \eta_{\mathrm{d}}) + K_2(t)(\xi - \xi_{\mathrm{d}}) - \alpha(\eta,\xi) + y_{\mathrm{d}}^{(r)}\right) \\ &= \frac{1}{\gamma(\eta,\xi)}\left(-K_1(t)\eta_{\mathrm{d}} - K_2(t)\xi_{\mathrm{d}} + y_{\mathrm{d}}^{(r)}\right) + \frac{1}{\gamma(\eta,\xi)}\left(K_1(t)\eta + K_2(t)\xi - \alpha(\eta,\xi)\right)\end{aligned}$$

可见控制律呈现出一种 “前馈+反馈” 的二自由度结构, 并且前馈增益与反馈设计密切相关.

8.4.3 基于输出重定义的非最小相位系统输出跟踪

实现非最小相位系统输出渐近跟踪的另一种常见方法是输出重定义[23]. 输出重定义的核心思想是重新定义一个输出使得对应的零动态的零平衡点是渐近稳定的, 并且通过理想内动态的计算为新输出定义一个新的期望轨迹, 进而通过使得新输出渐近跟踪新的期望轨迹实现原输出对原期望轨迹的渐近跟踪.

下面以一类形式比较特殊的非最小相位系统为例来具体阐述基于输出重定义的输出渐近跟踪控制设计方法. 考虑系统

$$\begin{cases} \dot{\eta}_i = \eta_{i+1}, \quad i = 1, 2, \cdots, n-r-1 \\ \dot{\eta}_{n-r} = \psi_{n-r}(\eta) + \xi_1 \\ \dot{\xi}_j = \xi_{j+1}, \quad j = 1, 2, \cdots, r-1 \\ \dot{\xi}_r = v \\ y = \xi_1 \end{cases} \tag{8.63}$$

其中, $\eta = [\eta_1, \eta_2, \cdots, \eta_{n-r}]^{\mathrm{T}}$, $\psi_{n-r}(\eta) \in \mathcal{C}^r(\mathbf{R}^{n-r}, \mathbf{R})$. 假设该系统是非最小相位的. 现在的目标是设计合适的控制律 v 使得闭环系统信号有界且输出 y 渐近跟踪期望输出信号 y_{d}, 这里 y_{d} 满足假设 8.4.1. 为实现此目标, 给出如下假设.

假设 8.4.2　系统 (8.63) 具有理想内动态, 即在 $\xi_{1\mathrm{d}} = y_{\mathrm{d}}$ 的作用下, 系统

$$\begin{cases} \dot{\eta}_{i\mathrm{d}} = \eta_{i+1,\mathrm{d}}, \quad i = 1, 2, \cdots, n-r-1 \\ \dot{\eta}_{n-r,\mathrm{d}} = \psi_{n-r}(\eta_{\mathrm{d}}) + \xi_{1\mathrm{d}} \end{cases} \tag{8.64}$$

具有有界解 $\eta_{\mathrm{d}}(t) = [\eta_{1\mathrm{d}}(t), \eta_{2\mathrm{d}}(t), \cdots, \eta_{n-r,\mathrm{d}}(t)]^{\mathrm{T}}$ $(t \geqslant 0)$.

考虑到 $\dot{\eta}_{n-r,\mathrm{d}} = \psi_{n-r}(\eta_{\mathrm{d}}) + \xi_{1\mathrm{d}}$, 由于 η_{d} 及 $\xi_{1\mathrm{d}}$ 有界且 $\psi_{n-r}(\eta) \in \mathcal{C}^r(\mathbf{R}^{n-r}, \mathbf{R})$, 故 $\dot{\eta}_{n-r,\mathrm{d}}$ 有界. 因此, $\dot{\eta}_{\mathrm{d}} = [\dot{\eta}_{1\mathrm{d}}, \dot{\eta}_{2\mathrm{d}}, \cdots, \dot{\eta}_{n-r,\mathrm{d}}]^{\mathrm{T}} = [\eta_{2\mathrm{d}}, \eta_{3\mathrm{d}}, \cdots, \eta_{n-r,\mathrm{d}}, \dot{\eta}_{n-r,\mathrm{d}}]^{\mathrm{T}}$ 有界. 经简单计算可知

$$\ddot{\eta}_{n-r,\mathrm{d}} = \sum_{j=1}^{n-r-1} \frac{\partial \psi_{n-r}(\eta_{\mathrm{d}})}{\partial \eta_{j\mathrm{d}}} \eta_{j+1,\mathrm{d}} + \frac{\partial \psi_{n-r}(\eta_{\mathrm{d}})}{\partial \eta_{n-r,\mathrm{d}}} (\psi_{n-r}(\eta_{\mathrm{d}}) + \xi_{1\mathrm{d}}) + \dot{\xi}_{1\mathrm{d}}$$

由于 η_{d}、$\xi_{1\mathrm{d}}$ 及 $\dot{\xi}_{1\mathrm{d}}$ 有界且 $\psi_{n-r}(\eta) \in \mathcal{C}^r(\mathbf{R}^{n-r}, \mathbf{R})$, 故 $\ddot{\eta}_{n-r,\mathrm{d}}$ 有界. 因此可知

$$\ddot{\eta}_{\mathrm{d}} = [\dot{\eta}_{2\mathrm{d}}, \dot{\eta}_{3\mathrm{d}}, \cdots, \dot{\eta}_{n-r,\mathrm{d}}, \ddot{\eta}_{n-r,\mathrm{d}}]^{\mathrm{T}} = [\eta_{3\mathrm{d}}, \eta_{4\mathrm{d}}, \cdots, \eta_{n-r,\mathrm{d}}, \dot{\eta}_{n-r,\mathrm{d}}, \ddot{\eta}_{n-r,\mathrm{d}}]^{\mathrm{T}}$$

有界. 以此类推, 可知 $\eta_{n-r,\mathrm{d}}^{(i)}$ 及 $\eta_{\mathrm{d}}^{(i)}$ $(i = 3, 4, \cdots, r)$ 有界.

定义 $\alpha = -\psi_{n-r}(\eta) - a_0\eta_1 - a_1\eta_2 - \cdots - a_{n-r-1}\eta_{n-r}$, 其中, 参数 $a_0 > 0$、$a_1 > 0$、$\cdots$、$a_{n-r-1} > 0$ 使得 $s^{n-r} + a_{n-r-1}s^{n-r-1} + \cdots + a_1 s + a_0$ 为 Hurwitz

多项式, 并定义 $\zeta_1 = \xi_1 - \alpha, \zeta_2 = \xi_2 - \dot{\alpha}, \cdots, \zeta_r = \xi_r - \alpha^{(r-1)}$, 则根据式 (8.63) 有

$$\begin{cases} \dot{\eta}_i = \eta_{i+1}, \quad i = 1,2,\cdots,n-r-1 \\ \dot{\eta}_{n-r} = -a_0\eta_1 - a_1\eta_2 - \cdots - a_{n-r-1}\eta_{n-r} + \zeta_1 \\ \dot{\zeta}_j = \zeta_{j+1}, \quad j = 1,2,\cdots,r-1 \\ \dot{\zeta}_r = v - \alpha^{(r)} \end{cases} \tag{8.65}$$

显然, 若视 ζ_1 为新的输出, 则系统 (8.65) 的零动态的零平衡点是指数稳定的, 并且很容易验证; 若视 ζ_1 为内动态的输入, 则内动态是输入-状态稳定的.

定义新输出的期望轨迹为 $\zeta_{1\mathrm{d}} = \xi_{1\mathrm{d}} - \alpha_{\mathrm{d}}$, 其中, $\alpha_{\mathrm{d}} = -\psi_{n-r}(\eta_{\mathrm{d}}) - a_0\eta_{1\mathrm{d}} - a_1\eta_{2\mathrm{d}} - \cdots - a_{n-r-1}\eta_{n-r,\mathrm{d}}$. 容易验证, $\zeta_{1\mathrm{d}}^{(i)}$ $(i = 0,1,\cdots,r)$ 有界. 根据式 (8.64) 可得

$$\begin{cases} \dot{\eta}_{i\mathrm{d}} = \eta_{i+1,\mathrm{d}}, \quad i = 1,2,\cdots,n-r-1 \\ \dot{\eta}_{n-r,\mathrm{d}} = -a_0\eta_{1\mathrm{d}} - a_1\eta_{2\mathrm{d}} - \cdots - a_{n-r-1}\eta_{n-r,\mathrm{d}} + \zeta_{1\mathrm{d}} \end{cases}$$

定义 $\tilde{\eta}_i = \eta_i - \eta_{i\mathrm{d}}$ $(i = 1,2,\cdots,n-r)$, 并定义 $z_1 = \zeta_1 - \zeta_{1\mathrm{d}}, z_2 = \zeta_2 - \dot{\zeta}_{1\mathrm{d}}, \cdots, z_r = \zeta_r - \zeta_{1\mathrm{d}}^{(r-1)}$, 则有

$$\begin{cases} \dot{\tilde{\eta}}_i = \tilde{\eta}_{i+1}, \quad i = 1,2,\cdots,n-r-1 \\ \dot{\tilde{\eta}}_{n-r} = -a_0\tilde{\eta}_1 - a_1\tilde{\eta}_2 - \cdots - a_{n-r-1}\tilde{\eta}_{n-r} + z_1 \\ \dot{z}_j = z_{j+1}, \quad j = 1,2,\cdots,r-1 \\ \dot{z}_r = v - \alpha^{(r)} - \zeta_{1\mathrm{d}}^{(r)} \end{cases}$$

构造控制律

$$v = \alpha^{(r)} + \zeta_{1\mathrm{d}}^{(r)} - k_0 z_1 - k_1 z_2 - \cdots - k_{r-1} z_r$$

其中, 参数 $k_0 > 0$、$k_1 > 0$、$\cdots$、$k_{r-1} > 0$ 使得 $s^r + k_{r-1}s^{r-1} + \cdots + k_1 s + k_0$ 为 Hurwitz 多项式, 则有

$$\begin{cases} \dot{\tilde{\eta}}_i = \tilde{\eta}_{i+1}, \quad i = 1,2,\cdots,n-r-1 \\ \dot{\tilde{\eta}}_{n-r} = -a_0\tilde{\eta}_1 - a_1\tilde{\eta}_2 - \cdots - a_{n-r-1}\tilde{\eta}_{n-r} + z_1 \\ \dot{z}_j = z_{j+1}, \quad j = 1,2,\cdots,r-1 \\ \dot{z}_r = -k_0 z_1 - k_1 z_2 - \cdots - k_{r-1} z_r \end{cases}$$

由此可知, z_i $(i = 1,2,\cdots,r)$ 和 $\tilde{\eta}_i$ $(i = 1,2,\cdots,n-r)$ 有界且指数收敛到零. 于是, 根据 $\eta_{i\mathrm{d}}$ $(i = 1,2,\cdots,n-r)$ 有界可知 η_i $(i = 1,2,\cdots,n-r)$ 有界; 根据 $\zeta_{1\mathrm{d}}^{(i)}$ $(i = 0,1,2,\cdots,r)$ 有界可知 ζ_i $(i = 1,2,\cdots,r)$ 有界. 通过逐步分析, 可

知 α、ξ_1、$\dot{\alpha}$、ξ_2、$\cdots$、$\alpha^{(r-1)}$、ξ_r 有界, 最后可以推知 v 有界. 由于当 $t\to\infty$ 时有 $z_1=\zeta_1-\zeta_{1\mathrm{d}}=\xi_1-\alpha-(\xi_{1\mathrm{d}}-\alpha_\mathrm{d})=\xi_1-\xi_{1\mathrm{d}}-(\alpha-\alpha_\mathrm{d})\to 0$ 且有 $\tilde{\eta}_i\to 0\ (i=1,2,\cdots,n-r)$, 即 $\eta\to\eta_d$, 而后者意味着当 $t\to\infty$ 时有 $\alpha-\alpha_\mathrm{d}\to 0$. 因此, 当 $t\to\infty$ 时, 有 $\xi_1-\xi_{1\mathrm{d}}\to 0$, 即输出 y 渐近跟踪期望输出信号 y_d.

例 8.4.1 考虑系统

$$\begin{cases}\dot{\eta}=2\eta+\eta^2+\xi_1\\ \dot{\xi}_1=\xi_2\\ \dot{\xi}_2=v\\ y=\xi_1\end{cases}\tag{8.66}$$

显然, 该系统是非最小相位的. 假设控制目标是设计合适的控制律 v 使得闭环系统信号有界且输出 y 渐近跟踪期望输出信号 $y_\mathrm{d}=1$. 通过观察可知, 在 $\xi_{1\mathrm{d}}=y_\mathrm{d}=1$ 的作用下, 系统

$$\dot{\eta}_\mathrm{d}=2\eta_\mathrm{d}+\eta_\mathrm{d}^2+\xi_{1\mathrm{d}}\tag{8.67}$$

具有有界解 $\eta_\mathrm{d}=-1$. 于是有 $\dot{\eta}_\mathrm{d}=0$, $\ddot{\eta}_\mathrm{d}=0$. 定义 $\alpha=-2\eta-\eta^2-a\eta$, 其中 $a>0$ 为设计参数, 并定义 $\zeta_1=\xi_1-\alpha, \zeta_2=\xi_2-\dot{\alpha}$, 其中 $\dot{\alpha}=-(2+a+2\eta)\dot{\eta}=-(2+a+2\eta)(2\eta+\eta^2+\xi_1)$, 则根据式 (8.66) 有

$$\begin{cases}\dot{\eta}=-a\eta+\zeta_1\\ \dot{\zeta}_1=\zeta_2\\ \dot{\zeta}_2=v-\ddot{\alpha}\end{cases}$$

其中, $\ddot{\alpha}=-2(2\eta+\eta^2+\xi_1)^2-(2+a+2\eta)((2+2\eta)(2\eta+\eta^2+\xi_1)+\xi_2)$. 定义 $\alpha_\mathrm{d}=-2\eta_\mathrm{d}-\eta_\mathrm{d}^2-a\eta_\mathrm{d}=1+a$, 则有 $\zeta_{1\mathrm{d}}=\xi_{1\mathrm{d}}-\alpha_\mathrm{d}=-a$. 进而可知 $\dot{\zeta}_{1\mathrm{d}}=0, \ddot{\zeta}_{1\mathrm{d}}=0$. 根据式 (8.67) 可得 $\dot{\eta}_\mathrm{d}=-a\eta_\mathrm{d}+\zeta_{1\mathrm{d}}$. 定义 $\tilde{\eta}=\eta-\eta_\mathrm{d}$, $z_1=\zeta_1-\zeta_{1\mathrm{d}}, z_2=\zeta_2-\dot{\zeta}_{1\mathrm{d}}$, 则有

$$\begin{cases}\dot{\tilde{\eta}}=-a\tilde{\eta}+z_1\\ \dot{z}_1=z_2\\ \dot{z}_2=v-\ddot{\alpha}-\ddot{\zeta}_{1\mathrm{d}}\end{cases}$$

构造控制律

$$v=\ddot{\alpha}+\ddot{\zeta}_{1\mathrm{d}}-k_0z_1-k_1z_2$$

其中, $k_0>0$ 和 $k_1>0$ 为设计参数, 则有

$$\begin{cases}\dot{\tilde{\eta}}=-a\tilde{\eta}+z_1\\ \dot{z}_1=z_2\\ \dot{z}_2=-k_0z_1-k_1z_2\end{cases}$$

由此可知, z_1、z_2 和 $\tilde{\eta}$ 有界且指数收敛到零. 于是, 根据 $\eta_\mathrm{d}=-1$ 可知 η 有界; 根据 $\zeta_{1\mathrm{d}}=-a$、$\dot{\zeta}_{1\mathrm{d}}=0$、$\ddot{\zeta}_{1\mathrm{d}}=0$ 可知 ζ_1 和 ζ_2 有界; 根据 η 有界可知 α 有界, 进而可知 ξ_1 有界, 因而 $\dot{\alpha}$ 有界, 进一步可知 ξ_2 有界, 因而 $\ddot{\alpha}$ 有界, 最后可以得知 v 有界. 由于当 $t\to\infty$ 时有 $z_1=\zeta_1-\zeta_{1\mathrm{d}}=\xi_1-\alpha-(\xi_{1\mathrm{d}}-\alpha_\mathrm{d})=\xi_1-\xi_{1\mathrm{d}}-(\alpha-\alpha_\mathrm{d})\to 0$ 且有 $\tilde{\eta}\to 0$, 即 $\eta\to\eta_\mathrm{d}$, 而后者意味着当 $t\to\infty$ 时有 $\alpha-\alpha_\mathrm{d}\to 0$, 因此, 当 $t\to\infty$ 时有 $\xi_1-\xi_{1\mathrm{d}}\to 0$, 即输出 y 渐近跟踪期望输出信号 y_d.

取控制参数为 $a=1, k_0=2, k_1=2$. 当系统初值为 $\eta(0)=1.5, \xi_1(0)=-5$, $\xi_2(0)=-1$ 时, 仿真结果如图 8.8 所示. 由图可以看出, 系统状态和控制输入信号有界且输出 y 渐近跟踪期望输出信号 $y_\mathrm{d}=1$.

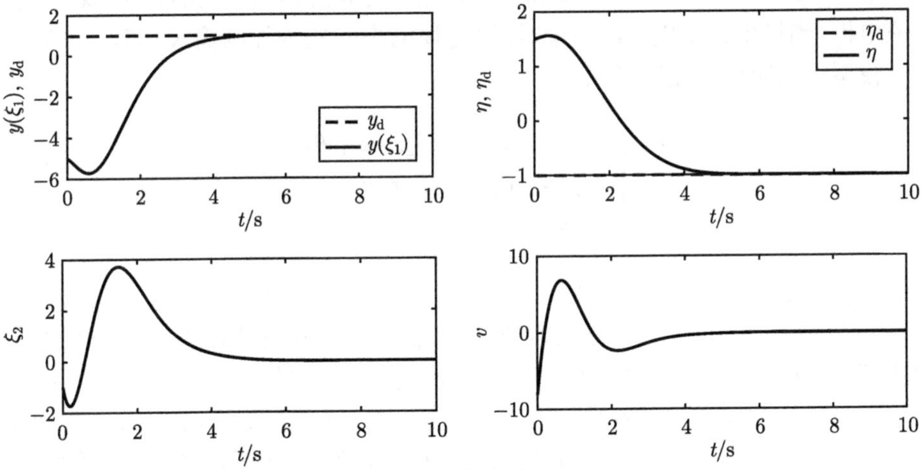

图 8.8　基于输出重定义的输出渐近跟踪仿真

根据前面的讨论可知, 对于非最小相位系统, 理想内动态的计算 (若存在) 是解决输出渐近跟踪问题的一个关键之处. 对于简单的非线性系统和期望输出信号, 有时通过观察即可得到理想内动态, 如例 8.4.1 所示; 但对于一般的非线性系统和复杂的期望输出信号, 理想内动态的计算往往是非常困难的, 而且一般需要事先知道期望输出信号的整个轨迹. 常见的理想内动态计算方法有调节器方程方法[24]、稳态系统中心方法[25]、非因果稳定逆方法[21] 等.

8.4.4　应用举例: 场控直流电机的转速控制

直流电机的动力学方程为[26]

$$
\begin{cases}
v_{\mathrm{f}}=R_{\mathrm{f}}i_{\mathrm{f}}+L_{\mathrm{f}}\dfrac{\mathrm{d}i_{\mathrm{f}}}{\mathrm{d}t}\\
v_{\mathrm{a}}=c_1 i_{\mathrm{f}}\omega+L_{\mathrm{a}}\dfrac{\mathrm{d}i_{\mathrm{a}}}{\mathrm{d}t}+R_{\mathrm{a}}i_{\mathrm{a}}\\
J\dfrac{\mathrm{d}\omega}{\mathrm{d}t}=c_2 i_{\mathrm{f}}i_{\mathrm{a}}-c_3\omega
\end{cases}
$$

其中, v_{f}、i_{f}、R_{f} 和 L_{f} 分别为励磁回路的电压 (V)、电流 (A)、电阻 (Ω) 和电感 (H); v_{a}、i_{a}、R_{a} 和 L_{a} 分别为电枢回路的电压 (V)、电流 (A)、电阻 (Ω) 和电感 (H); 第三个方程描述的是电机转轴的动力学方程; ω 为电机转速 (rad/s); J 为转动惯量 ($\mathrm{kg\cdot m^2}$); c_3 为阻尼系数 ($\mathrm{kg\cdot m^2/s}$), c_1 和 c_2 为常数; $c_1 i_{\mathrm{f}}\omega$ 表示电枢回路的反电动势; $c_2 i_{\mathrm{f}} i_{\mathrm{a}}$ 表示电枢电流和励磁电路磁通相互作用产生的力矩. 对于场控直流电机, 当场电路由电流源激励时, 可将场电流 i_{f} 视为控制输入. 直流电机的动力学模型可以简化为如下形式:

$$
\begin{cases}
\dot{x}_1=-\theta_1 x_1-\theta_2 x_2 u+\theta_3\\
\dot{x}_2=-\theta_4 x_2+\theta_5 x_1 u\\
y=x_2
\end{cases}
\tag{8.68}
$$

其中, $x_1=i_{\mathrm{a}}$, $x_2=\omega$, $u=i_{\mathrm{f}}$; $\theta_1=R_{\mathrm{a}}/L_{\mathrm{a}}>0$、$\theta_2=c_1/L_{\mathrm{a}}>0$、$\theta_3=v_{\mathrm{a}}/L_{\mathrm{a}}>0$、$\theta_4=c_3/J>0$、$\theta_5=c_2/J>0$ 为常数. 这里的控制目标是针对系统 (8.68) 设计控制律使得闭环系统状态有界且输出即电机转速跟踪期望信号 y_{d}, 这里 $y_{\mathrm{d}}=r$ 为满足 $r^2<\theta_3^2\theta_5/(4\theta_1\theta_2\theta_4)$ 的定常信号. 同时假设系统工作区域满足 $x_1\geqslant\theta_3/(2\theta_1)$.

因在工作区域内有 $\theta_5 x_1\neq 0$, 故系统的相对阶为 1. 由于这里考虑的系统并不复杂, 可以先直接根据线性输入输出关系设计输出跟踪控制律, 然后分析状态 x_1 的有界性, 而不必把系统化为规范型形式. 不妨设系统的初始状态满足 $x_1(0)>\theta_3/(2\theta_1)\mathrm{A}$, $x_2(0)=0\mathrm{rad/s}$ (因电机一般从零初始状态启动, 故只要在电机启动时将控制变量设置为零并保持一段时间即可使该条件得以满足). 定义 $e=x_2-y_{\mathrm{d}}$, 构造控制律

$$
u=\frac{\theta_4 x_2-ke}{\theta_5 x_1}
$$

其中, $k=\theta_4>0$ 为设计参数, 则有 $\dot{e}=-ke$. 由此可得 $e=-r\mathrm{e}^{-kt}$, $x_2=r(1-\mathrm{e}^{-kt})$. 于是有

$$
\dot{x}_1=-\theta_1 x_1-\frac{\theta_2\theta_4 r^2(1-\mathrm{e}^{-kt})}{\theta_5 x_1}+\theta_3
$$

在点 $x_1=\theta_3/(2\theta_1)$ 处, 恒有

$$\dot{x}_1 = -\theta_1 \frac{\theta_3}{2\theta_1} - \frac{2\theta_1\theta_2\theta_4 r^2(1-\mathrm{e}^{-kt})}{\theta_3\theta_5} + \theta_3 > \frac{\theta_3}{2} - \frac{2\theta_1\theta_2\theta_4}{\theta_3\theta_5}\frac{\theta_3^2\theta_5}{4\theta_1\theta_2\theta_4} = 0$$

因此有 $x_1 > \theta_3/(2\theta_1)$ ($\forall t \geqslant 0$). 另外, 当 $x_1 \geqslant \theta_3/\theta_1$ 时, 恒有

$$\dot{x}_1 < -\theta_1 \frac{\theta_3}{\theta_1} - \frac{2\theta_1\theta_2\theta_4 r^2(1-\mathrm{e}^{-kt})}{\theta_3\theta_5} + \theta_3 < 0$$

因此, 当初始状态满足 $x_1(0) > \theta_3/(2\theta_1)$ 时, 对所有 $t \geqslant 0$, x_1 保持有界.

取常数 $\theta_1 = 60$, $\theta_2 = 0.5$, $\theta_3 = 40$, $\theta_4 = 6$, $\theta_5 = 4 \times 10^4$, 初始状态 $x_1(0) = 0.5\mathrm{A}$, $x_2(0) = 0\mathrm{rad/s}$, 期望输出信号 $y_\mathrm{d} = r = 100\mathrm{rad/s}$. 闭环系统的仿真结果如图 8.9 所示. 由图可以看出, 系统状态和控制输入信号有界且输出 y 渐近跟踪期望输出信号 y_d.

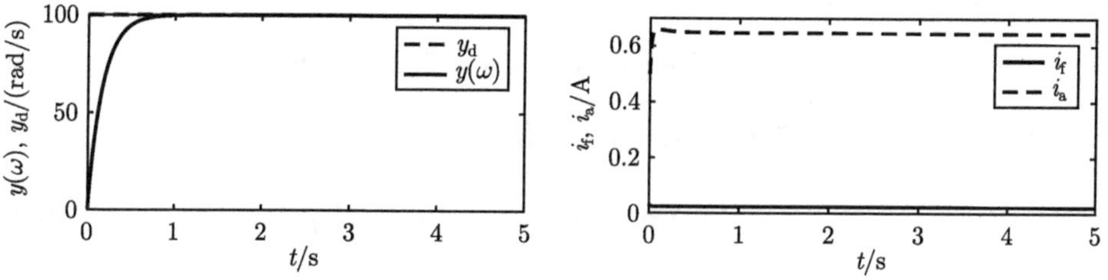

图 8.9　场控直流电机的转速控制仿真

8.5　本章小结与文献说明

对非线性系统的控制而言, 根据其特殊结构采取有针对性的方法是必要的. 本章讨论了四类具有特殊结构的非线性系统, 即满足线性增长条件的下三角系统、满足线性增长条件的上三角系统、非完整系统和规范型系统 (值得指出的是, 相比于其余三类系统, 根据反馈线性化理论, 规范型系统具有相当的普遍性). 本章针对这四类系统, 探讨了各具特色的控制器设计方法, 并通过实例和仿真验证了方法的有效性.

文献 [27] 首次指出满足线性增长条件的下三角系统可由线性反馈实现全局镇定. 随后, 文献 [28] 提出了基于线性观测器的线性输出反馈. 8.1 节介绍的基于参量 Lyapunov 方程的方法取自作者的工作[29]. 类似的结论首次由文献 [30] 推广至满足线性增长条件的上三角系统. 8.2 节介绍的方法由本书首次给出. 除了 8.1.3 节介绍的单连杆机械臂系统, 满足线性增长条件的下三角系统的另外一个实例是文献 [31] 介绍的机电系统. 满足线性增长条件的三角形非线性系统的其他相关问题, 可以参见文献 [32] ~ [34] 以及引用文献 [27] ~ [29] 的相关论文.

非完整系统的文献十分丰富, 读者可以参考 8.3.1 节提及的相关文献和引用它们的相关论文. 8.3.2 节介绍的方法基于作者的工作[17], 8.3.3 节的内容取自作者的工作[19].

本章关于最小相位系统的输出渐近跟踪主要参考了文献 [26] 和 [35]. 关于非最小相位系统基于沿轨迹线性化的输出渐近跟踪主要参考了文献 [21] 和 [35], 而关于非最小相位系统基于输出重定义的输出渐近跟踪主要参考了文献 [23]. 关于非最小相位系统输出跟踪的综述可以参见文献 [36].

8.6 本章附录

本节简要讨论参量 Lyapunov 方程 (8.4) 的性质.

引理 8.6.1 设 $(A,b)\in(\mathbf{R}^{n\times n},\mathbf{R}^{n\times 1})$ 能控, 则参量 Lyapunov 方程 (8.4) 存在唯一正定解 $P(\gamma)$ 当且仅当

$$\gamma > -2\,\mathrm{Re}\,\{\lambda_i(A)\},\quad i=1,2,\cdots,n \tag{8.69}$$

此时, $W(\gamma)=P^{-1}(\gamma)$ 满足 Lyapunov 方程

$$\left(A+\frac{\gamma}{2}I_n\right)W+W\left(A+\frac{\gamma}{2}I_n\right)^{\mathrm{T}}=bb^{\mathrm{T}} \tag{8.70}$$

对应的闭环系统矩阵 $A-bb^{\mathrm{T}}P$ 满足

$$\lambda(A-bb^{\mathrm{T}}P)=-\gamma-\lambda(A) \tag{8.71}$$

因此, 闭环系统矩阵 $A-bb^{\mathrm{T}}P$ 是 Hurwitz 矩阵当且仅当

$$\gamma > -\,\mathrm{Re}\,\{\lambda_i(A)\},\quad i=1,2,\cdots,n \tag{8.72}$$

证明 充分性: 如果不等式 (8.69) 成立, 则 $-(A+\gamma I_n/2)$ 是 Hurwitz 矩阵. 由于 $(A+\gamma I_n/2,b)$ 能控, 根据 Lyapunov 方程理论, Lyapunov 方程 (8.70) 有正定解 $W(\gamma)$. 很容易验证 $P(\gamma)=W^{-1}(\gamma)$ 满足参量 Lyapunov 方程 (8.4).

必要性: 设 $P(\gamma)$ 是参量 Lyapunov 方程 (8.4) 的正定解, 则容易验证 $W(\gamma)=P^{-1}(\gamma)$ 满足 Lyapunov 方程 (8.70). 由于 $(A+\gamma I_n/2,b)$ 能控, 根据 Lyapunov 方程理论可知 $-(A+\gamma I_n/2)$ 是 Hurwitz 矩阵, 从而不等式 (8.69) 成立.

将参量 Lyapunov 方程 (8.4) 改写成

$$(A-bb^{\mathrm{T}}P)^{\mathrm{T}}=-P(A+\gamma I_n)P^{-1}$$

这表明 $(A-bb^{\mathrm{T}}P)^{\mathrm{T}}$ 和 $-(A+\gamma I_n)$ 相似, 从而有式 (8.71) 成立. 最后, 式 (8.72) 可从式 (8.71) 立即得到. 证毕. □

方程 (8.4) 从表面上看是二次 Riccati 代数方程. 但引理 8.6.1 表明, 若仅关心其正定解, 则该方程和线性 Lyapunov 方程 (8.70) 等价. 这是称其为参量 Lyapunov 方程的主要原因. 此外, 从引理 8.6.1 可以看出, 参量 Lyapunov 方程的解 P 的各个元素都是 γ 的有理函数. 事实上, 由于 b 是列向量, 还可以证明参量 Lyapunov 方程的解 P 的各个元素都是 γ 的多项式[37].

引理 8.6.2　设 $(A,b)\in(\mathbf{R}^{n\times n},\mathbf{R}^{n\times 1})$ 能控, 参数 γ 满足不等式 (8.69), 则参量 Lyapunov 方程 (8.4) 的唯一正定解 $P(\gamma)$ 满足

$$\frac{\mathrm{d}P(\gamma)}{\mathrm{d}\gamma}>0,\quad b^{\mathrm{T}}Pb=n\gamma+2\mathrm{tr}(A)$$

证明　将方程 (8.4) 两端关于 γ 求导得到

$$\left(A-bb^{\mathrm{T}}P+\frac{\gamma}{2}I_n\right)^{\mathrm{T}}\frac{\mathrm{d}P}{\mathrm{d}\gamma}+\frac{\mathrm{d}P}{\mathrm{d}\gamma}\left(A-bb^{\mathrm{T}}P+\frac{\gamma}{2}I_n\right)=-P$$

根据式 (8.71) 可知 $\lambda(A-bb^{\mathrm{T}}P+\gamma I_n/2)=-\gamma/2-\lambda(A)$. 这表明 $A-bb^{\mathrm{T}}P+\gamma I_n/2$ 是 Hurwitz 矩阵. 由 Lyapunov 方程理论可知 $\mathrm{d}P/\mathrm{d}\gamma$ 正定.

将方程 (8.4) 右乘 P^{-1} 得到 $A^{\mathrm{T}}+PAP^{-1}-Pbb^{\mathrm{T}}=-\gamma I_n$. 两边取迹得到

$$b^{\mathrm{T}}Pb=\mathrm{tr}(Pbb^{\mathrm{T}})=\mathrm{tr}(A^{\mathrm{T}}+PAP^{-1}+\gamma I_n)=n\gamma+2\mathrm{tr}(A)$$

证毕. □

下面考虑 (A,b) 具有特殊结构时参量 Lyapunov 方程 (8.4) 的性质.

推论 8.6.1　设 $(A,b)\in(\mathbf{R}^{n\times n},\mathbf{R}^{n\times 1})$ 如式 (8.3) 所示, 则对任意 $\gamma>0$, 参量 Lyapunov 方程 (8.4) 都有唯一正定解

$$P(\gamma)=\gamma L_nP_nL_n$$

其中, $P_n=P(1)$ 是常值矩阵. 此外有

$$\lim_{\gamma\to 0^+}P(\gamma)=0 \tag{8.73}$$

证明　由于 $\lambda(A)=\{0\}$, 根据引理 8.6.1, 对任意 $\gamma>0$, 参量 Lyapunov 方程 (8.4) 都有唯一正定解. 根据 P_n 的定义有

$$A^{\mathrm{T}}P_n+P_nA-P_nbb^{\mathrm{T}}P_n=-P_n$$

将上述方程左右两端分别乘以 γL_n 并注意到 $L_nA=AL_n\gamma, b=L_nb$ 可得

$$-\gamma^2L_nP_nL_n=\gamma^2L_nA^{\mathrm{T}}P_nL_n+\gamma^2L_nP_nAL_n-\gamma^2L_nP_nbb^{\mathrm{T}}P_nL_n$$

$$= A^{\mathrm{T}}(\gamma L_n P_n L_n) + (\gamma L_n P_n L_n)A - (\gamma L_n P_n L_n)bb^{\mathrm{T}}(\gamma L_n P_n L_n)$$

这表明 $\gamma L_n P_n L_n$ 也是参量 Lyapunov 方程 (8.4) 的正定解, 从而也必然是其唯一的正定解, 即 $P(\gamma) = \gamma L_n P_n L_n$. 最后, 性质 (8.73) 是显然的. 证毕. □

考虑到方程 (8.5) 和 (8.4) 的对偶性, 有下面的推论.

推论 8.6.2 设 $(A, c) \in (\mathbf{R}^{n\times n}, \mathbf{R}^{1\times n})$ 如式 (8.3) 所示, 则对任意 $\gamma > 0$, 参量 Lyapunov 方程 (8.5) 有唯一正定解

$$Q(\gamma) = \gamma^{2n-1} L_n^{-1} Q_n L_n^{-1}$$

其中, $Q_n = Q(1)$ 是常值矩阵, 且该正定解 $Q(\gamma)$ 满足

$$\frac{\mathrm{d}Q(\gamma)}{\mathrm{d}\gamma} > 0, \quad \lim_{\gamma\to 0^+} Q(\gamma) = 0, \quad cQc^{\mathrm{T}} = n\gamma$$

此外, P_n、Q_n、P_n^{-1}、Q_n^{-1} 这 4 个矩阵都相似, 从而有

$$\begin{aligned} \Lambda &\xlongequal{\text{def}} \lambda_{\max}(P_n) = \lambda_{\max}(Q_n) = \lambda_{\max}(P_n^{-1}) = \lambda_{\max}(Q_n^{-1}) \\ &= \lambda_{\min}^{-1}(P_n) = \lambda_{\min}^{-1}(Q_n) = \lambda_{\min}^{-1}(P_n^{-1}) = \lambda_{\min}^{-1}(Q_n^{-1}) \end{aligned} \tag{8.74}$$

参考文献

[1] Marino R, Spong M. Nonlinear control techniques for flexible joint manipulators: A single link case study. IEEE International Conference on Robotics and Automation, 1986: 1030-1036.

[2] Huang A C, Chen Y C. Adaptive sliding control for single-link flexible-joint robot with mismatched uncertainties. IEEE Transactions on Control Systems Technology, 2004, 12(5): 770-775.

[3] Lucía O, Maussion P, Dede E J, et al. Induction heating technology and its applications: Past developments, current technology, and future challenges. IEEE Transactions on Industrial Electronics, 2013, 61(5): 2509-2520.

[4] Lander C W. Power Electronics. New York: McGraw-Hill, 1993.

[5] Jo H W, Choi H L, Lim J T. Observer based output feedback regulation of a class of feedforward nonlinear systems with uncertain input and state delays using adaptive gain. Systems & Control Letters, 2014, 71: 44-53.

[6] 梅凤翔. 非完整系统力学基础. 北京: 北京工业学院出版社, 1985.

[7] Montgomery R. Nonholonomic control and gauge theory//Li Z X, Canny J F. Nonholonomic Motion Planning. Berlin: Springer, 1993.

[8] Brockett R W. Asymptotic stability and feedback stabilization. Differential Geometric Control Theory, 1983, 27(1): 181-191.

[9] Bushnell L G, Tilbury D M, Sastry S S. Steering three-input nonholonomic systems: The fire truck example. The International Journal of Robotics Research, 1995, 14(4): 366-381.

[10] Murray R M, Sastry S S. Nonholonomic motion planning: Steering using sinusoids. IEEE Transactions on Automatic Control, 1993, 38(5): 700-716.

[11] Huang J, Wen C, Wang W, et al. Adaptive output feedback tracking control of a nonholonomic mobile robot. Automatica, 2014, 50(3): 821-831.

[12] Du H, Wen G, Yu X, et al. Finite-time consensus of multiple nonholonomic chained-form systems based on recursive distributed observer. Automatica, 2015, 62: 236-242.

[13] Wang H, Zhu Q. Adaptive output feedback control of stochastic nonholonomic systems with nonlinear parameterization. Automatica, 2018, 98: 247-255.

[14] Bloch A M. Nonholonomic Mechanics and Control. New York: Springer, 2015.

[15] Jiang Z P. Robust exponential regulation of nonholonomic systems with uncertainties. Automatica, 2000, 36(2): 189-209.

[16] Teel A R, Murray R M, Walsh G C. Non-holonomic control systems: From steering to stabilization with sinusoids. International Journal of Control, 1995, 62(4): 849-870.

[17] Zhou B, Zhang K K, Jiang H. Prescribed-time control of perturbed nonholonomic systems by time-varying feedback. Automatica, 2023, 155: 111125.

[18] Astolfi A. Discontinuous control of nonholonomic systems. Systems & Control Letters, 1996, 27(1): 37-45.

[19] Zhou B, Zhang K K. Smooth time-varying feedback control of nonholonomic systems with applications to the attitude control of underactuated spacecraft. Guidance, Navigation and Control, 2024, 4(1): 2450004.

[20] Hong Y, Wang J, Xi Z. Stabilization of uncertain chained form systems within finite settling time. IEEE Transactions on Automatic Control, 2005, 50(9): 1379-1384.

[21] Devasia S, Chen D G, Paden B. Nonlinear inversion-based output tracking. IEEE Transactions on Automatic Control, 1996, 41(7): 930-942.

[22] 周彬. 线性系统理论. 北京: 科学出版社, 2024.

[23] Gopalswamy S, Karl Hedrick J K. Tracking nonlinear non-minimum phase systems using sliding control. International Journal of Control, 1993, 57(5): 1141-1158.

[24] Isidori A, Byrnes C I. Output regulation of nonlinear systems. IEEE Transactions on Automatic Control, 1990, 35(2): 131-140.

[25] Shkolnikov I A, Shtessel Y B. Tracking in a class of nonminimum-phase systems with nonlinear internal dynamics via sliding mode control using method of system center. Automatica, 2002, 38(5): 837-842.

[26] Khalil H K. Nonlinear Systems. 3rd Ed. 北京: 电子工业出版社, 2007.

[27] Tsinias J. A theorem on global stabilization of nonlinear systems by linear feedback. Systems & Control Letters, 1991,17(5): 357-362.

[28] Qian C J, Lin W. Output feedback control of a class of nonlinear systems: A nonseparation principle paradigm. IEEE Transactions on Automatic Control, 2002, 47(10): 1710-1715.

[29] Zhou B, Shi Y. Prescribed-time stabilization of a class of nonlinear systems by linear time-varying feedback. IEEE Transactions on Automatic Control, 2021, 66(12): 6123-6130.

[30] Choi H L, Lim J T. Global exponential stabilization of a class of nonlinear systems by output feedback. IEEE Transactions on Automatic Control, 2005, 50(2): 255-257.

[31] Dawson D M, Carroll J J, Schneider M. Integrator backstepping control of a brush DC motor turning a robotic load. IEEE Transactions on Control Systems Technology, 1994, 2(3): 233-244.

[32] Chen C C, Qian C, Sun Z Y, et al. Global output feedback stabilization of a class of nonlinear systems with unknown measurement sensitivity. IEEE Transactions on Automatic Control, 2017, 63(7): 2212-2217.

[33] Zhang X, Gao H, Zhang C. Global asymptotic stabilization of feedforward nonlinear systems with a delay in the input. International Journal of Systems Science, 2006, 37(3): 141-148.

[34] Lei H, Lin W. Universal adaptive control of nonlinear systems with unknown growth rate by output feedback. Automatica, 2006, 42(10): 1783-1789.

[35] Sastry S. Nonlinear Systems: Analysis, Stability, and Control. 北京: 世界图书出版公司, 2007.

[36] 叶林奇, 宗群, 田栢苓, 等. 非最小相位系统跟踪控制综述. 控制理论与应用, 2017, 34(2): 141-158.

[37] Zhou B. Truncated Predictor Feedback for Time-delay Systems. Berlin: Springer, 2014.